j i n h a k

blacklabel

수학(하)

1등급을 위한 명품 수학

Tomorrow
better than today

블랙라벨 수학(하)

저자

이문호 하나고등학교
황인중 대원외국어고등학교
김원중 강남대성학원
조보관 강남대성학원
김성은 블랙박스수학과학전문학원

검토한 선배님

강진선 서울대 경제학부
권휘재 서울대 전기정보공학부
박정원 서울대 경영학과
백승윤 고려대 통계학과
이승은 연세대 응용통계학과

기획 · 검토에 도움을 주신 선생님

강대웅 오송길벗학원
강준혁 QED수학전문학원
강진우 분당 3.14 수학학원
강호철 울산제일고
경지현 탑이지수학학원
고대원 분당더원학원
곽웅수 카르페영수학원
국희재 라온수학학원
권오철 파스칼수학교습소
기미나 M&P수학여행학원
김건우 더매쓰수학
김경진 경진수학학원
김경철 분당서울수학학원
김귀식 샘수학
김근영 김근영수학
김나영 이꼼수학
김동식 성남고
김동현 영동고
김명후 김명후수학학원
김미영 금천페르마학원
김범두 보인고
김병국 남악중
김복응 더브레인코어학원
김선형 유성여고
김성용 이리풀수학
김성호 문보수학학원
김세진 일정수학전문학원
김세형 파이널수학전문학원
김세호 모아수학전문학원
김수빈 더칸수학학원
김승훈 하이스트 염창관
김시안 김시안수학
김양진 강한대치학원
김영재 분당서울수학학원
김영준 청솔수학
김영태 일인주의학원
김용근 위캔두수학학원
김용배 보문고
김용인 송탄제일중
김용찬 경기고
김용희 일산대진고
김유성 영통팀수학학원
김윤미 모아수학전문학원
김재빈 더클레버수학학원
김정곤 모아수학전문학원
김정현 채움스쿨

김준호 목동 위너스학원
김지원 대치명인학원
김지현 파스칼 대덕학원
김지현 엠코드수학과학학원
김진규 서울바움수학(역삼럭키)
김진식 퀀텀점프
김진영 중계수와식학원
김창영 에듀포스학원
김태경 Be수학
김태균 대전동신과학고
김태기 해오름학원
김필래 진주여고
김하빈 모아수학전문학원
김한빛 한빛수학학원
김현 강남인강
김현호 온풀이수학1관학원
김형진 닥터박수학전문학원
김혜진 SM학원
김효석 쓰담수학학원대구용산점
남송현 배정고
남현욱 이츠매쓰학원
류상훈 류샘수학전문학원
마윤심 소래고
문용석 유레카수학전문학원
문원철 목동 열린문수학
문재웅 압구정 엠케이학원
민영식 키움 영어수학 전문학원
박 경 강장섭수학전문학원
박규동 계양정명수학전문학원
박기석 천지명장학원
박동민 동지수학과학전문학원
박모아 모아수학전문학원
박미옥 목포폴리아학원
박상권 수와식수학전문학원
박상근 강원대학교사범대학부설고
박상준 지오엠(G.O.M)수학학원
박소영 정상수학학원
박소원 분당수이학원
박수준 수준영재수학학원
박유건 닥터박 수학학원
박유하 서일고
박진규 성일중
박창수 온풀이수학1관학원
박천진 천진수학
박형상 연세박형상수학학원
박호준 한영고

배정연 제이엔씨수학학원
배태익 스키마아카데미 수학교실
변재호 변재호수학학원
서동욱 FM최강수학학원
서동원 수학의중심학원
서미란 파이데이아학원
서용준 와이제이학원
서원준 비투비수학전문학원송파잠실점
서유니 우방수학
서한별 파주열린학원
성기주 안산토라모리아학원
성영재 성영재수학전문학원
성준우 광양제철고
손정택 소명여고
손중락 손수학학원
송인석 송인석수학학원
신우진 신수학과학
안윤경 하늘교육금정지점
양수연 아름드리학원
양재우 최상위수학학원
양지은 에듀원학원
엄유빈 유빈쌤수학
엄지원 더매쓰수학학원
엄태호 대전대신고
오선교 모아수학전문학원
오세영 5301학원
오재홍 오르고수학학원
우미영 천호하나학원
우준섭 예문여고
유주오 대치새움학원
유준호 더브레인코어학원
유호애 J&Y수학
윤기은 더선에듀수학학원
윤석규 호수돈여고
윤석주 윤석주수학전문학원
윤은경 정원영어수학학원
윤은숙 이튼칼리지학원
윤재춘 나를바꾸는수학
윤정혜 아주즐거운보습학원
윤지훈 지성에듀학원
이경덕 수딴's수학
이경미 하늘학원
이광덕 모아수학전문학원
이기만 화곡고
이나경 더매쓰수학
이동근 프로베에이블수학전문학원

이민호 토마도수학전문학원
이병문 광명 최강 수학 학원
이보경 반포ILM수학
이석규 지족고
이석현 대치새움학원
이소연 스터디 3.0 학원
이수동 부천E&T수학전문학원
이수연 온풀이수학학원
이승주 명신여고
이승철 광주화정창조학원
이아람 퍼펙트브레인학원
이영민 하늘학원
이옥열 구포 해오름단과학원
이용환 유성고
이유림 수학의아침
이은경 이은경수학교습소
이은재 대치명인학원
이인환 테라매쓰수학전문학원
이재근 고대수학교습소
이재욱 보문고
이재하 중일고
이재호 PGA 오목관
이재훈 해동고
이재희 경기고
이정재 수학의 진학원
이종환 이꼼수학
이준영 동산고
이준우 대아고
이준호 최상위수학학원
이춘우 전주서신셀파
이태웅 대치수신학원
이태형 가토수학과학학원
이효정 부산고
임노길 윤석수학
임정수 시그마수학학원
임혜민 싸인매쓰수학학원
장두영 가토수학과학학원
장병훈 로운수학
장성훈 더선에듀수학학원
장혁수 맥스플러스
전병호 시매쓰 충주 학원
전이원 원프로교육학원
전종태 엠수학학원
정경연 정경연수학학원
정규수 수찬학원
정민준 명인학원

정병보 뽀수학학원
정석원 창원성민여고
정연배 보문고
정운용 멘토수학학원
정윤교 정윤교 MathMaster
정은주 서초엠원학원
정재호 온풀이수학학원
정지택 한영고
정진희 정쌤영어수학
정태규 가우스수학전문학원
정현우 이투스수학학원수원정자점
정효석 서초최상위스카이학원
조병수 부산브니엘예술고
조영민 정석수학풍동학원
조영혜 천호하나학원
조용남 조선생수학전문학원
조진호 모아수학전문학원
지은오 부산브니엘예술고
지정경 분당 가인아카데미
차민준 이투스수학학원 중계점
채수경 원주미래와창조학원
채희성 이투스수학신영통학원
천유석 동아고
최다혜 싹수학학원
최명수 우성고
최시재 과천청산학원
최연진 서울성남고
최원필 마이엠수학학원
최젬마 일산가좌고
최형기 국제고
한정엽 최상위수학
한진규 포인트업학원
함영호 에이블이과전문수학학원
허성일 나교수수학학원
현혜수 소나무 학원
홍성주 굿매쓰수학학원
황삼철 멘토수학
황성필 소문난수학학원
황재인 황재인수학학원
황종인 상일고
황하남 수학의봄날학원
황하현 모아수학전문학원

2판3쇄 2024년 6월 10일 **펴낸이** 신원근 **펴낸곳** ㈜진학사 블랙라벨부 **기획편집** 윤하나 유효정 홍다솔 김지민 최지영 김대현 **디자인** 이지영 **마케팅** 박세라
주소 서울시 종로구 경희궁길 34 **학습 문의** booksupport@jinhak.com **영업 문의** 02 734 7999 **팩스** 02 722 2537 **출판 등록** 제 300-2001-202호

수학(하)

B L A C K L A B E L

1등급을 위한 명품 수학 블랙라벨

Contents & Structure

1 1등급 만들기 단계별 학습 프로젝트

(모든 단원에 동일하게 적용됩니다.)

이 책의
본문구성

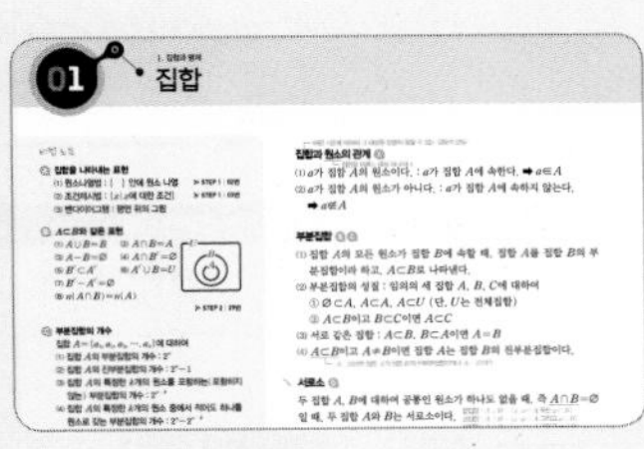

교과서 핵심 개념 + 비법 노트

문제해결의 기본은 이해와 암기

- 알맹이만 쏙쏙! 개념으로 문제를 잡자! 알짜 개념 정리
- 비교를 거부한다! 도식화 · 구조화된 쌤들의 비법 노트

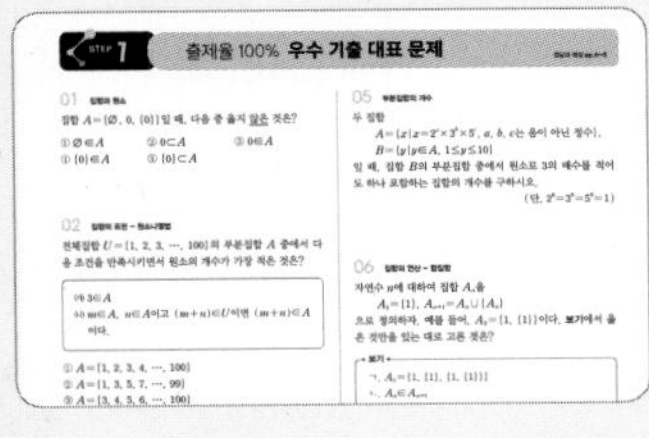

출제율 100% 우수 기출 대표 문제

각 개념별로 엄선한 기출 대표 유형으로 기본실력 다지기

- 이것만은 꼭! 기본적으로 85점은 확보해 주는 우수 기출 대표 문제
- 어려운 문제만 틀리지는 않는다! 문제 해결력을 다져주는 필수 문제

1등급을 위한 최고의 변별력 문제

수학적 감각, 논리적 사고력 강화

- 외고 & 과고 & 강남 8학군의 변별력 있는 신경향 예상 문제
- 1등급의 발목을 잡는 다양한 HOT 유형 & 서술형 문제

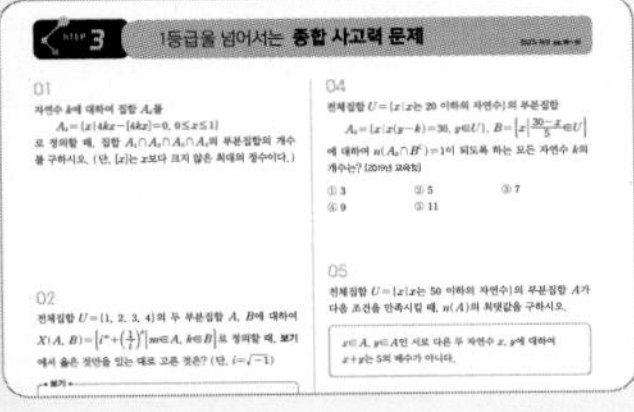

1등급을 넘어서는 종합 사고력 문제

종합적인 사고력 키우기 & 실생활 · 통합적 문제 해결력 강화

- 응용력을 길러 주는 종합 사고력 문제 & 논술형 서술형 문제
- 1등급을 가르는 변별력 있는 고난도 문제로 1등급 목표 달성

이것이 수능

이것이 수능이다! 수능감각 키우기!

- 수능 출제 경향을 꿰뚫는 대표 기출 유형 분석
- 교육청 · 평가원 · 수능 문제로 내신 고득점 달성 및 수능 실력 쌓기

1등급 만들기 단계별 학습 프로젝트

진짜 1등급 문제집을 완성해주는 입체적인 해설

단계별 해결 전략

난도가 높은 어려운 문제에 대해서는 논리적 사고 과정의 흐름인 단계별 해결 전략을 제시하였다. 단순히 정답을 풀이하는 것이 아니라, 어떤 방식, 어떤 과정을 거쳐 정답이 도출되는가를 파악하여 수학적인 사고력을 키울 수 있도록 하였다.

다양한 다른 풀이

해설을 보는 것만으로도 문제 해결 방안이 바로 이해될 수 있도록 하였다. 더 쉽고, 빠르게 풀 수 있는 다양한 다른 풀이의 학습을 통해 수학적 사고력을 키워 실전에서 더 높은 점수를 받을 수 있도록 하였다.

블랙라벨 특강

풀이의 단계가 넘어가는 이유를 알기 쉽게 표기한 풀이 첨삭과 필수 개념, 오답 피하기, 해결 실마리, 참고 등의 블랙라벨 특강을 통해 해설에 추가적으로 필요할 만한 팁을 삽입하였다.

서울대 선배들의 강추 문제 & 1등급 비법 노하우

서울대 선배들이 강추하는 Best 블랙라벨 문제와 선배들의 1등급 비법 노하우! 블랙라벨 문제 중의 최고의 블랙라벨 문제! 타문제집과의 비교를 거부하는 최고의 질을 자랑하는 진짜 1등급 문제를 표시하였다. 최고의 문제와 선배들의 1등급 비법 노하우를 통해 스스로 향상된 실력을 확인해 보도록 한다.

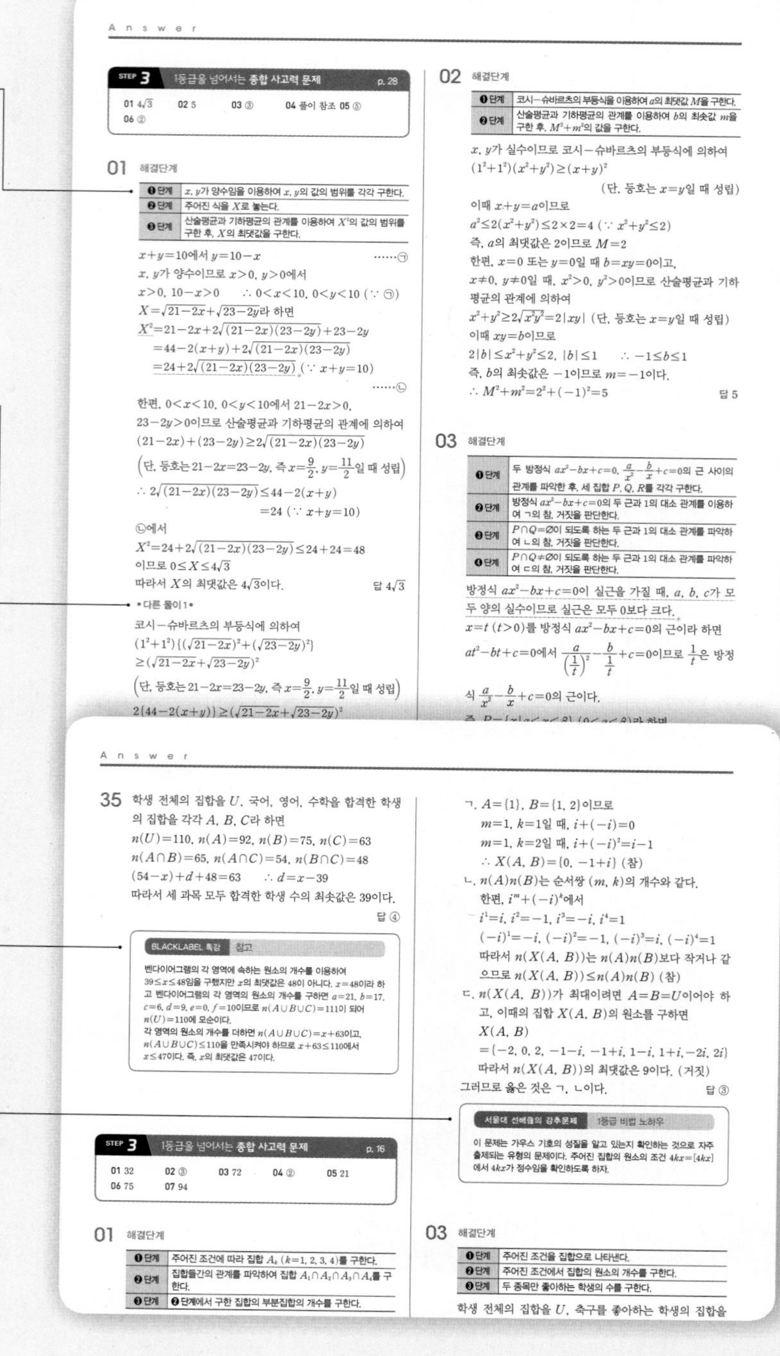

진짜 1등급을 만들어주는 블랙라벨 활용법

01 단계별로 학습하자. 완벽히 내 것으로 소화하지 못했다면 될 때까지 보고 또 보자.

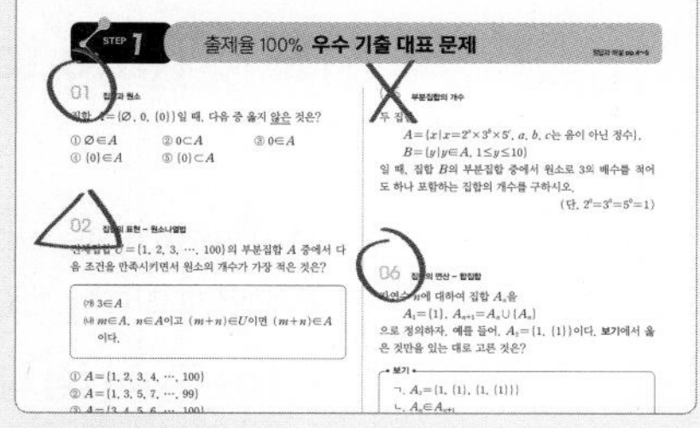

❶ 문제집의 단계를 따라가면서 학습한다.
❷ 각 단계를 학습한 뒤 Speed Check로 채점하고 틀린 문제에 표시한다.
❸ 채점 후 모르는 문제는 정답과 해설을 보면서 다시 한번 풀어본다.

- One 확실히 아는 문제는 (○) 표기 / 다시 한번 풀어 보아야 할 문제는 (△) 표기 / 틀린 문제는 (×) 표기
- Two 두 번째 풀 때는 (△)와 (×) 표기의 문제만 풀기
- Three 틀린 문제는 반드시 오답노트를 만들고 꼭 다시 풀기

02 정답과 해설은 가능한 멀리하고, 틀린 문제는 또 틀린다는 징크스를 깨자.

❶ 문제 풀이 전에는 절대로 해설을 보지 않고 혼자 힘으로 푼다.
❷ 모르거나 틀린 문제는 해설을 보면서 해결 단계를 전략적으로 사고하는 습관을 기른다.
❸ 모르거나 틀린 문제는 꼭 오답노트를 만들고, 반드시 내 것으로 만든다.

03 학습 목표에 따라 전략적, 효율적인 공부를 하자.

기본 실력을 쌓고 싶을 때 / 시험이 코앞일 때

문제 해결의 기본은 이해와 암기

1단계 교과 핵심 개념+비법 노트
2단계 출제율 100% 우수 기출 대표 문제

1등급에 도전하고 싶을 때 / 어려운 문제만 풀고 싶을 때

수학적 감각, 논리적 사고력 강화 / 통합형 문제 해결력 강화

3단계 1등급을 위한 최고의 변별력 문제
4단계 1등급을 넘어서는 종합 사고력 문제

1등급을 완성하고 싶을 때 / 수능형·논술형에 대비하고 싶을 때

수학적 감각, 논리적 사고력 강화 / 통합형 · 실전 문제 해결력 강화

3단계 1등급을 위한 최고의 변별력 문제
4단계 1등급을 넘어서는 종합 사고력 문제
5단계 이것이 수능

◎ 시험 보기 전에는 반드시 오답노트의 문제들을 다시 확인하고 풀어본다.

시도 | Time to Act

> Motivation is what gets you started, habit is what keeps you going.
> 출발하게 만드는 힘이 '동기'라면, 계속 나아가게 만드는 힘은 '습관'이다.
> – Jim Ryun (짐 라이언) –

1965년 당시 고 3이었던 짐 라이언은
1마일 달리기 기록에서 신기록을 세웠습니다.
1954년까지만 하더라도 전문가들은 3.59초 이상 기록을 단축하는 일이
불가능하다고 말했습니다.
하지만 7주 만에 존 랜디가 그 기록을 깨부수었고,
15년 동안 이 기록은 계속해 뒤바뀌었습니다.
그리고 마침내 짐 라이언도 신기록의 주인공이 되었지요.
불가능이란 하고자 하는 의지와,
그것을 행하고 있는 습관 앞에서는
힘없이 무너지고 말지요?

I 집합과 명제

b l a c k l a b e l

01 집합

I. 집합과 명제

비법 노트

A 집합을 나타내는 표현

(1) 원소나열법 : { } 안에 원소 나열
(2) 조건제시법 : $\{x|x$에 대한 조건$\}$
(3) 벤다이어그램 : 평면 위의 그림 ▶ STEP 1 | 02번, 03번

B $A\subset B$와 같은 표현

(1) $A\cup B=B$ (2) $A\cap B=A$
(3) $A-B=\varnothing$ (4) $A\cap B^C=\varnothing$
(5) $B^C\subset A^C$ (6) $A^C\cup B=U$
(7) $B^C-A^C=\varnothing$
(8) $n(A\cap B)=n(A)$

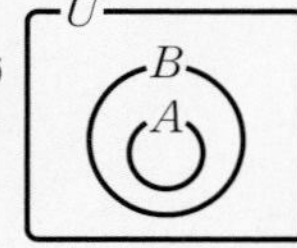

▶ STEP 2 | 29번

C 부분집합의 개수

집합 $A=\{a_1, a_2, a_3, \cdots, a_n\}$에 대하여
(1) 집합 A의 부분집합의 개수 : 2^n
(2) 집합 A의 진부분집합의 개수 : 2^n-1
(3) 집합 A의 특정한 k개의 원소를 포함하는(포함하지 않는) 부분집합의 개수 : 2^{n-k}
(4) 집합 A의 특정한 k개의 원소 중에서 적어도 하나를 원소로 갖는 부분집합의 개수 : 2^n-2^{n-k}

▶ STEP 2 | 13번, STEP 3 | 01번, 07번

D $A\cap B=\varnothing$과 같은 표현

(1) $A-B=A$ (2) $B-A=B$
(3) $A\subset B^C$ (4) $B\subset A^C$
(5) $n(A\cap B)=0$ ▶ STEP 1 | 09번

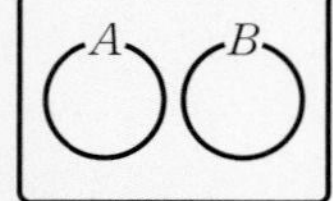

E 배수 집합과 대칭차집합

(1) 배수 집합
자연수 k의 배수 전체의 집합을 배수 집합이라 하고, 일반적으로 A_k로 나타낸다.
① 교집합 : $A_m\subset(A_k\cap A_l)$이면 m은 k와 l의 공배수
즉, (m의 최솟값)$=$(k와 l의 최소공배수)
② 합집합 : $(A_k\cup A_l)\subset A_n$이면 n은 k와 l의 공약수
즉, (n의 최댓값)$=$(k와 l의 최대공약수)

▶ STEP 1 | 13번, STEP 2 | 26번

(2) 대칭차집합
두 집합 A, B에 대하여 차집합 $A-B$와 $B-A$의 합집합을 대칭차집합이라 하고, 일반적으로 연산 기호 △를 써서 다음과 같이 나타낸다.

$$A\triangle B=(A-B)\cup(B-A)=(A\cup B)-(A\cap B)$$

① $A\triangle A=\varnothing$
② $A\triangle\varnothing=A$
③ $\underbrace{A\triangle\cdots\triangle A}_{n\text{개}}=\begin{cases}A & (n\text{이 홀수})\\ \varnothing & (n\text{이 짝수})\end{cases}$

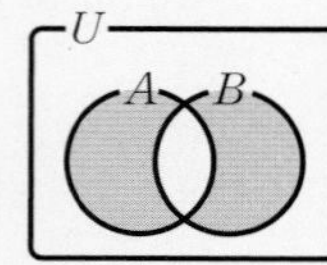

④ $A\triangle B=B\triangle A$ (교환법칙)
⑤ $(A\triangle B)\triangle C=A\triangle(B\triangle C)$ (결합법칙)
⑥ $(A\triangle B)\triangle A=B$, $(A\triangle B)\triangle B=A$

▶ STEP 1 | 14번, STEP 2 | 28번, 31번

집합과 원소의 관계 A

(집합: 어떤 기준에 의하여 그 대상을 분명히 정할 수 있는 것들의 모임 / 원소: 집합을 이루는 대상 하나하나)

(1) a가 집합 A의 원소이다. : a가 집합 A에 속한다. ➡ $a\in A$
(2) a가 집합 A의 원소가 아니다. : a가 집합 A에 속하지 않는다. ➡ $a\notin A$

부분집합 B C

(1) 집합 A의 모든 원소가 집합 B에 속할 때, 집합 A를 집합 B의 부분집합이라 하고, $A\subset B$로 나타낸다.
(2) 부분집합의 성질 : 임의의 세 집합 A, B, C에 대하여
① $\varnothing\subset A$, $A\subset A$, $A\subset U$ (단, U는 전체집합)
② $A\subset B$이고 $B\subset C$이면 $A\subset C$
(3) 서로 같은 집합 : $A\subset B$, $B\subset A$이면 $A=B$
(4) $A\subset B$이고 $A\neq B$이면 집합 A는 집합 B의 진부분집합이다.
($A\subset B$이면 집합 A가 집합 B의 진부분집합이거나 $A=B$이다.)

서로소 D

두 집합 A, B에 대하여 공통인 원소가 하나도 없을 때, 즉 $A\cap B=\varnothing$일 때, 두 집합 A와 B는 서로소이다.

합집합 : $A\cup B=\{x|x\in A$ 또는 $x\in B\}$
교집합 : $A\cap B=\{x|x\in A$ 그리고 $x\in B\}$
차집합 : $A-B=\{x|x\in A$ 그리고 $x\notin B\}$
여집합 : $A^C=\{x|x\in U$ 그리고 $x\notin A\}$
(단, U는 전체집합)

집합의 연산

(1) 집합의 연산에 대한 성질
전체집합 U의 두 부분집합 A, B에 대하여
① $(A^C)^C=A$, $\varnothing^C=U$, $U^C=\varnothing$
② $A\cup U=U$, $A\cap U=A$, $A\cup A^C=U$, $A\cap A^C=\varnothing$
③ $A-B=A\cap B^C=A-(A\cap B)=(A\cup B)-B$
(2) 집합의 연산 법칙
임의의 세 집합 A, B, C에 대하여
① 교환법칙
$A\cup B=B\cup A$, $A\cap B=B\cap A$
② 결합법칙
$(A\cup B)\cup C=A\cup(B\cup C)$, $(A\cap B)\cap C=A\cap(B\cap C)$
③ 분배법칙
$A\cap(B\cup C)=(A\cap B)\cup(A\cap C)$,
$A\cup(B\cap C)=(A\cup B)\cap(A\cup C)$
④ 드모르간의 법칙
$(A\cup B)^C=A^C\cap B^C$, $(A\cap B)^C=A^C\cup B^C$

유한집합의 원소의 개수

전체집합 U의 세 부분집합 A, B, C가 유한집합일 때,
(1) $n(A\cup B)=n(A)+n(B)-n(A\cap B)$ ($n(X)$는 집합 X의 원소의 개수이다.)
(2) $n(A\cup B\cup C)=n(A)+n(B)+n(C)-n(A\cap B)-n(B\cap C)-n(C\cap A)+n(A\cap B\cap C)$
(3) $n(A^C)=n(U)-n(A)$
(4) $n(A-B)=n(A)-n(A\cap B)=n(A\cup B)-n(B)$
이때 $B\subset A$이면 $n(A-B)=n(A)-n(B)$

정답과 해설 pp.4~5

01 집합과 원소

집합 $A=\{\varnothing, 0, \{0\}\}$일 때, 다음 중 옳지 않은 것은?

① $\varnothing \in A$ ② $0 \subset A$ ③ $0 \in A$
④ $\{0\} \in A$ ⑤ $\{0\} \subset A$

02 집합의 표현 – 원소나열법

전체집합 $U=\{1, 2, 3, \cdots, 100\}$의 부분집합 A 중에서 다음 조건을 만족시키면서 원소의 개수가 가장 적은 것은?

> (가) $3 \in A$
> (나) $m \in A$, $n \in A$이고 $(m+n) \in U$이면 $(m+n) \in A$이다.

① $A=\{1, 2, 3, 4, \cdots, 100\}$
② $A=\{1, 3, 5, 7, \cdots, 99\}$
③ $A=\{3, 4, 5, 6, \cdots, 100\}$
④ $A=\{3, 6, 9, 12, \cdots, 99\}$
⑤ $A=\{3, 6, 15, 21, \cdots, 99\}$

03 집합의 표현 – 조건제시법

정수 전체의 집합 Z에 대하여 집합 A를

$$A=\left\{4x-5 \,\middle|\, -8 \le 2x-3 \le 8, \frac{x+1}{3} \in Z\right\}$$

로 정의할 때, 집합 A의 모든 원소의 합을 구하시오.

04 집합의 포함 관계

다음과 같은 세 집합 A, B, C의 포함 관계를 바르게 나타낸 것은?

> $A=\{x \mid x=2n-1, n$은 정수$\}$
> $B=\{x \mid x=2n+1, n$은 정수$\}$
> $C=\{x \mid x=4n-1, n$은 정수$\}$

① $A \subset B \subset C$ ② $A=B \subset C$ ③ $A=B=C$
④ $B \subset C \subset A$ ⑤ $C \subset A=B$

05 부분집합의 개수

두 집합

$A=\{x \mid x=2^a \times 3^b \times 5^c$, a, b, c는 음이 아닌 정수$\}$,
$B=\{y \mid y \in A, 1 \le y \le 10\}$

일 때, 집합 B의 부분집합 중에서 원소로 3의 배수를 적어도 하나 포함하는 집합의 개수를 구하시오.

(단, $2^0=3^0=5^0=1$)

06 집합의 연산 – 합집합

자연수 n에 대하여 집합 A_n을

$A_1=\{1\}$, $A_{n+1}=A_n \cup \{A_n\}$

으로 정의하자. 예를 들어, $A_2=\{1, \{1\}\}$이다. **보기**에서 옳은 것만을 있는 대로 고른 것은?

> **보기**
> ㄱ. $A_3=\{1, \{1\}, \{1, \{1\}\}\}$
> ㄴ. $A_n \in A_{n+1}$
> ㄷ. $A_{n+1}=\{A_1, A_2, A_3, \cdots, A_n\}$

① ㄱ ② ㄱ, ㄴ ③ ㄱ, ㄷ
④ ㄴ, ㄷ ⑤ ㄱ, ㄴ, ㄷ

07 집합의 연산 – 교집합

원소가 자연수인 두 집합

$A=\{a, b, c, d\}$, $B=\{\sqrt{a}, \sqrt{b}, \sqrt{c}, \sqrt{d}\}$

에 대하여 $A \cap B=\{a, b\}$, $a+b=13$일 때, $a+d$의 값은?

(단, $a<b<c<d$)

① 79 ② 81 ③ 83
④ 85 ⑤ 87

08 서로소

서로 다른 두 실수 a, b에 대하여 실수 전체의 집합 R의 두 부분집합

$A=\{x \mid x^2 \ge a\}$, $B=\{x \mid (x-a)(x-b)<0\}$

이 $A \cup B=R$, $A \cap B=\varnothing$을 만족시킬 때, $10a+b$의 값을 구하시오.

09 집합의 연산 – 차집합

전체집합 $U=\{1, 2, 3, 4, 5\}$의 두 부분집합 A, B에 대하여 $A\cap(A-B)=A$, $A\cup B=U$이고 집합 $A=\{1, 4, 5\}$일 때, 집합 B의 모든 원소의 합은?

① 2　② 3　③ 5
④ 7　⑤ 9

10 집합의 연산에 대한 성질

두 집합 $A=\{x|1\le x\le 5\}$, $B=\{x|3<x<7\}$에 대하여 $A\cap X=X$, $(A-B)\cup X=X$를 만족시키는 집합 X를 $X=\{x|p\le x\le q\}$라 할 때, q의 최솟값과 최댓값의 합은?

① 4　② 6　③ 7
④ 8　⑤ 10

11 집합의 연산 법칙

전체집합 U의 세 부분집합 A, B, C에 대하여 **보기**에서 항상 옳은 것만을 있는 대로 고른 것은?

보기

ㄱ. $A\cap(A\cup B)^C=\varnothing$
ㄴ. $(A-B)\cap(A-C)=A-(B\cup C)$
ㄷ. $\{(A-B)\cup B\}-A=B-A$

① ㄱ　② ㄴ　③ ㄷ
④ ㄱ, ㄴ　⑤ ㄱ, ㄴ, ㄷ

12 드모르간의 법칙

전체집합 $U=\{1, 2, 3, 4, 5, 6\}$의 두 부분집합 A, B에 대하여 $A=\{2, 4\}$, $B\cap(A^C\cup B^C)=\{3, 6\}$일 때, 집합 $A^C\cap B^C$의 모든 원소의 합을 구하시오.

13 배수 집합

자연수 전체의 집합 N에 대하여 자연수 k의 배수 전체의 집합을 N_k로 나타낼 때, $(N_{12}\cup N_{15})\subset N_k$를 만족시키는 자연수 k의 최댓값을 M, $(N_3\cap N_4)\supset N_l$을 만족시키는 자연수 l의 최솟값을 m이라 하자. 이때 Mm의 값을 구하시오.

14 대칭차집합

전체집합 $U=\{x|x$는 10 이하의 자연수$\}$의 두 부분집합 A, B에 대하여 $A=\{x|x$는 6의 약수$\}$일 때, $(A-B)\cup(B-A)=\{2, 5, 8, 10\}$을 만족시키는 집합 B의 부분집합의 개수는?

① 16　② 32　③ 64
④ 128　⑤ 256

15 유한집합의 원소의 개수

전체집합 U의 세 부분집합 A, B, C에 대하여 B와 C가 서로소이고, $n(U)=50$, $n(A^C\cap C^C)=20$, $n(A^C\cap B)=12$일 때, $n(A\cup B\cup C)$의 값은?

① 36　② 38　③ 40
④ 42　⑤ 44

16 유한집합의 원소의 개수와 최대 · 최소

어느 학급의 학생 35명을 대상으로 좋아하는 과목을 조사하였더니 A 과목을 좋아하는 학생이 18명, B 과목을 좋아하는 학생이 21명이었다. 두 과목을 모두 좋아하는 학생의 수의 최댓값을 M, 최솟값을 m이라 할 때, $M+m$의 값은?

① 14　② 18　③ 22
④ 26　⑤ 30

정답과 해설 pp.6~8

대표 유형❶ 부분집합

01

집합 $A=\{1,\ 2,\ \{1,\ 2\}\}$에 대하여 $P(A)=\{X\,|\,X\subset A\}$로 정의할 때, **보기**에서 옳은 것만을 있는 대로 고른 것은?

보기

ㄱ. $\varnothing\in P(A)$
ㄴ. $\{\{1,\ 2\}\}\in P(A)$
ㄷ. $\{\{1,\ 2\}\}\subset P(A)$

① ㄱ ② ㄱ, ㄴ ③ ㄱ, ㄷ
④ ㄴ, ㄷ ⑤ ㄱ, ㄴ, ㄷ

02

집합 $A=\{2,\ 3,\ 5,\ 7,\ 11\}$의 부분집합 B의 모든 원소의 합이 짝수일 때, 집합 B의 개수는? (단, $B\neq\varnothing$)

① 11 ② 12 ③ 13
④ 14 ⑤ 15

03

두 자연수 a, b의 양의 공약수의 개수를 $N(a,\ b)$라 하자. 전체집합 $U=\{x\,|\,x$는 200 이하의 자연수$\}$의 부분집합 $A_k(a)$를

$$A_k(a)=\{x\,|\,N(a,\ x)=k\}$$

라 할 때, **보기**에서 옳은 것만을 있는 대로 고른 것은?

보기

ㄱ. $2\in A_1(2)$
ㄴ. $A_4(3)$의 원소의 개수는 25이다.
ㄷ. $A_2(3)$의 원소의 개수는 66이다.

① ㄱ ② ㄷ ③ ㄱ, ㄷ
④ ㄴ, ㄷ ⑤ ㄱ, ㄴ, ㄷ

대표 유형❷ 집합의 연산에 대한 성질

04

두 집합

$$A=\{x\,|\,x^3-a^2x^2-x+a^2=0\},$$
$$B=\{x\,|\,x^2+(a-3)x-a+2=0\}$$

에 대하여 $A\cup B=\{-1,\ 1,\ 4\}$일 때, 상수 a의 값을 구하시오.

05

자연수 n에 대하여 집합 A_n을 $A_n=\left\{y\,\middle|\,y=\left[\dfrac{n}{x}\right],\ x\geq1\right\}$로 정의할 때, 집합 $A_4\cap A_6$과 같은 집합은?
(단, $[x]$는 x보다 크지 않은 최대의 정수이다.)

① A_2 ② A_3 ③ A_4
④ A_5 ⑤ A_6

06

집합 $A_n=\{x\,|\,3n-1\leq x\leq 15n+9,\ n$은 자연수$\}$에 대하여 $A_1\cap A_2\cap A_3\cap\cdots\cap A_n\neq\varnothing$이 성립하기 위한 자연수 n의 최댓값을 구하시오.

07

$n\geq2$인 자연수 n에 대하여 집합 A_n을

$$A_n=\left\{x\,\middle|\,x-[x]=\frac{1}{n},\ -5\leq x\leq5\text{인 유리수}\right\}$$

로 정의할 때, **보기**에서 옳은 것만을 있는 대로 고른 것은?
(단, $[x]$는 x보다 크지 않은 최대의 정수이다.)

보기

ㄱ. $\dfrac{1}{3}\in A_3$
ㄴ. 집합 A_n의 원소의 개수는 11이다.
ㄷ. 임의의 두 자연수 m, n에 대하여 $m\neq n$이면 $A_m\cap A_n=\varnothing$이다.

① ㄱ ② ㄱ, ㄴ ③ ㄱ, ㄷ
④ ㄴ, ㄷ ⑤ ㄱ, ㄴ, ㄷ

08

전체집합 $U=\{1, 2, 3, 4, 5\}$에 대하여 $K(U)$를

$$K(U)=\{X \mid X\subset U,\ n(X)=2\}$$

로 정의하자. 두 집합 $A\in K(U)$, $B\in K(U)$에 대하여 $n(A\cup B)=3$을 만족시키는 순서쌍 (A, B)의 개수를 구하시오.

09

집합 $S=\{a, b, c\}$의 부분집합을 원소로 갖는 집합 X가 다음 조건을 만족시킨다.

> (가) $A\in X$이면 $S-A\in X$
> (나) $A\in X$, $B\in X$이면 $A\cup B\in X$

이때 집합 X의 개수는? (단, $X\neq\varnothing$)

① 2　② 3　③ 4　④ 5　⑤ 6

10

1등급

자연수를 원소로 갖는 두 집합

$$A=\{a_1, a_2, a_3, a_4, a_5, a_6\},$$
$$B=\{a_i+d \mid a_i\in A\}$$

에 대하여 집합 A의 모든 원소의 합은 32, 집합 $A\cup B$의 모든 원소의 합은 62이다. $A\cap B=\{4, 7, 9\}$일 때, 집합 A의 원소 중에서 값이 가장 큰 원소와 가장 작은 원소의 합을 구하시오. (단, $n(A)=6$)

대표 유형❸ 부분집합의 개수

11

전체집합 $U=\{x \mid x$는 18의 양의 약수$\}$의 두 부분집합 A, B가 다음 조건을 만족시킬 때, 순서쌍 (A, B)의 개수를 구하시오.

> (가) A, B는 공집합이 아니다.
> (나) $x\in A$이면 $\frac{18}{x}\in A$이다.
> (다) $A\cup B=U$이다.

12

전체집합 $U=\{x \mid x$는 5 이하의 자연수$\}$의 두 부분집합

$$A=\{1, 2\},\ B=\{2, 3, 4\}$$

에 대하여

$$X\cap A\neq\varnothing,\ X\cap B\neq\varnothing$$

을 만족시키는 U의 부분집합 X의 개수를 구하시오.

[2020년 교육청]

13

집합 $A=\left\{\frac{1}{2}, \frac{1}{2^2}, \frac{1}{2^3}, \cdots, \frac{1}{2^{10}}\right\}$의 공집합이 아닌 모든 부분집합을 $S_1, S_2, S_3, \cdots, S_n$이라 할 때, 각 부분집합의 최소 원소들의 합을 구하시오.

14

두 집합 $A=\{1, 2, 3, 4\}$, $B=\{3, 4, 5, 6, 7\}$에 대하여 다음 조건을 만족시키는 두 집합 X, Y의 순서쌍 (X, Y)의 개수를 구하시오.

> (가) $X\subset A$, $Y\subset B$
> (나) $(A\cap B)\subset(X\cup Y)$

15

신유형

집합 A의 부분집합의 개수를 $f(A)$라 할 때, 두 집합 A, B는 다음 조건을 만족시킨다.

> (가) $n(A)=20$, $n(B)\geq 20$
> (나) $f(A)+f(B)=f(A\cup B)$

$f(A\cap B)=2^a$일 때, 상수 a의 값은? (단, $2^0=1$)

① 15　② 16　③ 17　④ 18　⑤ 19

대표 **16** 유형❹ 집합의 원소의 합

집합 $A=\{1, 2, 3, 4, 5, 6\}$의 부분집합 중에서 집합 $B=\{x|x$는 16의 약수$\}$와 서로소인 집합을 각각 X_1, X_2, X_3, $\cdots$, X_n이라 하고, 집합 X_i의 모든 원소의 합을 $S(X_i)$ $(i=1, 2, 3, \cdots, n)$이라 하자. 이때 $S(X_1)+S(X_2)+S(X_3)+\cdots+S(X_n)$의 값은? (단, $X_i \neq \varnothing$)

① 46 ② 50 ③ 53
④ 56 ⑤ 60

17

집합 X의 모든 원소의 합을 $f(X)$라 정의하자. 원소가 모두 정수인 두 집합

$A=\{a, b, c, d\}$, $B=\{a+k, b+k, c+k, d+k\}$

가 서로소이고 $f(A\cup B)=20$일 때, $f(A)f(B)$가 어떤 정수의 제곱이 되도록 하는 정수 k의 최댓값을 구하시오.

18

집합 X의 모든 원소의 합을 $S(X)$라 하자. 두 집합

$A=\{a, a+2, a+4\}$, $B=\{b, b+3\}$

에 대하여 $S(A\cup B)=17$일 때, 순서쌍 (A, B)의 개수는? (단, a, b는 자연수이다.)

① 1 ② 2 ③ 3
④ 4 ⑤ 5

19

자연수 n에 대하여 전체집합 $U=\{x|x$는 자연수$\}$의 부분집합 A_n을 다음과 같이 나타낸다.

$A_1=\{1, 3, 5, \cdots, 13\}$
$A_2=\{2, 4, 6, \cdots, 14\}$
$A_3=\{3, 5, 7, \cdots, 15\}$
$A_4=\{4, 6, 8, \cdots, 16\}$
$\vdots$

집합 A_n의 모든 원소의 합이 35의 배수가 되는 집합을 그 합이 작은 순서대로 B_1, B_2, B_3, $\cdots$이라 할 때, B_{20}의 모든 원소의 합을 구하시오.

대표 **20** 유형❺ 집합의 연산 법칙

전체집합 U의 두 부분집합 A, B에 대하여

$\{(A-B)\cup(A\cap B)\}\cap\{(A-B)^C\cap(A\cup B)\}=A$

일 때, 다음 중 항상 옳은 것은?

① $A\cap B=B$ ② $A^C\subset B^C$
③ $A-B=\varnothing$ ④ $A\cap(A\cup B)=\varnothing$
⑤ $A\cup(A^C\cap B^C)=A$

21 서술형

자연수 전체의 집합의 두 부분집합

$A=\{a-2, 3, a^2-2a+2\}$, $B=\{2, a^2-2a\}$

에 대하여 $A\cap B=\{3\}$일 때, 집합 $(A^C\cup B)^C\cup(A^C\cup B^C)^C$의 모든 원소의 합을 구하시오.

22

다항식 $f(x)$, $g(x)$에 대하여 실수 전체의 집합의 세 부분집합 A, B, C를

$A=\{x|f(x)=0\}$, $B=\{x|g(x)=0\}$,
$C=\{x|\{f(x)+g(x)\}^3=\{f(x)\}^3+\{g(x)\}^3\}$

라 하자. 두 집합 A, B가 다음 조건을 만족시킬 때, $n(C)$의 최솟값을 구하시오.

> (가) $n(A)=5$, $n(B)=4$
> (나) $\{(A\cup B)\cap(B-A)^C\}\cup B\neq A$

23

전체집합 $U=\{x|x$는 1000 이하의 자연수$\}$의 세 부분집합 A, B, C가 다음 조건을 만족시킬 때, $n(A^C\cap B^C)$의 값을 구하시오.

> (가) $A=\{x|x$는 1000의 약수$\}$
> (나) $C=\{x|x$는 2의 배수$\}$
> (다) $(A\cap B^C)\cup(A^C\cap B)=C$

대표 **24** 유형❻ 배수 또는 약수로 이루어진 집합

100 이하의 자연수 n에 대하여 두 집합

$A_n=\{x|x$는 n의 약수$\}$, $B=\{2, 3, 5, 9, 10\}$

일 때, **보기**에서 옳은 것만을 있는 대로 고른 것은?

보기

ㄱ. $A_n\cap B=\{3, 5\}$를 만족시키는 n의 값은 15뿐이다.
ㄴ. $A_n\cap B=\{2, 3, 9\}$일 때, n의 최솟값은 18이다.
ㄷ. $n(A_n\cap B)=4$를 만족시키는 n의 개수는 2이다.

① ㄱ ② ㄴ ③ ㄷ
④ ㄱ, ㄷ ⑤ ㄴ, ㄷ

25

자연수 n에 대하여 집합

$A_n=\{x|x$는 n의 양의 약수$\}$

일 때, $n(A_p)=n(A_q)=n(A_r)=4$이다. 집합 $A_q\cap A_r$의 모든 원소의 합이 최소가 될 때, 집합 $A_p\cup A_q\cup A_r$의 모든 원소의 합의 최솟값은?

(단, p, q, r는 서로 다른 자연수이다.)

① 36 ② 38 ③ 40
④ 42 ⑤ 44

26

두 집합 A_k, B_k를

$A_k=\{x|x$는 k의 배수$\}$, $B_k=\{x|x$는 k의 약수$\}$

라 할 때, 다음 조건을 만족시키는 모든 자연수 k의 값의 합을 구하시오.

(가) $(A_6\cap A_9)\subset A_k$
(나) $n(B_{2k}\cap B_{3k})\geq 4$

27

집합 A_n을

$A_n=\{x|x$는 n의 배수$\}$

라 하자. $(A_n\cap A_4)\subset A_{2n}$이고, $100\notin(A_4-A_n)$이 되도록 하는 100 이하의 자연수 n의 개수를 구하시오.

대표 **28** 유형❼ 대칭차집합

전체집합 U의 두 부분집합 A, B에 대하여 연산 $\circ$를 $A\circ B=(A\cap B^C)\cup(A^C\cap B)$로 정의할 때, **보기**에서 항상 옳은 것만을 있는 대로 고른 것은?

보기

ㄱ. $A\circ\varnothing=A^C$
ㄴ. $(A\circ A)\circ A=A$
ㄷ. $(A\circ B)\cap C=(A\cap C)\circ(B\cap C)$

① ㄱ ② ㄴ ③ ㄷ
④ ㄴ, ㄷ ⑤ ㄱ, ㄴ, ㄷ

29 빈출

전체집합 U의 두 부분집합 A, B에 대하여

$(A\cup B)-(A\cap B)=A-B$

가 성립할 때, **보기**에서 항상 옳은 것만을 있는 대로 고른 것은?

보기

ㄱ. $B=\varnothing$ ㄴ. $A\cup B=B$
ㄷ. $A\cup B^C=U$

① ㄱ ② ㄷ ③ ㄱ, ㄷ
④ ㄴ, ㄷ ⑤ ㄱ, ㄴ, ㄷ

30

x에 대한 부등식 $x+a-3>0$이 모든 양수 x에 대하여 성립하도록 하는 실수 a의 집합을 A라 하고, x에 대한 이차부등식 $x^2+ax+a>0$이 모든 실수 x에 대하여 성립하도록 하는 실수 a의 집합을 B라 할 때, $(A\cup B)-(A\cap B)$를 바르게 나타낸 것은?

① $\{a\,|\,0<a<3$ 또는 $a\geq 4\}$ ② $\{a\,|\,0\leq a<3$ 또는 $a\geq 4\}$
③ $\{a\,|\,0<a\leq 3$ 또는 $a>4\}$ ④ $\{a\,|\,0<a\leq 3$ 또는 $a\geq 4\}$
⑤ $\{a\,|\,0\leq a\leq 3$ 또는 $a\geq 4\}$

31

신유형

전체집합 U의 세 부분집합 A, B, C가 있다. 연산 ★를 $A★B=(A\cup B)\cap(A\cap B)^C$로 정의할 때, 세 집합 A, B, C를 다음과 같이 한 집합씩 순서대로 연산을 시행한다. 이때 $X_n=A$를 만족시키는 모든 자연수 n의 값의 합을 구하시오. (단, $2\leq n\leq 30$)

$X_1=A$
$X_2=A★B$
$X_3=A★B★C$
$X_4=A★B★C★A$
$X_5=A★B★C★A★B$
⋮

대표 유형⑧ 유한집합의 원소의 개수

32

어느 회사의 사원 50명 중에서 세 편의 영화 A, B, C를 관람한 사원은 각각 27명, 18명, 22명이었고, 세 편의 영화를 모두 관람한 사원은 8명이었다. 이 회사의 모든 사원들이 적어도 한 편의 영화를 관람하였다고 할 때, 한 편의 영화만 관람한 사원의 수를 구하시오.

33

전체집합 $U=\{x\,|\,x$는 200 이하의 자연수$\}$의 두 부분집합
$A=\{x\,|\,x\neq 7n+2\}$, $B=\{x\,|\,x\neq 5n-1\}$
에 대하여 $n(A\cap B)$의 값을 구하시오.
(단, n은 자연수이다.)

34

다음은 어느 고등학교의 학생 200명을 대상으로 세 곳의 교육여행 장소인 경상도, 전라도, 제주도 중에서 가고 싶은 장소를 선택하는 설문조사를 한 결과이다.

(가) 경상도를 선택한 학생은 80명, 전라도를 선택한 학생은 100명이다.
(나) 경상도와 전라도 중에서 어느 곳도 선택하지 않은 학생은 40명이다.
(다) 제주도만 선택한 학생은 20명이다.

경상도와 전라도를 모두 선택한 학생은 a명이고, 3개의 장소 중에서 어느 것도 선택하지 않은 학생은 b명일 때, ab의 값을 구하시오.

35

학생 110명이 국어, 영어, 수학 시험을 보는데, 국어를 합격한 사람은 92명, 영어를 합격한 사람은 75명, 수학을 합격한 사람은 63명이고, 국어와 영어를 모두 합격한 사람은 65명, 국어와 수학을 모두 합격한 사람은 54명, 영어와 수학을 모두 합격한 사람은 48명이다. 세 과목 모두 합격한 학생 수의 최솟값은?

① 36 ② 37 ③ 38
④ 39 ⑤ 40

01

자연수 k에 대하여 집합 A_k를

$$A_k=\{x\,|\,4kx-[4kx]=0,\ 0\le x\le 1\}$$

로 정의할 때, 집합 $A_1\cap A_2\cap A_3\cap A_4$의 부분집합의 개수를 구하시오. (단, $[x]$는 x보다 크지 않은 최대의 정수이다.)

02

전체집합 $U=\{1,\ 2,\ 3,\ 4\}$의 두 부분집합 A, B에 대하여 $X(A,\ B)=\left\{i^m+\left(\frac{1}{i}\right)^k \middle|\, m\in A,\ k\in B\right\}$로 정의할 때, **보기**에서 옳은 것만을 있는 대로 고른 것은? (단, $i=\sqrt{-1}$)

보기

ㄱ. $A=\{1\}$, $B=\{1,\ 2\}$이면 $X(A,\ B)=\{0,\ -1+i\}$이다.

ㄴ. $n(X(A,\ B))\le n(A)n(B)$

ㄷ. $n(X(A,\ B))$의 최댓값은 12이다.

① ㄱ ② ㄴ ③ ㄱ, ㄴ
④ ㄴ, ㄷ ⑤ ㄱ, ㄴ, ㄷ

03

진학고등학교 1학년 학생을 대상으로 축구, 농구, 야구 세 종목에 대한 선호도를 조사하였더니 축구를 좋아하는 학생이 전체의 64 %, 농구를 좋아하는 학생이 전체의 52 %, 야구를 좋아하는 학생이 전체의 38 %이었다. 이들 중에서 한 종목만 좋아하는 학생이 전체의 46 %, 세 종목 모두 좋아하는 학생이 전체의 12 %일 때, 세 종목 모두 좋아하지 않는 학생은 12명이었다. 이때 두 종목만 좋아하는 학생의 수를 구하시오.

04

전체집합 $U=\{x\,|\,x$는 20 이하의 자연수$\}$의 부분집합

$$A_k=\{x\,|\,x(y-k)=30,\ y\in U\},\ B=\left\{x \,\middle|\, \frac{30-x}{5}\in U\right\}$$

에 대하여 $n(A_k\cap B^C)=1$이 되도록 하는 모든 자연수 k의 개수는? [2019년 교육청]

① 3 ② 5 ③ 7
④ 9 ⑤ 11

05

전체집합 $U=\{x\,|\,x$는 50 이하의 자연수$\}$의 부분집합 A가 다음 조건을 만족시킬 때, $n(A)$의 최댓값을 구하시오.

> $x\in A$, $y\in A$인 서로 다른 두 자연수 x, y에 대하여 $x+y$는 5의 배수가 아니다.

06

모든 자연수 k에 대하여 $(3k+2)$개의 연속한 자연수를 원소로 가지는 집합 A_k가 다음 조건을 만족시킨다.

> (가) $A_1=\{1,\ 2,\ 3,\ 4,\ 5\}$
> (나) $n(A_k-A_{k+1})=2$
> (다) 집합 A_k의 원소 중에서 가장 작은 값을 a_k라 할 때, $a_{k+1}>a_k$이다.

$A_{30}\cap A_m\ne\varnothing$을 만족시키는 자연수 m의 최댓값을 구하시오.

07

집합 $S=\{x\,|\,x$는 9 이하의 자연수$\}$와 집합 S의 부분집합 X에 대하여 다음 조건을 만족시키는 집합 X의 개수를 구하시오.

> (가) 집합 X의 원소는 2개 이상이다.
> (나) 집합 X의 원소들끼리는 모두 서로소이다.

유형 1 집합의 원소의 합

출제경향 집합의 연산이나 연산 법칙을 이용하여 집합의 모든 원소의 합을 구하는 문제가 자주 출제된다.

공략비법 집합의 원소의 합
전체집합 U의 부분집합 A에 대하여 $S(A)$를 A에 속하는 모든 원소의 합이라 하면
(1) $S(A^C)=S(U)-S(A)$
(2) $A\subset B$이면 $S(A)\leq S(B)$
(3) $S(A\cup B)=S(A)+S(B)-S(A\cap B)$

1 대표 • 2022년 3월 교육청 19번 | 4점

두 자연수 k, m $(k\geq m)$에 대하여 전체집합
$U=\{x|x$는 k 이하의 자연수$\}$
의 두 부분집합 $A=\{x|x$는 m의 약수$\}$, B가 다음 조건을 만족시킨다.

> (가) $B-A=\{4, 7\}$, $n(A\cup B^C)=7$
> (나) 집합 A의 모든 원소의 합과 집합 B의 모든 원소의 합은 서로 같다.

집합 $A^C\cap B^C$의 모든 원소의 합은?

① 18 ② 19 ③ 20
④ 21 ⑤ 22

2 유사 • 2020년 11월 교육청 29번 | 4점

전체집합 $U=\{x|x$는 20 이하의 자연수$\}$의 두 부분집합 A, B가 다음 조건을 만족시킨다.

> (가) $n(A)=n(B)=8$, $n(A\cap B)=1$
> (나) 집합 A의 임의의 서로 다른 두 원소의 합은 9의 배수가 아니다.
> (다) 집합 B의 임의의 서로 다른 두 원소의 합은 10의 배수가 아니다.

집합 A의 모든 원소의 합을 $S(A)$, 집합 B의 모든 원소의 합을 $S(B)$라 할 때, $S(A)-S(B)$의 최댓값을 구하시오.

유형 2 유한집합의 원소의 개수

출제경향 실생활에 대한 조건을 식으로 세우고, 특정한 집합의 원소의 개수를 구하는 문제가 자주 출제된다.

공략비법 유한집합의 원소의 개수
주어진 집합의 개수에 따라 식을 세운다.
(1) 주어진 집합이 2개이면
$n(A\cup B)=n(A)+n(B)-n(A\cap B)$
(2) 주어진 집합이 3개이면
$n(A\cup B\cup C)=n(A)+n(B)+n(C)$
$-n(A\cap B)-n(B\cap C)-n(C\cap A)$
$+n(A\cap B\cap C)$

3 대표 • 2019년 3월 교육청 18번 | 4점

은행 A 또는 은행 B를 이용하는 고객 중 남자 35명과 여자 30명을 대상으로 두 은행 A, B의 이용 실태를 조사한 결과가 다음과 같다.

> (가) 은행 A를 이용하는 고객의 수와 은행 B를 이용하는 고객의 수의 합은 82이다.
> (나) 두 은행 A, B 중 한 은행만 이용하는 남자 고객의 수와 두 은행 A, B 중 한 은행만 이용하는 여자 고객의 수는 같다.

이 고객 중 은행 A와 은행 B를 모두 이용하는 여자 고객의 수는?

① 5 ② 6 ③ 7
④ 8 ⑤ 9

4 유사 • 2017년 3월 교육청 15번 | 4점

어느 학급 학생 30명을 대상으로 두 봉사 활동 A, B에 대한 신청을 받았다. 봉사 활동 A를 신청한 학생 수와 봉사 활동 B를 신청한 학생 수의 합이 36일 때, 봉사 활동 A, B를 모두 신청한 학생 수의 최댓값을 M, 최솟값을 m이라 하자. $M+m$의 값은?

① 18 ② 20 ③ 22
④ 24 ⑤ 26

02 명제

비법 노트

1등급 비법

Ⓐ 명제와 조건의 부정

(1) 명제의 부정
명제의 부정은 반드시 여집합 개념을 생각해야 한다.
이때 전체집합을 먼저 생각한다.

> 어떤 ←부정→ 모든, 그리고 ←부정→ 또는,
> $=$ ←부정→ $\neq$, $<(>)$ ←부정→ $\geq(\leq)$,
> 짝수 ←부정→ 홀수,
> 적어도 하나는 ~이다. ←부정→ 모두 ~가 아니다.,
> $x=y=z$ ←부정→ $x\neq y$ 또는 $y\neq z$ 또는 $z\neq x$

▶ STEP 1 | 03번

(2) '모든'이나 '어떤'을 포함한 명제의 부정
전체집합 U에 대하여 조건 p의 진리집합을 P라 하면
① '모든'이나 '어떤'을 포함한 명제의 참, 거짓
(i) $P=U$일 때,
'모든 x에 대하여 p이다.'는 참이다.
(ii) $P\neq\varnothing$일 때,
'어떤 x에 대하여 p이다.'는 참이다.
② '모든'이나 '어떤'을 포함한 명제의 부정
(i) '모든 x에 대하여 p이다.'의 부정은
'어떤 x에 대하여 $\sim p$이다.'이다.
(ii) '어떤 x에 대하여 p이다.'의 부정은
'모든 x에 대하여 $\sim p$이다.'이다.

▶ STEP 1 | 04번, 07번

Ⓑ 명제와 그 대우의 참, 거짓

두 조건 p, q의 진리집합을 각각 P, Q라 할 때, 명제 $p \longrightarrow q$가 참이면 $P\subset Q$가 성립한다.
이때 $P\subset Q$이면 $Q^C\subset P^C$이므로 명제 $\sim q \longrightarrow \sim p$도 참이다.
따라서 명제와 그 대우의 참, 거짓은 항상 일치한다.

Ⓒ 증명

명제가 참임을 증명할 때에는 먼저 명제를 가정과 결론으로 나누어 생각한다.

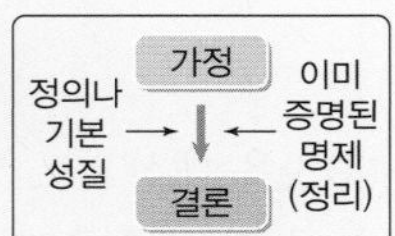

예 명제 '두 홀수 a, b의 합 $a+b$는 짝수이다.'를 가정과 결론으로 나누고 증명하면 다음과 같다.
가정 : 두 자연수 a, b가 모두 홀수이다.
결론 : 두 자연수 a, b의 합 $a+b$는 짝수이다.
증명 : 두 자연수 a, b가 모두 홀수이면
$a=2m-1$, $b=2n-1$ (m, n은 자연수)
로 나타낼 수 있다.
$a+b=(2m-1)+(2n-1)$
$=2(m+n-1)$
이고, $2(m+n-1)$은 짝수이므로 $a+b$는 짝수이다.
따라서 두 홀수 a, b의 합 $a+b$는 짝수이다.

명제, 조건과 진리집합

(1) 명제 : 참, 거짓을 명확하게 판별할 수 있는 문장이나 식
(2) 조건 : 포함하고 있는 미지수의 값에 따라 참, 거짓을 판별할 수 있는 문장이나 식
(3) 진리집합 : 전체집합의 원소 중에서 조건이 참이 되게 하는 모든 원소의 집합

명제와 조건의 부정 Ⓐ

(1) 명제나 조건 p에 대하여 'p가 아니다.'를 명제나 조건 p의 부정이라 하고, $\sim p$로 나타낸다.
참고 명제 p가 참이면 $\sim p$는 거짓이고, 명제 p가 거짓이면 $\sim p$는 참이다.
(2) 두 조건 p, q에 대하여
① $\sim(p$ 그리고 $q)$ ⇨ $\sim p$ 또는 $\sim q$
② $\sim(p$ 또는 $q)$ ⇨ $\sim p$ 그리고 $\sim q$
(3) 조건 p의 진리집합을 P라 할 때, $\sim p$의 진리집합은 P^C이다.
(4) $\sim p$의 부정은 $\sim(\sim p)$, 즉 p이다. ⇨ $(P^C)^C=P$

명제 $p \longrightarrow q$의 참, 거짓

(1) 두 조건 p, q에 대하여 명제 'p이면 q이다.'를 $p \longrightarrow q$로 나타낸다.
이때 p를 가정, q를 결론이라 한다.
(2) 두 조건 p, q의 진리집합을 각각 P, Q라 할 때,
① 명제 $p \longrightarrow q$가 참이면 $P\subset Q$이고, $P\subset Q$이면 명제 $p \longrightarrow q$는 참이다.
② 명제 $p \longrightarrow q$가 거짓이면 $P\not\subset Q$이고, $P\not\subset Q$이면 명제 $p \longrightarrow q$는 거짓이다.
참고 명제 $p \longrightarrow q$가 거짓임을 보이기 위해서는 조건 p는 만족시키지만 조건 q를 만족시키지 않는 반례를 제시하면 된다.

명제의 역, 대우 Ⓑ

(1) 명제 $p \longrightarrow q$에 대하여
① 역 : $q \longrightarrow p$
② 대우 : $\sim q \longrightarrow \sim p$
(2) 명제와 그 대우의 참, 거짓은 항상 일치한다.

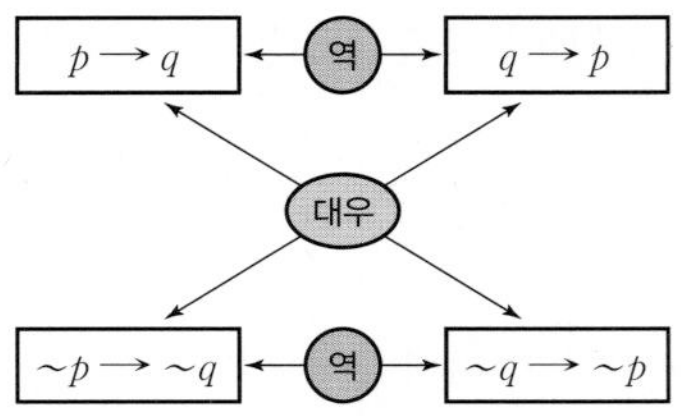

정의, 증명, 정리 Ⓒ

(1) 정의 : 용어의 뜻을 명확하게 정한 문장
예 소수의 정의는 '1보다 큰 자연수 중에서 1과 자기 자신만을 약수로 갖는 수'이다.
(2) 증명 : 정의나 명제의 가정 또는 이미 옳다고 밝혀진 성질을 이용하여 어떤 명제가 참임을 논리적으로 밝히는 과정
(3) 정리 : 참임이 증명된 명제 중에서 기본이 되는 것 또는 다른 명제를 증명할 때 이용할 수 있는 것
예 피타고라스 정리, 인수정리, 나머지정리

증명법 D

(1) 대우를 이용한 증명법 : 명제 $p \longrightarrow q$가 참이면 그 대우 $\sim q \longrightarrow \sim p$도 참임을 이용하여 어떤 명제가 참임을 보이는 증명 방법

(2) 귀류법 : 명제 또는 명제의 결론을 부정하면 모순이 생긴다는 것을 보임으로써 원래 명제가 참임을 보이는 증명 방법

충분조건과 필요조건 E F

(1) 명제 $p \longrightarrow q$가 참이면 $p \Longrightarrow q$로 나타낸다.

(2) $p \Longrightarrow q$일 때 p는 q이기 위한 충분조건, q는 p이기 위한 필요조건이라 한다.

(3) $p \Longrightarrow q$, $q \Longrightarrow p$일 때 $p \Longleftrightarrow q$로 나타내고, p는 q이기 위한 필요충분조건, q는 p이기 위한 필요충분조건이라 한다.

부등식의 증명 G

(1) 두 수 또는 두 식의 차를 이용 (일반적인 경우)

① $A-B>0 \Longleftrightarrow A>B$　② $A-B=0 \Longleftrightarrow A=B$　③ $A-B<0 \Longleftrightarrow A<B$

(2) 두 수 또는 두 식의 제곱의 차를 이용 : $A>0$, $B>0$일 때, (절댓값, 제곱근 기호가 포함된 경우)

① $A^2-B^2>0 \Longleftrightarrow A>B$　② $A^2-B^2=0 \Longleftrightarrow A=B$　③ $A^2-B^2<0 \Longleftrightarrow A<B$

(3) 두 수 또는 두 식의 비를 이용 : $A>0$, $B>0$일 때, (거듭제곱으로 표현된 경우)

① $\frac{A}{B}>1 \Longleftrightarrow A>B$　② $\frac{A}{B}=1 \Longleftrightarrow A=B$　③ $\frac{A}{B}<1 \Longleftrightarrow A<B$

절대부등식과 조건부등식 H

(1) 절대부등식과 조건부등식

① 절대부등식 : 미지수가 어떤 실수값을 갖더라도 항상 성립하는 부등식 예 $x^2-x+1>0$

② 조건부등식 : 미지수가 어떤 특정한 범위의 실수값을 가질 때에만 성립하는 부등식 예 $x^2-x-2>0$

(2) 여러 가지 절대부등식 (등호가 포함된 절대부등식을 증명할 때에는 등호가 성립하는 조건을 확인한다.)

a, b, c가 실수일 때

① $a^2 \pm ab+b^2 \geq 0$ (단, 등호는 $a=b=0$일 때 성립)

② $a^2+b^2+c^2-ab-bc-ca \geq 0$ (단, 등호는 $a=b=c$일 때 성립)

③ $a>0$, $b>0$, $c>0$이면

$a^3+b^3+c^3 \geq 3abc$ (단, 등호는 $a=b=c$일 때 성립)

④ $|a|+|b| \geq |a+b|$ (단, 등호는 $ab \geq 0$일 때 성립)

⑤ $|a+b| \geq |a|-|b|$

⑥ 산술평균과 기하평균의 관계 : $a>0$, $b>0$일 때,

$\frac{a+b}{2} \geq \sqrt{ab}$ (단, 등호는 $a=b$일 때 성립) (산술평균, 기하평균)

⑦ 코시-슈바르츠의 부등식 : a, b, x, y가 실수일 때,

$(a^2+b^2)(x^2+y^2) \geq (ax+by)^2$ $\left(\text{단, 등호는 } \frac{x}{a}=\frac{y}{b}\text{일 때 성립}\right)$

비법 노트

D 증명법의 활용

(1) 대우를 이용한 증명법

명제 $p \longrightarrow q$가 참임을 직접 증명하는 것보다 이 명제의 대우 $\sim q \longrightarrow \sim p$가 참임을 증명하는 것이 보다 쉬운 경우에 사용한다. ▶ STEP 1 | 09번

예 명제 '자연수 n에 대하여 n^2이 짝수이면 n도 짝수이다.'는 직접 증명하는 방법도 있지만, 이 명제의 대우 '자연수 n에 대하여 n이 홀수이면 n^2도 홀수이다.'를 증명하는 것이 보다 쉽다.

(2) 귀류법

어떤 명제를 증명할 때, 가정으로부터 결론을 직접 이끌어 내는 것보다 명제 또는 명제의 결론을 부정한 다음 모순이 생기는 것을 보이는 것이 쉬운 경우에 사용한다. ▶ STEP 2 | 13번

예 명제 '$\sqrt{2}$는 유리수가 아니다.'의 증명은 이 명제의 부정 '$\sqrt{2}$는 유리수이다.'라 할 때 모순이 생기는 것을 보임으로써 원래 명제가 참임을 보인다.

E 충분조건, 필요조건과 진리집합의 관계

두 조건 p, q의 진리집합을 각각 P, Q라 할 때,

$P \subset Q \Longleftrightarrow p$는 q이기 위한 충분조건

$\Longleftrightarrow q$는 p이기 위한 필요조건

$P=Q \Longleftrightarrow p$와 q는 서로 필요충분조건 ▶ STEP 2 | 19번

중요

F 삼단논법

세 조건 p, q, r의 진리집합을 각각 P, Q, R라 할 때,

$P \subset Q$, $Q \subset R$이면 $P \subset R$이므로

$p \Longrightarrow q$, $q \Longrightarrow r$이면 $p \Longrightarrow r$ ▶ STEP 2 | 23번

G 부등식의 증명에 자주 이용되는 실수의 성질

임의의 실수 a, b에 대하여

(1) $a>b \Longleftrightarrow a-b>0$

(2) $a^2 \geq 0$, $a^2+b^2 \geq 0$

(3) $a^2+b^2=0 \Longleftrightarrow a=b=0$

(4) $|a|^2=a^2$, $|ab|=|a||b|$

(5) $a>0$, $b>0$일 때,

$a>b \Longleftrightarrow a^2>b^2 \Longleftrightarrow \sqrt{a}>\sqrt{b}$

H 절대부등식의 활용

(1) 산술평균과 기하평균의 관계를 이용하는 경우

두 양수에 대하여

① 합이 일정할 때, 곱의 최댓값을 구하는 경우

② 곱이 일정할 때, 합의 최솟값을 구하는 경우 ▶ STEP 2 | 34번

(2) 코시-슈바르츠의 부등식을 이용하는 경우

① 제곱의 합이 일정할 때, 일차식의 최대, 최소를 구하는 경우

② 일차식의 합이 일정할 때, 제곱의 합의 최솟값을 구하는 경우 ▶ STEP 2 | 37번

01 명제의 정의

다음 **보기**에서 명제인 것의 개수는?

보기

ㄱ. $\sqrt{3}+\sqrt{7}=\sqrt{10}$
ㄴ. $x+3>5$
ㄷ. 이등변삼각형에서 꼭지각의 이등분선은 꼭지각의 대변을 수직이등분한다.
ㄹ. a가 자연수이면 $2a$도 자연수이다.
ㅁ. 수학은 영어보다 재미있는 과목이다.

① 1 ② 2 ③ 3
④ 4 ⑤ 5

02 조건과 진리집합

전체집합 U가 정수 전체의 집합일 때, 두 조건

$p : x^2-3x-18<0,\ q : 4x-7>0$

의 진리집합을 각각 P, Q라 하자. 이때 $n(P\cap Q)$의 값을 구하시오.

03 조건의 부정

세 실수 x, y, z에 대하여 조건 '$x^2+y^2+z^2=0$'의 부정과 같은 것은?

① $x=y=z=0$
② $x=0$ 또는 $y=0$ 또는 $z=0$
③ $x\neq0$이고 $y=0$이고 $z=0$
④ $x\neq0$ 또는 $y\neq0$ 또는 $z\neq0$
⑤ $x\neq0$이고 $y\neq0$이고 $z\neq0$

04 '모든'이나 '어떤'을 포함한 명제의 부정

명제 '$x>3$인 어떤 실수 x에 대하여 $x^2-9>0$이다.'의 부정은?

① $x\leq3$인 어떤 실수 x에 대하여 $x^2-9\leq0$이다.
② $x\leq3$인 모든 실수 x에 대하여 $x^2-9\leq0$이다.
③ $x>3$인 어떤 실수 x에 대하여 $x^2-9\leq0$이다.
④ $x>3$인 모든 실수 x에 대하여 $x^2-9\leq0$이다.
⑤ $x<3$인 모든 실수 x에 대하여 $x^2-9>0$이다.

05 명제 $p \longrightarrow q$의 참, 거짓

두 실수 x, y에 대하여 다음 명제 중에서 참인 것은?

① $x^2=1$이면 $x=1$이다.
② x가 실수이면 $x^2>0$이다.
③ $xy>1$이고 $0<y\leq1$이면 $x>1$이다.
④ x가 무리수이면 x^2은 유리수이다.
⑤ $x>y$이면 $x^2>y^2$이다.

06 명제와 진리집합 사이의 관계

전체집합 U에 대하여 두 조건 p, q의 진리집합을 각각 P, Q라 하자. 명제 '$p \longrightarrow \sim q$'가 참일 때, 다음 중 옳은 것은?

① $P\cap Q=P$ ② $P\cup Q=U$ ③ $P\cap Q^C=P$
④ $P^C\cup Q=P$ ⑤ $P^C\cap Q=\varnothing$

07 '모든'이나 '어떤'을 포함한 명제의 참, 거짓

명제

'모든 실수 x에 대하여 $x^2+4kx+3k^2-2k+3\geq0$이다.'

가 거짓이 되도록 하는 자연수 k의 최솟값을 구하시오.

08 명제의 역, 대우

두 실수 x, y에 대하여 **보기**에서 명제와 그 역, 대우가 모두 참인 것만을 있는 대로 고른 것은?

보기

ㄱ. $x^2-y^2=0$이면 $x=y$이다.
ㄴ. $x-2=0$이면 $x^2-4=0$이다.
ㄷ. $xy\neq0$이면 $x\neq0$이고 $y\neq0$이다.

① ㄱ ② ㄴ ③ ㄷ
④ ㄱ, ㄴ ⑤ ㄴ, ㄷ

09 대우를 이용한 증명

다음은 자연수 n에 대하여 n^2이 짝수이면 n도 짝수임을 증명한 것이다.

증명

주어진 명제의 $\boxed{①}$는
'자연수 n에 대하여 n이 홀수이면 n^2도 $\boxed{②}$이다.'이다.
n이 홀수이면
$n=\boxed{③}$ (k는 $\boxed{④}$ 또는 자연수)로 나타낼 수 있다.
이때 n^2의 값을 구하면
$n^2=(\boxed{③})^2=4k^2+4k+1=2(\boxed{⑤})+1$이고,
$2(\boxed{⑤})$는 $\boxed{④}$ 또는 짝수이므로 n^2은 $\boxed{②}$이다.
따라서 주어진 명제의 $\boxed{①}$가 참이므로 주어진 명제도 참이다.

①~⑤에 들어갈 내용으로 바르게 짝지어지지 않은 것은?

① 대우 ② 홀수 ③ $2k+1$
④ -1 ⑤ $2k^2+2k$

10 충분조건과 필요조건

실수 x에 대하여 세 조건 p, q, r가

p : $-1\le x\le 3$ 또는 $x\ge 5$,
q : $x\ge a$,
r : $x\ge b$

일 때, q는 p이기 위한 필요조건이고, r는 p이기 위한 충분조건이다. 이때 a의 최댓값과 b의 최솟값의 합을 구하시오.
(단, a, b는 실수이다.)

11 삼단논법

세 조건 p, q, r에 대하여 다음 추론 중 항상 옳은 것은?

① $p\Longrightarrow\sim q$, $r\Longrightarrow q$이면 $p\Longrightarrow r$이다.
② $p\Longrightarrow q$, $\sim r\Longrightarrow\sim q$이면 $p\Longrightarrow\sim r$이다.
③ $p\Longrightarrow\sim q$, $\sim r\Longrightarrow q$이면 $\sim p\Longrightarrow r$이다.
④ $q\Longrightarrow\sim p$, $\sim q\Longrightarrow r$이면 $p\Longrightarrow r$이다.
⑤ $q\Longrightarrow p$, $\sim q\Longrightarrow\sim r$이면 $p\Longrightarrow\sim r$이다.

12 삼단논법의 활용

어느 학급에서 대표를 선출하기 위하여 네 명의 후보 A, B, C, D에게 투표한 후 다음과 같은 사실을 알게 되었다.

(가) 두 명의 학생이 대표로 선출되었다.
(나) A가 대표가 되었다면 C도 대표가 되었다.
(다) B가 대표가 되지 않았다면 C도 대표가 되지 않았다.
(라) A가 대표가 되지 않았다면 D도 대표가 되지 않았다.

다음 중 대표로 선출된 두 사람을 바르게 고른 것은?

① A, C ② A, D ③ B, C
④ B, D ⑤ C, D

13 절대부등식

서로 다른 세 실수 a, b, c에 대하여 **보기**에서 옳은 것만을 있는 대로 고른 것은?

보기

ㄱ. $a^2-\frac{ab}{2}+\frac{b^2}{2}>0$
ㄴ. $|a-b|>||a|-|b||$
ㄷ. $a^2+b^2+c^2>ab+bc+ca$

① ㄱ ② ㄱ, ㄴ ③ ㄱ, ㄷ
④ ㄴ, ㄷ ⑤ ㄱ, ㄴ, ㄷ

14 산술평균과 기하평균의 관계

그림과 같이 점 (a, b)가 제1사분면에 있는 곡선 $y=\frac{6}{x}$ 위의 점일 때, $2a+3b$의 최솟값을 구하시오.

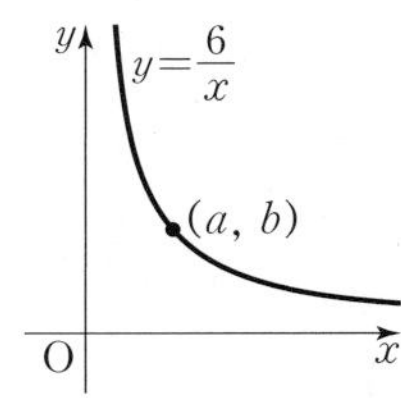

15 코시-슈바르츠의 부등식

$x^2+y^2=1$을 만족시키는 두 실수 x, y에 대하여 $3x+4y$의 최댓값과 최솟값을 각각 M, m이라 할 때, $M-m$의 값은?

① 5 ② 10 ③ 13
④ 17 ⑤ 20

정답과 해설 pp.23~27

대표 01 유형❶ 명제 $p \longrightarrow q$의 참, 거짓

세 실수 a, b, c에 대하여 **보기**에서 참인 명제만을 있는 대로 고른 것은?

보기

ㄱ. $a>0$, $b>0$, $2ab>1$이면 $a^2+b^2>1$이다.
ㄴ. $a>0$, $b>0$, $a^2+b^2>1$이면 $2ab>1$이다.
ㄷ. $a+b$, $b+c$, $c+a$가 모두 0이면 a, b, c는 모두 0이다.

① ㄱ ② ㄱ, ㄴ ③ ㄱ, ㄷ
④ ㄴ, ㄷ ⑤ ㄱ, ㄴ, ㄷ

02 신유형

세 집합 A, B, C에 대하여 다음 세 명제 p, q, r가 모두 참이다.

p : $x\in A$이면 $x\in C$이다.
q : $x\in B$이면 $x\notin A$이다.
r : $x\notin C$이면 $x\notin B$이다.

$n(A)=14$, $n(B)=10$, $n(C)=30$일 때, $n(C-(A\cup B))$를 구하시오.

03

그림에서 사각형 ABCD는 한 변의 길이가 $\sqrt{2}$인 정사각형이고, $\overline{AC}=\overline{AE}$이다. 수직선 위의 세 점 A, B, E에 대응하는 수를 각각 p, q, r라 할 때, **보기**에서 참인 명제만을 있는 대로 고른 것은?

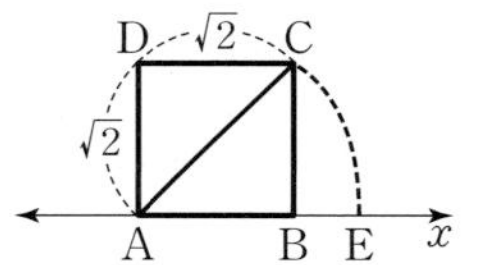

보기

ㄱ. p가 유리수이면 q는 무리수, r는 유리수이다.
ㄴ. p가 무리수이면 q는 무리수, r는 무리수이다.
ㄷ. q가 유리수이면 r는 무리수이다.

① ㄱ ② ㄱ, ㄴ ③ ㄱ, ㄷ
④ ㄴ, ㄷ ⑤ ㄱ, ㄴ, ㄷ

대표 04 유형❷ 진리집합의 포함 관계

전체집합 U의 임의의 부분집합을 X라 하고, 두 조건 p, q의 진리집합을 각각 P, Q라 하자.
$(X\cup P^C)\cap(X^C\cap Q)=\varnothing$가 성립할 때, 다음 중 항상 참인 명제는?

① $p \longrightarrow q$ ② $p \longrightarrow \sim q$ ③ $q \longrightarrow p$
④ $q \longrightarrow \sim p$ ⑤ $\sim q \longrightarrow p$

05

전체집합 $U=\{x|x$는 자연수$\}$에서 정의된 두 조건 p, q가 다음과 같을 때, 명제 '$\sim q$이면 p이다.'가 거짓임을 보이는 원소의 개수를 구하시오.

p : $\sqrt{3x}$는 자연수가 아니다.
q : $x>200$

06

전체집합 U에 대하여 세 조건 p, q, r의 진리집합을 각각 P, Q, R라 할 때, **보기**에서 명제 $p \longrightarrow \sim q$가 참이 되도록 하는 세 집합 P, Q, R 사이의 관계인 것만을 있는 대로 고른 것은? (단, 세 집합 P, Q, R는 모두 공집합이 아니다.)

보기

ㄱ. $(P\cap R)\cup(R-Q)=\varnothing$
ㄴ. $(P\cap R)\cup(Q-R)=\varnothing$
ㄷ. $P\cap R^C=\varnothing$, $Q^C\cup R=U$

① ㄱ ② ㄴ ③ ㄱ, ㄴ
④ ㄴ, ㄷ ⑤ ㄱ, ㄴ, ㄷ

대표 07 유형❸ 명제가 참이 되도록 하는 미지수의 값 구하기

실수 x에 대하여 두 조건 p, q가

$$p : |x-1|+|x-3|<k,\ q : -6<x<8$$

일 때, 명제 $p \longrightarrow q$가 참이 되도록 하는 실수 k의 최댓값을 구하시오.

08

실수 x에 대한 두 조건

$p : x^2-x-6<0$,

$q : x^2+(6-3a)x+2a^2-10a+8\geq 0$

이 모두 참이 되도록 하는 정수 x가 오직 하나 존재할 때, 모든 정수 a의 값의 합을 구하시오.

09

좌표평면 위에 두 점 A$(-1, 3)$, B$(1, -3)$과 집합 $C=\{(x, y)\,|\,3|x|+|y|=k\}$가 나타내는 도형이 있다. 명제 '집합 C에 속하는 어떤 점 P에 대하여 $\angle\text{APB}=90^\circ$이다.'가 참이 되도록 하는 자연수 k의 개수를 구하시오.

대표 10 유형④ 명제의 역, 대우

두 실수 a, b에 대하여 **보기**에서 역은 참이고 대우는 거짓인 명제만을 있는 대로 고른 것은?

보기

ㄱ. $a^2+b^2=0$이면 $|a|+|b|=0$이다.
ㄴ. $a^2=b^2$이면 $a^3=b^3$이다.
ㄷ. $a+b$가 짝수이면 a, b는 모두 짝수이다.

① ㄱ ② ㄴ ③ ㄷ
④ ㄴ, ㄷ ⑤ ㄱ, ㄴ, ㄷ

11

실수 x에 대하여 명제 '$2x-1<0$이면 $4x+1<a$이다.'의 역이 참일 때, 실수 a의 최댓값을 구하시오.

12

1등급

두 조건 a, b에 대하여 $f(a, b)$를

$$f(a, b)=\begin{cases} 1 & (\text{명제 } a \longrightarrow b\text{의 대우와 역이 모두 참일 때}) \\ 0 & (\text{명제 } a \longrightarrow b\text{의 대우와 역이 모두 거짓일 때}) \\ -1 & (\text{명제 } a \longrightarrow b\text{의 대우 또는 역 둘 중 하나만 참일 때}) \end{cases}$$

이라 하자. 세 조건 p, q, r에 대하여 $f(p, q)f(q, r)=-1$일 때, 가능한 $f(p, r)$의 값을 구하시오.

대표 13 유형⑤ 명제의 증명

다음은 자연수 n에 대하여 $\sqrt{n^2+n+1}$이 유리수가 아님을 증명한 것이다.

증명

$\sqrt{n^2+n+1}$이 유리수라고 가정하면

$\sqrt{n^2+n+1}=\dfrac{q}{p}$ (p, q는 서로소인 자연수)라 할 수 있다.

이 식의 양변을 제곱하여 정리하면

$p^2(n^2+n+1)=q^2$이다.

이때 q^2은 p의 배수이고, p, q는 서로소인 자연수이므로

$n(n+1)=$ (가) 이다.

자연수 k에 대하여

(i) $q=2k$일 때, $(2k+1)\times($ (나) $)$는 연속한 두 자연수의 곱이 아니므로 자연수 n은 존재하지 않는다.

(ii) $q=2k+1$일 때, $2k\times($ (다) $)$는 연속한 두 자연수의 곱이 아니므로 자연수 n은 존재하지 않는다.

(i), (ii)에서 $\sqrt{n^2+n+1}=\dfrac{q}{p}$ (p, q는 서로소인 자연수)를 만족시키는 자연수 n은 존재하지 않는다.

따라서 $\sqrt{n^2+n+1}$은 유리수가 아니다.

위의 (가), (나), (다)에 알맞은 식을 각각 $f(q)$, $g(k)$, $h(k)$라 할 때, $\dfrac{g(5)h(6)}{f(10)}$의 값은?

① $\dfrac{10}{11}$ ② $\dfrac{12}{11}$ ③ $\dfrac{14}{11}$
④ $\dfrac{16}{11}$ ⑤ $\dfrac{18}{11}$

14

명제 '자연수 n에 대하여 n^2+2가 3의 배수가 아니면 n은 3의 배수이다.'가 참임을 대우를 이용하여 증명하시오.

15

다음은 정의역과 공역이 모두 자연수인 함수 f가 아래 조건을 만족시킬 때, 모든 자연수 n에 대하여 $f(n)>n$이 성립함을 증명한 것이다.

> (가) $f(n+1)>f(n)$
> (나) $f(n+f(m))=f(n)+m+1$

증명

(i) $f(1)=1$이라 가정하자.
조건 (나)의 식의 양변에 $n=1$, $m=1$을 대입하면
$f(1+f(1))=f(1)+1+1$ $\therefore f(2)=3$
같은 방법으로 $f(3)=$ ㉠
조건 (나)의 식의 양변에
$n=1$, $m=2$를 대입하면 $f(4)=4$,
$n=3$, $m=1$을 대입하면 $f(4)=$ ㉡
따라서 $f(4)$의 값이 정의되지 않으므로 모순이다.
즉, $f(1)\neq1$이다.

(ii) $f(n)\leq n$을 만족시키는 어떤 자연수 n $(n\geq2)$이 존재한다고 가정하자.
자연수 n에 대하여 $n-1<n$이고 조건 (가)에 의하여
$f(n-1)<f(n)\leq n$
이므로
$f(n-1)\leq$ ㉢
⋮
(중략)
따라서 $f(1)\leq1$이고 f의 정의역과 공역이 모두 자연수이므로 $f(1)=1$이다.
이것은 (i)에 의하여 모순이다.

(i), (ii)에서 모든 자연수 n에 대하여 $f(n)>n$이 성립한다.

위의 ㉠, ㉡, ㉢에 알맞은 것을 각각 p, q, $g(n)$이라 할 때, $g(p+q)$의 값은?

① 7 ② 9 ③ 11
④ 13 ⑤ 15

대표 유형❻ 충분조건과 필요조건

16

두 실수 x, y와 세 집합 A, B, C에 대하여 **보기**에서 p가 q이기 위한 필요조건이지만 충분조건이 아닌 것만을 있는 대로 고른 것은?

보기

ㄱ. $p: xy>0$ $q: x>0,\ y>0$
ㄴ. $p: x<y$ $q: |x-y|>x-y$
ㄷ. $p: A\cap B\cap C=A\cap B$ $q: A\cup B\cup C=C$

① ㄱ ② ㄱ, ㄴ ③ ㄱ, ㄷ
④ ㄴ, ㄷ ⑤ ㄱ, ㄴ, ㄷ

17

서술형

두 조건 $p: x^2-x-2\neq0$, $q: ax-a>2x+1$에 대하여 p가 q이기 위한 필요조건이 되도록 하는 모든 정수 a의 값의 합을 구하시오.

18

실수 x에 대하여 두 조건

$p: x^2+x\neq0$, $q: x^4+x^3+ax^2+ax\neq0$

가 있다. p가 q이기 위한 필요충분조건이 되도록 하는 10 이하의 정수 a의 개수를 구하시오. (단, a는 상수이다.)

19

네 조건

p : x는 정수이다. q : x^2은 정수이다.
r : x^3은 정수이다. s : x^4은 정수이다.

에 대하여 **보기**에서 옳은 것만을 있는 대로 고른 것은?

보기

ㄱ. r는 s이기 위한 충분조건이다.
ㄴ. (p이고 r)는 q이기 위한 충분조건이다.
ㄷ. (p 또는 s)는 q이기 위한 필요조건이다.

① ㄴ ② ㄷ ③ ㄱ, ㄴ
④ ㄴ, ㄷ ⑤ ㄱ, ㄴ, ㄷ

20

두 자연수 a, b에 대하여 세 조건 p, q, r의 진리집합을 각각

$P=\{2\}$, $Q=\{a, a^2-7, ab+b\}$, $R=\{ab^2, b\}$

라 하자. p는 q이기 위한 충분조건이고, r는 p이기 위한 필요조건일 때, 모든 $a+b$의 값의 합을 구하시오.

21

세 조건 p, q, r에 대하여 p는 q이기 위한 필요조건이고, $\sim q$는 $\sim r$이기 위한 충분조건이다. 세 조건 p, q, r의 진리집합을 각각 P, Q, R라 할 때, 집합

$\{(P-Q)\cap R\}^C\cap(P\cap R^C)$을 간단히 한 것은?

(단, 집합 P, Q, R는 전체집합 U의 부분집합이다.)

① $\varnothing$ ② R ③ $P-R$
④ $Q\cap R$ ⑤ $P\cap Q\cap R$

대표 **유형❼ 삼단논법**

22

네 조건 p, q, r, s에 대하여 두 명제 $p \longrightarrow q$, $q \longrightarrow \sim r$가 모두 참이고, 명제 $\sim s \longrightarrow r$와 그 역이 모두 참일 때, 다음 중에서 반드시 참이라고 할 수 없는 것은?

① $\sim q \longrightarrow \sim p$ ② $p \longrightarrow \sim r$ ③ $q \longrightarrow s$
④ $\sim s \longrightarrow \sim p$ ⑤ $r \longrightarrow s$

23

네 조건 p, q, r, s를 만족시키는 공집합이 아닌 집합을 각각 P, Q, R, S라 하면

$Q-P=\varnothing$, $P\cup R^C=R^C$,
$(S\cup Q^C)^C\cup(S\cup R^C)^C=\varnothing$

이 성립할 때, **보기**에서 참인 명제만을 있는 대로 고른 것은?

보기

ㄱ. $q \longrightarrow s$
ㄴ. $s \longrightarrow p$
ㄷ. $r \longrightarrow \sim q$

① ㄱ ② ㄴ ③ ㄱ, ㄴ
④ ㄱ, ㄷ ⑤ ㄱ, ㄴ, ㄷ

대표 **유형❽ 삼단논법의 활용**

24

어느 휴대폰 제조 회사에서 휴대폰 판매량과 사용자 선호도에 대한 시장 조사를 하여 다음과 같은 결과를 얻었다.

(가) 10대, 20대에게 선호도가 높은 제품은 판매량이 많다.
(나) 가격이 싼 제품은 판매량이 많다.
(다) 기능이 많은 제품은 10대, 20대에게 선호도가 높다.

위의 결과로부터 추론한 내용으로 항상 옳은 것은?

① 기능이 많은 제품은 가격이 싸지 않다.
② 가격이 싸지 않은 제품은 판매량이 많지 않다.
③ 판매량이 많지 않은 제품은 기능이 많지 않다.
④ 10대, 20대에게 선호도가 높은 제품은 기능이 많다.
⑤ 10대, 20대에게 선호도가 높은 제품은 가격이 싸지 않다.

25

다음은 어느 통계 기관에서 고등학교 1학년 학생들을 대상으로 '과목별 흥미 관련도'와 관련한 설문을 통해 얻어낸 결과이다.

(가) 국어에 흥미가 있는 학생들은 영어에 흥미가 있는 것으로 나타났다.
(나) 영어에 흥미가 있는 학생들은 일본어에 흥미가 없는 것으로 나타났다.
(다) 중국어에 흥미가 없는 학생들은 일본어에 흥미가 있는 것으로 나타났다.

위의 결과를 통해 **보기**에서 항상 참인 것만을 있는 대로 고른 것은?

보기

ㄱ. 영어에 흥미가 없는 학생들은 중국어에 흥미가 없다.
ㄴ. 국어에 흥미가 있는 학생들은 일본어에 흥미가 없다.
ㄷ. 중국어에 흥미가 있는 학생들은 국어에 흥미가 있다.
ㄹ. 일본어에 흥미가 있는 학생들은 국어에 흥미가 있다.
ㅁ. 영어에 흥미가 없는 학생들은 국어에 흥미가 없다.

① ㄴ ② ㄱ, ㄷ ③ ㄴ, ㅁ
④ ㄹ, ㅁ ⑤ ㄴ, ㄹ, ㅁ

26

네 명의 피의자 A, B, C, D가 검사에게 다음과 같이 진술하였다.

A : C가 범인이다.	B : 나는 범인이 아니다.
C : D가 범인이다.	D : C는 거짓말을 했다.

한 명의 진술만이 참인 경우의 범인, 한 명의 진술만이 거짓인 경우의 범인을 차례대로 나열하시오.

(단, 범인은 위의 네 명 중에서 한 명뿐이다.)

대표

27

유형❾ 절대부등식과 증명

$x+y=2$를 만족시키는 두 양수 x, y에 대하여 **보기**에서 옳은 것만을 있는 대로 고른 것은?

보기

ㄱ. $xy\le 1$

ㄴ. $x^2+y^2\ge 2$

ㄷ. $\frac{1}{x}+\frac{1}{y}\le 1$

① ㄴ ② ㄷ ③ ㄱ, ㄴ
④ ㄱ, ㄷ ⑤ ㄱ, ㄴ, ㄷ

28

서술형

임의의 세 실수 a, b, c에 대하여 $a+b+c=6$일 때, 부등식 $a^2+b^2+c^2\ge ab+bc+ca$를 이용하여 $ab+bc+ca$의 최댓값을 구하시오.

29

두 실수 x, y에 대한 두 조건

$p : xy>0$, $q : |x+y|<|x|+|y|$

의 진리집합을 각각 P, Q라 할 때, 두 집합 P, Q의 포함 관계로 옳은 것은?

(단, 집합 P, Q는 전체집합 U의 부분집합이다.)

① $P\subset Q$ ② $Q\subset P$ ③ $P=Q$
④ $P\cup Q=U$ ⑤ $P\cap Q=\varnothing$

30

다음 중 **보기**에서 옳은 것만을 있는 대로 고른 것은?

보기

ㄱ. $-1<2a<1$일 때, $\frac{1}{a+1}\le 1-a$

ㄴ. $a<b<0$일 때, $a^2>b^2$

ㄷ. 세 실수 a, b, c $(c>a,\ c>b)$를 삼각형의 세 변의 길이라 할 때,

$\frac{a}{1+a}+\frac{b}{1+b}>\frac{c}{1+c}$

① ㄴ ② ㄱ, ㄴ ③ ㄱ, ㄷ
④ ㄴ, ㄷ ⑤ ㄱ, ㄴ, ㄷ

대표

31

유형❿ 산술평균과 기하평균의 관계

$x>0$, $y>0$, $z>0$일 때, $(x+y+z)\left(\frac{1}{2x+y}+\frac{1}{y+2z}\right)$의 최솟값을 구하고, 최솟값을 가질 때의 x, y, z 사이의 관계식을 구하시오.

32

좌표평면 위의 점 $(2,\ 1)$을 지나고 기울기가 m인 직선이 x축, y축과 만나는 점을 각각 A, B라 할 때, 삼각형 OAB의 넓이의 최솟값을 구하시오. (단, $m<0$이고, O는 원점이다.)

33

두 실수 x, y에 대하여

$$2x^2+2y^2-4x+\frac{25}{x^2+2y^2+1}$$

의 최솟값을 구하시오.

34

실수 x에 대하여 $\frac{x^2+x+1}{x^4+2x^3+6x^2+5x+13}$의 최댓값을 M이라 할 때, $45M$의 값을 구하시오.

35

다음은 원 $(x+1)^2+(y-2)^2=1$ 위의 점 $\mathrm{P}(a, b)$에 대하여 $ab-2a+b$의 최댓값을 구하는 과정이다.

> 점 $\mathrm{P}(a, b)$가 원 $(x+1)^2+(y-2)^2=1$ 위에 있으므로
> $(a+1)^2+(b-2)^2=1$
> (i) $a=-1$일 때,
> $ab-2a+b=$ (가)
> (ii) $b=2$일 때,
> $ab-2a+b=$ (가)
> (iii) $a\neq-1$, $b\neq2$일 때,
> $(a+1)^2>0$, $(b-2)^2>0$이므로
> $(a+1)^2+(b-2)^2\geq2|(a+1)(b-2)|$
> $\therefore |(a+1)(b-2)|\leq$ (나)
> 따라서
> $ab-2a+b=(a+1)(b-2)+2$
> $\leq|(a+1)(b-2)|+2$
> $\leq$ (나) $+2=$ (다)
> 이므로 $ab-2a+b$의 최댓값은 (다)이다.
> (i), (ii), (iii)에서 $ab-2a+b$의 최댓값은 (다)이다.

위의 (가), (나), (다)에 알맞은 수를 각각 p, q, r라 할 때, $\frac{pr}{q}$의 값은?

① 2 ② 4 ③ 6
④ 8 ⑤ 10

대표 유형⑪ 코시-슈바르츠의 부등식

36

$2x^2+9y^2=18$을 만족시키는 두 실수 x, y에 대하여 $x+\sqrt{3}y$의 최댓값은?

① $\sqrt{10}$ ② $2\sqrt{3}$ ③ $\sqrt{15}$
④ 4 ⑤ $3\sqrt{2}$

37

세 실수 a, b, c에 대하여 $a^2+b^2+c^2=1$이다. $2a+3b+6c$의 최댓값을 α, 이때의 $\frac{c^2}{ab}$의 값을 β라 할 때, $\alpha-\beta$의 값은?

① 1 ② 2 ③ 3
④ 4 ⑤ 5

38

세 실수 a, b, x가 $a+\sqrt{2}b=3-x$, $a^2+b^2=9-x^2$을 만족시킬 때, x의 최댓값을 구하시오.

39

빈출

길이가 10인 선분 AB 위를 움직이는 점 P에 대하여 중심이 A이고 반지름이 선분 AP인 원을 C_1, 중심이 B이고 반지름이 선분 BP인 원을 C_2라 하자. 두 원 C_1, C_2의 넓이를 각각 S_1, S_2라 할 때, $4S_1+S_2$의 최솟값은?

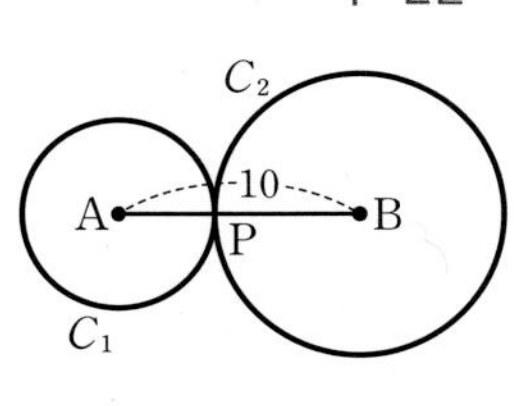

① 40π ② $40\sqrt{2}\pi$ ③ $40\sqrt{3}\pi$
④ 80π ⑤ $40\sqrt{5}\pi$

01

두 양수 x, y가 $x+y=10$을 만족시킬 때, $\sqrt{21-2x}+\sqrt{23-2y}$의 최댓값을 구하시오.

02

부등식 $x^2+y^2\leq 2$를 만족시키는 모든 실수 x, y에 대하여 $a=x+y$, $b=xy$라 할 때, a의 최댓값을 M, b의 최솟값을 m이라 하자. M^2+m^2의 값을 구하시오.

03

양의 실수 a, b, c에 대하여 세 조건

$p : ax^2-bx+c<0$, $q : \dfrac{a}{x^2}-\dfrac{b}{x}+c<0$,

$r : (x-1)^2\leq 0$

의 진리집합을 각각 P, Q, R라 할 때, **보기**에서 옳은 것만을 있는 대로 고른 것은?

보기

ㄱ. $R\subset P$이면 $R\subset Q$이다.
ㄴ. $P\cap Q=\varnothing$이면 $R\subset P$ 또는 $R\subset Q$이다.
ㄷ. $P\cap Q\neq\varnothing$이면 $R\subset(P\cap Q)$이다.

① ㄱ ② ㄴ ③ ㄱ, ㄷ
④ ㄴ, ㄷ ⑤ ㄱ, ㄴ, ㄷ

04

두 정수 a, b에 대하여 명제 '이차방정식 $x^2+ax+b=0$이 적어도 하나의 정수인 근을 가지면 두 정수 a, b 중에서 적어도 하나는 2의 배수이다.'를 증명하시오.

05

두 양수 a, b에 대하여 한 변의 길이가 $a+b$인 정사각형 ABCD의 네 변 AB, BC, DC, DA를 각각 $a:b$로 내분하는 점을 E, F, G, H라 하고, 선분 FH의 중점을 M이라 하자. 그림은 위의 설명과 같이 그린 한 예이다.

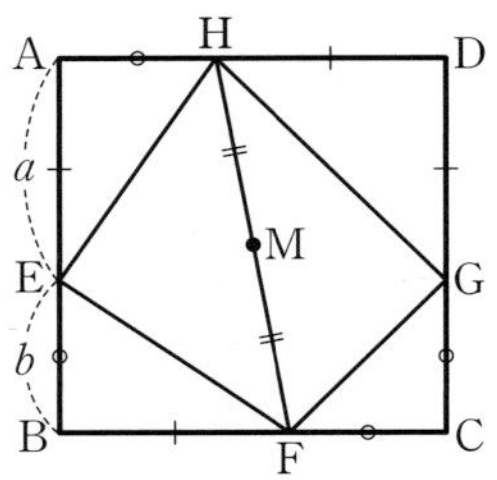

보기에서 옳은 것만을 있는 대로 고른 것은?

보기

ㄱ. $\overline{FM}=\overline{GM}$
ㄴ. $\triangle EFM\geq\triangle FGM$
ㄷ. $\overline{FH}=6\sqrt{2}$일 때, 삼각형 FGM의 넓이의 최댓값은 9이다.

① ㄱ ② ㄷ ③ ㄱ, ㄷ
④ ㄴ, ㄷ ⑤ ㄱ, ㄴ, ㄷ

06

실수 x에 대하여 두 조건 p, q를

$p : x\geq a$ 또는 $x\leq b-4$

$q : x>a-b$이고 $x<b-a$

라 하자. 두 조건 p, q의 진리집합을 각각 P, Q라 할 때, **보기**에서 옳은 것만을 있는 대로 고른 것은?

보기

ㄱ. $Q=\varnothing$이면 $a\geq b$이다.
ㄴ. $a=0$, $b=4$이면 $Q\subset P$이다.
ㄷ. 명제 $p \longrightarrow q$의 역이 거짓이 되도록 하는 두 정수 a, b의 순서쌍 (a, b)의 개수는 12이다.

① ㄱ ② ㄱ, ㄴ ③ ㄱ, ㄷ
④ ㄴ, ㄷ ⑤ ㄱ, ㄴ, ㄷ

유형 1 '모든'이나 '어떤'을 포함한 명제

출제경향 '모든'이나 '어떤'을 포함한 명제가 참이 되도록 하는 미지수의 값을 구하는 문제가 자주 출제된다.

공략비법 '모든'이나 '어떤'을 포함한 명제의 참, 거짓

조건 p의 진리집합을 P, 전체집합을 U라 하자.

(1) 명제 '모든 x에 대하여 p이다.'가 참이려면 전체집합의 모든 원소 x가 조건 p를 만족시켜야 한다. 즉, $P=U$이면 된다.
이 명제가 거짓이려면 전체집합의 원소 중에서 조건 p를 만족시키지 않는 원소가 하나라도 존재해야 한다. 즉, $P\neq U$이면 된다.

(2) 명제 '어떤 x에 대하여 p이다.'가 참이려면 전체집합의 원소 중에서 조건 p를 만족시키는 원소가 적어도 하나는 존재해야 한다.
즉, $P\neq\varnothing$이면 된다.
이 명제가 거짓이려면 전체집합의 원소 중에서 조건 p를 만족시키는 원소가 하나도 없어야 한다. 즉, $P=\varnothing$이면 된다.

1 대표 • 2018학년도 사관학교 26번 | **4점**

실수 x에 대한 두 조건

$p : -3\leq x<5$, $q : k-2<x\leq k+3$

에 대하여 명제

'어떤 실수 x에 대하여 p이고 q이다.'

가 참이 되도록 하는 정수 k의 개수를 구하시오.

2 유사 • 2021년 3월 교육청 19번 | **4점**

자연수 n에 대한 조건

'$2\leq x\leq 5$인 어떤 실수 x에 대하여 $x^2-8x+n\geq 0$이다.'

가 참인 명제가 되도록 하는 n의 최솟값은?

① 12 ② 13 ③ 14 ④ 15 ⑤ 16

유형 2 산술평균과 기하평균의 관계

출제경향 산술평균과 기하평균의 관계를 이용하여 선분의 길이나 도형의 넓이의 최댓값, 최솟값을 구하는 문제가 자주 출제된다.

공략비법 산술평균과 기하평균의 관계의 활용

(1) 합이 일정할 때, 곱의 최댓값을 구하는 경우에 이용한다.

(2) 곱이 일정할 때, 합의 최솟값을 구하는 경우에 이용한다.

3 대표 • 2019년 11월 교육청 16번 | **4점**

한 모서리의 길이가 6이고 부피가 108인 직육면체를 만들려고 한다. 이때 만들 수 있는 직육면체의 대각선의 길이의 최솟값은?

① $6\sqrt{2}$ ② 9 ③ $7\sqrt{2}$ ④ 11 ⑤ $8\sqrt{2}$

4 유사 • 2020년 11월 교육청 16번 | **4점**

두 양수 a, b에 대하여 좌표평면 위의 점 $\mathrm{P}(a,\ b)$를 지나고 직선 OP에 수직인 직선이 y축과 만나는 점을 Q라 하자. 점 $\mathrm{R}\left(-\frac{1}{a},\ 0\right)$에 대하여 삼각형 OQR의 넓이의 최솟값은?

(단, O는 원점이다.)

① $\frac{1}{2}$ ② 1 ③ $\frac{3}{2}$ ④ 2 ⑤ $\frac{5}{2}$

인내 | You Can Endure

> It does not matter how slowly you go so long as you do not stop.
> 멈추지만 않는다면 얼마나 천천히 가는지는 문제가 되지 않느니라.
> – Confucius (공자) –

실천을 강조한 공자는
멈추지만 않는다면 천천히 가는 것은 포기나 실패가 아니라고 생각했습니다.
빠르면 빠를수록 서투르기 마련입니다.
천천히 가면 실수도 장애물도 더 정확하게 보이는 법이지요.
언제 도착하느냐가 아니라 어디로 가느냐를 기억한다면
속도는 문제가 되지 않습니다.

II 함수와 그래프

b l a c k l a b e l

03 함수

비법 노트

A 함수가 아닌 경우

(1) 집합 X의 원소 중에서 대응하지 않는 원소가 존재하는 경우

(2) 집합 X의 한 원소에 집합 Y의 원소가 두 개 이상 대응하는 경우

B 여러 가지 함수와 그래프

(1) 일대일함수의 그래프는 치역의 임의의 원소 k에 대하여 x축에 평행한 직선 $y=k$와 오직 한 점에서 만난다.

(2) 항등함수의 그래프는 직선 $y=x$이다.

(3) 상수함수의 그래프는 점 $(0,\ b)$를 지나고 x축과 평행한, 즉 기울기가 0인 직선이다.

일대일대응	항등함수	상수함수
$X \xrightarrow{f} Y$: 1, 2, 3 → a, b, c	$X \xrightarrow{f} X$: 1, 2, 3 → 1, 2, 3	$X \xrightarrow{f} Y$: 1, 2, 3 → a, b, c
y, O, x	y, $y=x$, 1, O, 1, x	y, b, O, x

중요

C 여러 가지 함수의 개수

함수 $f: X \longrightarrow Y$에서 $n(X)=a$, $n(Y)=b$일 때,

(1) (함수의 개수)$=b^a$

(2) (일대일함수의 개수)
$=b\times(b-1)\times(b-2)\times\cdots\times(b-a+1)$ (단, $b\geq a$)

(3) (일대일대응의 개수)
$=b\times(b-1)\times(b-2)\times\cdots\times 3\times 2\times 1$ (단, $a=b$)

(4) (상수함수의 개수)$=b$

▶ STEP 1 | 07번

D 일대일대응이면 일대일함수이지만 일대일함수라 해서 모두 일대일대응인 것은 아니다.

중요

E 주기함수

상수함수가 아닌 함수 $f(x)$의 정의역에 속하는 임의의 실수 x에 대하여 $f(x+p)=f(x)$를 만족시키는 0이 아닌 상수 p가 존재할 때, $f(x)$를 주기함수라 하고, 상수 p의 값 중에서 최소인 양수를 함수 $f(x)$의 주기라 한다.

▶ STEP 2 | 07번, 08번

함수의 정의 A

공집합이 아닌 두 집합 X, Y에 대하여 집합 X의 각 원소에 집합 Y의 원소가 오직 하나씩만 대응할 때, 이 대응을 X에서 Y로의 함수라 하고, $f: X \longrightarrow Y$로 나타낸다.

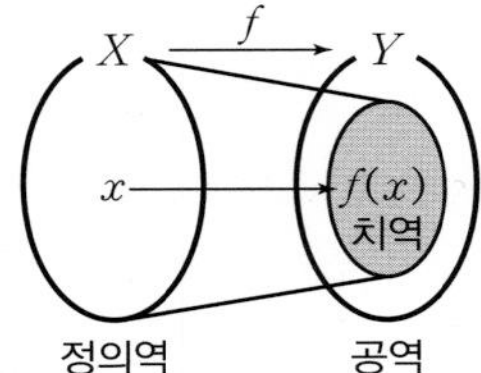

(1) 정의역 : 집합 X (2) 공역 : 집합 Y

(3) 치역 : 함숫값 전체의 집합, 즉 $\{f(x)\mid x\in X\}$
└ 공역의 부분집합이다.

서로 같은 함수

두 함수 f, g에 대하여 두 함수의 정의역과 공역이 각각 서로 같고, 정의역의 모든 원소 x에 대하여 $f(x)=g(x)$일 때, 두 함수 f와 g는 서로 같다고 하고, $f=g$로 나타낸다.
└ 두 함수 f와 g가 서로 같지 않을 때는 $f\neq g$로 나타낸다.

함수의 그래프

함수 $f: X \longrightarrow Y$에서 정의역 X의 원소 x와 이에 대응하는 함숫값 $f(x)$의 순서쌍 $(x,\ f(x))$ 전체의 집합, 즉 $\{(x,\ f(x))\mid x\in X\}$를 함수 f의 그래프라 한다.

참고 함수의 그래프는 집합 X의 원소 a에 대하여 직선 $x=a$ (a는 상수)와 오직 한 점에서만 만나야 한다.

여러 가지 함수 B C D

(1) 일대일함수 : 함수 $f: X \longrightarrow Y$에서 정의역 X의 임의의 두 원소 x_1, x_2에 대하여 「$x_1\neq x_2$이면 $f(x_1)\neq f(x_2)$」가 성립할 때, 함수 f를 일대일함수라 한다.
└ $f(x_1)=f(x_2)$이면 $x_1=x_2$

(2) 일대일대응 : 함수 $f: X \longrightarrow Y$가 일대일함수이고 공역과 치역이 같을 때, 함수 f를 일대일대응이라 한다.

(3) 항등함수 : 함수 $f: X \longrightarrow X$에서 정의역 X의 각 원소 x에 대하여 「$f(x)=x$」가 성립할 때, 함수 f를 X에서의 항등함수라 하고, I로 나타낸다.
└ $y=x$

(4) 상수함수 : 함수 $f: X \longrightarrow Y$에서 정의역 X의 모든 원소 x에 대하여 「$f(x)=c$ (c는 상수)」가 성립할 때, 함수 f를 상수함수라 한다.
└ $y=c$

합성함수의 정의와 성질

(1) 합성함수 : 두 함수 $f: X \longrightarrow Y$, $g: Y \longrightarrow Z$에 대하여 집합 X의 각 원소 x에 집합 Z의 원소 $g(f(x))$를 대응시키는 함수를 f와 g의 합성함수라 하고, $g\circ f$로 나타낸다. 즉,

$$g\circ f: X \longrightarrow Z,$$
$$(g\circ f)(x)=g(f(x))$$

(2) 합성함수의 성질 : 세 함수 f, g, h와 항등함수 I에 대하여

① $f\circ g\neq g\circ f$ (즉, 일반적으로 교환법칙이 성립하지 않는다.)

② $h\circ(g\circ f)=(h\circ g)\circ f$ (즉, 결합법칙이 성립한다.)

③ $I\circ f=f\circ I=f$

역함수의 정의와 성질 F

(1) 역함수 : 함수 $f : X \longrightarrow Y$가 일대일대응일 때, 집합 Y의 각 원소 y에 $y=f(x)$인 집합 X의 원소 x를 대응시키는 함수를 f의 역함수라 하고, f^{-1}로 나타낸다. 즉,

$f^{-1} : Y \longrightarrow X$ 또는 $x=f^{-1}(y)$

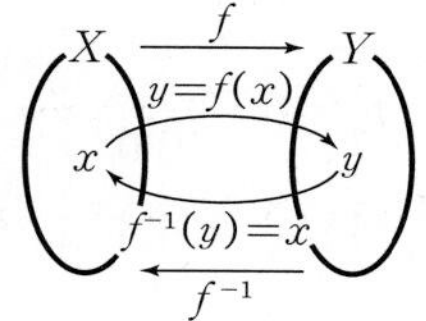

(2) 역함수의 성질 : 두 함수 f, g가 일대일대응일 때, 즉 역함수가 존재할 때, 두 함수의 역함수를 각각 f^{-1}, g^{-1}라 하면

① $f(a)=b \Longleftrightarrow f^{-1}(b)=a$ ② $(f^{-1})^{-1}=f$ ← 함수 f의 역함수의 역함수는 f이다.

③ $f^{-1} \circ f=I_X$, $f \circ f^{-1}=I_Y$ ④ $(g \circ f)^{-1}=f^{-1} \circ g^{-1}$

집합 X에서의 항등함수 / 집합 Y에서의 항등함수

역함수를 구하는 순서 G

(i) 함수 $y=f(x)$가 일대일대응인지를 확인한다.

(ii) $y=f(x)$에서 x를 y에 대한 식으로 나타낸다. (즉, $x=f^{-1}(y)$)

(iii) $x=f^{-1}(y)$에서 x와 y를 서로 바꾼다. (즉, $y=f^{-1}(x)$)
이때 x, y의 값의 범위가 존재하면 이 역시 서로 바꾼다.

역함수의 그래프의 성질 H

함수 $y=f(x)$의 그래프가 점 (a, b)를 지나면 그 역함수 $y=f^{-1}(x)$의 그래프는 점 (b, a)를 지나므로 함수 $y=f(x)$의 그래프와 그 역함수 $y=f^{-1}(x)$의 그래프는 직선 $y=x$에 대하여 대칭이다.

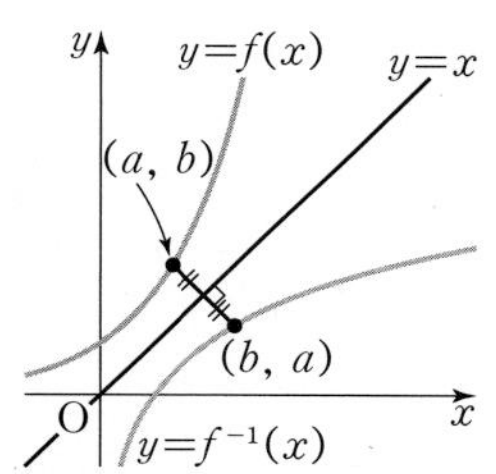

절댓값 기호를 포함한 식의 그래프 I

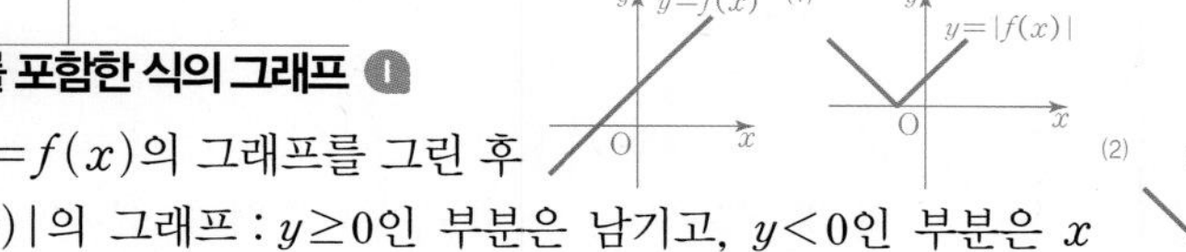

먼저 함수 $y=f(x)$의 그래프를 그린 후

(1) $y=|f(x)|$의 그래프 : $y\geq 0$인 부분은 남기고, $y<0$인 부분은 x축에 대하여 대칭이동

(2) $y=f(|x|)$의 그래프 : $x\geq 0$인 부분만 남기고, 이 부분을 y축에 대하여 대칭이동

(3) $|y|=f(x)$의 그래프 : $y\geq 0$인 부분만 남기고, 이 부분을 x축에 대하여 대칭이동

(4) $|y|=f(|x|)$의 그래프 : $x\geq 0$, $y\geq 0$인 부분만 남기고, 이 부분을 x축, y축, 원점에 대하여 각각 대칭이동

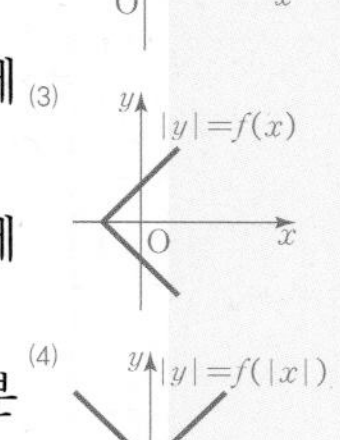

가우스 기호와 가우스 함수 J

(1) 가우스 기호 : 실수 x에 대하여 x보다 크지 않은 최대의 정수를 $[x]$로 나타내고, '가우스 엑스'라 읽는다.
즉, 정수 n에 대하여 $n\leq x<n+1 \Longleftrightarrow [x]=n$

(2) 가우스 함수 : 실수 x에 정수 $[x]$의 값을 대응시키는 함수, 즉
$f(x)=[x]$

비법 노트

중요

F 역함수가 존재할 조건

함수 $y=f(x)$의 역함수가 존재한다.
$\Longleftrightarrow$ 함수 $y=f(x)$가 일대일대응이다.

▶ STEP 2 | 23번, 29번

G 역함수의 정의역과 치역

(역함수 f^{-1}의 정의역)$=$(함수 f의 치역)
(역함수 f^{-1}의 치역)$=$(함수 f의 정의역)

▶ STEP 2 | 21번

1등급 비법

H 함수 $y=f(x)$의 그래프와 그 역함수 $y=f^{-1}(x)$의 그래프

역함수 $y=f^{-1}(x)$의 그래프는 함수 $y=f(x)$의 그래프와 직선 $y=x$에 대하여 대칭이다. 이때 함수 $y=f(x)$의 그래프와 역함수 $y=f^{-1}(x)$의 그래프의 교점이 있다면 그 교점이 반드시 직선 $y=x$ 위에 존재하는 것은 아니다.
또한, 함수 $y=f(x)$의 그래프와 역함수 $y=f^{-1}(x)$의 그래프의 교점이 반드시 존재하는 것도 아니다.

I 절댓값 기호를 포함한 식의 그래프를 그리는 순서

(i) 절댓값 기호 안의 식의 값을 0으로 하는 x 또는 y의 값을 구한다.
(ii) (i)에서 구한 값을 경계로 구간을 나누어 식을 구한다.
(iii) 각 구간에서 (ii)의 그래프를 그린다. ▶ STEP 1 | 15번

참고 $y=|x-a|+|x-b|$와 같이 절댓값 기호를 두 개 이상 포함한 함수는 절댓값 기호 안의 식의 값을 0으로 하는 x의 값을 경계로 구간을 나눈 다음 각 구간에서 그래프를 그린다. 즉, $a<b$이면 x의 값의 범위를 $x<a$, $a\leq x<b$, $x\geq b$로 나누어 그래프를 그린다.

J 가우스 함수의 그래프

(1) $y=[x]$ (2) $y=x-[x]$

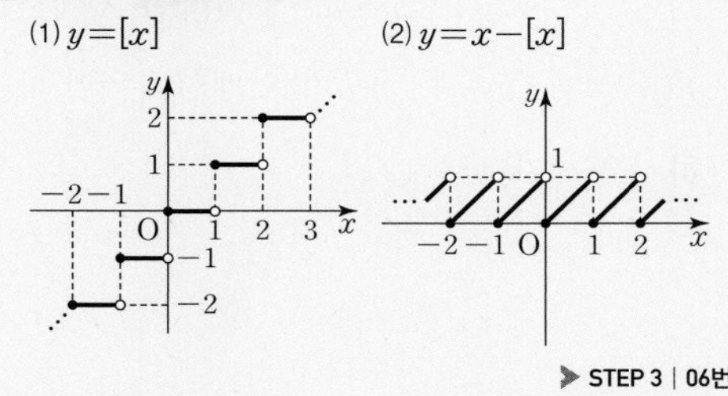

▶ STEP 3 | 06번

01 함수의 정의

두 집합 $X=\{-1, 0, 1\}$, $Y=\{0, 1, 2, 3\}$에 대하여 **보기**에서 X에서 Y로의 함수인 것만을 있는 대로 고른 것은?

보기

ㄱ. $f(x)=x+1$　　ㄴ. $g(x)=2x^2-1$

ㄷ. $h(x)=\begin{cases} 0 & (x\ge 0) \\ 2 & (x<0) \end{cases}$

① ㄱ　② ㄴ　③ ㄱ, ㄷ
④ ㄴ, ㄷ　⑤ ㄱ, ㄴ, ㄷ

02 서로 같은 함수

공집합이 아닌 집합 X를 정의역으로 하는 두 함수

$$f(x)=x^3+2x+1,\ g(x)=-2x^2+3x+3$$

에 대하여 $f=g$를 만족시키는 정의역 X의 개수를 구하시오.

03 함수의 그래프

실수 전체의 집합에서 정의된 함수

$$f(x)=\begin{cases} -x^2+2x+1 & (x<1) \\ x^2-2x+3 & (x\ge 1) \end{cases}$$

에 대하여 **보기**에서 옳은 것만을 있는 대로 고른 것은?

보기

ㄱ. 함수 $f(x)$의 치역은 실수 전체의 집합이다.
ㄴ. 함수 $f(x)$의 치역이 $-2\le f(x)\le 2$가 되도록 하는 정의역은 $-1\le x\le 1$이다.
ㄷ. 함수 $y=f(x)$의 그래프는 직선 $x=1$에 대하여 대칭이다.

① ㄱ　② ㄱ, ㄴ　③ ㄱ, ㄷ
④ ㄴ, ㄷ　⑤ ㄱ, ㄴ, ㄷ

04 일대일대응

집합 $X=\{x|1\le x\le a\}$에 대하여 X에서 X로의 함수 $f(x)=\frac{1}{3}(x-1)^2+b$가 일대일대응일 때, $a+b$의 값을 구하시오. (단, $a\ne 1$)

05 항등함수

집합 X를 정의역으로 하는 함수 $f(x)=x^2-6x$가 X에서 X로의 항등함수가 되도록 하는 집합 X의 개수는? (단, $X\ne\varnothing$)

① 0　② 1　③ 2
④ 3　⑤ 4

06 여러 가지 함수

집합 $X=\{0, 1, 2\}$에 대하여 X에서 X로의 서로 다른 세 함수 f, g, h는 각각 일대일대응, 상수함수, 항등함수이고

$$f(0)=g(1)=h(2),\ f(0)-g(0)=f(1)$$

을 만족시킬 때, $f(2)+g(0)+h(1)$의 값은?

① 1　② 2　③ 3
④ 4　⑤ 5

07 조건을 만족시키는 함수의 개수

두 집합

$$X=\{x_1, x_2, x_3, \cdots, x_n\},\ Y=\{y_1, y_2, y_3, \cdots, y_n\}$$

에 대하여 X에서 Y로의 함수 중에서 상수함수가 아닌 함수의 개수를 $f(n)$, x_1이 y_1에 대응되지 않는 일대일대응의 개수를 $g(n)$이라 할 때, $f(3)+g(4)$의 값을 구하시오.

08 $f\circ g=g\circ f$를 만족시키는 함수

두 함수 $f(x)=ax+m$, $g(x)=bx+n$에 대하여 0이 아닌 두 실수 m, n의 값에 관계없이 $f\circ g=g\circ f$가 성립할 때, 두 상수 a, b의 합 $a+b$의 값을 구하시오.

09 규칙이 있는 합성함수

함수 $f(x)=2x-1$에 대하여

$f^1=f$, $f^{n+1}=f\circ f^n$ (n은 자연수)

으로 정의할 때, $f^9(3)$의 값은?

① 1022 ② 1023 ③ 1024
④ 1025 ⑤ 1026

10 합성함수의 그래프와 방정식

그림과 같이 직선 $y=x$와 함수 $y=f(x)$의 그래프가 원점과 원점이 아닌 서로 다른 두 점에서 만날 때, $(f\circ f)(x)=f(x)$를 만족시키는 실수 x의 개수는?

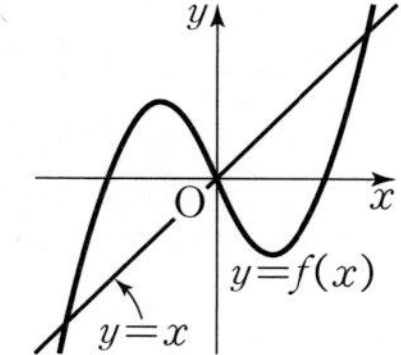

① 3 ② 4 ③ 5
④ 6 ⑤ 7

11 역함수가 존재할 조건

실수 전체의 집합 R에서 R로의 함수

$$f(x)=\begin{cases}(3a-1)x-b+5 & (x\geq 1)\\ -x^2+2x+2b & (x<1)\end{cases}$$

의 역함수가 존재하도록 하는 정수 b의 최솟값은?
(단, a, b는 상수이다.)

① 1 ② 2 ③ 3
④ 4 ⑤ 5

12 역함수의 성질

양의 실수 전체의 집합 X에서 X로의 일대일대응인 두 함수 f, g에 대하여 $f^{-1}(x)=2x^2$, $(f\circ g^{-1})(x^2)=x$일 때, $(g^{-1}\circ f)^{-1}(2)$의 값은?

① 2 ② 4 ③ 8
④ 16 ⑤ 32

13 역함수의 그래프

$x\geq 0$에서 정의된 두 함수 $y=f(x)$, $y=x$의 그래프가 그림과 같다. 함수 $f(x)$의 역함수를 $g(x)$라 할 때, $(g\circ g)(k)$의 값은?

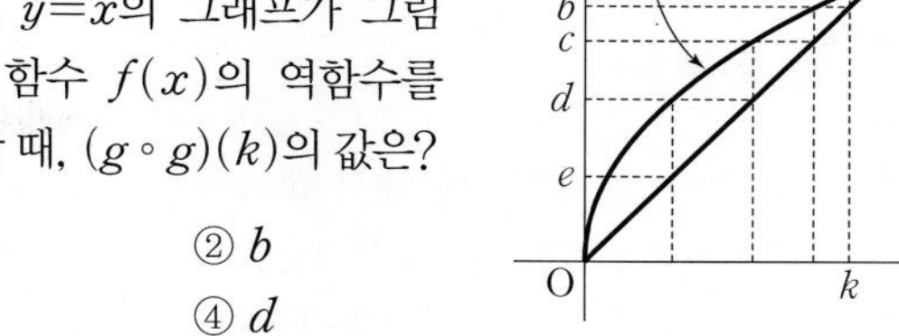

① a ② b
③ c ④ d
⑤ e

14 합성함수와 역함수

두 함수 $f(x)=x+a$, $g(x)=bx+c$에 대하여 $(f^{-1}\circ g)(x)=2x+5$, $g^{-1}(3)=2$일 때, 세 상수 a, b, c의 합 $a+b+c$의 값을 구하시오.

15 절댓값 기호를 포함한 함수의 그래프

함수 $f(x)=|x-1|+|x-2|+|x-3|$은 $x=a$에서 최솟값 b를 갖는다. 이때 $a+b$의 값을 구하시오.

16 가우스 함수

실수 전체의 집합에서 정의된 함수 $f(x)=[2x]-2[x]$의 치역은? (단, $[x]$는 x보다 크지 않은 최대의 정수이다.)

① $\{0\}$ ② $\{-1, 0\}$ ③ $\{-1, 1\}$
④ $\{0, 1\}$ ⑤ $\{-1, 0, 1\}$

대표 유형❶ 함수

01

음이 아닌 정수 전체의 집합에서 정의된 함수 f가 음이 아닌 정수 n과 $0\le k\le 8$인 정수 k에 대하여 다음 조건을 만족시킨다. **보기**에서 옳은 것만을 있는 대로 고른 것은?

> (가) $f(0)=0$
> (나) $f(9n+k)=f(n)+k$

보기

ㄱ. $f(31)=7$

ㄴ. $0\le p\le 4$인 정수 p에 대하여 $f(181p)=5p$이다.

ㄷ. 8 이하의 음이 아닌 정수 a, b, c에 대하여 $f(81a+9b+c)=f(81c+9b+a)$이다.

① ㄱ ② ㄱ, ㄴ ③ ㄱ, ㄷ
④ ㄴ, ㄷ ⑤ ㄱ, ㄴ, ㄷ

02

빈출

임의의 두 양수 x, y에 대하여 함수 $f(x)$가 $f(xy)=f(x)+f(y)$를 만족시킬 때, **보기**에서 옳은 것만을 있는 대로 고른 것은?

보기

ㄱ. $f(1)=1$ ㄴ. $f(8)=3f(2)$

ㄷ. $f\left(\dfrac{1}{x}\right)=-f(x)$

① ㄱ ② ㄴ ③ ㄷ
④ ㄱ, ㄴ ⑤ ㄴ, ㄷ

03

두 함수

$$f(x)=\begin{cases} x^2+1 & (x\text{는 유리수}) \\ -x^2+1 & (x\text{는 무리수}) \end{cases},\ g(x)=mx+1$$

의 그래프의 교점의 개수를 $h(m)$이라 하자. 이때 $h(0)+h(1)+h(\sqrt{2})$의 값을 구하시오.

04

집합 $X=\{1, 2, 3, 4, 5, 6, 7, 8\}$에 대하여 함수 $f: X \longrightarrow X$가 다음 조건을 만족시킨다.

> (가) 함수 f의 치역의 원소의 개수는 7이다.
> (나) $f(1)+f(2)+f(3)+f(4)+f(5)+f(6)+f(7)+f(8)=42$
> (다) 함수 f의 치역의 원소 중 최댓값과 최솟값의 차는 6이다.

집합 X의 어떤 두 원소 a, b에 대하여 $f(a)=f(b)=n$을 만족시키는 자연수 n의 값을 구하시오. (단, $a\ne b$)

[2018년 교육청]

05

1등급

0이 아닌 실수 전체의 집합에서 정의된 함수 $f(x)$가 0이 아닌 모든 실수 x에 대하여 등식 $f(x)+2f\left(\dfrac{1}{x}\right)=3x$를 만족시킬 때, $f(x)=f(-x)$를 만족시키는 실수 x의 개수를 구하시오.

대표 유형❷ 여러 가지 함수

06

집합 $X=\{a, b, c\}$에 대하여 X에서 X로의 함수

$$f(x)=\begin{cases} -5 & (x<-3) \\ 3x-4 & (-3\le x\le 2) \\ 2x^2-2x-9 & (x>2) \end{cases}$$

가 항등함수일 때, $a+b+c$의 값은? (단, a, b, c는 상수이다.)

① -2 ② -1 ③ 0
④ 1 ⑤ 2

07

함수 $f(x)$가 다음 조건을 만족시킬 때, $f\left(\frac{121}{2}\right)$의 값은?

(가) $-1 \le x \le 0$일 때, $f(x)=(x+1)^2$
(나) 모든 실수 x에 대하여 $f(x)=f(-x)$
(다) 모든 실수 x에 대하여 $f(x+2)=f(x)$

① 0 ② $\frac{1}{4}$ ③ 1
④ $\frac{9}{4}$ ⑤ 4

08

함수 $f(x)$가 모든 실수 x에 대하여

$f(x+2)=f(x+1)-f(x)$, $f(1)=2017$

을 만족시킬 때, $f(2019)+f(2020)+f(2021)$의 값은?

① -4034 ② -2017 ③ 0
④ 2017 ⑤ 4034

09

두 집합 $X=\{1, 2, 3, 4\}$, $Y=\{1, 2, 3, 4, 5, 6, 7, 8\}$에 대하여 X에서 Y로의 함수 f가 다음 조건을 만족시킬 때, 함수 f의 개수를 구하시오.

(가) $x_1 \neq x_2$이면 $f(x_1) \neq f(x_2)$
(나) $f(1)=1$
(다) 집합 X의 임의의 원소 a에 대하여
$9-f(a) \in \{f(x) \mid x \in X\}$

10

실수 전체의 집합에서 정의된 두 함수 $f(x)$, $g(x)$에 대하여 함수 $h(x)$를 $h(x)=\frac{1}{4}f(x)+\frac{3}{4}g(x)$로 정의할 때, **보기**에서 옳은 것만을 있는 대로 고른 것은?

보기

ㄱ. 두 함수 $y=f(x)$, $y=g(x)$의 그래프의 교점이 존재하면 함수 $y=h(x)$의 그래프는 그 교점을 지난다.
ㄴ. 두 함수 $y=f(x)$, $y=g(x)$의 그래프가 모두 원점에 대하여 대칭이면 함수 $y=h(x)$의 그래프도 원점에 대하여 대칭이다.
ㄷ. 두 함수 $f(x)$, $g(x)$가 모두 일대일대응이면 함수 $h(x)$도 일대일대응이다.

① ㄱ ② ㄴ ③ ㄱ, ㄴ
④ ㄴ, ㄷ ⑤ ㄱ, ㄴ, ㄷ

대표 유형❸ 합성함수

11

실수 전체의 집합에서 정의된 함수 $f(x)$와 일차함수 $g(x)$가 모든 실수 x에 대하여 다음 조건을 만족시킬 때, $f(5)+g(5)$의 값을 구하시오.

(가) $(f \circ g)(x)=4\{g(x)\}^2-g(x)-1$
(나) $(g \circ f)(x)=(f \circ g)(x)$

12

실수 전체의 집합에서 정의된 함수

$$f(x)=\begin{cases} \sqrt{2} & (x\text{는 유리수}) \\ 1 & (x\text{는 무리수}) \end{cases}$$

에 대하여 **보기**에서 옳은 것만을 있는 대로 고른 것은?

보기

ㄱ. x가 유리수이면 $(f \circ f)(x)=1$이다.
ㄴ. 모든 실수 x에 대하여 $f(xf(x))=1$이다.
ㄷ. $f(x_1) \neq f(x_2)$이면 $f(x_1+x_2)=1$이다.

① ㄱ ② ㄴ ③ ㄱ, ㄷ
④ ㄴ, ㄷ ⑤ ㄱ, ㄴ, ㄷ

13

집합 $A=\{-1, 0, 1\}$에 대하여 A에서 A로의 함수 f에 대하여 **보기**에서 옳은 것만을 있는 대로 고른 것은?

보기

ㄱ. $f(0)=0$인 함수 f의 개수는 4이다.
ㄴ. 집합 A의 모든 원소 x에 대하여 $f(-x)=f(x)$를 만족시키는 함수 f의 개수는 9이다.
ㄷ. 집합 A의 모든 원소 x에 대하여 $(f\circ f)(x)=x$를 만족시키는 함수 f의 개수는 6이다.

① ㄱ ② ㄴ ③ ㄷ
④ ㄱ, ㄴ ⑤ ㄴ, ㄷ

14

실수 전체의 집합 R에서 R로의 함수 f에 대하여 세 집합

$A=\{x|f(x)=x\}$,
$B=\{x|f(f(x))=x\}$,
$C=\{x|f(f(x))=f(x)\}$

가 있다. 다음 중 세 집합 A, B, C 사이의 관계로 옳지 <u>않은</u> 것은?

① $A\subset B$ ② $A\subset C$ ③ $B\subset C$
④ $(B\cap C)\subset A$ ⑤ $C\subset(A\cup B)$이면 $A=C$

15

1등급

집합 $X=\{1, 2, 3, 4\}$에 대하여 함수 $f: X \longrightarrow X$가 있다. 함수 $(f\circ f\circ f)(x)$의 치역이 $\{1, 2, 4\}$이고, $f(3)=2$, $f(4)=4$일 때, $f(1)+f(2)$의 값을 구하시오.

대표 유형❹ 합성함수의 그래프와 방정식

16

이차함수 $f(x)$가 다음 조건을 만족시킬 때, 방정식 $(f\circ f)(x)=3$의 모든 실근의 합을 구하시오.

(가) 이차항의 계수는 음수이다.
(나) 함수 $y=f(x)$의 그래프의 꼭짓점의 y좌표는 3이다.
(다) 모든 실수 x에 대하여 $f(2-x)=f(2+x)$이다.

17

두 이차함수 $y=f(x)$, $y=g(x)$의 그래프가 그림과 같을 때, 방정식 $g(f(x))=0$의 실근의 개수를 구하시오.

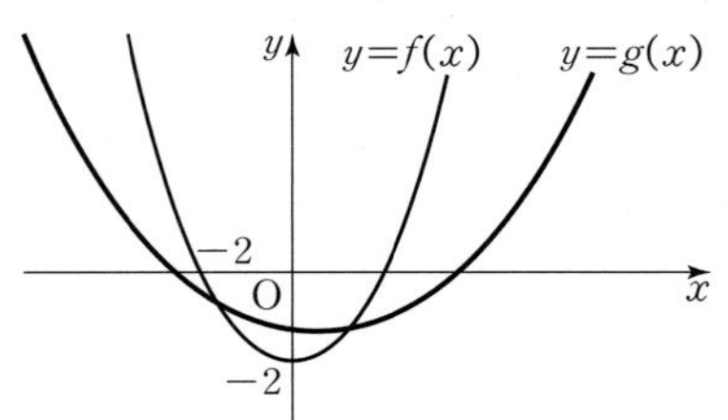

18

두 함수

$$f(x)=\begin{cases} x^2+2ax+6 & (x<0) \\ x+6 & (x\geq 0) \end{cases},\ g(x)=x+10$$

에 대하여 합성함수 $(g\circ f)(x)$의 치역이 $\{y|y\geq 0\}$일 때, 상수 a의 값을 구하시오.

19

그림은 두 함수 $y=f(x)$와 $y=(g\circ f)(x)$의 그래프이다.

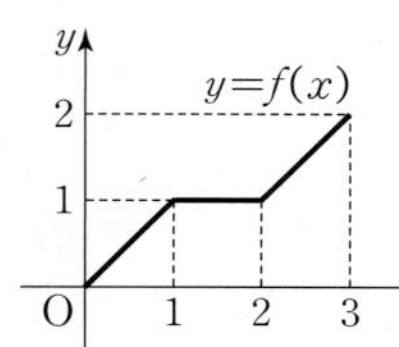

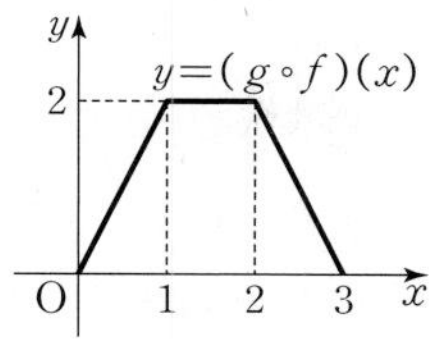

$0\le x\le 2$에서 정의된 함수 $y=g(x)$에 대하여 방정식 $(g\circ g)(x)=\frac{1}{2}$의 모든 실근의 합을 구하시오.

20

두 함수 $f(x)=\begin{cases}-2x+3 & (x\ge 3)\\ 3 & (x<3)\end{cases}$, $g(x)=x^2-3$에 대하여 방정식

$$(g\circ f)(x)-(f\circ g)(x)=15$$

를 만족시키는 모든 x의 값의 곱은?

① -27　② -9　③ -1　④ 9　⑤ 27

대표
21

유형❺ 역함수가 존재할 조건

집합 $A=\{x|x\ge a\}$에 대하여 A에서 A로의 함수 $f(x)=x^2-2x-4$의 역함수가 존재할 때, 실수 a의 값을 구하시오.

22

집합 $S=\{1, 2, 3, 4\}$의 공집합이 아닌 두 부분집합 X, Y가 $X\cup Y=S$, $X\cap Y=\varnothing$을 만족시킬 때, 함수 $f: X \longrightarrow Y$ 중에서 역함수가 존재하는 함수 f의 개수는?

① 8　② 9　③ 10　④ 11　⑤ 12

23

서술형

실수 전체의 집합 R에서 R로의 함수

$$f(x)=\begin{cases}x^2-ax+b & (x\ge 2)\\ x-2 & (x<2)\end{cases}$$

의 역함수가 존재하도록 하는 음이 아닌 실수 a, b에 대하여 점 (a, b)의 자취의 길이를 구하시오.

24

함수 $f(x)=\begin{cases}x^2+1 & (x<0)\\ -x+1 & (x\ge 0)\end{cases}$에 대하여

$$f^1=f,\ f^{n+1}=f\circ f^n\ (n=1, 2, 3, \cdots)$$

으로 정의할 때, **보기**에서 옳은 것만을 있는 대로 고른 것은?

보기

ㄱ. $f^{2n}(1)+f^{2n+1}(-1)=0$

ㄴ. $b<0<a$인 두 실수 a, b에 대하여 $f^2(a)>f^2(b)$가 항상 성립한다.

ㄷ. $f^2(x)$의 역함수가 존재한다.

① ㄱ　② ㄴ　③ ㄷ　④ ㄴ, ㄷ　⑤ ㄱ, ㄴ, ㄷ

대표
25

유형❻ 역함수의 성질

함수 $f(x)$와 그 역함수 $g(x)$가 모든 실수 x에 대하여

$$f(2g(x)-(4x+7))=x$$

를 만족시킬 때, $((g\circ f^{-1})^{-1}\circ g)(1)$의 값을 구하시오.

26

$f(x+1)=\frac{x}{x+1}$일 때, f의 역함수 f^{-1}에 대하여 다음 중 $f^{-1}(p+1)$과 같은 것은? (단, $p\neq-1$, $p\neq0$)

① p ② $-\frac{1}{p}$ ③ $\frac{1}{p}$
④ $-1+\frac{1}{p}$ ⑤ $1-\frac{1}{p}$

27

임의의 두 양수 a, b에 대하여 $f(a)+f(b)=f(ab)$인 함수 $f(x)$가 있다. $f(4)=\alpha$, $f(8)=\beta$라 할 때, $f(x)$의 역함수 $g(x)$에 대하여 $g(\alpha+\beta)-g(\beta-\alpha)$의 값은?

① 0 ② 20 ③ 28
④ 30 ⑤ 34

28

두 일차함수 $f(x)$, $g(x)$와 함수 $h(x)=x^2+kx$가 다음 조건을 만족시킬 때, $f(1)+g(2)+h(4)$의 값은?
(단, k는 상수이다.)

(가) $(f\circ g\circ h)(x)=h(x)$
(나) 방정식 $f(x)=h(x)$의 근은 1, 3이다.
(다) $y=g^{-1}(x)+2x$의 그래프와 x축의 교점의 x좌표는 1이다.

① 3 ② 5 ③ 7
④ 9 ⑤ 11

29

집합 $X=\{1, 2, 3\}$에 대하여 함수 $f: X \longrightarrow X$가 $f(1)=3$, $f\circ f\circ f=I$ (I는 항등함수)를 만족시킨다. 함수 $f(x)$의 역함수를 $g(x)$라 할 때, $g^{10}(2)+g^{11}(3)$의 값을 구하시오. (단, $g^1(x)=g(x)$, $g^{n+1}(x)=g(g^n(x))$, n은 자연수이다.)

30

대표 유형 7 역함수의 그래프의 활용

함수 $f(x)=\begin{cases}\frac{3}{2}x+a & (x<0)\\ \frac{1}{2}x+a & (x\geq0)\end{cases}$의 역함수를 $g(x)$라 할 때, 두 함수 $y=f(x)$, $y=g(x)$의 그래프로 둘러싸인 부분의 넓이는 28이다. 이때 양수 a의 값을 구하시오.

31

그림과 같이 역함수가 존재하는 함수 $y=f(x)$의 그래프가 x축, y축과 만나는 점을 각각 A, B라 하고, 그 역함수 $y=f^{-1}(x)$의 그래프가 x축, y축과 만나는 점을 각각 C, D라 하자. $\overline{AB}=\sqrt{34}$, $\overline{BC}=5\sqrt{2}$일 때, 사각형 ABCD의 넓이를 구하시오.

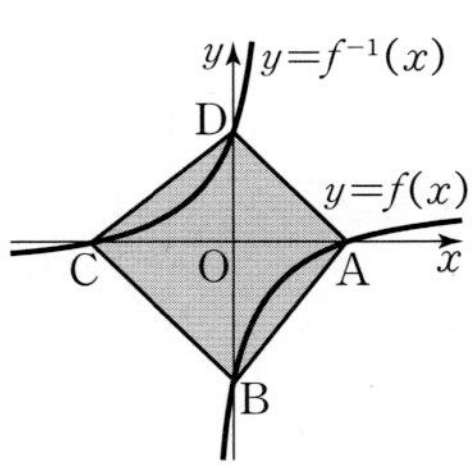

32

그림과 같이 함수 $y=f(x)$의 그래프는 원점과 두 점 $(1, 1)$, $(-1, -2)$를 각각 지나는 이어진 두 반직선으로 이루어져 있다. **보기**에서 옳은 것만을 있는 대로 고른 것은?

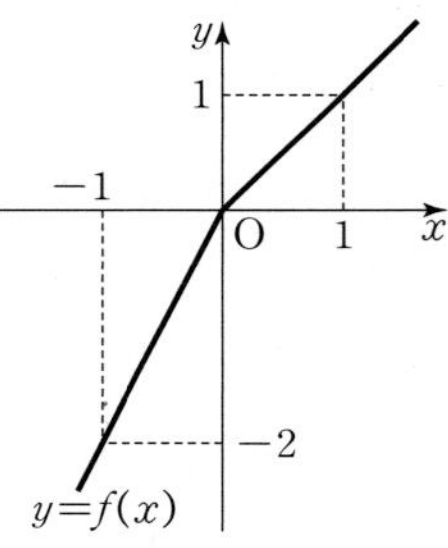

보기
ㄱ. $f^{-1}(f^{-1}(5))=f^{-1}(5)$
ㄴ. $f^{-1}(-2)=-1$
ㄷ. 함수 $y=f(x)$의 그래프와 그 역함수 $y=f^{-1}(x)$의 그래프의 교점은 두 개뿐이다.

① ㄱ ② ㄷ ③ ㄱ, ㄴ
④ ㄴ, ㄷ ⑤ ㄱ, ㄴ, ㄷ

33

함수 $f(x)=x^2+\frac{5}{4}$ $(x\geq 0)$에 대하여 $y=f(x)$의 그래프와 그 역함수 $y=f^{-1}(x)$의 그래프가 직선 $y=-x+k$와 만나는 두 점을 각각 A, B라 하자. 선분 AB의 길이가 최소가 될 때, 삼각형 OAB의 넓이를 구하시오.

$\left(\text{단, } k\text{는 } \frac{5}{4} \text{ 이상인 상수이고, O는 원점이다.}\right)$

대표 유형❽ 절댓값 기호, 가우스 기호를 포함한 함수

34

$-1\leq x\leq 1$, $-1<a<1$일 때, 함수

$$f(x)=|x+1|+|x-a|+|x-1|$$

의 최솟값은?

① $1-a$　② $3-a$　③ $1+a$
④ 2　⑤ $3+a$

35

두 함수 $f(x)=[x^2]$, $g(x)=[x]^2$에 대하여 **보기**에서 옳은 것만을 있는 대로 고른 것은?

(단, $[x]$는 x보다 크지 않은 최대의 정수이다.)

보기

ㄱ. $f(\sqrt{2})>g(\sqrt{2})$
ㄴ. x가 정수이면 $f(x)=g(x)$이다.
ㄷ. $f(x)=g(x)$를 만족시키는 x는 정수이다.

① ㄱ　② ㄱ, ㄴ　③ ㄱ, ㄷ
④ ㄴ, ㄷ　⑤ ㄱ, ㄴ, ㄷ

36

함수 $f_n(x)=nx-[nx]$ (n은 자연수)에 대하여

$$A=\{x\,|\,f_3(x)=0,\ 0<x<1\},$$
$$B=\{x\,|\,f_6(x)=0,\ 0<x<1\}$$

로 정의할 때, 집합 $A^C\cap B$의 모든 원소의 합을 구하시오.

(단, $[x]$는 x보다 크지 않은 최대의 정수이다.)

37

두 함수

$f(x)=(x$보다 크지 않은 최대의 정수$)$,
$g(x)=(x$보다 작지 않은 최소의 정수$)$

에 대하여 $g\left(f\left(3+\frac{1}{x+4}\right)+\frac{x}{6}\right)=4$를 만족시키는 모든 자연수 x의 합을 구하시오.

38

함수

$$f(x)=|2x-8|\ (0\leq x\leq 8)$$

에 대하여 **보기**에서 옳은 것만을 있는 대로 고른 것은?

보기

ㄱ. 함수 $y=f(x)$의 그래프와 직선 $y=a$ $(a>0)$로 둘러싸인 도형의 넓이가 16이 되도록 하는 a의 값은 8이다.
ㄴ. 방정식 $f(x)=x$의 모든 실근의 개수는 2이다.
ㄷ. 방정식 $f(f(x))=f(x)$의 모든 실근의 합은 8이다.

① ㄱ　② ㄴ　③ ㄱ, ㄷ
④ ㄴ, ㄷ　⑤ ㄱ, ㄴ, ㄷ

39

1등급

함수 $f(x)=[x[x]]$에 대한 설명으로 **보기**에서 옳은 것만을 있는 대로 고른 것은?

(단, $[x]$는 x보다 크지 않은 최대의 정수이다.)

보기

ㄱ. $f(x)=-1$인 x는 존재하지 않는다.
ㄴ. 자연수 n에 대하여 집합 $\{f(x)\,|\,n\leq x<n+1\}$의 원소의 개수는 n이다.
ㄷ. 자연수 n에 대하여 집합 $\{f(x)\,|\,-n\leq x<-n+1\}$의 원소의 개수는 $n+1$이다.

① ㄱ　② ㄴ　③ ㄱ, ㄴ
④ ㄴ, ㄷ　⑤ ㄱ, ㄴ, ㄷ

01

실수 전체의 집합에서 정의된 함수

$f(x)=3|x-1|+ax+4+b|x+2|$

가 일대일대응이 되도록 하는 순서쌍 (a, b)의 개수를 구하시오. (단, a, b는 한 자리 자연수이다.)

02

두 함수 $f(x)$, $g(x)$에 대하여

$f(x)=ax+2$, $(g\circ f)(x)=x^2-x-2$

일 때, 부등식 $g(x)\le 0$의 정수해가 7개 이상 존재하도록 하는 자연수 a의 최솟값을 구하시오.

03

실수 전체의 집합 R에서 R로의 함수 $f(x)$의 역함수 $f^{-1}(x)$가 존재하고, 임의의 두 실수 a, b에 대하여

$f(a+b)=f^{-1}(a)+f^{-1}(b)$

가 성립할 때, **보기**에서 옳은 것만을 있는 대로 고른 것은?

보기

ㄱ. $f(1)=1$이면 $f(4)=3$

ㄴ. $f^{-1}(a+b)=f(a)+f(b)$

ㄷ. $f(a)=b$, $f(b)=a$이면 함수 $y=f(x)$의 그래프는 직선 $y=x$와 적어도 한 점에서 만난다.

① ㄱ ② ㄴ ③ ㄷ
④ ㄴ, ㄷ ⑤ ㄱ, ㄴ, ㄷ

04

두 일차함수 f_1, f_2에 대하여 네 함수

$f_1\circ f_1$, $f_1\circ f_2$, $f_2\circ f_1$, $f_2\circ f_2$

가 각각 함수 f_1 또는 함수 f_2와 일치한다고 할 때, $f_1(1)=f_2(1)=1$을 만족시키는 두 함수 f_1, f_2의 순서쌍 (f_1, f_2)의 개수를 구하시오.

05

그림은 $0\le x\le 1$에서 함수 $y=f(x)$의 그래프이다. 두 집합

$A=\{x\,|\,f(f(x))-x=0,\ 0\le x\le 1\}$,

$B=\{x\,|\,f(x)-x\ne 0,\ 0\le x\le 1\}$

에 대하여 $n(A\cap B)$의 값을 구하시오.

06

방정식 $\left|x-[x]-\frac{1}{2}\right|=\frac{1}{4}x^2$의 실근의 개수를 구하시오.

(단, $[x]$는 x보다 크지 않은 최대의 정수이다.)

07

두 집합 $A=\{1, 3, 5, 7\}$, $B=\{3, 5, 7, 9\}$에 대하여 두 함수 $f: A \longrightarrow B$, $g: B \longrightarrow A$가 다음 조건을 만족시킨다.

(가) $f(5)=9$, $g(3)=5$
(나) 어떤 $x\in B$에 대하여 $g(x)=x$이다.
(다) 모든 $x\in A$에 대하여 $(f\circ g\circ f)(x)=x+2$이다.

$f(3)+g(5)$의 값을 구하시오.

유형 1 합성함수

출제경향 합성함수에 대한 조건을 제시하고, 이 조건을 만족시키는 함수 f를 구하는 문제가 자주 출제된다.

공략비법 합성함수의 정의와 성질

(1) 합성함수 : 두 함수 $f: X \longrightarrow Y$, $g: Y \longrightarrow Z$에 대하여 집합 X의 각 원소 x에 집합 Z의 원소 $g(f(x))$를 대응시키는 함수를 f와 g의 합성함수라 하고, $g \circ f$로 나타낸다. 즉,

$g \circ f: X \longrightarrow Z$, $(g \circ f)(x) = g(f(x))$

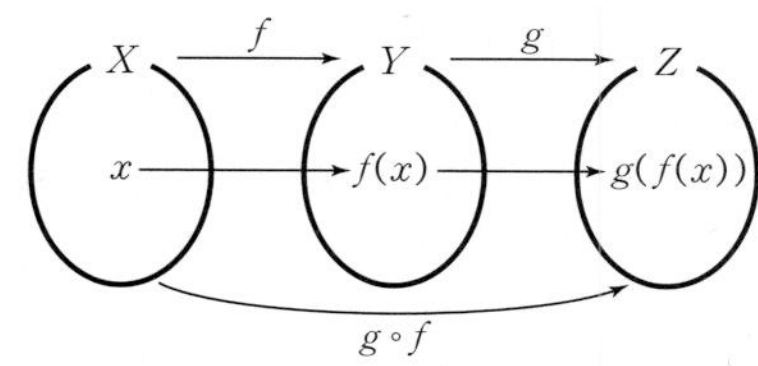

(2) 합성함수의 성질 : 세 함수 f, g, h와 항등함수 I에 대하여

① $f \circ g \neq g \circ f$ (즉, 일반적으로 교환법칙이 성립하지 않는다.)

② $h \circ (g \circ f) = (h \circ g) \circ f$ (즉, 결합법칙이 성립한다.)

③ $I \circ f = f \circ I = f$

1 대표

• 2017년 3월 교육청 20번 | 4점

집합 $X = \{1, 2, 3, 4, 5\}$에 대하여 함수 $f: X \longrightarrow X$가 있다. 함수 f가 일대일대응일 때, **보기**에서 옳은 것만을 있는 대로 고른 것은?

보기

ㄱ. $f(1) \times f(2) = 6$이면 $f(3) + f(4) + f(5) = 10$이다.

ㄴ. 집합 X의 모든 원소 x에 대하여 $(f \circ f)(x) = x$이면 $f(a) = a$인 집합 X의 원소 a가 존재한다.

ㄷ. 집합 X의 어떤 원소 x에 대하여 $(f \circ f \circ f)(x) = x$이면 $f(b) = b$인 집합 X의 원소 b가 존재한다.

① ㄱ ② ㄷ ③ ㄱ, ㄴ ④ ㄴ, ㄷ ⑤ ㄱ, ㄴ, ㄷ

2 유사

• 2019년 3월 교육청 21번 | 4점

두 이차함수 $f(x) = x^2 - 2x - 3$, $g(x) = x^2 + 2x + a$가 있다. x에 대한 방정식 $f(g(x)) = f(x)$의 서로 다른 실근의 개수가 2가 되도록 하는 정수 a의 개수는?

① 1 ② 2 ③ 3 ④ 4 ⑤ 5

유형 2 역함수가 존재할 조건

출제경향 주어진 함수의 역함수가 존재함을 이용하여 함수의 대응을 모두 찾는 문제가 자주 출제된다.

공략비법 역함수가 존재할 조건

$f: X \longrightarrow Y$에 대하여 함수 $y = f(x)$의 역함수가 존재한다.

$\Longleftrightarrow$ 함수 $y = f(x)$가 일대일대응이다.

$\Longleftrightarrow$ 두 집합 X, Y가 유한집합이면 원소의 개수가 같고, 집합 X의 각 원소는 집합 Y의 한 원소로 겹치지 않게 대응된다.

3 대표

• 2018년 11월 교육청 30번 | 4점

집합 $X = \{1, 2, 3, 4, 5, 6, 7\}$에 대하여 함수 $f: X \longrightarrow X$가 역함수가 존재하고, 다음 조건을 만족시킨다.

(가) $x = 1, 2, 6$일 때 $(f \circ f)(x) + f^{-1}(x) = 2x$이다.

(나) $f(3) + f(5) = 10$

$f(6) \neq 6$일 때, $f(4) \times \{f(6) + f(7)\}$의 값을 구하시오.

4 유사

• 2019년 3월 교육청 21번 | 4점

최고차항의 계수가 양수인 이차함수 $f(x)$에 대하여 함수 $g(x)$를 다음과 같이 정의하자.

$$g(x) = \begin{cases} -x+4 & (x < -2) \\ f(x) & (-2 \leq x \leq 1) \\ -x-2 & (x > 1) \end{cases}$$

함수 $g(x)$의 치역이 실수 전체의 집합이고, 함수 $g(x)$의 역함수가 존재할 때, **보기**에서 옳은 것만을 있는 대로 고른 것은?

보기

ㄱ. $f(-2) + f(1) = 3$

ㄴ. $g(0) = -1$, $g(1) = -3$이면 곡선 $y = f(x)$의 꼭짓점의 x좌표는 $\frac{5}{2}$이다.

ㄷ. 곡선 $y = f(x)$의 꼭짓점의 x좌표가 -2이면 $g^{-1}(1) = 0$이다.

① ㄱ ② ㄴ ③ ㄱ, ㄴ ④ ㄱ, ㄷ ⑤ ㄱ, ㄴ, ㄷ

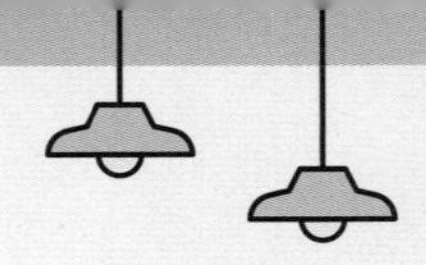

중요원리 seminar 세미나

함수의 대칭성

함수의 대칭성은 복잡한 함수 문제에서 계산을 줄일 때 사용되기도 하고, 함수와 관련된 합답형 문제를 해결할 때 자주 요구되는 내용이다.

(1) $f(-x)=f(x)$: 함수 $f(x)$는 우함수로, 함수 $y=f(x)$의 그래프는 y축에 대하여 대칭
(2) $f(-x)=-f(x)$: 함수 $f(x)$는 기함수로, 함수 $y=f(x)$의 그래프는 원점에 대하여 대칭
(3) $f(a+x)=f(a-x)$ 또는 $f(2a-x)=f(x)$: 함수 $y=f(x)$의 그래프는 직선 $x=a$에 대하여 대칭
(4) $f(a+x)=-f(a-x)$ 또는 $f(2a-x)=-f(x)$: 함수 $y=f(x)$의 그래프는 점 $(a,\ 0)$에 대하여 대칭
(5) $f(a+x)+f(a-x)=2b$ 또는 $f(x)+f(2a-x)=2b$: 함수 $y=f(x)$의 그래프는 점 $(a,\ b)$에 대하여 대칭

함수의 그래프의 오목과 볼록

임의의 서로 다른 두 실수 x_1, x_2에 대하여 함수 $y=f(x)$의 그래프의 개형은 다음을 만족시킨다.

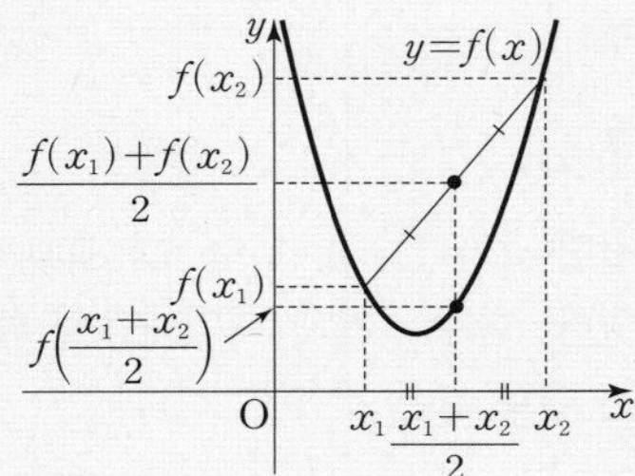

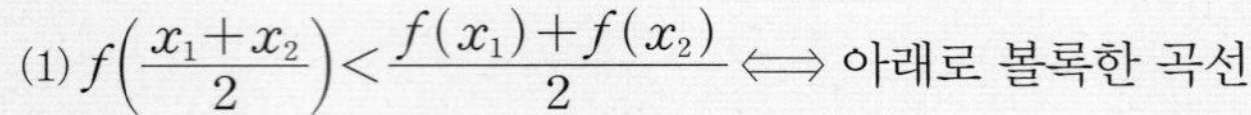
(1) $f\left(\dfrac{x_1+x_2}{2}\right)<\dfrac{f(x_1)+f(x_2)}{2} \Longleftrightarrow$ 아래로 볼록한 곡선
(2) $f\left(\dfrac{x_1+x_2}{2}\right)=\dfrac{f(x_1)+f(x_2)}{2} \Longleftrightarrow$ 직선
(3) $f\left(\dfrac{x_1+x_2}{2}\right)>\dfrac{f(x_1)+f(x_2)}{2} \Longleftrightarrow$ 위로 볼록한 곡선

함수의 확대와 축소

함수 $y=f(x)$의 그래프를 x축의 방향으로 $\dfrac{1}{a}$배 확대$(0<a<1)$ 또는 축소$(a>1)$하면

$$y=f(x) \longrightarrow y=f(ax)\ (a\neq 0)$$

만약 주기가 p인 주기함수 $y=f(x)$의 그래프를 x축의 방향으로 $\dfrac{1}{a}$배 확대$(0<a<1)$ 또는 축소$(a>1)$하면 주기가 $\dfrac{p}{a}$인 주기함수로 바뀌게 된다.

함수 $y=f(ax+b)$의 역함수

$f^{-1}(x)=g(x)$일 때, 함수 $y=f(ax+b)$의 역함수를 $g(x)$를 이용하여 표현하는 방법은 다음과 같다.
$y=f(ax+b)$에서 x와 y의 자리를 바꾸면
$x=f(ay+b)$, 즉 $f^{-1}(x)=ay+b$
$\therefore\ y=\dfrac{f^{-1}(x)-b}{a}=\dfrac{g(x)-b}{a}\ (\because\ f^{-1}(x)=g(x))$

04 유리함수

두 다항식 A, B $(B\neq0)$에 대하여 $\frac{A}{B}$ 꼴로 나타내어지는 식을 유리식이라 한다. 이때 B가 상수이면 $\frac{A}{B}$는 다항식이고, B가 상수가 아니면 $\frac{A}{B}$는 분수식이다.

유리식의 사칙연산 A

다항식 A, B, C, D $(C\neq0,\ D\neq0)$에 대하여

(1) $\frac{A}{C}\pm\frac{B}{C}=\frac{A\pm B}{C}$, $\frac{A}{C}\pm\frac{B}{D}=\frac{AD\pm BC}{CD}$ (복부호 동순)

(2) $\frac{A}{C}\times\frac{B}{D}=\frac{AB}{CD}$, $\frac{A}{C}\div\frac{B}{D}=\frac{A}{C}\times\frac{D}{B}=\frac{AD}{BC}$ (단, $B\neq0$)

$\dfrac{\frac{A}{C}}{\frac{B}{D}}=\frac{A}{C}\div\frac{B}{D}$이므로 $\dfrac{\frac{A}{C}}{\frac{B}{D}}=\frac{AD}{BC}$ (번분수식의 계산)

유리함수

(1) $f(x)$가 x에 대한 유리식인 함수 $y=f(x)$를 유리함수라 한다.
특히, $f(x)$가 x에 대한 다항식일 때, 이 함수를 다항함수라 한다.

(2) 정의역이 주어지지 않은 유리함수는 분모가 0이 되지 않도록 하는 실수 전체의 집합을 정의역으로 한다.

참고 정의역이 주어지지 않은 경우 다항함수의 정의역은 실수 전체의 집합이다.

유리함수 $y=\frac{k}{x}$ $(k\neq0)$의 그래프

(1) 정의역과 치역은 모두 0이 아닌 실수 전체의 집합이다.

(2) 원점 및 두 직선 $y=\pm x$에 대하여 대칭이다.

(3) 점근선은 x축, y축이다. ($y=0$, $x=0$)

(4) $k>0$이면 그래프가 제1, 3사분면에 있고,
$k<0$이면 그래프가 제2, 4사분면에 있다.

(5) $|k|$의 값이 커질수록 그래프는 원점에서 멀어진다.

곡선 위의 점이 어떤 직선에 한없이 가까워질 때, 이 직선을 그 곡선의 점근선이라 한다.

$k<0$ $y=\frac{k}{x}$ | $k>0$ $y=\frac{k}{x}$ | y | O | x

유리함수 $y=\frac{k}{x-p}+q$ $(k\neq0)$의 그래프

(1) 유리함수 $y=\frac{k}{x}$의 그래프를 x축의 방향으로 p만큼, y축의 방향으로 q만큼 평행이동한 것이다.

(2) 정의역은 $\{x|x\neq p$인 실수$\}$, 치역은 $\{y|y\neq q$인 실수$\}$이다.

(3) 점 $(p,\ q)$ 및 두 직선 $y=\pm(x-p)+q$에 대하여 대칭이다.

(4) 점근선은 두 직선 $x=p$, $y=q$이다.

$c=0$이면 $y=\frac{ax+b}{cx+d}$는 분수함수가 되지 않고 다항함수가 되므로 유의한다.

$c\neq0$, $ad-bc=0$이면 $y=\frac{ax+b}{cx+d}$는 분수함수가 되지 않고 상수함수가 되므로 유의한다.

유리함수 $y=\frac{ax+b}{cx+d}$ $(c\neq0,\ ad-bc\neq0)$의 그래프 B C

유리함수 $y=\frac{ax+b}{cx+d}$의 그래프는 $y=\frac{k}{x-p}+q$ $(k\neq0)$ 꼴로 변형하여 그린다.

비법 노트

1등급 비법

A 유리식의 덧셈, 뺄셈을 편리하게 하는 방법

(1) 다항식의 나눗셈을 이용하여 분자의 차수를 분모의 차수보다 작게 만든다.

예 $\frac{x+1}{x}-\frac{x}{x-1}$
$=\left(1+\frac{1}{x}\right)-\left(1+\frac{1}{x-1}\right)$
$=\frac{1}{x}-\frac{1}{x-1}$

(2) $\frac{1}{AB}=\frac{1}{B-A}\left(\frac{1}{A}-\frac{1}{B}\right)$을 이용하여 유리식을 정리한다.

예 $\frac{1}{(x-1)x}+\frac{1}{x(x+1)}$
$=\left(\frac{1}{x-1}-\frac{1}{x}\right)+\left(\frac{1}{x}-\frac{1}{x+1}\right)$
$=\frac{1}{x-1}-\frac{1}{x+1}$

(3) 곱셈 공식의 변형을 이용한다.

① $x^2+\frac{1}{x^2}=\left(x+\frac{1}{x}\right)^2-2=\left(x-\frac{1}{x}\right)^2+2$

② $x^3+\frac{1}{x^3}=\left(x+\frac{1}{x}\right)^3-3\left(x+\frac{1}{x}\right)$,
$x^3-\frac{1}{x^3}=\left(x-\frac{1}{x}\right)^3+3\left(x-\frac{1}{x}\right)$

③ $\left(x+\frac{1}{x}\right)^2=\left(x-\frac{1}{x}\right)^2+4$,
$\left(x-\frac{1}{x}\right)^2=\left(x+\frac{1}{x}\right)^2-4$

▶ STEP 2 | 04번

B $y=\frac{ax+b}{cx+d}=\dfrac{b-\frac{ad}{c}}{cx+d}+\frac{a}{c}=\dfrac{\frac{b}{c}-\frac{ad}{c^2}}{x+\frac{d}{c}}+\frac{a}{c}$이므로 이 유리함수의 그래프의 두 점근선의 방정식은

$x=-\frac{d}{c}$, $y=\frac{a}{c}$이다.

$y=\frac{ax+b}{cx+d}$

▶ STEP 2 | 07번

중요

C 유리함수 $y=\frac{ax+b}{cx+d}$ $(c\neq0,\ ad-bc\neq0)$의 역함수 구하기

$y=\frac{ax+b}{cx+d}$를 x에 대하여 정리한 후, x와 y를 서로 바꾸어 역함수를 구한다. 특히, 다음과 같이 a, d의 부호와 위치를 바꾸어 역함수를 구할 수 있다.

⇨ $y=\frac{ax+b}{cx+d}$의 역함수는 $y=\frac{-dx+b}{cx+(-a)}$

▶ STEP 1 | 08번

D 함수 $y=f(x)$의 그래프가 점 $(a,\ b)$에 대하여 대칭일 때, 등식

$f(a-x)+f(a+x)=2b$

가 성립한다.

▶ STEP 2 | 09번

정답과 해설 pp.60~61

01 유리식과 항등식

분모를 0으로 만들지 않는 모든 실수 x에 대하여

$$\frac{3x+2}{x(x+1)^2}=\frac{a}{x}+\frac{b}{x+1}+\frac{c}{(x+1)^2}$$

가 성립할 때, 세 상수 a, b, c의 곱 abc의 값은?

① -4　② -2　③ 0　④ 2　⑤ 4

02 번분수식

등식 $\dfrac{1}{3-\dfrac{1}{3-\dfrac{1}{x}}}=\dfrac{ax+b}{cx-3}$를 만족시키는 세 실수 a, b, c의 합 $a+b+c$의 값은?

① 6　② 7　③ 8　④ 9　⑤ 10

03 유리함수의 정의역과 치역

유리함수 $y=\dfrac{2x+1}{2x-1}$의 정의역이

$$\left\{x \,\middle|\, -1\le x<\frac{1}{2} \text{ 또는 } \frac{1}{2}<x\le 1\right\}$$

일 때, 치역을 구하시오.

04 유리함수의 그래프의 점근선

유리함수 $y=\dfrac{ax+b}{x+c}$의 그래프가 점 $(-1,\ -2)$를 지나고, 두 점근선의 교점의 좌표가 $(-3,\ 2)$일 때, 세 상수 a, b, c에 대하여 $a-b+c$의 값을 구하시오.

05 유리함수의 그래프의 평행이동

유리함수 $f(x)=\dfrac{5x}{x+2}$의 그래프를 x축의 방향으로 p만큼, y축의 방향으로 q만큼 평행이동한 그래프의 식을 $y=g(x)$라 하자. 함수 $y=|g(x)|$의 그래프가 y축에 대하여 대칭일 때, $p+q$의 값은?

① -1　② -3　③ -5　④ -7　⑤ -9

06 유리함수의 그래프가 지나는 사분면

유리함수 $y=\dfrac{ax-a^2+16}{x-a}$의 그래프가 좌표평면 위의 모든 사분면을 지나도록 하는 자연수 a의 개수는?

① 2　② 3　③ 4　④ 5　⑤ 6

07 유리함수의 합성

유리함수 $f(x)=\dfrac{x}{1-x}$에 대하여

$$f^1(x)=f(x),\ f^{n+1}(x)=(f\circ f^n)(x)\ (n\text{은 자연수})$$

로 정의한다. $f^{20}(x)=\dfrac{ax+b}{cx+1}$일 때, 세 실수 a, b, c의 합 $a+b+c$의 값은?

① 20　② 19　③ 1　④ -19　⑤ -20

08 유리함수의 역함수

두 유리함수 $f(x)=\dfrac{-2x+a}{x+1}$, $g(x)=\dfrac{bx+1}{cx+2}$에 대하여 $g(f(x))=x$가 성립할 때, 세 상수 a, b, c의 합 $a+b+c$의 값은?

① -2　② 0　③ 1　④ 2　⑤ 3

대표 01 유형❶ 유리식의 연산

자연수 n에 대하여

$$f(n)=\frac{4}{n(n+1)(n+2)}$$

라 할 때, $f(1)+f(2)+f(3)+\cdots+f(10)=\frac{n}{m}$이다. 이때 서로소인 두 자연수 m, n의 합 $m+n$의 값은?

① 123 ② 125 ③ 128
④ 131 ⑤ 133

02

세 수도꼭지 A, B, C가 달려 있는 빈 욕조에 물을 가득 채우는 데 A와 B를 동시에 사용하면 p분, B와 C를 동시에 사용하면 q분, C와 A를 동시에 사용하면 r분이 걸린다. 이 빈 욕조에 세 수도꼭지 A, B, C를 동시에 사용하여 물을 가득 채우려고 한다. 이때 걸리는 시간을 p, q, r에 대한 식으로 나타낸 것은?

(단, 수도꼭지에서 매분 나오는 물의 양은 일정하다.)

① $p+q+r$ ② $\frac{p+q+r}{pq+qr+rp}$ ③ $\frac{pqr}{pq+qr+rp}$
④ $\frac{2pqr}{pq+qr+rp}$ ⑤ $\frac{pq+qr+rp}{p+q+r}$

03

서로소인 두 자연수 p, q $(p>q)$에 대하여 유리수 $\frac{p}{q}$를 다음과 같이 나타낼 수 있다.

$$\frac{p}{q}=a_0+\cfrac{1}{a_1+\cfrac{1}{a_2+\cfrac{\ddots}{+\cfrac{1}{a_n}}}}$$

$f\left(\frac{p}{q}\right)=a_0+a_1+a_2+\cdots+a_n$으로 정의하였을 때, $f\left(\frac{165}{98}\right)$의 값을 구하시오. (단, a_0, a_1, $\cdots$, a_n은 자연수이다.)

04

$x+\frac{1}{x}=-1$일 때, **보기**에서 옳은 것만을 있는 대로 고른 것은?

보기

ㄱ. $1+\frac{1}{x}+\frac{1}{x^2}=0$

ㄴ. $2x^2+4x-3+\frac{4}{x}+\frac{2}{x^2}=-9$

ㄷ. $x^{3n+2}+x^{3n+1}+x^{3n}+\frac{1}{x^{3n}}+\frac{1}{x^{3n+1}}+\frac{1}{x^{3n+2}}=0$

(단, n은 자연수이다.)

① ㄱ ② ㄴ ③ ㄱ, ㄷ
④ ㄴ, ㄷ ⑤ ㄱ, ㄴ, ㄷ

05

0이 아닌 세 실수 a, b, c에 대하여 $\frac{1}{a}+\frac{1}{b}+\frac{1}{c}=0$일 때, **보기**에서 옳은 것만을 있는 대로 고른 것은?

보기

ㄱ. $\frac{a}{(a+b)(a+c)}+\frac{b}{(b+c)(b+a)}+\frac{c}{(c+a)(c+b)}=0$

ㄴ. $\frac{b+c}{a}+\frac{c+a}{b}+\frac{a+b}{c}=-3$

ㄷ. $\frac{a^2+b^2+c^2}{(a-b)^2+(b-c)^2+(c-a)^2}=1$

① ㄱ ② ㄱ, ㄴ ③ ㄱ, ㄷ
④ ㄴ, ㄷ ⑤ ㄱ, ㄴ, ㄷ

대표 06 유형❷ 유리함수의 그래프의 기본 성질

$a\le x\le 1$에서 유리함수 $y=\frac{4x+k}{x-2}$의 최댓값이 $\frac{5}{2}$, 최솟값이 1일 때, 두 상수 a, k에 대하여 $a-k$의 값을 구하시오.

07

빈출

두 유리함수 $y=\frac{x-4}{x-a}$, $y=\frac{-ax+1}{x-2}$의 그래프의 점근선으로 둘러싸인 부분의 넓이가 18일 때, 양수 a의 값을 구하시오.

08

유리함수 $y=\frac{-4x+7}{2x-3}$의 그래프는 직선 $y=ax+b$ $(a\neq0)$에 대하여 대칭이다. 다음 중 a^2+4b^2의 값이 될 수 있는 수는? (단, a, b는 상수이다.)

① 45 ② 50 ③ 52
④ 58 ⑤ 64

09

$x\neq-a$인 모든 실수 x에 대하여 다항함수가 아닌 유리함수 $f(x)=\frac{bx+c}{x+a}$가 $f(2-x)+f(2+x)=2$와 $f(3)=3$을 만족시킨다. $-1\leq x\leq1$에서 이 함수의 최댓값을 M, 최솟값을 m이라 할 때, $3M-m$의 값을 구하시오.

10

그림은 함수 $f(x)=\left|\frac{1}{x}-1\right|$ $(x>0)$의 그래프이다. $0<a<b$인 두 실수 a, b에 대하여 $f(a)=f(b)$가 성립할 때, **보기**에서 옳은 것만을 있는 대로 고른 것은?

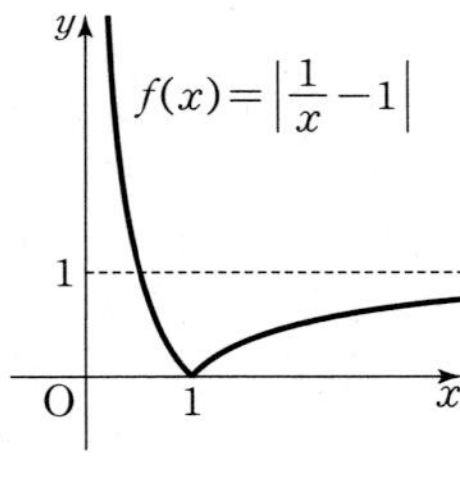

보기

ㄱ. $0<f(b)<1$
ㄴ. $\frac{1}{3}<a<\frac{2}{3}$
ㄷ. $f(a)f(b)=-\frac{(a-1)(b-1)}{ab}$

① ㄱ ② ㄱ, ㄴ ③ ㄱ, ㄷ
④ ㄴ, ㄷ ⑤ ㄱ, ㄴ, ㄷ

11

함수 $f(x)$는 다음 조건을 만족시킨다.

(가) $-3\leq x\leq3$에서 $f(x)=|x|+2$이다.
(나) 모든 실수 x에 대하여 $f(x-3)=f(x+3)$이다.

두 함수 $y=f(x)$, $y=\frac{ax}{x-3}$의 그래프가 무수히 많은 점에서 만나도록 하는 모든 정수 a의 값의 합을 구하시오.

대표 12

유형❸ 유리함수의 그래프의 활용

$2\leq x\leq3$에서 부등식

$$ax^2-2ax+a+1\leq\frac{x+1}{x-1}\leq bx^2-2bx+b+1$$

이 항상 성립한다. 두 실수 a, b에 대하여 a의 최댓값을 M, b의 최솟값을 m이라 할 때, $M+m$의 값을 구하시오.

13

전기회로도에서 크기가 각각 $R_1(\Omega)$, $R_2(\Omega)$인 두 저항을 연결하였을 때, 총 저항의 크기 $R(\Omega)$은 직렬연결에서는 $R=R_1+R_2$가 되고, 병렬연결에서는 $\frac{1}{R}=\frac{1}{R_1}+\frac{1}{R_2}$이 된다.

이것을 이용하여 그림과 같은 전기회로도에서 구한 총 저항의 크기를 $R(\Omega)$이라 하자. 함수 $R=f(x)$의 정의역이 $\{x|5\leq x\leq13\}$일 때, 이 함수의 치역은? (단, Ω은 저항의 단위이다.)

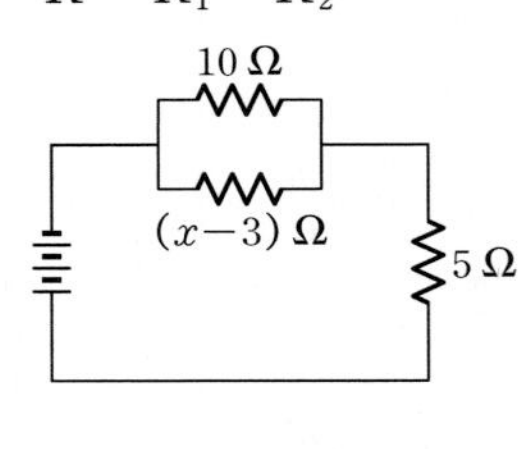

① $\left\{R\middle|\frac{10}{3}\leq R\leq10\right\}$ ② $\left\{R\middle|\frac{20}{3}\leq R\leq10\right\}$

③ $\left\{R\middle|\frac{20}{3}\leq R\leq20\right\}$ ④ $\{R|10\leq R\leq20\}$

⑤ $\{R|R\geq20\}$

14

그림과 같이 좌표평면 위의 점 P(1, 2)를 x축의 방향으로 a만큼 평행이동시킨 점을 Q, y축의 방향으로 b만큼 평행이동시킨 점을 R라 하자. 원점 O와 두 점 Q, R를 꼭짓점으로 하는 삼각형 OQR의 넓이가 4일 때, 두 양수 a, b의 순서쌍 (a, b)를 좌표평면에 나타낸 것은?

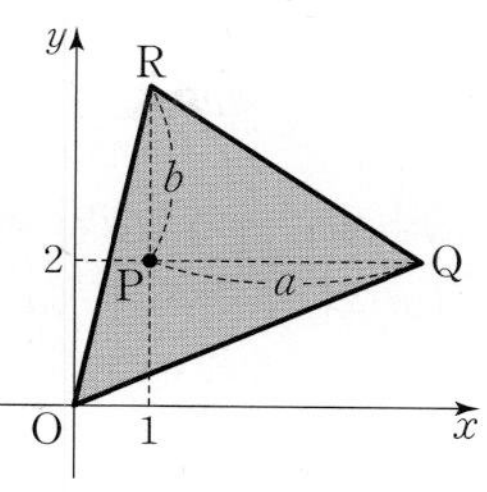

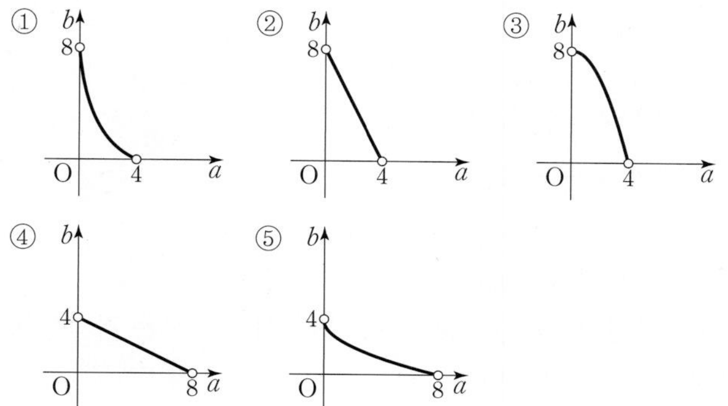

15

두 함수

$$f(x)=-\frac{1}{x}+k,\ g(x)=\frac{1}{x-1}-k$$

가 있다. 정수 k에 대하여 두 곡선 $y=f(x)$, $y=g(x)$의 교점 중 x좌표가 양수인 점의 개수를 $h(k)$라 하자. 등식

$$h(k)+h(k+1)+h(k+2)=4$$

를 만족시키는 정수 k의 값은? [2019년 교육청]

① -2 ② -1 ③ 0
④ 1 ⑤ 2

대표 유형❹ 유리함수의 그래프와 직선

16

함수 $y=\left|\frac{2x+1}{-x+3}\right|$의 그래프와 직선 $y=k$ (k는 상수)의 교점의 개수를 $N(k)$라 하자. 이때 $N(1)-N(0)+N(2)$의 값을 구하시오.

17

그림과 같이 도형 $xy-2x-2y=k$가 직선 $x+y=8$과 만나는 두 점을 P, Q라 하자. 두 점 P, Q의 x좌표의 곱이 14일 때 $\overline{OP}\times\overline{OQ}$의 값을 구하시오.

(단, $k<0$)

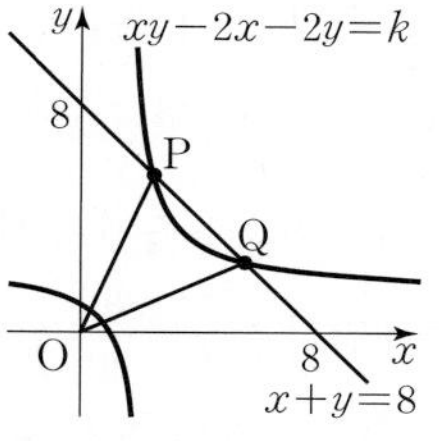

18

함수 $y=\frac{|2x|-2}{|x+1|}$의 그래프와 직선 $y=kx+3k-4$ $(k\neq0)$의 교점이 존재하지 않을 때, 실수 k의 값의 범위는?

① $1<k<3$ ② $1<k\leq3$
③ $k<1$ 또는 $k>3$ ④ $k<1$ 또는 $k\geq3$
⑤ $k>3$

19

직선 $y=-x+4$가 두 유리함수 $y=\frac{1}{x}$, $y=\frac{2}{x}$의 그래프와 제1사분면에서 만나는 점 중에서 y축에 가까운 점을 각각 (x_1, y_1), (x_2, y_2)라 할 때, **보기**에서 옳은 것만을 있는 대로 고른 것은?

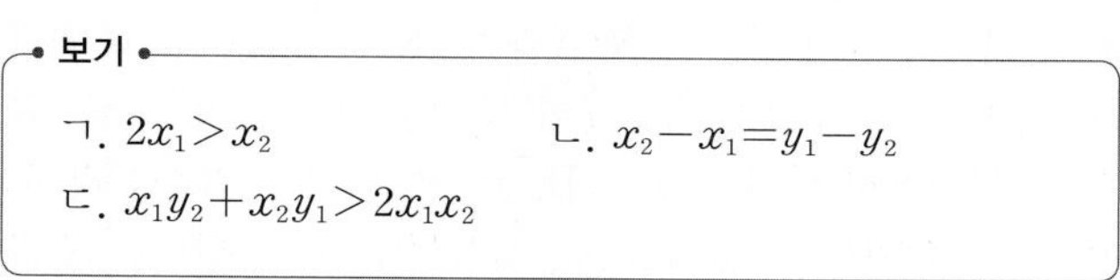

보기

ㄱ. $2x_1>x_2$
ㄴ. $x_2-x_1=y_1-y_2$
ㄷ. $x_1y_2+x_2y_1>2x_1x_2$

① ㄱ ② ㄴ ③ ㄱ, ㄷ
④ ㄴ, ㄷ ⑤ ㄱ, ㄴ, ㄷ

대표 유형❺ 유리함수의 그래프와 도형

20

유리함수 $y=\frac{2x+2}{x-1}$의 그래프의 두 점근선의 교점을 A, 두 점근선과 직선 $y=mx-2m$의 교점을 각각 B, C라 하자. 삼각형 ABC의 넓이의 최솟값을 구하시오. (단, $m>0$)

21

서술형

그림과 같이 제1사분면에 있는 유리함수 $y=\frac{1}{x}$의 그래프 위의 점 A에서 x축과 y축에 평행한 직선을 그어 유리함수 $y=\frac{k}{x}\ (k>1)$의 그래프와 만나는 점을 각각 B, C라 하자.

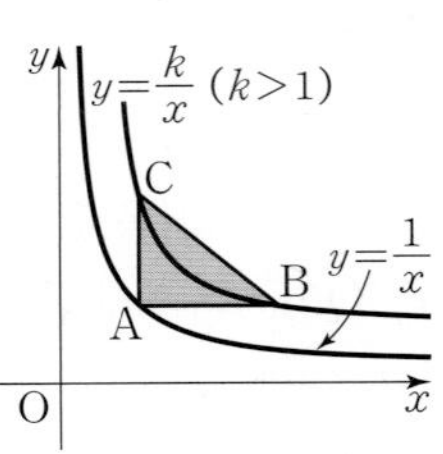

삼각형 ABC의 넓이가 32일 때, 상수 k의 값을 구하시오.

22

좌표평면에서 함수 $y=\frac{x-1}{x+2}$의 그래프가 중심이 점 $(-2,\ 1)$인 원과 서로 다른 네 점에서 만난다. 이 네 점의 좌표를 각각 $(x_1,\ y_1)$, $(x_2,\ y_2)$, $(x_3,\ y_3)$, $(x_4,\ y_4)$라 할 때, $\frac{x_1+x_4}{y_2+y_3}$의 값을 구하시오. (단, $x_1<x_2<x_3<x_4$)

23

그림과 같이 함수 $f(x)=\frac{k}{x-2}+\frac{k}{2}\ (k>4)$의 그래프가 있다. 점 $P\left(2,\ \frac{k}{2}\right)$에 대하여 직선 OP와 함수 $y=f(x)$의 그래프가 만나는 점 중에서 원점이 아닌 점을 A라 하자. 점 P를 지나고 원점으로부터 거리가 2인 직선 l이 함수 $y=f(x)$의 그래프와 제1사분면에서 만나는 점을 B, x축과 만나는 점을 C라 하자. 삼각형 PBA의 넓이를 S_1, 삼각형 PCO의 넓이를 S_2라 할 때, $2S_1=S_2$이다. 상수 k에 대하여 k^2의 값을 구하시오.

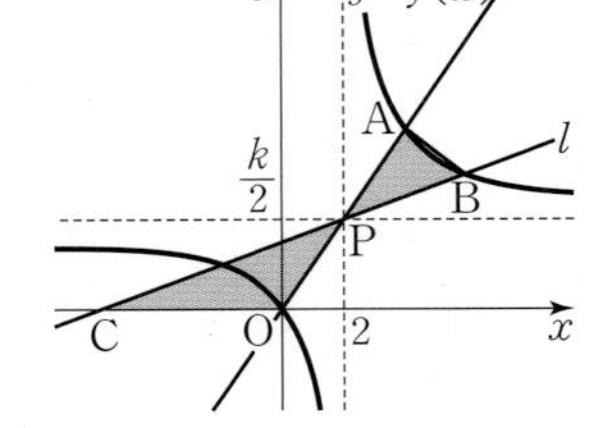

(단, O는 원점이고, 직선 l은 좌표축과 평행하지 않다.)

24

1등급

자연수 n에 대하여 원 $x^2+y^2=n^2$과 곡선 $y=\frac{k}{x}\ (k>0)$가 서로 다른 네 점에서 만날 때, 이 네 점을 꼭짓점으로 하는 직사각형을 만든다. 이 직사각형에서 긴 변의 길이가 짧은 변의 길이의 2배가 되도록 하는 k의 값을 $f(n)$이라 할 때, $f(1)+f(2)+f(3)$의 값을 구하시오.

25

대표 유형❻ 유리함수의 합성과 역함수

함수 $f(x)=\frac{3x}{1+|x-1|}$의 역함수가 존재하기 위한 x의 값의 범위가 $x\le a$일 때 a의 최댓값을 구하고, 이때의 함수 $f(x)$의 역함수 $f^{-1}(x)$를 구하시오.

26

두 함수 $f(x)$, $g(x)$가

$$f(x)=\frac{6x+12}{2x-1},$$

$$g(x)=\begin{cases} 1 & (x\text{가 정수인 경우}) \\ 0 & (x\text{가 정수가 아닌 경우}) \end{cases}$$

일 때, 방정식 $(g\circ f)(x)=1$을 만족시키는 모든 자연수 x의 개수는? [2017년 교육청]

① 4 ② 5 ③ 6
④ 7 ⑤ 8

27

유리함수 $f(x)=\frac{4x-8}{2x+b}\ (b\neq-4)$에 대하여 $(f\circ f)(a)=a$를 만족시키는 실수 a가 단 1개 존재할 때, 두 실수 a, b의 합 $a+b$의 값은?

① -5 ② 3 ③ 10
④ 12 ⑤ 14

28

1등급

$f_1(x)=\frac{2x-1}{x+1}$, $f_{n+1}(x)=f_1(f_n(x))\ (n=1,\ 2,\ 3,\ \cdots)$로 정의된 함수 $f_n(x)$가 있다. $f_{36}(x)=f_6(x)$일 때, $f_{28}(x)$의 식은?

① x ② $\frac{1}{x}$ ③ $\frac{1}{1-x}$
④ $\frac{x-1}{x}$ ⑤ $\frac{x+1}{2-x}$

01

곡선 $y=\frac{2}{x}$와 직선 $y=-x+k$가 제1사분면에서 만나는 서로 다른 두 점을 각각 A, B라 하자. $\angle \mathrm{ABC}=90°$인 점 C가 곡선 $y=\frac{2}{x}$ 위에 있다. $\overline{\mathrm{AC}}=2\sqrt{5}$가 되도록 하는 상수 k에 대하여 k^2의 값을 구하시오. (단, $k>2\sqrt{2}$) [2017년 교육청]

02

세 함수 $f(x)=1-\frac{1}{x}$, $g(x)=|x|$, $h(x)=ax+b$에 대하여 방정식 $(g \circ f)(x)=h(x)$가 서로 다른 세 양수근을 가지고 세 근의 비가 $1:2:3$을 만족시킬 때, 세 근의 합을 구하시오.

03

유리함수 $f(x)=\frac{3x-1}{x+1}$에 대하여 $g(x)=|f(x)+q|$라 하자. 다음 조건을 만족시키는 두 실수 x_1, x_2가 존재할 때, 양의 정수 q의 최솟값을 구하시오.

> (가) $-1<x_1<x_2<0$
> (나) $g(x_1)<3$, $g(x_2)>3$

04

유리함수 $f(x)=\frac{cx+d}{ax+b}$의 그래프가 두 직선 $y=x-15$, $y=-x+20$에 대하여 각각 대칭일 때, $f(1)+f(2)+f(3)+\cdots+f(34)$의 값을 구하시오.

(단, a, b, c, d는 상수이고, $a\neq 0$이다.)

05

유리함수 $y=\frac{4}{x-3}+2\ (x>3)$의 그래프 위의 한 점 P와 두 점 A(4, 0), B(0, 2)에 대하여 $\overline{\mathrm{PA}}^2+\overline{\mathrm{PB}}^2$의 최솟값을 구하시오.

06

함수 $f(x)=\frac{1-x}{|x|}$와 실수 a에 대하여 $g(a)$를 방정식 $f(x)=a$의 서로 다른 실근의 개수라 할 때, 함수 $y=g(a)$에 대하여 두 집합 A, B를 다음과 같이 정의하자.

$A=\{(a,\ y)\,|\,y=g(a)\}$,

$B=\{(a,\ y)\,|\,a^2+(y-1)^2=r$이고 $r>0\}$

이때 $n(A\cap B)=1$이 되도록 하는 모든 양의 실수 r의 값의 합을 구하시오.

07

8보다 작은 음이 아닌 세 정수 a, b, c에 대하여 양의 실수의 집합을 정의역으로 하는 함수 $f(x)=\frac{ax+b}{2x+c}$가 있다. $f(x)$가 일대일함수가 되도록 하는 순서쌍 $(a,\ b,\ c)$의 개수를 m, 상수함수가 되도록 하는 순서쌍 $(a,\ b,\ c)$의 개수를 n이라 할 때, 두 상수 m, n에 대하여 $m-n$의 값을 구하시오.

유형 1 유리함수의 그래프의 활용

출제경향 유리함수의 그래프의 점근선의 방정식을 이용하여 유리함수의 식을 구하는 문제가 자주 출제된다.

공략비법

(1) 유리함수 $f(x)=\frac{ax+b}{cx+d}$의 그래프의 두 점근선의 방정식은 $x=-\frac{d}{c}$, $y=\frac{a}{c}$이다.

(2) 유리함수 $y=\frac{k}{x}$ $(k\neq0)$의 그래프를 x축의 방향으로 p만큼, y축의 방향으로 q만큼 평행이동하면 $y=\frac{k}{x-p}+q$의 그래프이다.

1 대표 • 2021년 3월 교육청 16번 | 4점

좌표평면에서 곡선

$$y=\frac{k}{x-2}+1\ (k<0)$$

이 x축, y축과 만나는 점을 각각 A, B라 하고, 이 곡선의 두 점근선의 교점을 C라 하자. 세 점 A, B, C가 한 직선 위에 있도록 하는 상수 k의 값은?

① -5 ② -4 ③ -3
④ -2 ⑤ -1

2 유사 • 2021년 3월 교육청 30번 | 4점

함수 $f(x)=\frac{bx}{x-a}$ $(a>0,\ b\neq0)$에 대하여 함수 $g(x)$를

$$g(x)=\begin{cases} f(x) & (x<a) \\ f(x+2a)+a & (x\geq a) \end{cases}$$

라 하자. 실수 t에 대하여 함수 $y=g(x)$의 그래프와 직선 $y=t$의 교점의 개수를 $h(t)$라 하면, 상수 k에 대하여

$$\{t\,|\,h(t)=1\}=\{t\,|\,-9\leq t\leq -8\}\cup\{t\,|\,t\geq k\}$$

이다. $a\times b\times g(-k)$의 값을 구하시오.

(단, a, b는 상수이다.)

유형 2 유리함수의 역함수

출제경향 역함수의 성질을 이용하여 유리함수의 식을 구하는 문제가 자주 출제된다.

공략비법 유리함수의 역함수

유리함수 $f(x)=\frac{ax+b}{cx+d}$ $(c\neq0,\ ad-bc\neq0)$에 대하여

(1) 함수 $f(x)$의 역함수는 주어진 식을 x에 대하여 정리한 후, x, y를 서로 바꾸어 구한다.

(2) 유리함수의 그래프의 두 점근선의 방정식이 $x=p$, $y=q$일 때, 유리함수의 역함수의 그래프의 두 점근선의 방정식은 $x=q$, $y=p$이다.

3 대표 • 2022년 3월 교육청 18번 | 4점

함수 $f(x)=\frac{a}{x}+b$ $(a\neq0)$이 다음 조건을 만족시킨다.

> (가) 곡선 $y=|f(x)|$는 직선 $y=2$와 한 점에서만 만난다.
> (나) $f^{-1}(2)=f(2)-1$

$f(8)$의 값은? (단, a, b는 상수이다.)

① $-\frac{1}{2}$ ② $-\frac{1}{4}$ ③ 0
④ $\frac{1}{4}$ ⑤ $\frac{1}{2}$

4 대표 • 2017년 3월 교육청 19번 | 4점

유리함수 $f(x)=\frac{2x+b}{x-a}$가 다음 조건을 만족시킨다.

> (가) 2가 아닌 모든 실수 x에 대하여
> $f^{-1}(x)=f(x-4)-4$
> 이다.
> (나) 함수 $y=f(x)$의 그래프를 평행이동하면 함수 $y=\frac{3}{x}$의 그래프와 일치한다.

$a+b$의 값은? (단, a, b는 상수이다.)

① 1 ② 2 ③ 3
④ 4 ⑤ 5

무리함수

무리식의 연산 A

근호($\sqrt{\ }$) 안에 문자가 포함된 식 중에서 유리식으로 나타낼 수 없는 식을 무리식이라 한다. 이때 (근호 안에 있는 식의 값) ≥ 0

(1) a가 실수일 때, $\sqrt{a^2}=|a|=\begin{cases} a & (a\geq 0) \\ -a & (a<0) \end{cases}$

(2) $a\geq 0$, $b\geq 0$일 때, $\sqrt{a}\sqrt{b}=\sqrt{ab}$, $\dfrac{\sqrt{a}}{\sqrt{b}}=\sqrt{\dfrac{a}{b}}$ (단, $b\neq 0$)

참고 음수의 제곱근의 성질

(1) $a<0$, $b<0$일 때, $\sqrt{a}\sqrt{b}=-\sqrt{ab}$

(2) $a>0$, $b<0$일 때, $\dfrac{\sqrt{a}}{\sqrt{b}}=-\sqrt{\dfrac{a}{b}}$

(3) 분모의 유리화 : $a>0$, $b>0$ $(a\neq b)$일 때,

① $\dfrac{b}{\sqrt{a}}=\dfrac{b\sqrt{a}}{\sqrt{a}\sqrt{a}}=\dfrac{b\sqrt{a}}{a}$

② $\dfrac{c}{\sqrt{a}\pm\sqrt{b}}=\dfrac{c(\sqrt{a}\mp\sqrt{b})}{(\sqrt{a}\pm\sqrt{b})(\sqrt{a}\mp\sqrt{b})}=\dfrac{c(\sqrt{a}\mp\sqrt{b})}{a-b}$ (복부호 동순)

무리함수

(1) $f(x)$가 x에 대한 무리식인 함수 $y=f(x)$를 무리함수라 한다.

(2) 정의역이 주어져 있지 않은 무리함수는 근호 안에 있는 식의 값이 0 이상이 되도록 하는 실수 전체의 집합을 정의역으로 한다.

무리함수 $y=\sqrt{ax}$ $(a\neq 0)$의 그래프 D E

(1) $a>0$이면 그래프는 원점을 시작점으로 하여 제1사분면에 있고, 정의역은 $\{x|x\geq 0\}$, 치역은 $\{y|y\geq 0\}$이다.

(2) $a<0$이면 그래프는 원점을 시작점으로 하여 제2사분면에 있고, 정의역은 $\{x|x\leq 0\}$, 치역은 $\{y|y\geq 0\}$이다.

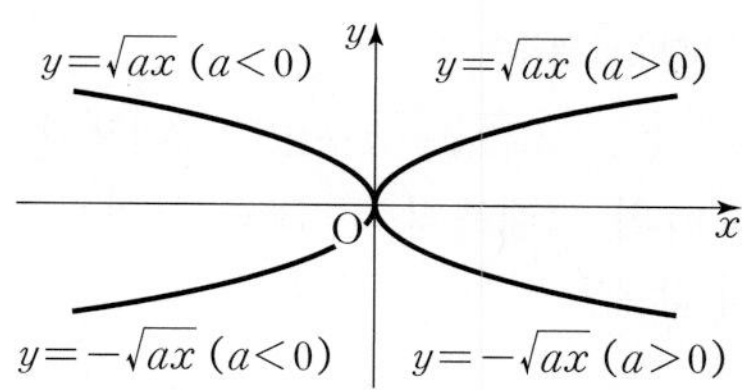

무리함수 $y=\sqrt{a(x-p)}+q$ $(a\neq 0)$의 그래프

(1) 무리함수 $y=\sqrt{ax}$의 그래프를 x축의 방향으로 p만큼, y축의 방향으로 q만큼 평행이동한 것이다.

(2) $a>0$이면 정의역은 $\{x|x\geq p\}$, 치역은 $\{y|y\geq q\}$이고, $a<0$이면 정의역은 $\{x|x\leq p\}$, 치역은 $\{y|y\geq q\}$이다.

무리함수 $y=\sqrt{ax+b}+c$ $(a\neq 0)$의 그래프

무리함수 $y=\sqrt{ax+b}+c$ $(a\neq 0)$의 그래프는 $y=\sqrt{a(x-p)}+q$ 꼴로 변형하여 그린다.

비법 노트

A 무리식의 값이 실수가 될 조건

(1) $\sqrt{A} \Longleftrightarrow A\geq 0$

(2) $\dfrac{1}{\sqrt{A}} \Longleftrightarrow A>0$

▶ STEP 2 | 01번

B 무리수가 서로 같을 조건

(1) a, b, c, d가 유리수이고 $\sqrt{m}$이 무리수일 때

① $a+b\sqrt{m}=0 \Longleftrightarrow a=0$, $b=0$

② $a+b\sqrt{m}=c+d\sqrt{m} \Longleftrightarrow a=c$, $b=d$

(2) a, b가 유리수이고 $\sqrt{m}$, $\sqrt{n}$이 무리수일 때,

$a+\sqrt{m}=b+\sqrt{n} \Longleftrightarrow a=b$, $m=n$

▶ STEP 2 | 04번

C 무리수의 정수 부분과 소수 부분

무리수 A를 $A=n+\alpha$ (n은 정수, $0\leq\alpha<1$)로 나타낼 때, n을 A의 정수 부분, α를 A의 소수 부분이라 한다. 이때 무리수 A의 소수 부분 α는 $\alpha=A-n$과 같이 나타낸다.

▶ STEP 2 | 04번

D 무리함수 $y=\sqrt{ax}$, $y=-\sqrt{ax}$ $(a\neq 0)$의 그래프는 $|a|$의 값이 클수록 x축에서 멀어진다.

▶ STEP 2 | 07번

E 무리함수 $y=-\sqrt{ax}$ $(a\neq 0)$의 그래프는 무리함수 $y=\sqrt{ax}$의 그래프를 x축에 대하여 대칭이동한 것이고, 그 그래프는 원점을 시작점으로 하여 $a>0$일 때 제4사분면, $a<0$일 때 제3사분면에 있다.

F 무리함수 $y=\sqrt{ax}$ $(a>0)$의 역함수

$y=\sqrt{ax}$ $(a>0)$의 양변을 제곱하면

$y^2=ax$ $\quad\therefore x=\dfrac{y^2}{a}$

x와 y를 서로 바꾸면 무리함수 $y=\sqrt{ax}$의 역함수는

$y=\dfrac{x^2}{a}$ $(x\geq 0)$

따라서 무리함수 $y=\sqrt{ax}$ $(a>0)$의 그래프와 그 역함수 $y=\dfrac{x^2}{a}$ $(x\geq 0)$의 그래프는 직선 $y=x$에 대하여 대칭이다.

▶ STEP 2 | 16번, 17번

1등급 비법

G 무리함수 $y=\sqrt{x-p}$의 그래프와 직선 $y=x+k$의 위치 관계

무리함수 $y=\sqrt{x-p}$의 그래프와 직선 $y=x+k$의 위치 관계는 다음과 같다.

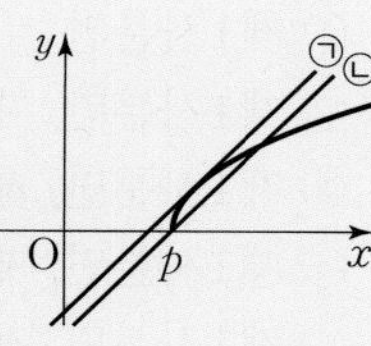

(1) 서로 다른 두 점에서 만난다.
$\Longleftrightarrow$ 직선 ㉠과 ㉡ 사이 또는 직선 ㉡

(2) 한 점에서 만난다.
$\Longleftrightarrow$ 직선 ㉡의 아래쪽 또는 직선 ㉠

(3) 만나지 않는다. $\Longleftrightarrow$ 직선 ㉠의 위쪽

▶ STEP 1 | 06번, STEP 2 | 14번

01 제곱근의 성질

$0<a<1$인 실수 a에 대하여 $x=a^2+\frac{1}{a^2}$일 때, $\sqrt{x+2}-\sqrt{x-2}$를 a에 대한 식으로 나타내시오.

02 분모의 유리화

임의의 두 양수 a, b에 대하여 $\frac{1}{a+\sqrt{ab}}+\frac{1}{b+\sqrt{ab}}$을 간단히 하면?

① $\sqrt{a}-\sqrt{b}$ ② $\sqrt{a}+\sqrt{b}$ ③ $\sqrt{ab}$
④ $\frac{1}{\sqrt{ab}}$ ⑤ $\frac{1}{\sqrt{a}+\sqrt{b}}$

03 무리함수의 정의역과 치역

무리함수 $y=\sqrt{ax+b}+c$ $(a>0)$의 정의역이 $\{x|x\geq 4\}$, 치역이 $\{y|y\geq 2\}$일 때, $\frac{4a^2+2b+c^2}{4a}$의 최솟값은?

(단, a, b, c는 상수이다.)

① -2 ② $\sqrt{2}-2$ ③ 0
④ $2\sqrt{2}-2$ ⑤ $\sqrt{2}+2$

04 무리함수의 그래프가 지나는 사분면

유리함수 $y=\frac{cx+d}{ax+b}$의 그래프가 그림과 같을 때, 무리함수 $y=a\sqrt{bx+c}+d$의 그래프가 지나는 사분면은? (단, $a>0$이고, a, b, c, d는 상수이다.)

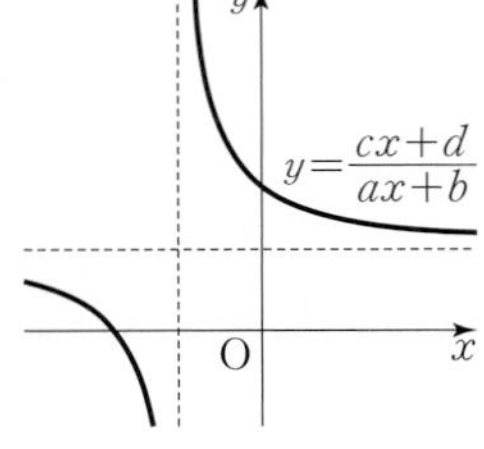

① 제1사분면
② 제1사분면, 제2사분면
③ 제1사분면, 제2사분면, 제3사분면
④ 제1사분면, 제2사분면, 제4사분면
⑤ 제1사분면, 제3사분면, 제4사분면

05 무리함수의 그래프의 성질

무리함수 $y=-\sqrt{4-4x}+3$의 그래프에 대하여 **보기**에서 옳은 것만을 있는 대로 고른 것은?

보기

ㄱ. 평행이동하면 무리함수 $y=\sqrt{-4x}$의 그래프와 겹쳐진다.
ㄴ. 점 $\left(-\frac{5}{4}, 0\right)$을 지난다.
ㄷ. 제4사분면을 지나지 않는다.

① ㄱ ② ㄴ ③ ㄷ
④ ㄴ, ㄷ ⑤ ㄱ, ㄴ, ㄷ

06 무리함수의 그래프와 직선의 위치 관계

방정식 $\sqrt{x+2}=x+k$가 서로 다른 두 실근을 가질 때, 실수 k의 값의 범위는 $\alpha\leq k<\beta$이다. 이때 $\beta-\alpha$의 값은?

① 1 ② $\frac{3}{4}$ ③ $\frac{1}{2}$
④ $\frac{1}{4}$ ⑤ $\frac{1}{8}$

07 무리함수의 역함수

무리함수 $f(x)=\sqrt{2x-a}+2$의 그래프와 그 역함수 $y=f^{-1}(x)$의 그래프의 두 교점 사이의 거리가 $2\sqrt{2}$일 때, 상수 a의 값은?

① 1 ② 2 ③ 3
④ 4 ⑤ 5

08 유리함수와 무리함수의 그래프의 교점

두 함수 $y=\frac{x+1}{x-1}$, $y=\sqrt{x+k}$의 그래프가 서로 다른 두 점에서 만나도록 하는 실수 k의 값의 범위를 구하시오.

대표 01 유형❶ 무리식의 연산

모든 실수 x에 대하여 $\sqrt{kx^2-kx+3}$의 값이 실수가 되도록 하는 정수 k의 개수는?

① 10 ② 11 ③ 12
④ 13 ⑤ 14

02

별에서 단위시간 동안 방출되는 복사에너지의 양을 별의 광도라 한다. 별의 표면 온도를 T, 별의 반지름의 길이를 R, 별의 광도를 L이라 하면 다음과 같은 관계식이 성립한다고 한다.

$$T^2=\frac{1}{R}\sqrt{\frac{L}{4\pi\sigma}}$$ (단, σ는 슈테판－볼츠만 상수이다.)

두 별 A, B에 대하여 별 A의 표면 온도는 별 B의 표면 온도의 $\frac{1}{3}$배이고, 별 A의 반지름의 길이는 별 B의 반지름의 길이의 72배일 때, 별 A의 광도는 별 B의 광도의 k배이다. k의 값을 구하시오.

03

자연수 n에 대하여

$$f(n)=\frac{1}{\sqrt{n+2}+\sqrt{n+1}},$$

$$S(n)=f(3)+f(4)+f(5)+\cdots+f(n)\ (\text{단, } n\ge3)$$

이라 할 때, **보기**에서 옳은 것만을 있는 대로 고른 것은?

보기

ㄱ. $S(14)=1$ ㄴ. $S(n^4)<n^2$

ㄷ. $S(n)>11$을 만족시키는 자연수 n의 최솟값은 168이다.

① ㄱ ② ㄴ ③ ㄱ, ㄴ
④ ㄴ, ㄷ ⑤ ㄱ, ㄴ, ㄷ

04

양의 정수 n에 대하여 $\sqrt{n}$의 정수 부분을 $f(n)$, 소수 부분을 $g(n)$이라 하자. 이때 $\{f(n)\}^2+\{g(n)\}^2=3-2g(n)$을 만족시키는 n의 값을 구하시오. (단, $\sqrt{n}$은 무리수이다.)

대표 05 유형❷ 무리함수의 그래프

꼭짓점의 좌표가 $\left(\frac{1}{2},\ \frac{9}{2}\right)$인 이차함수 $f(x)=ax^2+bx+c$의 그래프가 점 $(0,\ 4)$를 지날 때, 무리함수 $g(x)=a\sqrt{x+b}+c$에 대하여 **보기**에서 옳은 것만을 있는 대로 고른 것은?

보기

ㄱ. 정의역은 $\{x\,|\,x\ge-2\}$이고, 치역은 $\{y\,|\,y\le4\}$이다.

ㄴ. 함수 $y=g(x)$의 그래프는 제3사분면을 지난다.

ㄷ. 방정식 $f(x)=0$의 두 근을 $\alpha,\ \beta\ (\alpha<\beta)$라 할 때, $\alpha\le x\le\beta$에서 함수 $g(x)$의 최댓값은 2이다.

① ㄱ ② ㄴ ③ ㄱ, ㄷ
④ ㄴ, ㄷ ⑤ ㄱ, ㄴ, ㄷ

06 신유형

이차함수 $y=\frac{1}{2}x^2$의 그래프와 직선 $y=x+k$가 서로 다른 두 점 A, B에서 만날 때, 선분 AB의 길이는 k에 대한 함수가 된다. 이 함수를 $f(k)$라 할 때, 다음 중 $y=f(k)$의 그래프의 개형은?

①
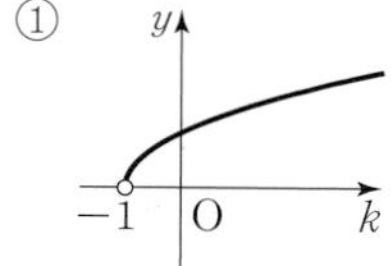

②
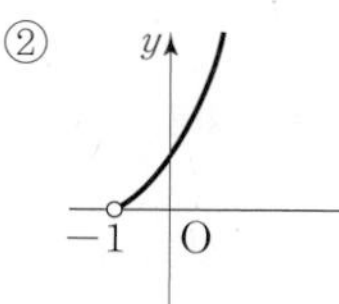

③
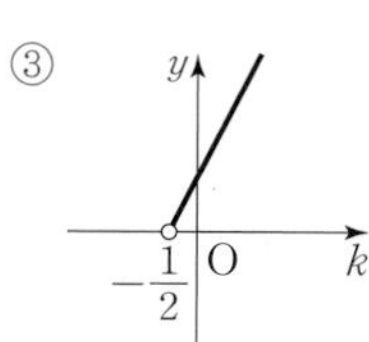

④
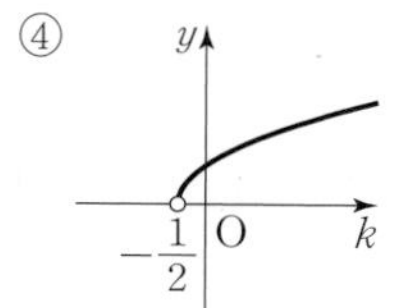

⑤
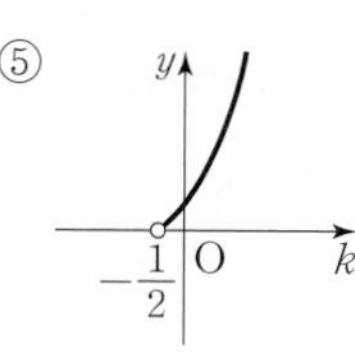

07

좌표평면 위의 두 곡선

$y=-\sqrt{kx+2k}+4$, $y=\sqrt{-kx+2k}-4$

에 대하여 **보기**에서 옳은 것만을 있는 대로 고른 것은?

(단, k는 0이 아닌 실수이다.) [2018년 교육청]

보기

ㄱ. 두 곡선은 서로 원점에 대하여 대칭이다.

ㄴ. $k<0$이면 두 곡선은 한 점에서 만난다.

ㄷ. 두 곡선이 서로 다른 두 점에서 만나도록 하는 k의 최댓값은 16이다.

① ㄱ ② ㄴ ③ ㄱ, ㄴ
④ ㄱ, ㄷ ⑤ ㄱ, ㄴ, ㄷ

08

무리함수 $y=\sqrt{x+3}-1$의 그래프 위의 서로 다른 두 점 $P(x_1, y_1)$, $Q(x_2, y_2)$에 대하여 선분 PQ의 중점의 y좌표가 4일 때, 직선 PQ의 기울기를 구하시오.

대표 09

유형❸ 무리함수의 그래프의 활용

두 점 (3, 2), (2, 3)을 이은 선분과 무리함수

$y=\sqrt{mx+3}$ $(m>0)$

의 그래프가 만날 때, 상수 m의 값의 범위는?

① $m\le\frac{1}{3}$ ② $m\ge\frac{1}{3}$ ③ $\frac{1}{3}\le m\le 3$
④ $m\le 3$ ⑤ $m\ge 3$

10

서술형

함수

$$f(x)=\frac{\sqrt{x}+\sqrt{4-x}-|\sqrt{x}-\sqrt{4-x}|}{2}$$

의 그래프 위의 서로 다른 세 점 A, B, C에 대하여 삼각형 ABC의 넓이의 최댓값을 구하시오.

11

두 함수 $f(x)=\sqrt{2x+3}$, $g(x)=px+q$ $(p>0)$에 대하여 부등식 $f\left(x-\frac{3}{2}\right)<g(x)<f(x)$를 만족시키는 x의 값의 범위가 $2<x<3$일 때, $p+q$의 값을 구하시오.

(단, p, q는 정수이다.)

12

두 함수 $f(x)=\sqrt{x}$, $g(x)=ax+b$에 대하여

$f(1)=g(1)$, $f(4)=g(4)$

일 때, $1\le x\le 4$에서 함수 $h(x)=|f(x)-g(x)|$의 최댓값을 구하시오. (단, a, b는 상수이다.)

13

세 함수 $y=\sqrt{x+3}-1$, $y=\sqrt{3-x}-1$, $y=-1$의 그래프로 둘러싸인 영역에 내접하는 직사각형의 한 변이 직선 $y=-1$ 위에 있을 때, 직사각형의 둘레의 길이의 최댓값은 $\frac{q}{p}$이다. $q-p$의 값을 구하시오. (단, p와 q는 서로소인 자연수이다.)

대표 14 유형❹ 무리함수의 합성함수와 역함수

무리함수 $f(x)=\sqrt{x-1}+k$의 그래프와 그 역함수 $y=f^{-1}(x)$의 그래프가 서로 다른 두 점에서 만날 때, 실수 k의 최댓값을 구하시오.

15

함수 $y=f(x)$의 그래프가 그림과 같고, 함수 $g(x)=\sqrt{2x+3}$일 때, 함수 $y=(f\circ g^{-1})(x)$의 그래프의 개형은?

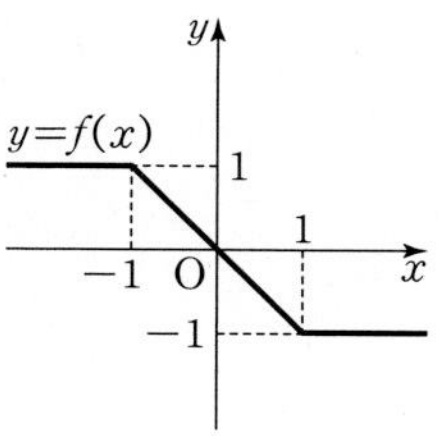

①
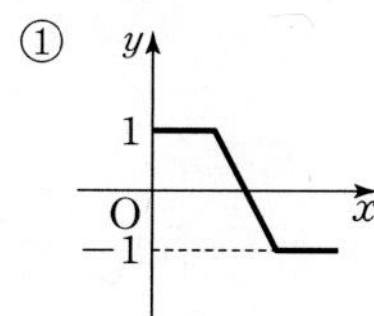

②
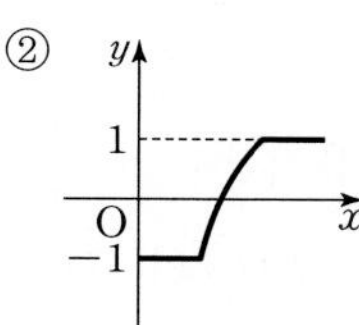

③
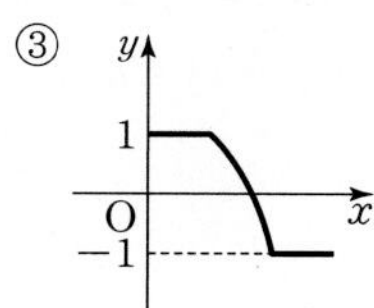

④
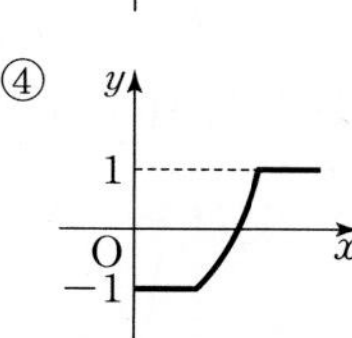

⑤
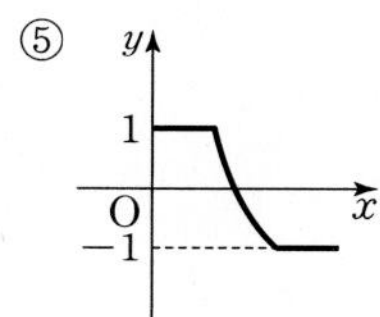

16 빈출

무리함수 $f(x)=\sqrt{x-2}$와 그 역함수 $y=g(x)$에 대하여 함수 $y=f(x)$의 그래프와 x축 및 직선 $x=6$으로 둘러싸인 도형의 넓이를 S_1, 역함수 $y=g(x)$의 그래프와 x축, y축 및 직선 $x=2$로 둘러싸인 도형의 넓이를 S_2라 할 때, S_1+S_2의 값을 구하시오.

17

함수

$$f(x)=\begin{cases}\sqrt{2x} & (x\geq 0)\\ 4x & (x<0)\end{cases}$$

의 역함수 $g(x)$에 대하여 부등식 $g(x)\leq -\frac{1}{4}x^2+3$의 해가 $a\leq x\leq b$일 때, $a+b$의 값은? [2017년 교육청]

① -2　② -1　③ 0
④ 1　⑤ 2

18

정의역이 $\{x\mid x\geq 3\}$인 두 함수

$$f(x)=\sqrt{2x+3}+6,\ g(x)=-\sqrt{x-3}+5$$

에 대하여 $(g\circ f)(a)$의 값이 자연수가 되도록 하는 자연수 a의 값을 구하시오.

19

무리함수 $f(x)=\sqrt{x-2k}$에 대하여 좌표평면 위에 곡선 $y=f(x)$와 세 점 A(2, 11), B(12, 2), C(14, 15)를 꼭짓점으로 하는 삼각형 ABC가 있다. 곡선 $y=f(x)$와 함수 $f(x)$의 역함수의 그래프가 삼각형 ABC와 만나도록 하는 실수 k의 최댓값은?

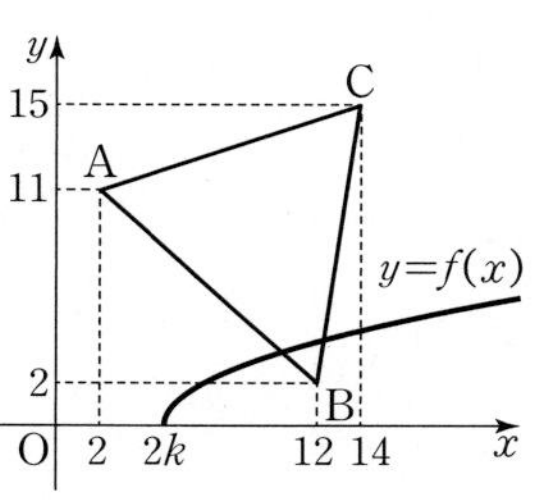

① 2　② $\frac{5}{2}$　③ 3
④ $\frac{7}{2}$　⑤ 4

대표 20 유형❺ 유리함수와 무리함수의 그래프

20

실수 전체의 집합에서 정의된 함수 f가

$$f(x)=\begin{cases} \dfrac{4x-1}{x-2} & (x>3) \\ a\sqrt{3-x}+b & (x\le 3) \end{cases}$$

일 때, 함수 f는 다음 조건을 만족시킨다.

> (가) 함수 f의 치역은 $\{y|y>4\}$이다.
> (나) 임의의 두 실수 x_1, x_2에 대하여 $x_1\neq x_2$이면 $f(x_1)\neq f(x_2)$이다.
> (다) $f(-1)=13$

$f(2)f(k)=60$일 때, k의 값을 구하시오.
(단, a, b는 상수이다.)

21

집합 $S=\{(x, y)\,|\,x$는 실수, y는 실수$\}$의 세 부분집합

$A=\{(x, y)\,|\,y=m(x+1)-1$, m은 실수$\}$,

$B=\left\{(x, y)\,\middle|\,y=\left|\dfrac{1}{x-1}+2\right|,\ x\neq 1\text{인 실수}\right\}$,

$C=\{(x, y)\,|\,y=\sqrt{x-n},\ x\ge n\text{인 실수}\}$

에 대하여 $n(A\cap B)=3$이기 위한 m의 값의 범위는 (가), $n(A\cap B)=2$이면서 $n(A\cap C)=0$이기 위한 n의 값의 범위는 (나)이다. 이때 (가), (나)에 알맞은 것은?
(단, $n(X)$는 집합 X의 원소의 개수이다.)

	(가)	(나)
①	$m\ge\frac{3}{2}$	$n>\frac{5}{4}$
②	$m\ge\frac{3}{2}$	$n<\frac{5}{4}$
③	$m>\frac{2}{3}$	$n\ge\frac{17}{16}$
④	$m>\frac{2}{3}$	$n>\frac{17}{16}$
⑤	$m\ge\frac{2}{3}$	$n<\frac{17}{16}$

22

정의역이 양의 실수 전체의 집합인 함수 f가

$$f(x)=\begin{cases} \dfrac{1}{x}-1 & (0<x<1) \\ \sqrt{x-1} & (x\ge 1) \end{cases}$$

일 때, x축에 평행한 직선이 함수 $y=f(x)$의 그래프와 만나는 두 점을 A, B라 하자. 두 점 A, B의 x좌표를 각각 α, β라 할 때, $\alpha\beta$의 최솟값은?

① $\frac{\sqrt{2}}{2}$ ② $\sqrt{3}-1$ ③ $2\sqrt{2}-2$
④ $\frac{\sqrt{3}}{2}$ ⑤ 1

23

1등급

그림과 같이 유리함수 $y=\frac{1}{x}$의 그래프가 두 무리함수 $y=a\sqrt{ax}$, $y=b\sqrt{bx}$의 그래프와 제1사분면에서 만나는 점을 각각 $P(x_1, y_1)$, $Q(x_2, y_2)$라 하자. $\overline{PQ}=1$일 때, **보기**에서 옳은 것만을 있는 대로 고른 것은? (단, $0<b<1<a$)

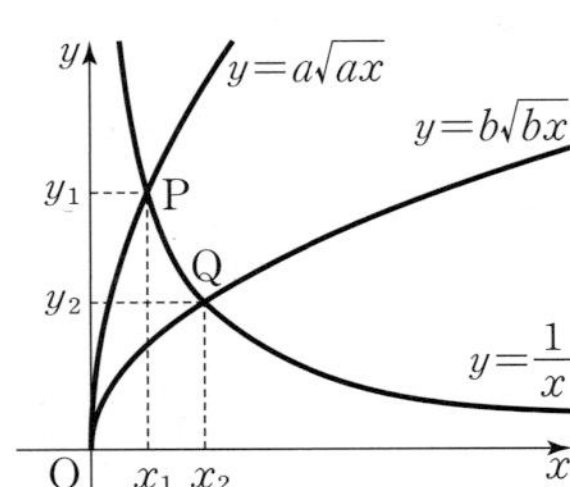

> **보기**
> ㄱ. $y_1=a$
> ㄴ. 직선 PQ의 기울기는 $-\frac{b}{a}$이다.
> ㄷ. 원점 O에 대하여 $\overline{OP}=\overline{OQ}$이면 삼각형 OPQ의 넓이는 $\frac{3}{4}$이다.

① ㄱ ② ㄱ, ㄴ ③ ㄱ, ㄷ
④ ㄴ, ㄷ ⑤ ㄱ, ㄴ, ㄷ

01

함수 $f(x)=\sqrt{1-x}+\sqrt{1+x}$의 최댓값을 M, 최솟값을 m이라 할 때, 두 실수 M, m의 곱 Mm의 값을 구하시오.

02

그림은 좌표평면 위에 두 함수

$$f(x)=\sqrt{x-1},\ g(x)=\frac{1}{x+1}\ (x>-1)$$

의 그래프와 그 역함수 $y=f^{-1}(x)$, $y=g^{-1}(x)$의 그래프를 함께 나타낸 것이다. 두 곡선 $y=f(x)$, $y=g(x)$의 교점을 $\mathrm{P}(x_1, y_1)$, 두 곡선 $y=g(x)$, $y=g^{-1}(x)$의 교점을 $\mathrm{Q}(x_2, y_2)$, 두 곡선 $y=f^{-1}(x)$, $y=g^{-1}(x)$의 교점을 $\mathrm{R}(x_3, y_3)$이라 할 때, **보기**에서 옳은 것만을 있는 대로 고른 것은? (단, $x_2>0$)

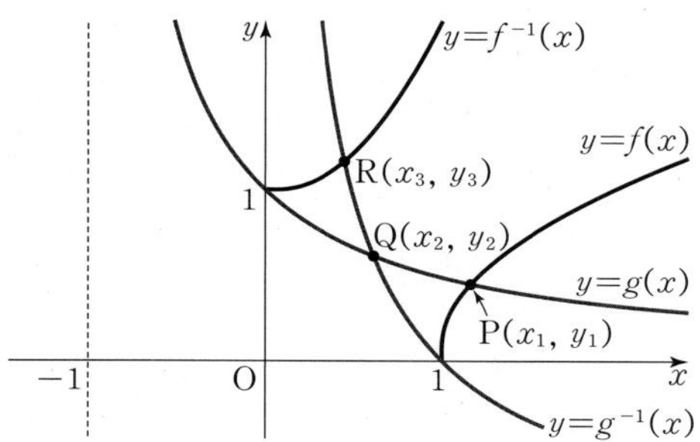

보기

ㄱ. $\frac{1}{2}<y_2<1$

ㄴ. $x_1y_1=x_3y_3$

ㄷ. 두 직선 PQ, QR의 기울기의 곱은 1이다.

① ㄱ ② ㄱ, ㄴ ③ ㄱ, ㄷ
④ ㄴ, ㄷ ⑤ ㄱ, ㄴ, ㄷ

03

$0\le x<4$에서 두 함수 $y=ax-1$, $y=[x]-\sqrt{x-[x]}$의 그래프의 교점이 1개일 때, 상수 a의 값의 범위를 구하시오.

(단, $[x]$는 x보다 크지 않은 최대의 정수이다.)

04

무리함수 $f(x)=\sqrt{x+2}$와 그 역함수 $y=f^{-1}(x)$의 그래프의 교점을 P라 하자. 함수 $y=f(x)$의 그래프 위의 점 A와 점 A를 직선 $y=x$에 대하여 대칭이동한 점 B에 대하여 선분 AB의 길이가 최대일 때의 삼각형 ABP의 넓이를 구하시오. (단, 점 A의 x좌표는 점 P의 x좌표보다 작다.)

05

세 실수 x, y, z에 대하여

$$x+y+z+1=2(\sqrt{x-1}+\sqrt{y-2}+\sqrt{z+1})$$

이 성립할 때, $x^{11}-41y+72z^{12}$의 값을 구하시오.

06

함수 $f(x)=\begin{cases} x^2 & (x\ge 0) \\ \sqrt{-x} & (x<0) \end{cases}$의 그래프와 원 $x^2+(y-1)^2=1$로 둘러싸인 부분은 3개 존재한다. 각 부분의 넓이를 작은 것부터 순서대로 각각 S_1, S_2, S_3이라 할 때, $S_3-(S_1+S_2)$의 값을 구하시오.

07

함수 $f(x)=-1-2\sqrt{x-2}\ (2\le x\le 38)$의 그래프 위의 두 점 $\mathrm{P}(a, b)$, $\mathrm{Q}(c, d)$에 대하여 $\frac{b+d}{a+c}$의 최댓값을 M, 최솟값을 m이라 할 때, $M-m$의 값을 구하시오.

유형 1 무리함수의 그래프와 직선의 위치 관계

출제경향 무리함수의 그래프와 직선의 위치 관계를 이용하여 교점의 개수를 구하거나 미지수의 값을 구하는 문제가 자주 출제된다.

공략비법 **무리함수 $y=\sqrt{x-p}$의 그래프와 직선 $y=x+k$의 위치 관계**

무리함수 $y=\sqrt{x-p}$의 그래프와 직선 $y=x+k$의 위치 관계는 다음과 같다.

(1) 서로 다른 두 점에서 만난다.
 $\Longleftrightarrow$ 직선 ㉠과 ㉡ 사이 또는 직선 ㉡

(2) 한 점에서 만난다.
 $\Longleftrightarrow$ 직선 ㉡의 아래쪽 또는 직선 ㉠

(3) 만나지 않는다.
 $\Longleftrightarrow$ 직선 ㉠의 위쪽

1 대표
• 2019년 3월 교육청 15번 | 4점

함수 $y=5-2\sqrt{1-x}$의 그래프와 직선 $y=-x+k$가 제1사분면에서 만나도록 하는 모든 정수 k의 값의 합은?

① 11 ② 13 ③ 15
④ 17 ⑤ 19

2 유사
• 2020년 3월 교육청 30번 | 4점

함수 $f(x)=\sqrt{ax-3}+2\ \left(a\geq\frac{3}{2}\right)$에 대하여 집합 $\{x|x\geq 2\}$에서 정의된 함수

$$g(x)=\begin{cases} f(x) & (f(x)<f^{-1}(x)\text{인 경우}) \\ f^{-1}(x) & (f(x)\geq f^{-1}(x)\text{인 경우}) \end{cases}$$

가 있다. 자연수 n에 대하여 함수 $y=g(x)$의 그래프와 직선 $y=x-n$이 만나는 서로 다른 점의 개수를 $h(n)$이라 하자.

$$h(1)=h(3)<h(2)$$

일 때, $g(4)=\frac{q}{p}$이다. $p+q$의 값을 구하시오.

(단, a는 상수이고, p와 q는 서로소인 자연수이다.)

유형 2 무리함수의 그래프와 도형

출제경향 주어진 조건에 맞는 무리함수의 그래프를 그리고, 직선 또는 도형과의 관계를 파악하여 거리 또는 넓이를 구하는 문제가 자주 출제된다.

공략비법

(i) 제시된 조건을 만족시키는 무리함수의 그래프를 정확하게 그린다.

(ii) 좌표평면에 주어진 직선 또는 도형을 무리함수의 그래프와 함께 그린 후, 최단거리, 접할 조건, 넓이 등의 문제를 해결한다.

3 대표
• 2018년 3월 교육청 17번 | 4점

함수 $y=2\sqrt{x}$의 그래프 위의 점 A를 지나고 x축, y축에 각각 평행한 직선이 함수 $y=\sqrt{x}$의 그래프와 만나는 점을 각각 B, C라 하자. 삼각형 ACB가 직각이등변삼각형일 때, 삼각형 ACB의 넓이는? (단, 점 A는 제1사분면에 있다.)

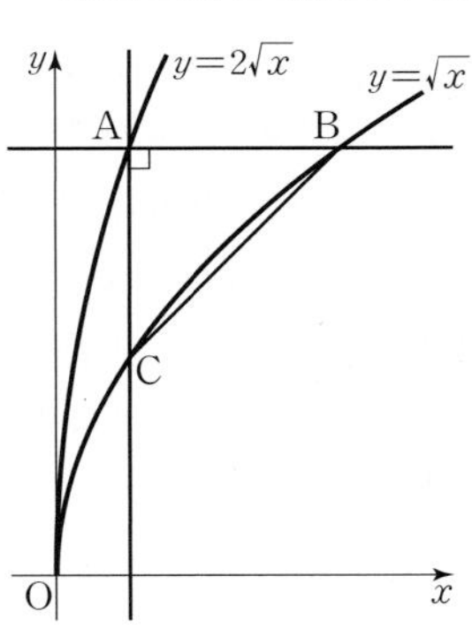

① $\frac{1}{18}$ ② $\frac{1}{15}$ ③ $\frac{1}{12}$
④ $\frac{1}{9}$ ⑤ $\frac{1}{6}$

4 유사
• 2018년 9월 교육청 29번 | 4점

좌표평면에서 두 곡선 $y=2\sqrt{x}$, $y=-\sqrt{x}+6$과 직선 $x=k$로 둘러싸인 영역의 내부 또는 그 경계에 포함되고 x좌표와 y좌표가 모두 정수인 점의 개수가 59가 되도록 하는 자연수 k의 값을 구하시오. (단, $k>4$)

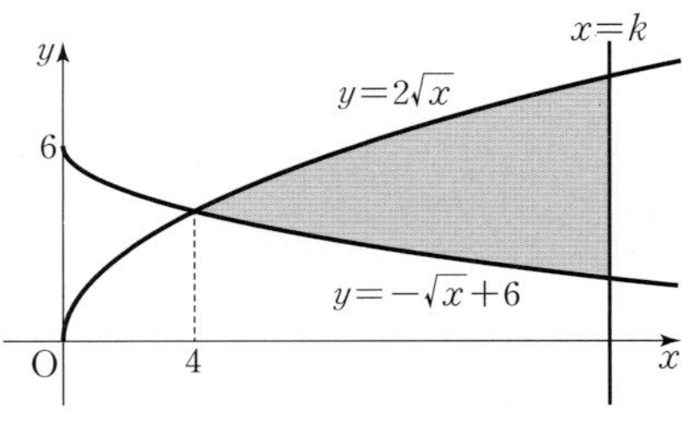

III 경우의 수

06 순열과 조합

b l a c k l a b e l

06 순열과 조합

Ⅲ. 경우의 수

비법 노트

A 두 사건 A, B가 일어나는 경우를 각각 집합 A, B로 나타내면 사건 A 또는 사건 B가 일어나는 경우는 집합 $A\cup B$, 두 사건 A, B가 동시에 일어나는 경우는 집합 $A\cap B$로 나타낼 수 있으므로

$n(A\cup B)=n(A)+n(B)-n(A\cap B)$

특히, 두 사건 A, B가 동시에 일어나지 않을 때에는 $A\cap B=\varnothing$에서 $n(A\cap B)=0$이므로

$n(A\cup B)=n(A)+n(B)$

B 조합의 수의 활용

(1) 직선의 개수 : 어느 세 점도 일직선 위에 있지 않은 서로 다른 n개의 점 중에서 두 점을 연결하여 만들 수 있는 직선의 개수는 ${}_nC_2$이다.

(2) 삼각형의 개수 : 어느 세 점도 일직선 위에 있지 않은 서로 다른 n개의 점 중에서 세 점을 꼭짓점으로 하는 삼각형의 개수는 ${}_nC_3$이다.

(3) 평행사변형의 개수 : m개의 평행선과 n개의 평행선이 만날 때 생기는 평행사변형의 개수는 ${}_mC_2\times{}_nC_2$이다.

C 분할과 분배

(1) 분할

서로 다른 n개의 물건을 p개, q개, r개 $(p+q+r=n)$로 나누는 방법의 수는

① p, q, r가 모두 다른 수이면 ${}_nC_p\times{}_{n-p}C_q\times{}_rC_r$

② p, q, r 중에서 어느 두 수가 같으면

${}_nC_p\times{}_{n-p}C_q\times{}_rC_r\times\dfrac{1}{2!}$

③ p, q, r가 모두 같은 수이면

${}_nC_p\times{}_{n-p}C_q\times{}_rC_r\times\dfrac{1}{3!}$

분할의 경우 묶음을 구별할 수 없으므로 (같은 개수를 갖는 묶음의 수)! 만큼 나누어 준다.

(2) 분배

n묶음으로 분할하여 n명에게 분배하는 방법의 수는

(n묶음으로 분할하는 방법의 수)$\times n!$

▶ STEP 1 | 14번, STEP 2 | 27번

D 함수의 개수

$n(X)=a$, $n(Y)=b$ $(a\le b)$인 두 집합 X, Y에 대하여 X에서 Y로의 함수 f가 정의될 때, $x_1\in X$, $x_2\in X$에 대하여

(1) '$x_1\ne x_2$이면 $f(x_1)\ne f(x_2)$이다.'를 만족시키는 함수 f의 개수는 ${}_bP_a$이다. ▶ STEP 2 | 31번, 33번

(2) '$x_1<x_2$이면 $f(x_1)<f(x_2)$이다.' 또는 '$x_1<x_2$이면 $f(x_1)>f(x_2)$이다.'를 만족시키는 함수 f의 개수는 ${}_bC_a$이다. ▶ STEP 1 | 16번

경우의 수 A

(1) 합의 법칙 : 두 사건 A, B가 동시에 일어나지 않을 때, 두 사건 A, B가 일어나는 경우의 수가 각각 m, n이면 사건 A 또는 사건 B가 일어나는 경우의 수는 $m+n$이다.

(2) 곱의 법칙 : 두 사건 A, B에 대하여 사건 A가 일어나는 경우의 수가 m이고, 그 각각에 대하여 사건 B가 일어나는 경우의 수가 n일 때, 두 사건 A, B가 동시에 일어나는 경우의 수는 $m\times n$이다.

순열 D

(1) 순열 : 서로 다른 n개에서 r $(0<r\le n)$개를 택하여 일렬로 나열하는 것을 n개에서 r개를 택하는 순열이라 하고, 이 순열의 수를 ${}_nP_r$로 나타낸다.

(2) 순열의 수

① ${}_nP_r=\underbrace{n(n-1)(n-2)\cdots(n-r+1)}_{r\text{개}}$ (단, $0<r\le n$)

(서로 다른 것의 개수: n, 택하는 것의 개수: r)

② ${}_nP_r=\dfrac{n!}{(n-r)!}$ (단, $0\le r\le n$)

③ ${}_nP_n=n(n-1)(n-2)\times\cdots\times3\times2\times1=n!$

④ $0!=1$, ${}_nP_0=1$

(3) 특정한 조건이 주어진 순열의 수

① '이웃하는' 조건을 포함한 경우의 순열 : 이웃하는 원소들을 하나로 묶어서 한 묶음으로 생각하여 배열한 후, 이웃한 원소들끼리의 순서를 고려한다.

② '이웃하지 않는' 조건을 포함한 경우의 순열 : 이웃해도 되는 원소들을 먼저 배열한 후, 배열된 원소들의 양 끝과 사이사이에 '이웃하지 않는' 원소들을 배열한다.

③ '적어도' 조건을 포함한 경우의 순열 : 반대의 경우에 해당하는 경우의 수를 구한 후, 전체 경우의 수에서 뺀다.

조합 B C D

(1) 조합 : 서로 다른 n개에서 순서를 생각하지 않고 r $(0<r\le n)$개를 택하는 것을 n개에서 r개를 택하는 조합이라 하고, 이 조합의 수를 ${}_nC_r$로 나타낸다.

(2) 조합의 수

① ${}_nC_r=\dfrac{{}_nP_r}{r!}=\dfrac{n!}{r!(n-r)!}$ (단, $0\le r\le n$)

② ${}_nC_0={}_nC_n=1$, ${}_nC_1=n$

③ ${}_nC_r={}_nC_{n-r}$ (단, $0\le r\le n$)

④ ${}_nC_r={}_{n-1}C_{r-1}+{}_{n-1}C_r$ (단, $1\le r<n$)

(3) 특정한 조건이 주어진 조합의 수

① 특정한 것을 포함하는 경우의 조합 : 서로 다른 n개에서 특정한 k개를 포함하여 r $(r>k)$개를 뽑는 경우의 수는 특정한 k개를 뽑고 남은 $(n-k)$ 중에서 $(r-k)$개를 뽑으면 되므로 ${}_{n-k}C_{r-k}$

② 특정한 것을 포함하지 않는 경우의 조합 : 서로 다른 n개에서 특정한 k개를 제외하고 r개를 뽑는 경우의 수는 특정한 k개를 제외한 $(n-k)$개 중에서 r개를 뽑으면 되므로 ${}_{n-k}C_r$

출제율 100% 우수 기출 대표 문제

정답과 해설 pp.94~96

01 수형도

서로 다른 4개 나라의 대사관에 파견되었던 4명의 대사들의 임기가 다 되어 이번엔 서로 근무지를 바꾸어 파견하고자 한다. 이전에 파견되었던 나라에 연속으로 파견되지 않도록 4명의 대사들을 각 나라에 파견하는 방법의 수는?

① 9 ② 12 ③ 18
④ 21 ⑤ 27

02 합의 법칙

네 개의 숫자 1, 2, 3, 4로 중복을 허용하여 만든 네 자리 자연수에서 천의 자리의 숫자를 a, 백의 자리의 숫자를 b, 십의 자리의 숫자를 c, 일의 자리의 숫자를 d라 할 때, $a\times b\times c=d^2$을 만족시키는 네 자리 자연수의 개수를 구하시오.

03 곱의 법칙 – 경로의 수

그림은 세 도시 A, B, C 사이의 도로망과 그 도로를 이용했을 때 드는 교통비를 나타낸 것이다. A도시를 출발하여 C도시를 갔다가 다시 A도시로 돌아올 때, 교통비가 5000원 미만이 되도록 길을 선택하는 방법의 수는?

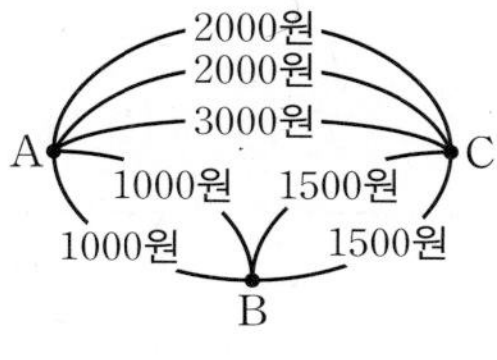

① 16 ② 20 ③ 24
④ 36 ⑤ 40

04 곱의 법칙 – 약수의 개수

소수 p에 대하여 자연수 $N=200p$의 양의 약수의 개수를 k라 할 때, 모든 k의 값의 합은?

① 40 ② 45 ③ 50
④ 55 ⑤ 60

05 곱의 법칙 – 색칠하는 방법의 수

그림과 같은 네 영역 A, B, C, D를 서로 다른 5가지 색으로 칠하려고 한다. 같은 색을 중복하여 칠해도 좋으나 인접한 영역은 서로 다른 색으로 칠할 때, 칠하는 방법의 수는?

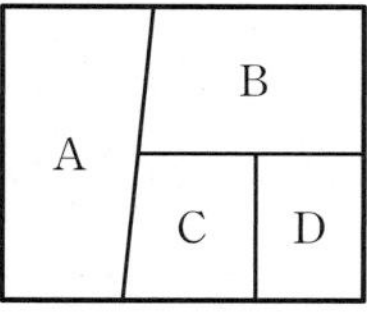

① 120 ② 180 ③ 270
④ 540 ⑤ 720

06 순열의 수

다섯 개의 숫자 1, 2, 3, 4, 5 중에서 서로 다른 네 개의 숫자를 사용하여 네 자리 자연수를 만들려고 한다. 이때 6의 배수인 네 자리 자연수의 개수를 구하시오.

07 이웃하거나 이웃하지 않는 순열의 수

남학생 12명과 여학생 2명이 일렬로 설 때, 여학생끼리는 이웃하지 않고 남학생끼리는 서로 이웃한 학생 수가 항상 짝수가 되도록 줄을 서는 경우의 수는 $N\times 12!$이다. 자연수 N의 값은?

① 36 ② 38 ③ 40
④ 42 ⑤ 44

08 특정한 위치 조건이 주어진 순열의 수

일렬로 놓인 8개의 의자에 아버지, 어머니, 두 자녀가 모두 이웃하여 앉을 때, 두 자녀 사이에 어머니가 앉는 경우의 수는?

① 20 ② 28 ③ 40
④ 48 ⑤ 60

09 '적어도' 조건을 포함하는 순열의 수

남학생 5명, 여학생 3명을 일렬로 세울 때, 적어도 한쪽 끝에 남학생을 세우는 방법의 수는?

① 34000 ② 35000 ③ 36000
④ 37000 ⑤ 38000

10 조합의 수

서로 다른 흰 공 4개, 서로 다른 빨간 공과 파란 공이 각각 3개씩 총 10개의 공이 들어 있는 주머니가 있다. 이 주머니에서 4개의 공을 꺼낼 때, 꺼낸 공의 색이 3종류인 경우의 수를 구하시오.

11 '적어도' 조건을 포함하는 조합의 수

남학생 6명과 여학생 5명이 봉사활동에 지원하였다. 지원자 11명 중에서 4명을 선발할 때, 남학생과 여학생이 적어도 한 명씩은 포함되도록 하는 경우의 수는?

① 300 ② 305 ③ 310
④ 315 ⑤ 320

12 도형과 조합의 수

그림과 같이 반원 위에 8개의 점이 있다. 이 점 중에서 4개의 점을 꼭짓점으로 하는 사각형의 개수는?

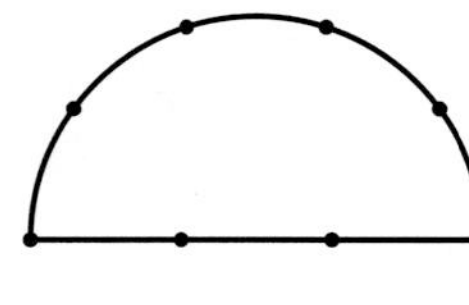

① 50 ② 51 ③ 52
④ 53 ⑤ 54

13 순열과 조합

어른 5명, 어린이 3명 중에서 4명을 뽑아 일렬로 놓인 4개의 의자에 앉히려고 한다. 어린이가 2명 이상 포함되도록 뽑을 때, 어린이가 모두 이웃하는 경우의 수는?

① 420 ② 440 ③ 460
④ 480 ⑤ 500

14 분할과 분배

6명이 타고 있는 낚싯배가 4군데 낚시터에 차례대로 들른다. 4군데 낚시터에 들르는 동안 6명의 낚시꾼이 모두 내리는 경우의 수는? (단, 각 낚시터에서는 한 명도 내리지 않거나 두 명 이상이 내릴 수 있다.)

① 660 ② 662 ③ 664
④ 666 ⑤ 668

15 함수의 개수

두 집합 $X=\{1,\ 2,\ 3\}$, $Y=\{1,\ 2,\ 3,\ 4,\ 5\}$에 대하여 다음 조건을 만족시키는 함수 $f: X \longrightarrow Y$의 개수를 구하시오.

> $f(1)+f(2)$와 $f(2)\times f(3)$은 모두 짝수이다.

16 함수의 개수 – 증가 · 감소

두 집합 $X=\{1,\ 2,\ 3,\ 4,\ 5\}$, $Y=\{1,\ 2,\ 3,\ 4,\ 5,\ 6,\ 7\}$에 대하여 다음 조건을 만족시키는 함수 $f: X \longrightarrow Y$의 개수는?

> (가) $f(3)=4$
> (나) 정의역 X의 임의의 두 원소 a, b에 대하여 $a<b$이면 $f(a)>f(b)$이다.

① 6 ② 9 ③ 12
④ 15 ⑤ 18

정답과 해설 pp.98~100

대표 **01** 유형❶ 합의 법칙

혜리는 각 자리의 숫자가 1부터 9까지의 자연수 중에서 하나인 네 자리 수로 된 여행용 가방의 비밀번호를 잊어버렸다. 비밀번호의 일의 자리의 숫자는 5, 백의 자리의 숫자는 2이고, 비밀번호가 9로 나누어떨어진다는 것을 알고 있다. 이때 비밀번호로 가능한 네 자리 수의 개수는?

① 9 ② 10 ③ 11
④ 12 ⑤ 13

02

다섯 개의 숫자 2, 2, 3, 4, 4가 각각 하나씩 적힌 다섯 장의 카드를 일렬로 나열할 때, k번째 자리에는 숫자 k가 적힌 카드가 나오지 않도록 나열하는 방법의 수를 구하시오.

(단, $k=2$, 3, 4이고, 카드의 모양과 크기는 같다.)

03

방정식 $8^x4^y2^z=2^{17}$을 만족시키는 세 자연수 x, y, z의 순서쌍 (x, y, z)의 개수는?

① 14 ② 15 ③ 16
④ 17 ⑤ 18

04

집합 $X=\{1, 2\}$에서 집합 $Y=\{1, 2, 3, 4, 5\}$로의 함수 f 중에서 $f(1)+2f(2)$의 양의 약수의 개수가 4 이상이 되도록 하는 함수 f의 개수는?

① 6 ② 8 ③ 10
④ 12 ⑤ 14

대표 **05** 유형❷ 곱의 법칙

100원짜리 동전 3개, 500원짜리 동전 4개, 1000원짜리 지폐 2장이 있을 때, 이 돈의 일부 또는 전부를 사용하여 지불할 수 있는 금액의 수는?

(단, 0원을 지불하는 경우는 제외한다.)

① 30 ② 35 ③ 40
④ 45 ⑤ 50

06

자연수 $A=2^l\times3^m$에 대하여 **보기**에서 옳은 것만을 있는 대로 고른 것은?

(단, $2^0=3^0=1$이고, l, m은 0 이상의 정수이다.)

보기

ㄱ. $l=2$, $m=3$일 때, A의 양의 약수의 개수는 12이다.
ㄴ. $1\le A\le100$을 만족시키는 A의 개수는 20이다.
ㄷ. 양의 약수의 개수가 12인 A의 개수는 6이다.

① ㄱ ② ㄱ, ㄴ ③ ㄱ, ㄷ
④ ㄴ, ㄷ ⑤ ㄱ, ㄴ, ㄷ

07

1부터 10까지의 자연수가 각각 하나씩 적힌 10장의 카드가 들어 있는 주머니가 있다. 이 주머니에서 한 장씩 카드를 두 번 꺼낼 때, 처음과 두 번째에 나온 카드에 적힌 수를 각각 a, b라 하자. 이때 $a+b$의 값이 3의 배수가 되는 경우의 수는? (단, 한 번 꺼낸 카드는 다시 넣지 않는다.)

① 21 ② 24 ③ 27
④ 30 ⑤ 33

08

서로 다른 세 주머니 A, B, C가 있고, 각 주머니 안에는 숫자 1, 2, 3, 4, 5, 6, 7이 각각 하나씩 적힌 7개의 공이 들어 있다. 세 주머니 A, B, C에서 꺼낸 공에 적힌 수를 각각 a, b, c라 할 때, $ab+bc+ca$의 값이 짝수가 되는 경우의 수를 구하시오.

09

신유형

1번부터 10번까지의 번호를 하나씩 부여받은 사람 10명이 번호 순서대로 원형으로 둘러앉아 다음과 같은 규칙으로 숫자 게임을 한다.

> [규칙1] 게임은 1번부터 시작하여 번호 순서대로 진행하며 한 사람당 하나의 자연수를 순서대로 말한다.
> [규칙2] 숫자 5를 포함한 수는 말하지 않는다.

예를 들어, 24 다음에는 26을 말하고, 49 다음에는 60을 말한다. 1번이 1을 말하고 위의 규칙대로 게임을 시작하여 한 사람도 틀리지 않았을 때, 1000을 말하는 사람의 번호는?

① 1번　② 3번　③ 5번
④ 7번　⑤ 9번

10

그림과 같이 ㉠, ㉡, ㉢, ㉣, ㉤, ㉥의 여섯 개의 영역으로 나누어 놓은 정사각형을 노란색을 포함한 서로 다른 여섯 가지 색의 전부 또는 일부를 사용하여 칠하려고 한다. 다음 조건을 만족시키는 경우의 수를 구하시오.

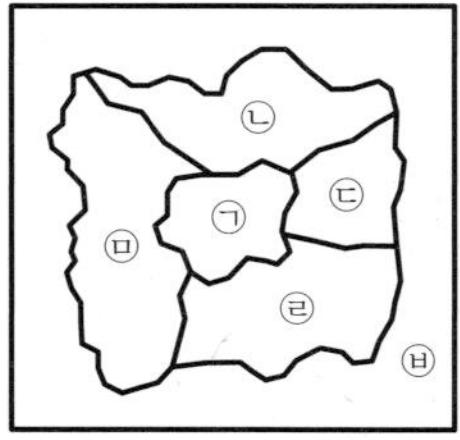

> (가) 여섯 개의 영역에 같은 색을 중복하여 칠해도 좋으나 인접한 영역은 서로 다른 색으로 칠한다.
> (나) 영역 ㉠과 영역 ㉥은 서로 다른 색으로 칠한다.
> (다) 영역 ㉢ 또는 영역 ㉤에는 노란색을 칠한다.

11

대표 유형❸ 순열

VISUAL의 6개의 문자를 사전식으로 나열할 때, 270번째 나열되는 것은?

① LIAVSU　② LIAVUS　③ SAILUV
④ SAILVU　⑤ VSAILU

12

빈출

그림과 같이 경계가 구분된 6개 지역의 인구조사를 조사원 5명이 담당하려고 한다. 5명 중에서 1명은 서로 이웃한 2개 지역을, 나머지 4명은 남은 4개 지역을 각각 1개씩 담당한다. 이 조사원 5명의 담당 지역을 정하는 경우의 수를 구하시오. (단, 경계가 일부라도 닿은 두 지역은 서로 이웃한 지역으로 본다.)

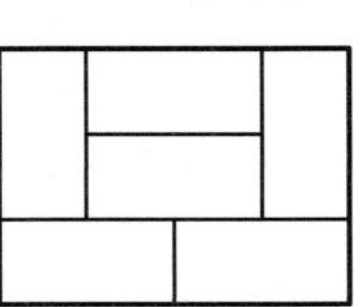

13

그림과 같은 직선 도로망을 가진 6개의 지점 A, B, C, D, E, F가 있다. 어떤 지점에서든지 다른 지점으로 직접 통하는 길이 있는데 공사 중인 관계로 B 지점과 D 지점 사이를 잇는 도로를 이용할 수 없다고 할 때, A 지점에서 출발하여 나머지 5개의 지점을 한 번씩 들러 A 지점으로 돌아오는 방법의 수를 구하시오.

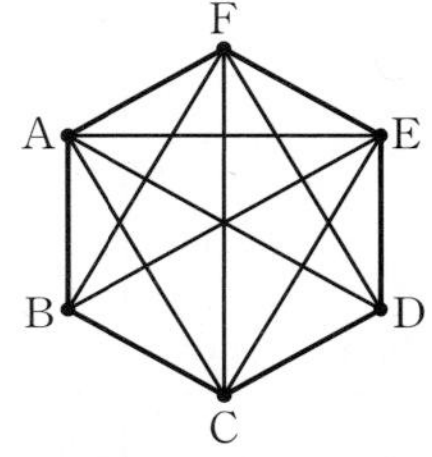

14

그림과 같이 붙어 있는 5개의 상자와 숫자 1, 2, 3, 4, 5, 6이 각각 하나씩 적힌 6개의 공이 있다. 색칠한 상자에는 짝수가 적힌 공을 넣을 수 없고, 짝수가 적힌 공끼리는 이웃한 상자에 넣을 수 없다고 할 때, 5개의 상자에 공을 모두 채우는 경우의 수를 구하시오.

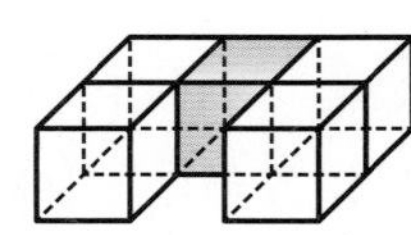

(단, 한 상자에는 한 개의 공만 넣을 수 있다.)

15

할아버지, 할머니, 아버지, 어머니, 아이로 구성된 5명의 가족이 영화를 보려고 한다. 영화관의 좌석은 그림과 같이 A, B 두 개의 열로 이루어져 있고, 각 열에는 5개의 좌석이 있다. A열에는 할아버지와 할머니가 이웃하여 앉고, B열에는 아버지, 어머니, 아이가 앉되 아이는 아버지 또는 어머니와 이웃하고, 아이의 바로 앞에 있는 좌석은 비어 있도록 한다. 이때 5명이 모두 좌석에 앉는 경우의 수를 구하시오.
(단, 2명이 같은 열의 바로 옆에 앉을 때만 이웃한 것으로 본다. 또한 한 좌석에는 한 명만 앉고, 다른 관람객은 없다.)

[2019년 교육청]

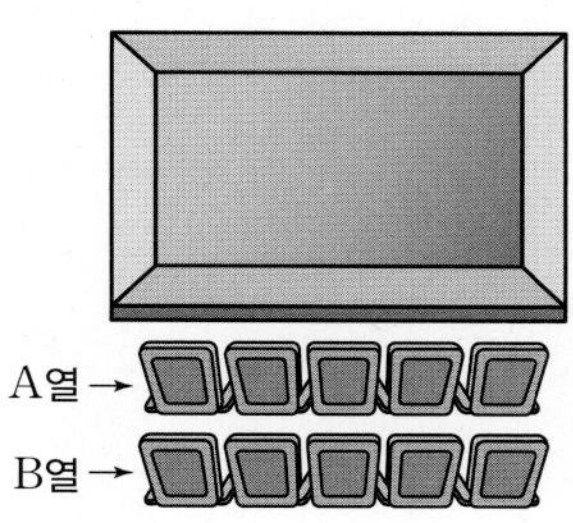

16

1등급

6명이 7인승 자동차 A, B에 3명씩 나누어 타고 여행을 하고 있다. 첫날 숙소에 도착한 6명은 다음 날 여행 경비를 절약하기 위하여 자동차 A에 모두 타기로 하였다. 자동차 A의 운전자는 자리를 바꾸지 않고 나머지 5명은 임의로 앉을 때, 첫날 자동차 A에 탔던 2명이 모두 첫날과 다른 자리에 앉는 경우의 수를 구하시오.

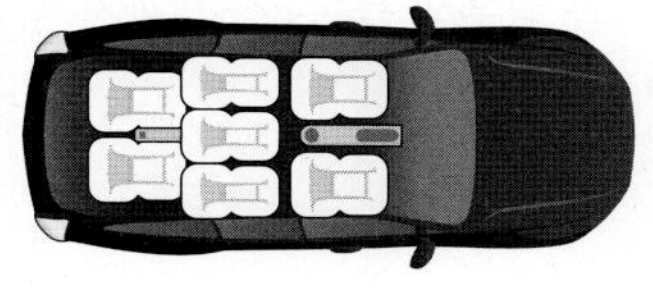

17

대표 유형❹ 조합

전체집합 $U=\{1, 2, 3, \cdots, 10\}$의 부분집합 A에 대하여 다음 조건을 만족시키는 집합 A의 개수를 구하시오.

> (가) $\{1, 2, 3\} \cap A=\{1, 2\}$
> (나) $n(A) \geq 6$

18

네 자리 자연수에서 천의 자리의 숫자를 a, 백의 자리의 숫자를 b, 십의 자리의 숫자를 c, 일의 자리의 숫자를 d라 할 때, $a>b>c>d$를 만족시키는 네 자리 자연수는 m개, $a<b<c<d$를 만족시키는 네 자리 자연수는 n개이다. $m+n$의 값은?

① 335 ② 336 ③ 337
④ 338 ⑤ 339

19

자연수 9를 $1+1+7$, $1+3+5$, $\cdots$와 같이 세 자연수의 합으로 나타낼 수 있다. 순서가 바뀐 경우, 예를 들어 $1+1+7$, $1+7+1$, $7+1+1$을 모두 서로 다른 경우로 볼 때, 모든 방법의 수는?

① 28 ② 32 ③ 54
④ 68 ⑤ 84

20

그림과 같이 세 방향의 평행한 직선이 각각 3개, 3개, 4개 있다. 이 평행한 직선으로 만들 수 있는 사각형의 개수는? (단, 어느 세 직선도 한 점에서 만나지 않는다.)

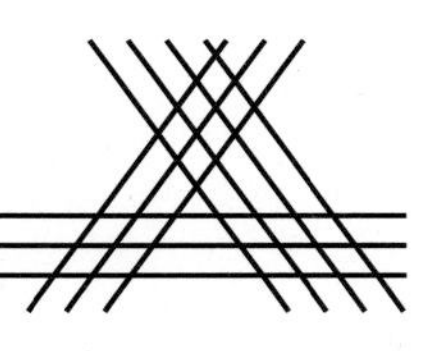

① 170 ② 171 ③ 172
④ 173 ⑤ 174

21

서술형

집합 $A=\{1, 2, 3, 4\}$의 부분집합 중에서 임의로 서로 다른 두 집합 X, Y를 택했을 때, $X \subset Y$를 만족시키는 경우의 수를 구하시오.

22

그림과 같이 직사각형 ABCD의 두 변 AB, CD 위에 각각 6개의 점이 있다. 이때 변 AB 위의 점 6개 중에서 3개를 택하고, 변 CD 위의 점 6개 중에서 3개를 택하여, 서로 만나지 않도록 3개의 선분을 긋는 방법의 수는? (단, 변 AB 위의 한 점과 변 CD 위의 한 점을 연결하여 선분을 긋는다.)

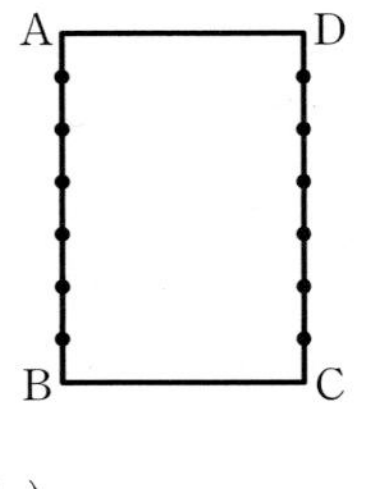

① 360 ② 380 ③ 400
④ 420 ⑤ 440

23

사면체 ABCD의 6개 모서리의 전부 또는 일부를 골라 색을 칠하려고 한다. 이때 색을 칠한 모서리들을 따라 4개의 꼭짓점이 모두 연결되는 경우의 수는?

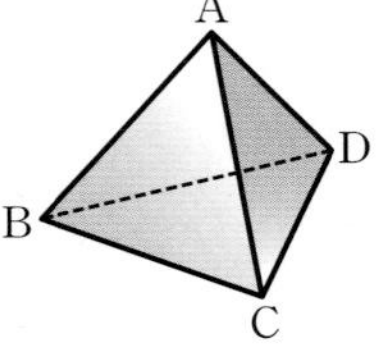

① 22 ② 34
③ 38 ④ 40 ⑤ 44

24

주희는 유럽 3개국(영국, 이탈리아, 프랑스)으로 9박 10일의 여행을 가려고 한다. 갈 때와 올 때 기내에서 1박씩 하고 나머지 7박 중에서 영국, 이탈리아에서 각각 적어도 1박을, 프랑스에서 적어도 2박을 하려고 한다. 또한, 같은 나라는 연속해서 머물러야 한다. 예를 들어, 영국, 이탈리아, 프랑스를 각각 E, I, F라 하면 7박의 여행 코스 중 하나는 다음과 같다.

F−F−F−E−E−I−I

주희가 만들 수 있는 여행 코스의 개수는?

① 30 ② 60 ③ 90
④ 120 ⑤ 150

25

각각 5명의 선수로 구성된 씨름 팀 A와 B가 씨름 경기를 하려고 한다. 이 경기의 대전 방식은 각 팀에서 한 명씩 나와 대전을 하는데, 승리한 팀에서는 승리한 선수가 계속하여 경기를 하고, 패한 팀에서는 패한 선수를 대신하여 새로운 선수가 나와 대전을 하도록 하는 것이다. 5전 3선승제에서 먼저 3승을 하는 팀이 이 경기의 승자가 되는 것으로 할 때, A팀이 B팀에 게임 스코어 3 : 1로 승리하는 모든 경우의 수를 구하시오. (단, 경기에 출전하는 순서가 다른 경우는 전부 다른 경우로 취급한다. 예를 들어, A팀의 선수를 'a, b, c, d, e'라 할 때 경기에 $a \to b \to c \to d \to e$ 순서로 출전하는 것과 $b \to a \to c \to e \to d$ 순서로 출전하는 것은 다른 경우로 본다.)

26

1등급

모양과 크기가 같은 흰색 블록과 검은색 블록을 이용하여 5개의 블록을 붙여 그림과 같은 막대기를 만들려고 한다.

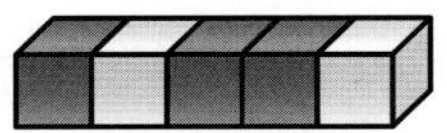

같은 색의 블록끼리 구별은 없고 막대기에는 좌우의 구별이 없다고 한다. 예를 들어, □■□■■과 ■■□■□은 서로 같은 막대기로 생각한다. 5개의 블록을 붙여 만들 수 있는 막대기의 개수를 구하시오.

(단, 흰색 블록과 검은색 블록은 5개까지 이용할 수 있다.)

대표 27 유형❺ 분할과 분배

선수 13명을 보유하고 있는 농구팀이 있다. 특정 선수 4명 중에서 2명씩, 나머지 9명 중에서 3명씩을 뽑아 5명의 두 팀으로 나누어 연습 경기를 하려고 한다. 두 팀을 만들 수 있는 방법의 수는?

① 1260 ② 2016 ③ 2520
④ 5040 ⑤ 10080

28

남학생 6명과 여학생 2명이 있다. 8명을 2개조로 나누어 A, B 두 구역에 청소를 배정하려고 한다. 각 조에는 적어도 3명을 배정하고, 2명의 여학생은 같은 조에 포함되도록 하는 방법의 수를 구하시오.

29

서로 다른 9장의 카드 [2], [3], [4], [5], [7], [8], [9], [11], [16]을 같은 종류의 상자 3개에 다음 조건을 만족시키도록 남김없이 넣는 경우의 수를 구하시오.

(단, 카드를 상자에 넣는 순서는 고려하지 않는다.)

> (가) 각 상자에 홀수가 적힌 카드를 1장 이상 넣는다.
> (나) 각 상자에 넣은 카드에 적힌 수의 곱은 짝수이다.

30

7개의 팀이 참가한 고교 야구대회에서 그림과 같은 토너먼트 방식으로 시합을 한다. 7팀 사이에는 실력 차이가 있고, 시합에서는 언제나 실력이 뛰어난 팀이 이긴다고 하였을 때, 실력이 제4위인 팀이 결승전에 진출할 수 있도록 대진표를 작성하는 방법의 수를 구하시오.

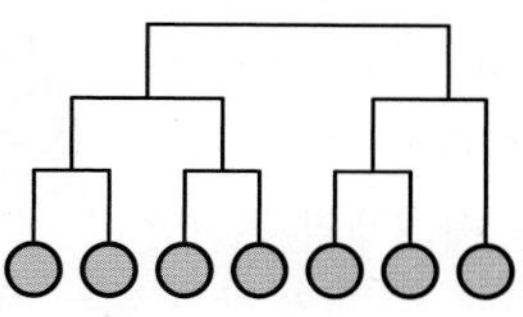

대표 유형❻ 함수의 개수

31

집합 $X=\{1, 2, 3, 4, 5\}$에서 X로의 함수 중에서 다음 조건을 만족시키는 함수 f의 개수를 구하시오.

> (가) 함수 f는 일대일대응이다.
> (나) 정의역 X의 한 원소 n에 대하여
> $|f(n+1)-f(n)|=4$이다.

32

두 집합 $X=\{1, 2, 3, 4\}$, $Y=\{4, 5, 6\}$에 대하여 다음 조건을 만족시키는 함수 $f: X \longrightarrow Y$의 개수를 구하시오.

> (가) $f(1)\neq f(2)$이고 $f(1)\neq f(3)$이다.
> (나) 함수 f의 치역과 공역은 같다.

33

집합 $A=\{1, 2, 3, 4, 5, 6, 7\}$에 대하여 다음 조건을 만족시키는 함수 $f: A \longrightarrow A$의 개수는?

> (가) 함수 f는 일대일대응이다.
> (나) $f(1)=7$
> (다) $k\geq 2$이면 $f(k)\leq k$

① 16 ② 24 ③ 32 ④ 48 ⑤ 64

34

두 집합 $X=\{1, 2, 3, 4, 5, 6\}$, $Y=\{1, 2, 3\}$에 대하여 치역과 공역이 일치하는 함수 $f: X \longrightarrow Y$의 개수는?

① 450 ② 480 ③ 520 ④ 540 ⑤ 560

35

집합 $A=\{1, 2, 3, 4, 5\}$의 임의의 원소 x에 대하여 $(f\circ f)(x)=x$를 만족시키는 함수 $f: A \longrightarrow A$의 개수를 구하시오.

01

직선 $y=x+k$와 y축에 의하여 나누어지는 원 $(x-1)^2+(y-3)^2=4$의 내부를 서로 다른 4개의 색을 이용하여 칠하는 방법의 수를 $f(k)$라 할 때, $f(1)+f(3)+f(5)$의 값을 구하시오. (단, 같은 색을 중복하여 이용해도 좋으나 인접한 부분은 서로 다른 색을 칠한다.)

02

8장의 카드 [0], [1], [1], [1], [2], [3], [4], [5] 중에서 5장의 카드를 택하여 다음 조건을 만족시키도록 일렬로 배열할 때, 만들 수 있는 자연수의 개수를 구하시오.

> (가) 다섯 자리 자연수가 되도록 배열한다.
> (나) 1끼리는 서로 이웃하지 않도록 배열한다.

03

그림과 같이 한 변의 길이가 1인 정사각형 8개로 이루어진 도로망이 있다. 이 도로망을 따라 A 지점에서 출발하여 B 지점에 도착할 때, 가로 방향으로 이동한 길이의 합이 4이고 전체 이동한 길이가 12인 경우의 수를 구하시오.
(단, 한 번 지나간 도로는 다시 지나지 않는다.) [2019년 교육청]

04

집합 $X=\{1, 2, 3, 4, 5\}$와 함수 $f: X \longrightarrow X$에 대하여 합성함수 $f \circ f$의 치역의 원소의 개수가 4인 함수 f의 개수를 구하시오.

05

1부터 1000까지의 자연수가 각각 하나씩 적힌 카드 1000장 중에서 한 장을 뽑을 때, 적힌 수가 다음 조건을 만족시키는 경우의 수를 구하시오.

> (가) 적힌 수는 홀수이다.
> (나) 각 자리의 수의 합은 3의 배수가 아니다.
> (다) 적힌 수는 5의 배수가 아니다.

06

그림과 같은 칠각형의 각 꼭짓점에 다음 조건을 만족시키도록 7개의 숫자 1, 2, 3, 4, 5, 6, 7을 각각 하나씩 적는 방법의 수를 구하시오.

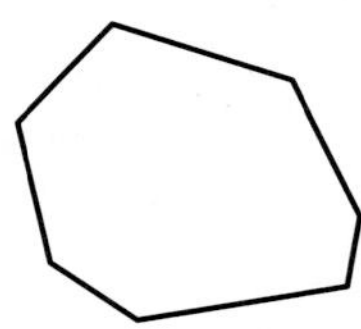

> (가) 홀수와 이웃한 두 수 중에서 적어도 하나는 홀수이다.
> (나) 짝수와 이웃한 두 수 중에서 적어도 하나는 짝수이다.

07

그림과 같이 크기가 서로 다른 8개의 원판이 크기 순서대로 쌓여 있다. 이 원판을 분리하여 높이가 같은 두 개의 탑을 만들었더니 두 개의 탑 모두 위에서 보았을 때 2개의 원판만 보였다고 한다. 이때 두 개의 탑을 쌓는 경우의 수를 구하시오. (단, 원판의 두께는 모두 동일하며 크기가 큰 원판이 위에 있는 경우 아래의 작은 원판은 보이지 않는다.)

08

A, B, C, D, E 다섯 명이 함께 꼬리잡기 게임을 한다. A는 B를, B는 C를, C는 D를, D는 E와 A를, E는 B를 잡을 수 있고, 잡힌 사람은 잡은 사람의 꼬리가 된다고 하자. 이때 어떤 꼬리도 생기지 않도록 A, B, C, D, E를 서로 다른 방 5개에 배정하는 방법의 수를 구하시오.
(단, 빈 방이 남아 있어도 된다.)

유형 1 **순열과 조합**

출제경향 순열과 조합을 이용하여 주어진 조건에 맞는 경우의 수를 구하는 문제가 자주 출제된다.

공략비법 순열과 조합

(1) 순열 : 서로 다른 n개에서 $r\,(0<r\le n)$개를 택하여 일렬로 나열하는 것을 n개에서 r개를 택하는 순열이라 하고, 이 순열의 수를 ${}_n\mathrm{P}_r$로 나타낸다.

(2) 조합 : 서로 다른 n개에서 순서를 생각하지 않고 $r\,(0<r\le n)$개를 택하는 것을 n개에서 r개를 택하는 조합이라 하고, 이 조합의 수를 ${}_n\mathrm{C}_r$로 나타낸다.

1 대표 • 2017년 3월 교육청 29번 | **4점**

그림과 같은 7개의 사물함 중 5개의 사물함을 남학생 3명과 여학생 2명에게 각각 1개씩 배정하려고 한다. 같은 층에서는 남학생의 사물함과 여학생의 사물함이 서로 이웃하지 않는다. 사물함을 배정하는 모든 경우의 수를 구하시오.

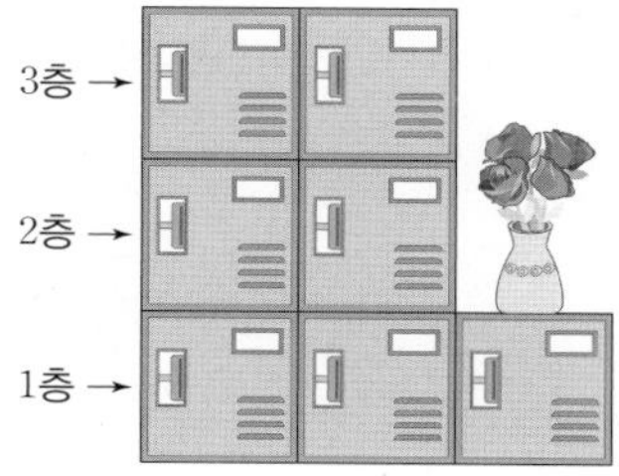

2 유사 • 2022년 3월 교육청 28번 | **4점**

그림과 같이 한 개의 정삼각형과 세 개의 정사각형으로 이루어진 도형이 있다.

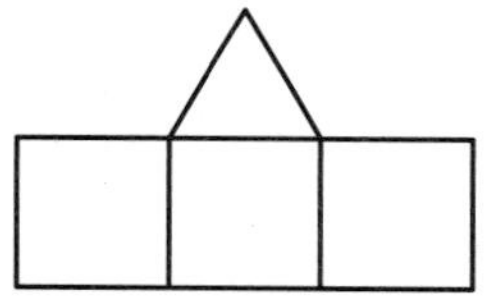

숫자 1, 2, 3, 4, 5, 6 중에서 중복을 허락하여 네 개를 택해 네 개의 정다각형 내부에 하나씩 적을 때, 다음 조건을 만족시키는 경우의 수를 구하시오.

> (가) 세 개의 정사각형에 적혀 있는 수는 모두 정삼각형에 적혀 있는 수보다 작다.
> (나) 변을 공유하는 두 정사각형에 적혀 있는 수는 서로 다르다.

유형 2 **함수의 개수**

출제경향 순열과 조합을 이용하여 주어진 조건을 만족시키는 함수의 개수를 구하는 문제가 자주 출제된다.

공략비법 함수의 개수

$f : X \longrightarrow Y$에서 두 집합 X, Y의 원소의 개수가 각각 $m, n\ (m\le n)$일 때,

(1) $a\ne b$이면 $f(a)\ne f(b)$를 만족시키는 함수 f의 개수 : ${}_n\mathrm{P}_m$

(2) $a<b$이면 $f(a)<f(b)$를 만족시키는 함수 f의 개수 : ${}_n\mathrm{C}_m$

3 대표 • 2020학년도 6월 평가원 25번 | **3점**

집합 $X=\{1, 2, 3, 4, 5\}$에 대하여 다음 조건을 만족시키는 함수 $f : X \longrightarrow X$의 개수를 구하시오.

> (가) 함수 f의 치역의 원소의 개수는 4이다.
> (나) $f(a)=a$인 X의 원소 a의 개수는 3이다.

4 유사 • 2019년 7월 교육청 28번 | **4점**

집합 $X=\{1, 2, 3, 4, 5, 6, 7, 8\}$에 대하여 일대일대응인 함수 $f : X \longrightarrow X$가 다음 조건을 만족시킬 때, 함수 f의 개수를 구하시오.

> (가) p가 소수일 때, $f(p)\le p$이다.
> (나) $a<b$이고 a가 b의 약수이면 $f(a)<f(b)$이다.

memo

New
개정판

블랙라벨은 최고의 제품에만 허락되는 이름입니다

blacklabel

1등급을 위한 명품 수학 블랙라벨

2015 개정교과 수학(하)

정답과 해설

WHITE
label

서술형 문항의
원리를 푸는 열쇠

화이트라벨

| 서술형 문장완성북 | 서술형 핵심패턴북

링크랭크

마인드맵으로 쉽게
우선순위로 빠르게

링크랭크

| 고등 VOCA | 수능 VOCA

b l a c k l a b e l

A n s w e r

정답과 해설

1등급을 위한 명품 수학

블랙라벨

Speed Check

I 집합과 명제

01. 집합

Step 1 우수 기출 대표 문제 pp.9~10	Step 2 최고의 변별력 문제 pp.11~15	Step 3 종합 사고력 문제 p.16	이것이 수능 p.17
01 ② 02 ④ 03 9 04 ⑤ 05 448 06 ② 07 ④ 08 9 09 ③ 10 ④ 11 ⑤ 12 6 13 36 14 ③ 15 ④ 16 ③	01 ⑤ 02 ⑤ 03 ② 04 -2 05 ③ 06 8 07 ③ 08 60 09 ④ 10 10 11 123 12 22 13 5 14 288 15 ⑤ 16 ④ 17 5 18 ③ 19 735 20 ③ 21 9 22 6 23 496 24 ⑤ 25 ⑤ 26 24 27 6 28 ④ 29 ② 30 ① 31 64 32 41 33 138 34 400 35 ④	01 32 02 ③ 03 72 04 ② 05 21 06 75 07 94	1 ⑤ 2 63 3 ② 4 ④

02. 명제

Step 1 우수 기출 대표 문제 pp.20~21	Step 2 최고의 변별력 문제 pp.22~27	Step 3 종합 사고력 문제 p.28	이것이 수능 p.29
01 ③ 02 4 03 ④ 04 ④ 05 ③ 06 ③ 07 2 08 ③ 09 ④ 10 4 11 ④ 12 ③ 13 ③ 14 12 15 ②	01 ③ 02 6 03 ③ 04 ③ 05 8 06 ② 07 12 08 5 09 7 10 ④ 11 3 12 -1 13 ③ 14 풀이 참조 15 ③ 16 ③ 17 15 18 11 19 ④ 20 12 21 ③ 22 ⑤ 23 ④ 24 ③ 25 ③ 26 B, C 27 ③ 28 12 29 ⑤ 30 ④ 31 2, $x=z$ 32 4 33 5 34 5 35 ⑤ 36 ③ 37 ① 38 3 39 ④	01 $4\sqrt{3}$ 02 5 03 ③ 04 풀이 참조 05 ⑤ 06 ②	1 13 2 ① 3 ① 4 ②

II 함수와 그래프

03. 함수

Step 1 우수 기출 대표 문제 pp.34~35	Step 2 최고의 변별력 문제 pp.36~41	Step 3 종합 사고력 문제 p.42	이것이 수능 p.43
01 ③ 02 7 03 ② 04 5 05 ④ 06 ④ 07 42 08 2 09 ④ 10 ③ 11 ② 12 ① 13 ④ 14 -5 15 4 16 ④	01 ⑤ 02 ⑤ 03 5 04 7 05 2 06 ③ 07 ② 08 ① 09 18 10 ③ 11 99 12 ③ 13 ② 14 ③ 15 3 16 4 17 2 18 4 19 4 20 ② 21 4 22 ⑤ 23 $2\sqrt{5}$ 24 ④ 25 $-\frac{3}{2}$ 26 ② 27 ④ 28 ③ 29 5 30 $\sqrt{7}$ 31 32 32 ③ 33 1 34 ④ 35 ② 36 $\frac{3}{2}$ 37 21 38 ② 39 ⑤	01 15 02 2 03 ④ 04 3 05 2 06 6 07 8	1 ③ 2 ④ 3 50 4 ⑤

04. 유리함수

Step 1 우수 기출 대표 문제 p.46	Step 2 최고의 변별력 문제 pp.47~50	Step 3 종합 사고력 문제 p.51	이것이 수능 p.52
01 ① **02** ⑤ **03** $\left\{y \middle\vert y\le\frac{1}{3}\text{ 또는 }y\ge3\right\}$ **04** 7 **05** ② **06** ② **07** ④ **08** ③	**01** ④ **02** ④ **03** 15 **04** ⑤ **05** ② **06** 5 **07** 5 **08** ② **09** 2 **10** ③ **11** 14 **12** $\frac{9}{4}$ **13** ② **14** ① **15** ② **16** 2 **17** 36 **18** ② **19** ④ **20** 4 **21** 9 **22** -2 **23** 32 **24** $\frac{21}{5}$ **25** 1, $f^{-1}(x)=\frac{2x}{x+3}\,(-3<x\le3)$ **26** ① **27** ③ **28** ③	**01** 9 **02** 5 **03** 5 **04** 85 **05** 46 **06** 3 **07** 444	**1** ④ **2** 192 **3** ① **4** ⑤

05. 무리함수

Step 1 우수 기출 대표 문제 p.54	Step 2 최고의 변별력 문제 pp.55~58	Step 3 종합 사고력 문제 p.59	이것이 수능 p.60
01 $2a$ **02** ④ **03** ③ **04** ② **05** ④ **06** ④ **07** ④ **08** $k\ge1$	**01** ④ **02** 64 **03** ④ **04** 3 **05** ③ **06** ④ **07** ④ **08** $\frac{1}{10}$ **09** ③ **10** $2\sqrt{2}$ **11** 1 **12** $\frac{1}{12}$ **13** 45 **14** 1 **15** ③ **16** 12 **17** ① **18** 83 **19** ④ **20** 9 **21** ④ **22** ③ **23** ③	**01** $2\sqrt{2}$ **02** ⑤ **03** $0<a\le\frac{1}{2}$ 또는 $a>2$ **04** $\frac{189}{32}$ **05** 1925 **06** 2 **07** $\frac{25}{38}$	**1** ③ **2** 13 **3** ① **4** 18

Ⅲ 경우의 수

06. 순열과 조합

Step 1 우수 기출 대표 문제 pp.63~64	Step 2 최고의 변별력 문제 pp.65~69	Step 3 종합 사고력 문제 p.70	이것이 수능 p.71
01 ① **02** 16 **03** ② **04** ④ **05** ② **06** 12 **07** ④ **08** ③ **09** ③ **10** 126 **11** ③ **12** ④ **13** ① **14** ③ **15** 38 **16** ②	**01** ① **02** 10 **03** ③ **04** ③ **05** ② **06** ⑤ **07** ④ **08** 135 **09** ⑤ **10** 660 **11** ② **12** 1200 **13** 72 **14** 144 **15** 192 **16** 504 **17** 64 **18** ② **19** ① **20** ② **21** 65 **22** ③ **23** ③ **24** ② **25** 3600 **26** 20 **27** ④ **28** 82 **29** 900 **30** 36 **31** 48 **32** 24 **33** ③ **34** ④ **35** 26	**01** 132 **02** 944 **03** 9 **04** 480 **05** 266 **06** 1008 **07** 4235 **08** 860	**1** 528 **2** 130 **3** 60 **4** 18

I 집합과 명제

01 집합

STEP 1 출제율 100% **우수 기출 대표 문제** pp. 9~10

01 ②	02 ④	03 9	04 ⑤	05 448
06 ②	07 ④	08 9	09 ③	10 ④
11 ⑤	12 6	13 36	14 ③	15 ④
16 ③				

01 집합 $A=\{\varnothing, 0, \{0\}\}$의 원소는 $\varnothing$, 0, $\{0\}$이고, 부분집합은 $\varnothing$, $\{\varnothing\}$, $\{0\}$, $\{\{0\}\}$, $\{\varnothing, 0\}$, $\{\varnothing, \{0\}\}$, $\{0, \{0\}\}$, $\{\varnothing, 0, \{0\}\}$이다.
따라서 옳지 않은 것은 ② $0\subset A$이다. 답 ②

02 조건 (가)에서 $3\in A$이므로 조건 (나)에 의하여
$(3+3)\in A$, $(6+3)\in A$, $\cdots$
즉, 100 이하의 3의 배수의 집합은 전체집합 U의 부분집합 A에 반드시 포함된다.
따라서 주어진 조건을 만족시키는 부분집합 A 중에서 원소의 개수가 가장 적은 것은
$A=\{3, 6, 9, 12, \cdots, 99\}$ 답 ④

03 $-8\le 2x-3\le 8$에서 $-5\le 2x\le 11$
$-\frac{5}{2}\le x\le\frac{11}{2}$, $-\frac{3}{2}\le x+1\le\frac{13}{2}$
$\therefore -\frac{1}{2}\le\frac{x+1}{3}\le\frac{13}{6}$
이때 $\frac{x+1}{3}\in Z$이므로
$\frac{x+1}{3}=0, 1, 2$ $\quad\therefore x=-1, 2, 5$
$\therefore 4x-5=-9, 3, 15$
즉, $A=\{-9, 3, 15\}$이므로 집합 A의 모든 원소의 합은
$(-9)+3+15=9$ 답 9

04 (i) $2n-1=2(n-1)+1$이므로 $A\subset B$
또한, $2n+1=2(n+1)-1$이므로 $B\subset A$
$\therefore A=B$
(ii) $4n-1=2\times 2n-1$이므로 $C\subset A$
그런데 $5=2\times 3-1\in A$이지만 $5\notin C$이므로 $A\not\subset C$
(i), (ii)에서 $C\subset A=B$ 답 ⑤

05 $1=2^0\times 3^0\times 5^0$, $2=2^1\times 3^0\times 5^0$, $3=2^0\times 3^1\times 5^0$,
$4=2^2\times 3^0\times 5^0$, $5=2^0\times 3^0\times 5^1$, $6=2^1\times 3^1\times 5^0$,
$8=2^3\times 3^0\times 5^0$, $9=2^0\times 3^2\times 5^0$, $10=2^1\times 3^0\times 5^1$
$\therefore B=\{1, 2, 3, 4, 5, 6, 8, 9, 10\}$
이때 집합 B의 부분집합 중에서 원소로 3의 배수를 적어도 하나 포함하는 집합의 개수는 집합 B의 부분집합의 개수에서 3의 배수를 원소로 포함하지 않는 집합의 개수를 뺀 것과 같다.
따라서 집합 B의 부분집합의 개수는 $2^9=512$이고, 집합 B의 부분집합 중에서 3의 배수를 원소로 포함하지 않는 집합의 개수는 $2^{9-3}=2^6=64$이므로 구하는 집합의 개수는
$512-64=448$ 답 448

06 ㄱ. $A_3=A_2\cup\{A_2\}$이고, $A_2=\{1, \{1\}\}$이므로
$A_3=\{1, \{1\}, \{1, \{1\}\}\}$ (참)
ㄴ. $A_{n+1}=A_n\cup\{A_n\}$에서 $\{A_n\}\subset A_{n+1}$이므로
$A_n\in A_{n+1}$ (참)
ㄷ. $A_2=\{1, \{1\}\}=\{1, A_1\}$
$A_3=\{1, \{1\}, \{1, \{1\}\}\}=\{1, A_1, A_2\}$
$\vdots$
$\therefore A_{n+1}=\{1, A_1, A_2, A_3, \cdots, A_n\}$ (거짓)
따라서 옳은 것은 ㄱ, ㄴ이다. 답 ②

07 집합 B의 원소 $\sqrt{a}$, $\sqrt{b}$, $\sqrt{c}$, $\sqrt{d}$가 자연수이므로 a, b, c, d는 완전제곱수이고, $a+b=13=4+9=2^2+3^2$이므로
$a=4$, $b=9$ ($\because a<b$)
$\therefore A\cap B=\{a, b\}=\{4, 9\}$ ……㉠
㉠에서 $4\in B$, $9\in B$이고 $\sqrt{a}=2$, $\sqrt{b}=3$이므로
$\sqrt{c}=4$, $\sqrt{d}=9$ ($\because c<d$)
$\therefore c=16$, $d=81$
$\therefore a+d=4+81=85$ 답 ④

08 (i) $a\le 0$일 때,
모든 실수 x에 대하여 $x^2\ge a$가 성립하므로 $A=R$이다.
이때 $a\ne b$이므로 $B\ne\varnothing$이다.
즉, $A\cap B=B\ne\varnothing$이므로 조건을 만족시키지 않는다.
(ii) $a>0$일 때,
$x^2\ge a$에서 $(x-\sqrt{a})(x+\sqrt{a})\ge 0$
$\therefore x\le -\sqrt{a}$ 또는 $x\ge\sqrt{a}$
즉, $A=\{x\,|\,x\le -\sqrt{a}$ 또는 $x\ge\sqrt{a}\}$

이때 $A\cup B=R$, $A\cap B=\varnothing$이 성립하려면

$B=\{x\mid -\sqrt{a}<x<\sqrt{a}\}$

이어야 하므로 이차부등식 $(x-a)(x-b)<0$의 해는 $-\sqrt{a}<x<\sqrt{a}$와 같아야 한다.

$-\sqrt{a}<0$이고 $a>0$이므로

$b=-\sqrt{a}$, $a=\sqrt{a}$

$a=\sqrt{a}$의 양변을 제곱하면

$a^2=a \qquad \therefore a=1\ (\because a>0),\ b=-\sqrt{1}=-1$

(i), (ii)에서 $a=1$, $b=-1$이므로

$10a+b=10+(-1)=9$ 답 9

09 $A\cap(A-B)=A$에서 $A\subset(A-B)$이고, $(A-B)\subset A$는 항상 성립하므로

$A-B=A \qquad \therefore A\cap B=\varnothing$

*이때 $A\cup B=U$이고, $U=\{1, 2, 3, 4, 5\}$, $A=\{1, 4, 5\}$이므로

$B=\{2, 3\}$

따라서 집합 B의 모든 원소의 합은

$2+3=5$ 답 ③

• 다른 풀이 •

$A\cap(A-B)=A\cap(A\cap B^C)=(A\cap A)\cap B^C$

$=A\cap B^C=A-B=A$

$\therefore A\cap B=\varnothing$

다음은 *와 같다.

10 $A\cap X=X$에서 $X\subset A$,

$(A-B)\cup X=X$에서 $(A-B)\subset X$이므로

$(A-B)\subset X\subset A$

$A=\{x\mid 1\le x\le 5\}$, $B=\{x\mid 3<x<7\}$에서

$A-B=\{x\mid 1\le x\le 3\}$

이때 세 집합 $A-B$, X, A를 수직선 위에 나타내면 오른쪽 그림과 같으므로

$(A-B)\subset X\subset A$에서

$p=1$, $3\le q\le 5$

따라서 q의 최솟값은 3, 최댓값은 5이므로 합은

$3+5=8$ 답 ④

11 ㄱ. $A\cap(A\cup B)^C=A\cap(A^C\cap B^C)$

$=(A\cap A^C)\cap B^C$

$=\varnothing\cap B^C=\varnothing$ (참)

ㄴ. $(A-B)\cap(A-C)=(A\cap B^C)\cap(A\cap C^C)$

$=A\cap(B^C\cap C^C)$

$=A\cap(B\cup C)^C$

$=A-(B\cup C)$ (참)

ㄷ. $\{(A-B)\cup B\}-A=\{(A\cap B^C)\cup B\}-A$

$=\{(A\cup B)\cap(B^C\cup B)\}-A$

$=\{(A\cup B)\cap U\}-A$

$=(A\cup B)-A$

$=(A\cup B)\cap A^C$

$=(A\cap A^C)\cup(B\cap A^C)$

$=\varnothing\cup(B\cap A^C)$

$=B\cap A^C=B-A$ (참)

따라서 ㄱ, ㄴ, ㄷ 모두 옳다. 답 ⑤

• 다른 풀이 •

ㄱ. $A\subset(A\cup B)$이므로 $A-(A\cup B)=\varnothing$

$\therefore A\cap(A\cup B)^C=A-(A\cup B)=\varnothing$ (참)

12 $B\cap(A^C\cup B^C)=(B\cap A^C)\cup(B\cap B^C)$

$=(B\cap A^C)\cup\varnothing=B\cap A^C$

$=B-A=\{3, 6\}$

이고, $A=\{2, 4\}$이므로 $A\cup B=\{2, 3, 4, 6\}$

$\therefore A^C\cap B^C=(A\cup B)^C=U-(A\cup B)$

$=\{1, 2, 3, 4, 5, 6\}-\{2, 3, 4, 6\}$

$=\{1, 5\}$

따라서 집합 $A^C\cap B^C$의 모든 원소의 합은

$1+5=6$ 답 6

13 12와 15의 배수를 모두 포함하는 집합은 12와 15의 최대공약수인 3의 배수 전체의 집합이므로

$(N_{12}\cup N_{15})\subset N_k$를 만족시키는 자연수 k의 최댓값

$M=3$

또한, 3과 4의 배수의 공통부분이 모두 포함되는 집합은 3과 4의 최소공배수인 12의 배수 전체의 집합이므로

$(N_3\cap N_4)\supset N_l$을 만족시키는 자연수 l의 최솟값

$m=12$

$\therefore Mm=3\times 12=36$ 답 36

14 $U=\{1, 2, 3, 4, 5, 6, 7, 8, 9, 10\}$, $A=\{1, 2, 3, 6\}$이고 $(A-B)\cup(B-A)=\{2, 5, 8, 10\}$이므로

$A-B=\{2\}$, $A\cap B=\{1, 3, 6\}$, $B-A=\{5, 8, 10\}$

따라서 두 집합 A, B 사이의 포함 관계를 벤다이어그램으로 나타내면 오른쪽 그림과 같으므로

$B=(B-A)\cup(A\cap B)$

$=\{1, 3, 5, 6, 8, 10\}$

즉, $n(B)=6$이므로 집합 B의 부분집합의 개수는

$2^6=64$ 답 ③

15 두 집합 B, C가 서로소이므로 $B\cap C=\varnothing$

$n(A^C\cap C^C)=n((A\cup C)^C)=n(U)-n(A\cup C)$

에서 $n(U)=50$, $n(A^C\cap C^C)=20$이므로

$50-n(A\cup C)=20$ $\therefore n(A\cup C)=30$

또한, $n(A^C\cap B)=n(B-A)=n(B)-n(A\cap B)$이므로

$n(B)-n(A\cap B)=12$

$\therefore n(A\cup B\cup C)$

$=n((A\cup C)\cup B)$

$=n(A\cup C)+n(B)-n((A\cup C)\cap B)$

$=n(A\cup C)+n(B)-n((A\cap B)\cup(B\cap C))$

$=n(A\cup C)+n(B)-n(A\cap B)$ ($\because B\cap C=\varnothing$)

$=30+12=42$ 답 ④

• 다른 풀이 •

$B\cap C=\varnothing$이므로 $n(B\cap C)=0$, $n(A\cap B\cap C)=0$

$\therefore n(A\cup B\cup C)$

$=n(A)+n(B)+n(C)$

$-\{n(A\cap B)+n(B\cap C)+n(C\cap A)\}$

$+n(A\cap B\cap C)$

$=n(A)+n(B)+n(C)-n(A\cap B)-n(C\cap A)$

$=n(A)+n(C)-n(C\cap A)+n(B)-n(A\cap B)$

$=n(A\cup C)+n(B-A)$

$=30+12=42$

BLACKLABEL 특강 참고

벤다이어그램을 이용하면 조금 더 간단히 답을 구할 수 있다.
두 집합 B, C가 서로소이므로 세 집합 A, B, C의 관계를 벤다이어그램으로 나타내면 오른쪽 그림과 같고, 주어진 조건에서 $n(A\cup C)=30$, $n(B-A)=12$이므로
$n(A\cup B\cup C)=n(A\cup C)+n(B-A)=30+12=42$

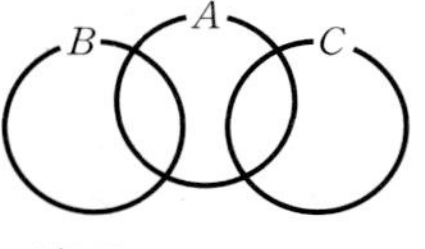

16 학생 전체의 집합을 U, A 과목을 좋아하는 학생의 집합을 A, B 과목을 좋아하는 학생의 집합을 B라 하면

$n(U)=35$, $n(A)=18$, $n(B)=21$

두 과목을 모두 좋아하는 학생의 집합은 $A\cap B$이므로

$n(A\cap B)=n(A)+n(B)-n(A\cup B)$

$=18+21-n(A\cup B)$

$=39-n(A\cup B)$ ……㉠

이때 $n(A\cap B)$의 최댓값과 최솟값은 $n(A\cup B)$의 값에 따라 결정된다.

(i) $n(A\cup B)$의 값이 최대인 경우

$A\cup B=U$일 때이므로 $n(A\cup B)\le n(U)=35$

(ii) $n(A\cup B)$의 값이 최소인 경우

$A\subset B$일 때이므로 $n(A\cup B)\ge n(B)=21$

(i), (ii)에서 $21\le n(A\cup B)\le 35$이므로 ㉠에 대입하면

$39-35\le 39-n(A\cup B)\le 39-21$

$\therefore 4\le n(A\cap B)\le 18$

따라서 최댓값 $M=18$, 최솟값 $m=4$이므로

$M+m=22$ 답 ③

• 다른 풀이 •

$n(A\cap B)=x$라 하면 $n(U)=35$, $n(A)=18$, $n(B)=21$이므로 오른쪽 그림과 같이 벤다이어그램의 각 영역에 속하는 원소의 개수를 나타낼 수 있다.

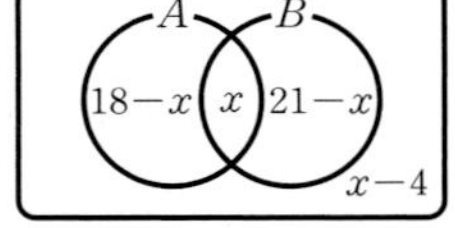

이때 벤다이어그램의 각 영역에 속하는 원소의 개수는 0 이상이어야 하므로

$18-x\ge 0$, $x\ge 0$, $21-x\ge 0$, $x-4\ge 0$

$\therefore 4\le x\le 18$

따라서 두 과목을 모두 좋아하는 학생의 수의 최댓값 $M=18$, 최솟값 $m=4$이므로

$M+m=22$

STEP 2 1등급을 위한 **최고의 변별력 문제** pp. 11~15

01 ⑤	02 ⑤	03 ②	04 −2	05 ③
06 8	07 ③	08 60	09 ④	10 10
11 123	12 22	13 5	14 288	15 ⑤
16 ④	17 5	18 ③	19 735	20 ③
21 9	22 6	23 496	24 ⑤	25 ⑤
26 24	27 6	28 ④	29 ②	30 ①
31 64	32 41	33 138	34 400	35 ④

01 $P(A)$는 집합 A의 부분집합을 원소로 갖는 집합이므로

$P(A)=\{\varnothing, \{1\}, \{2\}, \{\{1, 2\}\}, \{1, 2\}, \{1, \{1, 2\}\},$
$\{2, \{1, 2\}\}, \{1, 2, \{1, 2\}\}\}$

ㄱ. $\varnothing$은 집합 $P(A)$의 원소이므로 $\varnothing\in P(A)$ (참)

ㄴ. $\{\{1, 2\}\}$는 집합 $P(A)$의 원소이므로

$\{\{1, 2\}\}\in P(A)$ (참)

ㄷ. 집합 $P(A)$의 원소 $\{1, 2\}$ 하나만을 원소로 갖는 집합 $\{\{1, 2\}\}$는 집합 $P(A)$의 부분집합이므로

$\{\{1, 2\}\}\subset P(A)$ (참)

따라서 ㄱ, ㄴ, ㄷ 모두 옳다. 답 ⑤

BLACKLABEL 특강 필수 개념

멱집합(Power Set)

집합 A에 대하여 A의 멱집합은 집합 A의 부분집합을 원소로 갖는 집합으로 2^A 또는 $P(A)$로 나타낸다.
집합 $A=\{a_1, a_2, \cdots, a_n\}$일 때,
(1) 멱집합의 원소의 개수 : 2^n
(2) 멱집합의 부분집합의 개수 : 2^{2^n}

02

집합 B의 모든 원소의 합이 짝수이려면 집합 B의 원소 중 홀수인 원소의 개수가 0 또는 짝수이어야 한다.

(i) 홀수인 원소의 개수가 0인 경우
집합 B는 $\{2\}$의 1개이다.

(ii) 홀수인 원소의 개수가 2인 경우
① $2\in B$일 때,
집합 B는 $\{2, 3, 5\}$, $\{2, 3, 7\}$, $\{2, 3, 11\}$, $\{2, 5, 7\}$, $\{2, 5, 11\}$, $\{2, 7, 11\}$의 6개이다.
② $2\notin B$일 때,
집합 B는 $\{3, 5\}$, $\{3, 7\}$, $\{3, 11\}$, $\{5, 7\}$, $\{5, 11\}$, $\{7, 11\}$의 6개이다.
①, ②에서 조건을 만족시키는 집합 B의 개수는
$6+6=12$

(iii) 홀수인 원소의 개수가 4인 경우
집합 B는 $\{3, 5, 7, 11\}$, $\{2, 3, 5, 7, 11\}$의 2개이다.

(i), (ii), (iii)에서 구하는 집합 B의 개수는
$1+12+2=15$ 답 ⑤

• 다른 풀이 •

집합 B의 개수는 다음과 같이 집합 B가 짝수인 원소 2를 포함하는 경우와 포함하지 않는 경우로 나누어 생각할 수 있다.

(i) $2\in B$일 때,
① 원소의 개수가 1인 경우
집합 B는 $\{2\}$의 1개이다.
② 원소의 개수가 3인 경우
집합 B는 $\{2, 3, 5\}$, $\{2, 3, 7\}$, $\{2, 3, 11\}$, $\{2, 5, 7\}$, $\{2, 5, 11\}$, $\{2, 7, 11\}$의 6개이다.
③ 원소의 개수가 5인 경우
집합 B는 $\{2, 3, 5, 7, 11\}$의 1개이다.
①, ②, ③에서 조건을 만족시키는 집합 B의 개수는
$1+6+1=8$

(ii) $2\notin B$일 때,
① 원소의 개수가 2인 경우
집합 B는 $\{3, 5\}$, $\{3, 7\}$, $\{3, 11\}$, $\{5, 7\}$, $\{5, 11\}$, $\{7, 11\}$의 6개이다.
② 원소의 개수가 4인 경우
집합 B는 $\{3, 5, 7, 11\}$의 1개이다.
①, ②에서 조건을 만족시키는 집합 B의 개수는
$6+1=7$

(i), (ii)에서 구하는 집합 B의 개수는
$8+7=15$

03

ㄱ. 2 이상의 자연수 a에 대하여 $N(a, a)$는 a의 양의 약수의 개수와 같고,
$N(a, a)\geq 2\neq 1$ ($\because a\geq 2$)
$a\notin A_1(a)$
$\therefore 2\notin A_1(2)$ (거짓)

ㄴ. 3의 양의 약수는 1, 3의 2개이므로 3과 양의 공약수의 개수가 4인 200 이하의 자연수는 존재하지 않는다.
$\therefore A_4(3)=\varnothing$ (거짓)

ㄷ. 200 이하의 자연수 중에서 3과 양의 공약수의 개수가 2인 자연수는 200 이하의 3의 배수와 같다.
이때 $200\div 3=66.\times\times\times$에서 200 이하의 3의 배수의 개수가 66이므로 $A_2(3)$의 원소의 개수는 66이다. (참)

따라서 옳은 것은 ㄷ뿐이다. 답 ②

• 다른 풀이 •

ㄱ. $2\in A_1(2)$라 하면 집합 $A_k(a)$의 정의에 의하여 $N(2, 2)=1$을 만족시켜야 한다.
그런데 2의 양의 약수는 1, 2의 2개이므로 $N(2, 2)=2$
$\therefore 2\notin A_1(2)$ (거짓)

04

$x^3-a^2x^2-x+a^2=0$에서
$(x+1)(x-1)(x-a^2)=0$
$\therefore x=-1$ 또는 $x=1$ 또는 $x=a^2$
$\therefore A=\{-1, 1, a^2\}$
$x^2+(a-3)x-a+2=0$에서
$(x-1)(x+a-2)=0$
$\therefore x=1$ 또는 $x=-a+2$
$\therefore B=\{1, -a+2\}$
이때 $A\cup B=\{-1, 1, 4\}$이므로 *
$-a+2=4$ 또는 $a^2=4$
$\therefore a=-2$ 또는 $a=2$

(i) $a=-2$일 때,
$A=\{-1, 1, 4\}$, $B=\{1, 4\}$이므로
$A\cup B=\{-1, 1, 4\}$를 만족시킨다.

(ii) $a=2$일 때,
$A=\{-1, 1, 4\}$, $B=\{1, 0\}$이므로
$A\cup B=\{-1, 0, 1, 4\}$에서 조건에 모순이다.

(i), (ii)에서 조건을 만족시키는 상수 a의 값은 -2이다.
답 -2

• 다른 풀이 •

*에서

(i) $-a+2=4$, 즉 $a=-2$일 때,
$a^2=4$이므로 $A=\{-1, 1, 4\}$, $B=\{1, 4\}$에서
$A\cup B=\{-1, 1, 4\}$를 만족시킨다.

(ii) $-a+2=-1$, 즉 $a=3$일 때,
$a^2=9$이므로 $A\cup B=\{-1, 1, 9\}$에서 조건에 모순이다.

(iii) $-a+2=1$, 즉 $a=1$일 때,
$a^2=1$이므로 $A\cup B=\{-1, 1\}$에서 조건에 모순이다.

(i), (ii), (iii)에서 조건을 만족시키는 상수 a의 값은 -2이다.

05 $x\ge1$이므로

$0<\frac{4}{x}\le4$에서 $\left[\frac{4}{x}\right]=0,\ 1,\ 2,\ 3,\ 4$

$\therefore A_4=\{0,\ 1,\ 2,\ 3,\ 4\}$

$0<\frac{6}{x}\le6$에서 $\left[\frac{6}{x}\right]=0,\ 1,\ 2,\ 3,\ 4,\ 5,\ 6$

$\therefore A_6=\{0,\ 1,\ 2,\ 3,\ 4,\ 5,\ 6\}$

따라서 $A_4\cap A_6=\{0,\ 1,\ 2,\ 3,\ 4\}$이므로

$A_4\cap A_6=A_4$ 답 ③

06 $A_1\cap A_2\cap A_3\cap\cdots\cap A_n\ne\varnothing$이 성립하려면 $A_1\cap A_n\ne\varnothing$이어야 한다.

이때 $A_1=\{x\,|\,2\le x\le24\}$,

$A_n=\{x\,|\,3n-1\le x\le15n+9\}$이므로

오른쪽 그림에서

$3n-1\le24$, $3n\le25$

$\therefore n\le\frac{25}{3}=8.33\cdots$

따라서 자연수 n의 최댓값은 8이다. 답 8

07 $x-[x]=\frac{1}{n}$에서 $x=[x]+\frac{1}{n}=(\text{정수})+\frac{1}{n}$이고,

$-5\le x\le5$인 유리수이므로 $(\text{정수})=-5,\ -4,\ \cdots,\ 4$

ㄱ. $A_3=\left\{-5+\frac{1}{3},\ -4+\frac{1}{3},\ \cdots,\ 0+\frac{1}{3},\ \cdots,\ 4+\frac{1}{3}\right\}$

$\therefore \frac{1}{3}\in A_3$ (참)

ㄴ. $n\ge2$인 임의의 자연수 n에 대하여 집합 A_n의 원소는

$(\text{정수})+\frac{1}{n}$ $((\text{정수})=-5,\ -4,\ \cdots,\ 4)$ 꼴이므로

집합 A_n의 원소의 개수는 10이다. (거짓)

ㄷ. 임의의 두 자연수 m, n에 대하여 $m\ne n$이면

$\frac{1}{m}\ne\frac{1}{n}$이므로 $(\text{정수})+\frac{1}{m}\ne(\text{정수})+\frac{1}{n}$

$\therefore A_m\cap A_n=\varnothing$ (참)

따라서 옳은 것은 ㄱ, ㄷ이다. 답 ③

BLACKLABEL 특강 오답 피하기

ㄴ. 조건에서 $-5\le x\le5$이므로 $[x]=-5,\ -4,\ -3,\ \cdots,\ 5$의 11개로 착각할 수 있다. 그러나 $x-[x]=\frac{1}{n}$에서 $x=[x]+\frac{1}{n}$이므로 $-5\le[x]+\frac{1}{n}\le5$, $-5-\frac{1}{n}\le[x]\le5-\frac{1}{n}$이고, n이 2 이상의 자연수이므로 $[x]=-5,\ -4,\ -3,\ \cdots,\ 4$의 10개이다.

08 집합 $K(U)$의 원소는 전체집합 $U=\{1,\ 2,\ 3,\ 4,\ 5\}$의 부분집합 중에서 원소가 2개인 부분집합이므로

$K(U)=\{\{1,\ 2\},\ \{1,\ 3\},\ \{1,\ 4\},\ \{1,\ 5\},\ \{2,\ 3\},$
$\{2,\ 4\},\ \{2,\ 5\},\ \{3,\ 4\},\ \{3,\ 5\},\ \{4,\ 5\}\}$

이때 $A\in K(U)$, $B\in K(U)$이고, $n(A\cup B)=3$이 되려면 두 집합 A, B는 공통인 원소가 한 개만 있어야 한다.

즉, $n(A\cap B)=1$

예를 들면, $A=\{1,\ 2\}$일 때, 가능한 집합 B는 $\{1,\ 3\}$, $\{1,\ 4\}$, $\{1,\ 5\}$, $\{2,\ 3\}$, $\{2,\ 4\}$, $\{2,\ 5\}$의 6개이다.

따라서 집합 A가 될 수 있는 집합 $K(U)$의 원소 10개에 대하여 가능한 집합 B가 각각 6개씩 존재하므로 구하는 순서쌍 $(A,\ B)$의 개수는

$10\times6=60$ 답 60

• 다른 풀이 •

집합 $K(U)$는 원소의 개수가 2인 전체집합 U의 부분집합을 원소로 갖는 집합이므로 $n(A\cup B)=3$을 만족시키려면 두 집합 A, B에 대하여 $n(A\cap B)=1$이어야 한다.

전체집합 U의 원소 5개 중에서 교집합의 원소 하나를 택하는 경우의 수는 5

교집합의 원소를 제외한 전체집합 U의 원소 4개 중에서 두 집합 A, B의 나머지 원소를 각각 택하는 경우의 수는

$4\times3=12$

따라서 두 집합 A, B의 순서쌍 $(A,\ B)$의 개수는

$5\times12=60$

09 집합 $S=\{a,\ b,\ c\}$의 부분집합은

$\varnothing$, $\{a\}$, $\{b\}$, $\{c\}$, $\{a,\ b\}$, $\{a,\ c\}$, $\{b,\ c\}$, S

(i) $\varnothing\in X$일 때,

조건 (가)에서 $S-\varnothing=S\in X$

즉, $\varnothing$과 집합 S는 동시에 집합 X의 원소이므로

$X=\{\varnothing,\ S\}$가 가능하다.

(ii) $\{a\}\in X$일 때,

조건 (가)에서 $S-\{a\}=\{b,\ c\}\in X$

즉, 두 집합 $\{a\}$와 $\{b,\ c\}$는 동시에 집합 X의 원소이다.

또한, $\{a\}\in X$, $\{b,\ c\}\in X$이면 조건 (나)에서

$\{a,\ b,\ c\}=S\in X$이고, 조건 (가)에서 $\varnothing\in X$이므로

$X=\{\varnothing,\ \{a\},\ \{b,\ c\},\ S\}$

같은 방법으로

$\{b\}\in X$일 때, $X=\{\varnothing,\ \{b\},\ \{a,\ c\},\ S\}$

$\{c\}\in X$일 때, $X=\{\varnothing,\ \{c\},\ \{a,\ b\},\ S\}$

(iii) $\{a\}\in X$, $\{b\}\in X$일 때,

조건 (가)에서 $\{b,\ c\}\in X$, $\{a,\ c\}\in X$이고, 조건 (나)에서 $\{a,\ b\}\in X$이므로 조건 (가)에서 $\{c\}\in X$

또한, $\{a,\ b\}\in X$, $\{c\}\in X$이면 조건 (나)에서 $S\in X$이므로 조건 (가)에서 $\varnothing\in X$

$\therefore X=\{\varnothing,\ \{a\},\ \{b\},\ \{c\},\ \{a,\ b\},\ \{a,\ c\},$
$\{b,\ c\},\ S\}$

(i), (ii), (iii)에서 조건을 만족시키는 집합 X의 개수는 5이다.

답 ④

10 해결단계

❶ 단계	주어진 조건을 이용하여 d의 값을 구한다.
❷ 단계	$A\cap B=\{4,\ 7,\ 9\}$와 d의 값을 이용하여 집합 A의 원소를 구한다.
❸ 단계	집합 A에서 가장 큰 원소와 가장 작은 원소의 합을 구한다.

$A=\{a_1, a_2, a_3, a_4, a_5, a_6\}$이므로
$B=\{a_1+d, a_2+d, \cdots, a_6+d\}$
집합 A의 모든 원소의 합을 $S(A)$라 하면 $S(A)=32$, $S(B)=32+6d$, $S(A\cup B)=62$, $S(A\cap B)=4+7+9=20$이고,
$S(A\cup B)=S(A)+S(B)-S(A\cap B)$이므로
$62=32+(32+6d)-20$
$6d=18 \quad \therefore d=3$
이때 $A\cap B=\{4, 7, 9\}$이므로 집합 A의 한 원소를 a_i라 하면 $a_i+3=4$에서 $a_i=1$
같은 방법으로
$a_{i+1}+3=7$에서 $a_{i+1}=4$, $a_{i+2}+3=9$에서 $a_{i+2}=6$
즉, 집합 $A=\{1, 4, 6, 7, 9, x\}$라 하면 $S(A)=32$이므로 $1+4+6+7+9+x=32$에서 $x=5$
$\therefore A=\{1, 4, 5, 6, 7, 9\}$
따라서 집합 A의 원소 중에서 값이 가장 큰 원소와 가장 작은 원소의 합은 $1+9=10$ 답 10

11 $U=\{1, 2, 3, 6, 9, 18\}$이므로 조건 ㈏에 의하여 집합 A는 1, 18 또는 2, 9 또는 3, 6을 동시에 원소로 가져야 한다. ……㉠

(i) $n(A)=2$인 경우
㉠에 의하여
$A=\{1, 18\}$ 또는 $A=\{2, 9\}$ 또는 $A=\{3, 6\}$
집합 B는 조건 ㈐에 의하여 집합 U의 원소 중에서 집합 A에 포함되지 않은 4개의 원소를 반드시 포함하는 집합이므로 집합 B의 개수는 $2^{6-4}=2^2=4$이다.
이때 집합 A가 될 수 있는 각각의 경우에 대하여 집합 B가 4개씩 존재하므로 순서쌍 (A, B)의 개수는
$3\times4=12$

(ii) $n(A)=4$인 경우
㉠에 의하여
$A=\{1, 2, 9, 18\}$ 또는 $A=\{1, 3, 6, 18\}$ 또는 $A=\{2, 3, 6, 9\}$
집합 B는 조건 ㈐에 의하여 집합 U의 원소 중에서 집합 A에 포함되지 않은 2개의 원소를 반드시 포함하는 집합이므로 집합 B의 개수는 $2^{6-2}=2^4=16$이다.
이때 집합 A가 될 수 있는 각각의 경우에 대하여 집합 B가 16개씩 존재하므로 순서쌍 (A, B)의 개수는
$3\times16=48$

(iii) $n(A)=6$인 경우
$A=U=\{1, 2, 3, 6, 9, 18\}$이므로 집합 B는 공집합이 아닌 집합 U의 부분집합이다.
따라서 집합 B의 개수는 $2^6-1=63$이므로 순서쌍 (A, B)의 개수는 63이다.

(i), (ii), (iii)에서 순서쌍 (A, B)의 개수는
$12+48+63=123$ 답 123

12 $X\cap A\neq\varnothing$, $X\cap B\neq\varnothing$이므로 집합 X는 두 집합 A, B의 원소를 각각 적어도 한 개 포함한다.
이때 $A\cap B=\{2\}$이므로 다음과 같이 경우를 나누어 생각할 수 있다.

(i) $2\in X$인 경우
집합 X의 개수는 집합 $\{1, 3, 4, 5\}$의 부분집합의 개수와 같으므로
$2^4=16$

(ii) $2\notin X$인 경우
집합 X는 $\{1, 3\}$, $\{1, 4\}$, $\{1, 3, 4\}$, $\{1, 3, 5\}$, $\{1, 4, 5\}$, $\{1, 3, 4, 5\}$의 6개이다.

(i), (ii)에서 구하는 집합 X의 개수는
$16+6=22$ 답 22

• 다른 풀이 •
전체집합 U의 부분집합 중 $X\cap A\neq\varnothing$, $X\cap B\neq\varnothing$을 만족시키는 집합 X의 개수는 전체집합 U의 부분집합의 개수에서 $X\cap A=\varnothing$ 또는 $X\cap B=\varnothing$을 만족시키는 집합 X의 개수를 빼면 된다.
전체집합 U의 부분집합의 개수는
$2^5=32$
$X\cap A=\varnothing$ 또는 $X\cap B=\varnothing$을 만족시키는 집합 X의 개수는 다음과 같다.

(i) $X\cap A=\varnothing$인 집합 X의 개수는 집합 $\{3, 4, 5\}$의 부분집합의 개수와 같으므로
$2^3=8$

(ii) $X\cap B=\varnothing$인 집합 X의 개수는 집합 $\{1, 5\}$의 부분집합의 개수와 같으므로
$2^2=4$

(iii) (i), (ii)를 동시에 만족시키는 집합 X는
$\varnothing$ 또는 $\{5\}$의 2개

(i), (ii), (iii)에서 $X\cap A=\varnothing$ 또는 $X\cap B=\varnothing$인 집합 X의 개수는
$8+4-2=10$
따라서 구하는 집합 X의 개수는
$32-10=22$

13 집합 $A=\left\{\frac{1}{2}, \frac{1}{2^2}, \frac{1}{2^3}, \cdots, \frac{1}{2^{10}}\right\}$의 부분집합 중에서

(i) 최소 원소가 $\frac{1}{2^{10}}$인 경우, 즉 원소 $\frac{1}{2^{10}}$을 반드시 포함하는 부분집합의 개수는
$2^{10-1}=2^9$

(ii) 최소 원소가 $\frac{1}{2^9}$인 경우, 즉 원소 $\frac{1}{2^9}$은 반드시 포함하고, 원소 $\frac{1}{2^{10}}$은 포함하지 않는 부분집합의 개수는
$2^{10-1-1}=2^8$

(iii) 최소 원소가 $\frac{1}{2^8}$인 경우, 즉 원소 $\frac{1}{2^8}$은 반드시 포함하고, 두 원소 $\frac{1}{2^{10}}$, $\frac{1}{2^9}$은 포함하지 않는 부분집합의 개수는

$2^{10-1-2}=2^7$

⋮

따라서 각 부분집합의 최소 원소들의 합은

$\frac{1}{2^{10}}\times 2^9+\frac{1}{2^9}\times 2^8+\frac{1}{2^8}\times 2^7+\cdots+\frac{1}{2}\times 1$

$=\frac{1}{2}+\frac{1}{2}+\frac{1}{2}+\cdots+\frac{1}{2}=10\times\frac{1}{2}=5$ 답 5

14 $A=\{1, 2, 3, 4\}$, $B=\{3, 4, 5, 6, 7\}$에서

$A\cap B=\{3, 4\}$이므로 조건 (나)에 의하여

$\{3, 4\}\subset(X\cup Y)$이므로 집합 A의 부분집합 중에서 집합 X를 택하고 집합 B의 부분집합 중에서 집합 Y를 택하는 경우에서 집합 $X\cup Y$가 두 원소 3, 4를 포함하지 않는 경우를 제외하면 된다.

이때 조건 (가)에서 집합 X는 집합 A의 부분집합이므로 집합 X의 개수는 2^4이고, 집합 Y는 집합 B의 부분집합이므로 집합 Y의 개수는 2^5이다.

즉, 두 집합 X, Y의 순서쌍 (X, Y)의 개수는

$2^4\times 2^5=2^9=512$

한편, 집합 $X\cup Y$가 3을 원소로 갖지 않으려면 두 집합 X, Y가 모두 3을 원소로 갖지 않아야 하므로 그 경우의 수는 두 집합 A, B의 부분집합 중에서 3을 원소로 갖지 않는 부분집합의 개수의 곱과 같다. 즉,

$2^3\times 2^4=2^7=128$

같은 방법으로 집합 $X\cup Y$가 4를 원소로 갖지 않는 경우의 수는 128

또한, 집합 $X\cup Y$가 두 원소 3, 4를 모두 원소로 갖지 않으려면 두 집합 X, Y가 모두 3, 4를 원소로 갖지 않아야 하므로 그 경우의 수는

$2^2\times 2^3=2^5=32$

따라서 조건을 만족시키는 순서쌍의 개수는

$512-2\times 128+32=288$ 답 288

• 다른 풀이 •

$A\cap B=\{3, 4\}$이므로 조건 (나)에서 $\{3, 4\}\subset(X\cup Y)$

즉, 3, 4는 집합 $X\cup Y$의 원소이므로 각각 세 집합 $X-Y$, $X\cap Y$, $Y-X$ 중에서 어느 한 집합에 속해야 한다. 이때 그 경우의 수는 $3\times 3=9$

한편, 조건 (가)에서 $X\subset A$, $Y\subset B$이므로 1, 2는 각각 두 집합 X, $A-X$ 중에서 어느 한 집합에 속해야 하고, 5, 6, 7은 각각 두 집합 Y, $B-Y$ 중에서 어느 한 집합에 속해야 한다.

이때 그 경우의 수는 $(2\times 2)\times(2\times 2\times 2)=32$

따라서 구하는 순서쌍의 개수는

$9\times 32=288$

15 $n(A)=20\le n(B)$이므로

$f(A)=2^{20}$, $f(B)=2^x\ (x\ge 20)$이라 하면

$f(A)+f(B)=f(A\cup B)$에서

$2^{20}+2^x=2^{n(A\cup B)}$, $2^{20}(1+2^{x-20})=2^{n(A\cup B)}$

이때 $1+2^{x-20}$의 값이 2의 거듭제곱의 꼴이 되려면

$2^{x-20}=1=2^0$에서 $x-20=0$ $\quad\therefore x=20$

이때 $2^{n(A\cup B)}=2^{20}(1+1)=2^{20}\times 2^1=2^{21}$이므로

$n(A\cup B)=21$

따라서

$n(A\cap B)=n(A)+n(B)-n(A\cup B)$

$=20+20-21=19$

이므로 $f(A\cap B)=2^{19}$

$\therefore a=19$ 답 ⑤

16 $A=\{1, 2, 3, 4, 5, 6\}$, $B=\{1, 2, 4, 8, 16\}$이므로

$A-B=\{3, 5, 6\}$

즉, 집합 $A-B$의 공집합이 아닌 부분집합이 집합 B와 서로소인 집합이다.

이때 집합 $A-B$의 부분집합 중에서 3을 원소로 갖는 집합의 개수는 $2^{3-1}=2^2=4$

같은 방법으로 5와 6을 각각 원소로 갖는 집합도 4개씩이므로

$S(X_1)+S(X_2)+S(X_3)+\cdots+S(X_n)$

$=3\times 4+5\times 4+6\times 4=56$ 답 ④

17 두 집합 A, B가 서로소이므로 집합 $A\cup B$의 모든 원소의 합은 두 집합 A, B의 원소를 모두 더한 것과 같다.

이때 $f(A\cup B)=20$이므로

$a+b+c+d+(a+k)+(b+k)+(c+k)+(d+k)$

$=20$

$2(a+b+c+d+2k)=20$

$a+b+c+d+2k=10$

$\therefore a+b+c+d=10-2k$

이때

$f(A)=a+b+c+d=10-2k$,

$f(B)=a+b+c+d+4k=10+2k$

이므로

$f(A)f(B)=(10-2k)(10+2k)$

$=100-4k^2$

이 수가 어떤 정수의 제곱이 되어야 하므로 $100-4k^2$이 될 수 있는 것은

0^2, 1^2, 2^2, $\cdots$, 10^2

정수 k가 최대가 되면 $100-4k^2$은 최소가 되므로

$100-4k^2=0$에서 $k^2=25$ $\quad\therefore k=\pm 5$

따라서 구하는 정수 k의 최댓값은 5이다. 답 5

18 (i) $A\cap B=\varnothing$일 때,

$S(A\cup B)=S(A)+S(B)$
$=(a+a+2+a+4)+(b+b+3)$
$=3a+6+2b+3=3a+2b+9$

이때 $S(A\cup B)=17$이므로

$3a+2b+9=17 \quad \therefore 3a+2b=8$

위의 식을 만족시키는 자연수 a, b는 $a=2$, $b=1$

즉, $A=\{2, 4, 6\}$, $B=\{1, 4\}$에서 $A\cap B=\{4\}$이므로 조건을 만족시키지 않는다.

(ii) $A\cap B=\{b\}$일 때,

$S(A\cup B)=S(A)+S(B)-S(A\cap B)$
$=(3a+6)+(2b+3)-b$
$=3a+b+9$

이때 $S(A\cup B)=17$이므로

$3a+b+9=17 \quad \therefore 3a+b=8$ ……㉠

① $b=a$인 경우

㉠에서 $3a+a=8$, $4a=8 \quad \therefore a=2$, $b=2$

즉, $A=\{2, 4, 6\}$, $B=\{2, 5\}$이므로 조건을 만족시킨다.

② $b=a+2$인 경우

㉠에서 $3a+(a+2)=8$, $4a=6 \quad \therefore a=\frac{3}{2}$

이때 a는 자연수라는 조건을 만족시키지 않는다.

③ $b=a+4$인 경우

㉠에서 $3a+(a+4)=8$, $4a=4 \quad \therefore a=1$, $b=5$

즉, $A=\{1, 3, 5\}$, $B=\{5, 8\}$이므로 조건을 만족시킨다.

(iii) $A\cap B=\{b+3\}$일 때,

$S(A\cup B)=S(A)+S(B)-S(A\cap B)$
$=(3a+6)+(2b+3)-(b+3)$
$=3a+b+6$

이때 $S(A\cup B)=17$이므로

$3a+b+6=17 \quad \therefore 3a+b=11$ ……㉡

① $b+3=a$인 경우

㉡에서 $3(b+3)+b=11$, $4b=2 \quad \therefore b=\frac{1}{2}$

이때 b는 자연수라는 조건을 만족시키지 않는다.

② $b+3=a+2$인 경우

$b=a-1$을 ㉡에 대입하면

$3a+(a-1)=11$, $4a=12 \quad \therefore a=3$, $b=2$

즉, $A=\{3, 5, 7\}$, $B=\{2, 5\}$이므로 조건을 만족시킨다.

③ $b+3=a+4$인 경우

$b=a+1$을 ㉡에 대입하면

$3a+(a+1)=11$, $4a=10 \quad \therefore a=\frac{5}{2}$

이때 a는 자연수라는 조건을 만족시키지 않는다.

(i), (ii), (iii)에서 구하는 순서쌍 (A, B)의 개수는 3이다.

답 ③

BLACKLABEL 특강 참고

a, b가 자연수임을 이용하여 조건을 만족시키는 순서쌍 (A, B)의 개수를 구할 수도 있다.

㉠을 만족시키는 두 자연수 a, b의 순서쌍 (a, b)는
$(1, 5)$ 또는 $(2, 2)$
$a=1$, $b=5$이면 $A=\{1, 3, 5\}$, $B=\{5, 8\}$
$a=2$, $b=2$이면 $A=\{2, 4, 6\}$, $B=\{2, 5\}$
㉡을 만족시키는 두 자연수 a, b의 순서쌍 (a, b)는
$(1, 8)$ 또는 $(2, 5)$ 또는 $(3, 2)$
$a=1$, $b=8$이면 $A=\{1, 3, 5\}$, $B=\{8, 11\}$
$a=2$, $b=5$이면 $A=\{2, 4, 6\}$, $B=\{5, 8\}$
$a=3$, $b=2$이면 $A=\{3, 5, 7\}$, $B=\{2, 5\}$
이 중에서 교집합의 원소가 한 개이고, $S(A\cup B)=17$을 만족시키는 경우는
$a=1$, $b=5$ 또는 $a=2$, $b=2$ 또는 $a=3$, $b=2$
따라서 구하는 순서쌍 (A, B)의 개수는 3이다.

19 주어진 조건에 의하여 집합 A_n의 원소의 개수는 7이고, 가장 작은 원소는 n이므로

$A_n=\{n, n+2, n+4, n+6, n+8, n+10, n+12\}$

이때 집합 A_n의 모든 원소의 합은

$n+n+2+n+4+n+6+n+8+n+10+n+12$
$=7n+42=7(n+6)$ ……㉠

집합 A_n의 모든 원소의 합이 35의 배수가 되려면

$7(n+6)=35k$ (k는 자연수)

$n+6=5k \quad \therefore n=5k-6$ ……㉡

그런데 $k=1$이면 $n=5-6=-1$에서 n은 자연수가 아니므로 $k\geq 2$

따라서 B_{20}은 $k=21$일 때, 즉 $n=5\times 21-6=99$ ($\because$ ㉡) 일 때이므로 집합 B_{20}, 즉 A_{99}의 모든 원소의 합은

$7\times(99+6)=735$ ($\because$ ㉠)

답 735

• 다른 풀이 •

$n(A_n)=7$이므로 A_n의 원소를 작은 수부터 차례대로 나열할 때 가운데 수를 x라 하면

$A_n=\{x-6, x-4, x-2, x, x+2, x+4, x+6\}$

이때 집합 A_n의 모든 원소의 합은

$x-6+x-4+x-2+x+x+2+x+4+x+6$
$=7x$

집합 A_n의 모든 원소의 합이 7의 배수이므로 집합 A_n의 모든 원소의 합이 35의 배수이려면 집합 A_n의 모든 원소의 합이 5의 배수이면 된다.

즉, x가 5의 배수이면 된다.

한편, $A_1=\{1, 3, 5, 7, 9, 11, 13\}$에서 $x\geq 7$이므로 B_1은 $x=10$일 때이다.

따라서 집합 B_{20}은 $x=10+5\times 19=105$일 때이므로 집합 B_{20}의 모든 원소의 합은 $7\times 105=735$이다.

20 $\{(A-B)\cup(A\cap B)\}\cap\{(A-B)^C\cap(A\cup B)\}$
$=\{(A\cap B^C)\cup(A\cap B)\}\cap\{(A\cap B^C)^C\cap(A\cup B)\}$
$=\{A\cap(B^C\cup B)\}\cap\{(A^C\cup B)\cap(A\cup B)\}$

$=(A\cap U)\cap\{(A^C\cap A)\cup B\}$
$=A\cap(\varnothing\cup B)=A\cap B$
즉, $A\cap B=A$이므로 $A\subset B$
① $A\cap B=A$
② $B^C\subset A^C$
③ $A-B=\varnothing$
④ $A\cap(A\cup B)=A\cap B=A$
⑤ $A\cup(A^C\cap B^C)=(A\cup A^C)\cap(A\cup B^C)$
$=U\cap(A\cup B^C)=A\cup B^C$
따라서 옳은 것은 ③이다. 답 ③

21 $A\cap B=\{3\}$에서 $3\in B$이므로
$a^2-2a=3$, $a^2-2a-3=0$
$(a+1)(a-3)=0$ $\therefore a=-1$ 또는 $a=3$
(i) $a=-1$일 때,
$A=\{-3, 3, 5\}$, $B=\{2, 3\}$
그런데 집합 A의 원소 -3은 자연수가 아니므로 모순이다.
(ii) $a=3$일 때,
$A=\{1, 3, 5\}$, $B=\{2, 3\}$
(i), (ii)에서 $A=\{1, 3, 5\}$, $B=\{2, 3\}$이므로
$(A^C\cup B)^C\cup(A^C\cup B^C)^C=(A\cap B^C)\cup(A\cap B)$
$=A\cap(B^C\cup B)$
$=A\cap U=A$
$=\{1, 3, 5\}$
따라서 구하는 모든 원소의 합은
$1+3+5=9$ 답 9

단계	채점 기준	배점
㈎	$A\cap B=\{3\}$에서 $3\in B$임을 이용하여 a의 값을 구한 경우	20%
㈏	조건에 맞는 a의 값을 구한 후, 두 집합 A, B를 구한 경우	40%
㈐	$(A^C\cup B)^C\cup(A^C\cup B^C)^C$을 간단히 하여 이 집합의 모든 원소의 합을 구한 경우	40%

22 조건 ㈏에서
$\{(A\cup B)\cap(B-A)^C\}\cup B$
$=\{(A\cup B)\cap(B\cap A^C)^C\}\cup B$
$=\{(A\cup B)\cap(B^C\cup A)\}\cup B$
$=\{A\cup(B\cap B^C)\}\cup B$
$=(A\cup\varnothing)\cup B$
$=A\cup B$
이므로 $A\cup B\neq A$ $\therefore B\not\subset A$
또한, 조건 ㈎에 의하여 $A\not\subset B$
한편, $\{f(x)+g(x)\}^3=\{f(x)\}^3+\{g(x)\}^3$에서
$\{f(x)\}^3+\{g(x)\}^3+3f(x)g(x)\{f(x)+g(x)\}$
$=\{f(x)\}^3+\{g(x)\}^3$
$3f(x)g(x)\{f(x)+g(x)\}=0$
$\therefore f(x)=0$ 또는 $g(x)=0$ 또는 $f(x)+g(x)=0$
즉, $C=\{x\,|\,f(x)=0$ 또는 $g(x)=0$
또는 $f(x)+g(x)=0\}$
이므로 $n(C)$가 최소이려면 두 방정식 $f(x)=0$, $g(x)=0$의 공통근의 개수가 최대이어야 한다.
그런데 $B\not\subset A$, $A\not\subset B$이므로 조건 ㈎에서 두 방정식 $f(x)=0$, $g(x)=0$의 공통근의 개수의 최댓값은 3이다.
따라서 $n(C)$의 최솟값은
$5+4-3=6$ 답 6

BLACKLABEL 특강 풀이 첨삭

두 방정식 $f(x)=0$, $g(x)=0$의 근의 개수가 각각 5, 4이고, $n(C)$가 최소이려면 공통근이 3개이어야 하므로 서로 다른 세 공통근을 a, b, c라 하면
$f(x)=(x-a)(x-b)(x-c)(x-d)(x-e)f_1(x)$,
$g(x)=(x-a)(x-b)(x-c)(x-f)g_1(x)$
이고, 두 방정식 $f_1(x)=0$, $g_1(x)=0$의 근은 각각 방정식 $f(x)=0$, $g(x)=0$의 근과 같거나 존재하지 않는다.
이때
$f(x)+g(x)$
$=(x-a)(x-b)(x-c)\{(x-d)(x-e)f_1(x)+(x-f)g_1(x)\}$
이므로 방정식 $f(x)+g(x)=0$은 공통근 a, b, c를 근으로 갖는다.
즉, $n(C)$가 최소일 때는 방정식
$(x-d)(x-e)f_1(x)+(x-f)g_1(x)=0$이 a, b, c를 근으로 갖거나 근을 갖지 않을 때이고, 방정식 $f(x)+g(x)=0$의 근은 방정식 $f(x)=0$의 근과 중복되므로 $n(C)$의 최솟값은 두 방정식 $f(x)=0$, $g(x)=0$의 근의 개수의 합에서 공통근의 개수를 빼면 된다.

23 $(A\cap B^C)\cup(A^C\cap B)=(A-B)\cup(B-A)$
이므로 집합 $C=(A\cap B^C)\cup(A^C\cap B)$를 벤다이어그램으로 나타내면 다음 그림의 어두운 부분과 같다.

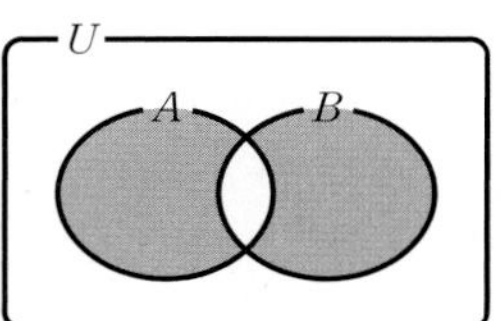

이때 집합 $A\cap B$는 집합 $A-C$와 같으므로
$1000=2^3\times5^3$의 약수 중에서 2의 배수가 아닌 수의 집합이다.
$\therefore A\cap B=\{1, 5^1, 5^2, 5^3\}$
즉, $n(A\cap B)=4$이고, $n(C)=500$이므로
$n(A\cup B)=n(C)+n(A\cap B)$
$=500+4=504$
$\therefore n(A^C\cap B^C)=n((A\cup B)^C)$
$=n(U)-n(A\cup B)$
$=1000-504=496$ 답 496

24 ㄱ. $A_n\cap B=\{3, 5\}$이므로 n은 3, 5의 공배수이면서 2, 9, 10의 배수가 아니어야 한다.
즉, 조건을 만족시키는 n의 값은 15, 75이다. (거짓)
ㄴ. $A_n\cap B=\{2, 3, 9\}$이므로 n은 2, 3, 9의 공배수이면

서 5, 10의 배수가 아니어야 한다.
즉, 조건을 만족시키는 n의 최솟값은 18이다. (참)

ㄷ. $n(A_n \cap B)=4$를 만족시키는 경우는 다음과 같다.

(i) $A_n \cap B=\{2, 3, 5, 9\}$일 때,
n은 2, 3, 5, 9의 공배수이면서 10의 배수가 아니어야 한다.
이때 2, 3, 5, 9의 공배수인 100 이하의 자연수는 90뿐이므로 10의 배수가 아니라는 조건을 만족시키지 않는다.

(ii) $A_n \cap B=\{2, 3, 5, 10\}$일 때,
n은 2, 3, 5, 10의 공배수이면서 9의 배수가 아니어야 한다.
이때 2, 3, 5, 10의 공배수인 100 이하의 자연수는 30, 60, 90이고, 이 중 9의 배수인 90을 제외하면 조건을 만족시키는 자연수 n은 30, 60의 2개이다.

(iii) $A_n \cap B=\{2, 3, 9, 10\}$일 때,
n은 2, 3, 9, 10의 공배수이면서 5의 배수가 아니어야 한다.
이때 2, 3, 9, 10의 공배수인 100 이하의 자연수는 90뿐이므로 5의 배수가 아니라는 조건을 만족시키지 않는다.

(iv) $A_n \cap B=\{2, 5, 9, 10\}$일 때,
n은 2, 5, 9, 10의 공배수이면서 3의 배수가 아니어야 한다.
이때 2, 5, 9, 10의 공배수인 100 이하의 자연수는 90뿐이므로 3의 배수가 아니라는 조건을 만족시키지 않는다.

(v) $A_n \cap B=\{3, 5, 9, 10\}$일 때,
n은 3, 5, 9, 10의 공배수이면서 2의 배수가 아니어야 한다.
이때 3, 5, 9, 10의 공배수인 100 이하의 자연수는 90뿐이므로 2의 배수가 아니라는 조건을 만족시키지 않는다.

(i)~(v)에서 조건을 만족시키는 n의 개수는 2이다. (참)

따라서 옳은 것은 ㄴ, ㄷ이다. 답 ⑤

25 $A_n=\{x \mid x$는 n의 양의 약수$\}$이므로 $n(A_n)=4$, 즉 n의 양의 약수의 개수가 4이려면
$n=a^3$ (a는 소수) 꼴 또는 $n=ab$ (a, b는 서로 다른 소수) 꼴이고, 이때의 집합 A_n은
$A_{a^3}=\{1, a, a^2, a^3\}$ 또는 $A_{ab}=\{1, a, b, ab\}$
집합 A_n을 n의 값이 작은 순서대로 나열하면
$A_6=\{1, 2, 3, 6\}$, $A_8=\{1, 2, 4, 8\}$, $A_{10}=\{1, 2, 5, 10\}$, $A_{14}=\{1, 2, 7, 14\}$, $A_{15}=\{1, 3, 5, 15\}$, $A_{21}=\{1, 3, 7, 21\}$, $\cdots$
한편, 집합 $A_q \cap A_r$의 모든 원소의 합이 최소이려면 $A_q \cap A_r=\{1\}$이어야 하므로 q와 r는 서로소이어야 한다.
이때 집합 $A_p \cup A_q \cup A_r$의 모든 원소의 합이 최소이려면 두 집합 A_q, A_r는 두 집합 A_8, A_{15} 중에서 각각 하나이고, 집합 A_p는 집합 A_6이어야 한다.
따라서 $A_6 \cup A_8 \cup A_{15}=\{1, 2, 3, 4, 5, 6, 8, 15\}$이므로 집합 $A_p \cup A_q \cup A_r$의 모든 원소의 합의 최솟값은
$1+2+3+4+5+6+8+15=44$ 답 ⑤

26 조건 (가)에서 집합 $A_6 \cap A_9$는 6과 9의 공배수, 즉 18의 배수의 집합이므로 $A_{18} \subset A_k$이다.
즉, k는 18의 약수이다.
조건 (나)에서 집합 $B_{2k} \cap B_{3k}$는 $2k$와 $3k$의 공약수, 즉 k의 약수의 집합이므로 $n(B_k) \geq 4$이다.
즉, k는 약수의 개수가 4 이상이어야 한다.
이때 18의 약수는 1, 2, 3, 6, 9, 18이므로 다음과 같이 경우를 나눌 수 있다.

(i) $k=1, 2, 3$일 때,
1, 2, 3의 약수의 개수가 4보다 작으므로 조건 (나)를 만족시키지 않는다.

(ii) $k=6$일 때,
$6=2\times3$의 약수의 개수는 $(1+1)\times(1+1)=4$이므로 조건 (나)를 만족시킨다.

(iii) $k=9$일 때,
$9=3^2$의 약수의 개수는 $2+1=3$이므로 조건 (나)를 만족시키지 않는다.

(iv) $k=18$일 때,
$18=2\times3^2$의 약수의 개수는 $(1+1)\times(2+1)=6$이므로 조건 (나)를 만족시킨다.

(i)~(iv)에서 구하는 모든 자연수 k의 값의 합은
$6+18=24$ 답 24

BLACKLABEL 특강 참고

두 집합 B_{2k}, B_{3k}를 직접 구하여 조건을 만족시키는 자연수 k의 값을 구할 수도 있다.

(i) $k=1, 2$일 때,
$n(B_{2k})<4$이므로 조건 (나)를 만족시키지 않는다.

(ii) $k=3$일 때,
$B_6=\{1, 2, 3, 6\}$, $B_9=\{1, 3, 9\}$이므로
$B_6 \cap B_9=\{1, 3\}$
즉, $n(B_6 \cap B_9)=2$이므로 조건 (나)를 만족시키지 않는다.

(iii) $k=6$일 때,
$B_{12}=\{1, 2, 3, 4, 6, 12\}$, $B_{18}=\{1, 2, 3, 6, 9, 18\}$이므로
$B_{12} \cap B_{18}=\{1, 2, 3, 6\}$
즉, $n(B_{12} \cap B_{18})=4$이므로 조건 (나)를 만족시킨다.

(iv) $k=9$일 때,
$B_{18}=\{1, 2, 3, 6, 9, 18\}$, $B_{27}=\{1, 3, 9, 27\}$이므로
$B_{18} \cap B_{27}=\{1, 3, 9\}$
즉, $n(B_{18} \cap B_{27})=3$이므로 조건 (나)를 만족시키지 않는다.

(v) $k=18$일 때,
$B_{36}=\{1, 2, 3, 4, 6, 9, 12, 18, 36\}$,
$B_{54}=\{1, 2, 3, 6, 9, 18, 27, 54\}$이므로
$B_{36} \cap B_{54}=\{1, 2, 3, 6, 9, 18\}$
즉, $n(B_{36} \cap B_{54})=6$이므로 조건 (나)를 만족시킨다.

(i)~(v)에서 조건을 만족시키는 자연수 k는 6, 18이다.

27 집합 $A_n \cap A_4$는 n과 4의 공배수의 집합이고 $(A_n \cap A_4) \subset A_{2n}$에서 $2n$은 n과 4의 최소공배수의 약수이어야 한다.
$n=4k$ (k는 자연수)일 때, n과 4의 최소공배수는 $4k$이고, $2n$은 $8k$이므로 $4k$의 약수가 아니다.
즉, $n \neq 4k$ (k는 자연수)이어야 한다. *
또한, $100 \notin (A_4 - A_n)$에서 $100 \in A_4$이므로 $100 \in A_n$이어야 한다.
즉, n은 100의 약수이어야 한다.
100의 약수 중에서 4의 배수가 아닌 수는 1, 2, 5, 10, 25, 50이므로 구하는 자연수 n의 개수는 6이다. 답 6

BLACKLABEL 특강 풀이 첨삭 *

(i) $n=4k-1$ (k는 자연수)일 때,
n과 4의 최소공배수는 $4(4k-1)$이고, $2n=2(4k-1)$이므로 $2n$은 n과 4의 최소공배수의 약수이다.
(ii) $n=4k-2$ (k는 자연수)일 때,
n과 4의 최소공배수는 $2(4k-2)=4(2k-1)$이고,
$2n=2(4k-2)=4(2k-1)$이므로 $2n$은 n과 4의 최소공배수의 약수이다.
(iii) $n=4k-3$ (k는 자연수)일 때,
n과 4의 최소공배수는 $4(4k-3)$이고, $2n=2(4k-3)$이므로 $2n$은 n과 4의 최소공배수의 약수이다.
(i), (ii), (iii)에서 $n \neq 4k$ (k는 자연수)일 때 $(A_n \cap A_4) \subset A_{2n}$을 만족시킨다.

28 ㄱ. $A \circ \varnothing = (A \cap \varnothing^C) \cup (A^C \cap \varnothing)$
$= (A \cap U) \cup \varnothing$
$= A \cup \varnothing$
$= A$ (거짓)
ㄴ. $A \circ A = (A \cap A^C) \cup (A^C \cap A)$
$= \varnothing \cup \varnothing = \varnothing$
이므로
$(A \circ A) \circ A = \varnothing \circ A$
$= (\varnothing \cap A^C) \cup (\varnothing^C \cap A)$
$= \varnothing \cup (U \cap A)$
$= \varnothing \cup A$
$= A$ (참)
ㄷ. $(A \circ B) \cap C = \{(A \cap B^C) \cup (A^C \cap B)\} \cap C$
$= (A \cap B^C \cap C) \cup (A^C \cap B \cap C)$
$(A \cap C) \circ (B \cap C)$
$= \{(A \cap C) \cap (B \cap C)^C\} \cup \{(A \cap C)^C \cap (B \cap C)\}$
$= \{(A \cap C) \cap (B^C \cup C^C)\} \cup \{(A^C \cup C^C) \cap (B \cap C)\}$
$= \{(A \cap C \cap B^C) \cup (A \cap C \cap C^C)\} \cup \{(A^C \cap B \cap C) \cup (C^C \cap B \cap C)\}$
$= (A \cap B^C \cap C) \cup \varnothing \cup (A^C \cap B \cap C) \cup \varnothing$
$= (A \cap B^C \cap C) \cup (A^C \cap B \cap C)$
$\therefore (A \circ B) \cap C = (A \cap C) \circ (B \cap C)$ (참)
따라서 옳은 것은 ㄴ, ㄷ이다. 답 ④

29 $(A \cup B) - (A \cap B)$
$= (A \cup B) \cap (A \cap B)^C$
$= (A \cup B) \cap (A^C \cup B^C)$
$= \{(A \cup B) \cap A^C\} \cup \{(A \cup B) \cap B^C\}$
$= (A \cap A^C) \cup (B \cap A^C) \cup (A \cap B^C) \cup (B \cap B^C)$
$= \varnothing \cup (B \cap A^C) \cup (A \cap B^C) \cup \varnothing$
$= (A - B) \cup (B - A)$
즉, $(A-B) \cup (B-A) = A - B$이므로 $B - A = \varnothing$
ㄱ. 주어진 식에서 집합 B가 공집합인지 아닌지 알 수 없다. (거짓)
ㄴ. $B - A = \varnothing$에서 $B \subset A$이므로
$A \cup B = A$ (거짓)
ㄷ. $B - A = \varnothing$에서 $B \cap A^C = \varnothing$이므로
$(B \cap A^C)^C = \varnothing^C = U$
$\therefore A \cup B^C = U$ (참)
따라서 옳은 것은 ㄷ뿐이다. 답 ②

30 부등식 $x+a-3>0$, 즉 $x>3-a$가 모든 양수 x에 대하여 성립해야 하므로 $3-a \leq 0$이어야 한다.
$\therefore A = \{a \mid a \geq 3\}$
또한, 이차부등식 $x^2+ax+a>0$이 모든 실수 x에 대하여 성립하려면 이차방정식 $x^2+ax+a=0$이 서로 다른 두 허근을 가져야 하므로 판별식을 D라 하면
$D = a^2 - 4a < 0$, $a(a-4) < 0$
$\therefore 0 < a < 4$
즉, $B = \{a \mid 0 < a < 4\}$
$\therefore (A \cup B) - (A \cap B) = \{a \mid 0 < a < 3$ 또는 $a \geq 4\}$
답 ①

31 $A \star B = (A \cup B) \cap (A \cap B)^C$이므로 $A \star B$는 두 집합 A, B의 대칭차집합과 같다.
즉, 연산 ★는 교환법칙과 결합법칙이 성립하고,
$A \star A = \varnothing$, $\varnothing \star \varnothing = \varnothing$, $A \star \varnothing = A$를 만족시킨다.
이때
$X_6 = A \star B \star C \star A \star B \star C$
$= (A \star A) \star (B \star B) \star (C \star C)$
$= \varnothing \star \varnothing \star \varnothing = \varnothing$
이므로 $X_7 = X_6 \star A = \varnothing \star A = A$이고, 자연수 k에 대하여 $X_{6k} = \varnothing$이다.
따라서 $X_{6k+1} = A$이므로 $X_n = A$를 만족시키는
$2 \leq n \leq 30$인 자연수 n의 값은 7, 13, 19, 25이고, 그 합은
$7+13+19+25=64$ 답 64

• 다른 풀이 •

자연수 n에 대하여 집합 X_n을 벤다이어그램으로 나타내면 다음 그림과 같다.

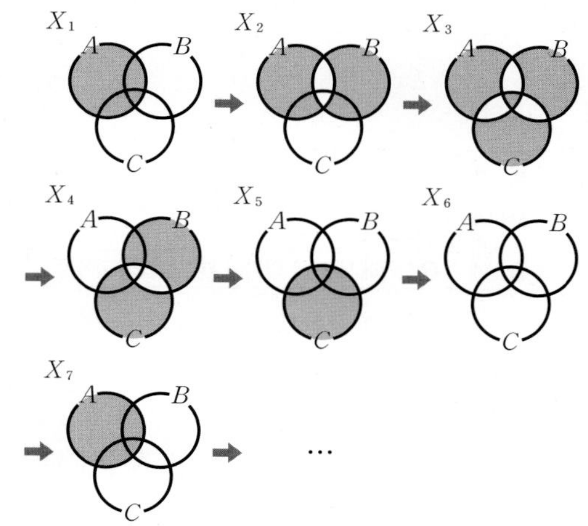

즉, $X_1=X_7$에서 자연수 k에 대하여 $X_k=X_{k+6}$이므로 $X_n=A$를 만족시키는 $2\le n\le 30$인 자연수 n의 값은

7, 13, 19, 25

따라서 자연수 n의 값의 합은

$7+13+19+25=64$

32 세 편의 영화 A, B, C를 관람한 사원들의 집합을 각각 A, B, C라 하면

$n(A)=27$, $n(B)=18$, $n(C)=22$, $n(A\cap B\cap C)=8$

이 회사의 모든 사원들이 적어도 한 편의 영화를 관람하였으므로

$n(A\cup B\cup C)=50$

이때 한 편의 영화만 관람한 사원들의 집합을 벤다이어그램에 나타내면 오른쪽 그림과 같다.

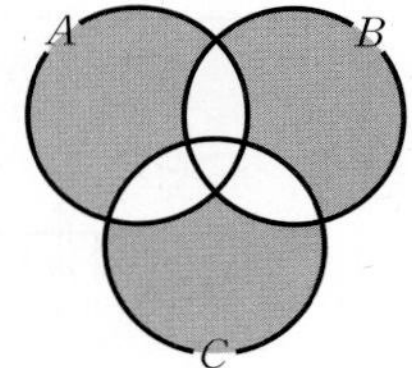

즉, 한 편의 영화만 관람한 사원의 수는

$n(A\cup B\cup C)-\{n(A\cap B)+n(B\cap C)+n(C\cap A)\}+2\times n(A\cap B\cap C)$

그런데

$n(A\cup B\cup C)=n(A)+n(B)+n(C)-\{n(A\cap B)+n(B\cap C)+n(C\cap A)\}+n(A\cap B\cap C)$

이므로

$n(A\cap B)+n(B\cap C)+n(C\cap A)$

$=n(A)+n(B)+n(C)+n(A\cap B\cap C)-n(A\cup B\cup C)$

$=27+18+22+8-50$

$=25$

따라서 한 편의 영화만 관람한 사원의 수는

$50-25+2\times 8=41$ 답 41

• 다른 풀이 •

세 편의 영화 A, B, C를 관람한 사원들의 집합을 각각 A, B, C라 하고, 벤다이어그램의 각 영역에 속하는 원소의 개수를 오른쪽 그림과 같이 나타내면

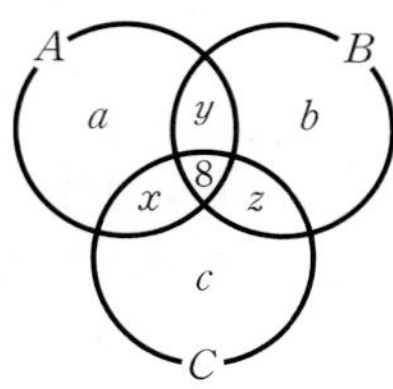

$n(A\cup B\cup C)=50$,

$n(A)=27$, $n(B)=18$, $n(C)=22$이므로

$a+b+c+x+y+z=50-8=42$ ······㉠

$a+x+y=27-8=19$ ······㉡

$b+y+z=18-8=10$ ······㉢

$c+x+z=22-8=14$ ······㉣

㉡+㉢+㉣−㉠을 하면 $x+y+z=1$ ······㉤

㉤을 ㉠에 대입하면

$a+b+c=41$

따라서 한 편의 영화만 관람한 사원의 수는 41이다.

33 $A^C=\{x\mid x=7n+2\}$

$=\{9, 16, 23, 30, 37, 44, \cdots\}$ ······㉠

이때 $7n+2\le 200$에서 $7n\le 198$ $\quad\therefore n\le 28.\times\times\times$

$\therefore n(A^C)=28$

$B^C=\{x\mid x=5n-1\}$

$=\{4, 9, 14, 19, 24, 29, 34, 39, 44, \cdots\}$ ······㉡

이때 $5n-1\le 200$에서 $5n\le 201$ $\quad\therefore n\le 40.\times\times\times$

$\therefore n(B^C)=40$

또한, ㉠, ㉡에서

$A^C\cap B^C=\{9, 44, 79, 114, 149, 184\}$*

$\therefore n(A^C\cap B^C)=6$

따라서 $A\cap B=(A^C\cup B^C)^C=U-(A^C\cup B^C)$이므로

$n(A\cap B)=n(U)-n(A^C\cup B^C)$

$=n(U)-\{n(A^C)+n(B^C)-n(A^C\cap B^C)\}$

$=200-(28+40-6)=138$ 답 138

BLACKLABEL 특강 풀이 첨삭 *

집합 A^C의 원소는 7씩 증가하고, 집합 B^C의 원소는 5씩 증가하므로 집합 $A^C\cap B^C$의 원소는 7과 5의 최소공배수인 35씩 증가한다.

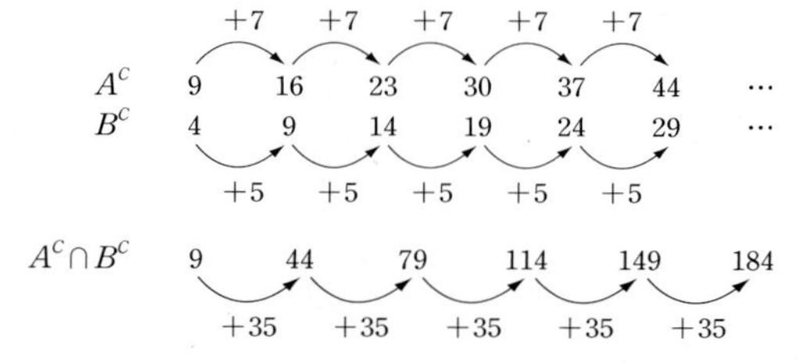

34 학생 전체의 집합을 U, 경상도, 전라도, 제주도를 선택한 학생의 집합을 각각 A, B, C라 하면

$n(U)=200$, $n(A)=80$, $n(B)=100$, $n(A^C\cap B^C)=40$,

$n(C-(A\cup B))=20$이고,

$n(A^C\cap B^C)=n((A\cup B)^C)=n(U)-n(A\cup B)$
$=200-n(A\cup B)=40$

$\therefore n(A\cup B)=200-40=160$

이때 경상도와 전라도를 모두 선택한 학생들의 집합은 $A\cap B$이므로 경상도와 전라도를 모두 선택한 학생의 수는

$a=n(A\cap B)=n(A)+n(B)-n(A\cup B)$
$=80+100-160=20$

한편, $n(C-(A\cup B))=20$에서

$n(C-(A\cup B))=n(A\cup B\cup C)-n(A\cup B)$
$=n(A\cup B\cup C)-160=20$

$\therefore n(A\cup B\cup C)=20+160=180$

이때 3개의 장소 중에서 어느 것도 선택하지 않은 학생들의 집합은 $(A\cup B\cup C)^C$이므로

$b=n((A\cup B\cup C)^C)=n(U)-n(A\cup B\cup C)$
$=200-180=20$

따라서 $a=20$, $b=20$이므로 $ab=400$ 답 400

35 학생 전체의 집합을 U, 국어, 영어, 수학을 합격한 학생의 집합을 각각 A, B, C라 하면

$n(U)=110$, $n(A)=92$, $n(B)=75$, $n(C)=63$

$n(A\cap B)=65$, $n(A\cap C)=54$, $n(B\cap C)=48$

$n(A\cap B\cap C)=x$라 하고 벤다이어그램의 각 영역에 속하는 원소의 개수를 오른쪽 그림과 같이 나타내면

$n(A\cap B)=65$에서

$b+x=65$ $\therefore b=65-x$

$n(A\cap C)=54$에서 $c+x=54$ $\therefore c=54-x$

$n(B\cap C)=48$에서 $e+x=48$ $\therefore e=48-x$

$n(A)=92$에서 $a+b+c+x=92$

$a+(65-x)+54=92$ $\therefore a=x-27$

$n(B)=75$에서 $b+e+f+x=75$

$(65-x)+48+f=75$ $\therefore f=x-38$

$n(C)=63$에서 $c+d+e+x=63$

$(54-x)+d+48=63$ $\therefore d=x-39$

이때 a, b, c, d, e, f가 모두 0 이상이어야 하므로

$x-27\geq 0$, $65-x\geq 0$, $54-x\geq 0$, $x-39\geq 0$,

$48-x\geq 0$, $x-38\geq 0$ $\therefore 39\leq x\leq 48$

따라서 세 과목 모두 합격한 학생 수의 최솟값은 39이다.

답 ④

BLACKLABEL 특강 참고

벤다이어그램의 각 영역에 속하는 원소의 개수를 이용하여 $39\leq x\leq 48$임을 구했지만 x의 최댓값은 48이 아니다. $x=48$이라 하고 벤다이어그램의 각 영역의 원소의 개수를 구하면 $a=21$, $b=17$, $c=6$, $d=9$, $e=0$, $f=10$이므로 $n(A\cup B\cup C)=111$이 되어 $n(U)=110$에 모순이다.
각 영역의 원소의 개수를 더하면 $n(A\cup B\cup C)=x+63$이고, $n(A\cup B\cup C)\leq 110$을 만족시켜야 하므로 $x+63\leq 110$에서 $x\leq 47$이다. 즉, x의 최댓값은 47이다.

STEP 3 1등급을 넘어서는 종합 사고력 문제 p. 16

01 32	02 ③	03 72	04 ②	05 21
06 75	07 94			

01 해결단계

❶ 단계	주어진 조건에 따라 집합 A_k $(k=1, 2, 3, 4)$를 구한다.
❷ 단계	집합들간의 관계를 파악하여 집합 $A_1\cap A_2\cap A_3\cap A_4$를 구한다.
❸ 단계	❷ 단계에서 구한 집합의 부분집합의 개수를 구한다.

$4kx-[4kx]=0$에서 $4kx=[4kx]=$(정수)이므로

$A_1=\{x\,|\,4x=[4x],\ 0\leq x\leq 1\}$
$=\{x\,|\,4x$는 정수, $0\leq x\leq 1\}$

이때 $0\leq 4x\leq 4$에서 $4x=0, 1, 2, 3, 4$이므로

$x=0, \frac{1}{4}, \frac{2}{4}, \frac{3}{4}, \frac{4}{4}$

$\therefore A_1=\left\{0, \frac{1}{4}, \frac{2}{4}, \frac{3}{4}, \frac{4}{4}\right\}$

같은 방법으로

$A_2=\left\{0, \frac{1}{8}, \frac{2}{8}, \frac{3}{8}, \cdots, \frac{8}{8}\right\}$,

$A_3=\left\{0, \frac{1}{12}, \frac{2}{12}, \frac{3}{12}, \cdots, \frac{12}{12}\right\}$,

$A_4=\left\{0, \frac{1}{16}, \frac{2}{16}, \frac{3}{16}, \cdots, \frac{16}{16}\right\}$

$\therefore A_1\cap A_2\cap A_3\cap A_4=A_1$

따라서 구하는 부분집합의 개수는 $2^5=32$ 답 32

서울대 선배들의 강추문제 1등급 비법 노하우

이 문제는 가우스 기호의 성질을 알고 있는지 확인하는 것으로 자주 출제되는 유형의 문제이다. 주어진 집합의 원소의 조건 $4kx=[4kx]$에서 $4kx$가 정수임을 확인하도록 하자.

02 해결단계

❶ 단계	$m=1$일 때, $k=1, 2$를 대입하여 집합 $X(A, B)$를 구한 후, ㄱ의 참, 거짓을 판단한다.
❷ 단계	$i^m+\left(\frac{1}{i}\right)^k$에서 m, k의 값에 따라 $X(A, B)$는 같은 수가 나올 수 있음을 이용하여 ㄴ의 참, 거짓을 판단한다.
❸ 단계	$A=B=U$일 때 $n(X(A, B))$가 최대임을 이용하여 집합 $X(A, B)$를 직접 구하고 ㄷ의 참, 거짓을 판단한다.

$X(A, B)=\left\{i^m+\left(\frac{1}{i}\right)^k \middle|\, m\in A,\ k\in B\right\}$
$=\{i^m+(-i)^k\,|\,m\in A,\ k\in B\}$

ㄱ. $A=\{1\}$, $B=\{1, 2\}$이므로

$m=1$, $k=1$일 때, $i+(-i)=0$

$m=1$, $k=2$일 때, $i+(-i)^2=i-1$

$\therefore X(A, B)=\{0, -1+i\}$ (참)

ㄴ. $n(A)n(B)$는 순서쌍 (m, k)의 개수와 같다.

한편, $i^m+(-i)^k$에서

$i^1=i$, $i^2=-1$, $i^3=-i$, $i^4=1$

$(-i)^1=-i$, $(-i)^2=-1$, $(-i)^3=i$, $(-i)^4=1$

이므로 m, k의 값에 따라 $X(A, B)$는 같은 수가 나올 수 있다.

따라서 $n(X(A, B))$는 $n(A)n(B)$보다 작거나 같으므로 $n(X(A, B)) \le n(A)n(B)$ (참)

ㄷ. $n(X(A, B))$가 최대이려면 $A=B=U$이어야 하고, 이때의 집합 $X(A, B)$의 원소를 구하면

(i) $m=1$일 때,

$i+(-i)=0$, $i+(-i)^2=i-1$,

$i+(-i)^3=i+i=2i$, $i+(-i)^4=i+1$

(ii) $m=2$일 때, $i^2=-1$이므로

$i^2+(-i)=-1-i$, $i^2+(-i)^2=-1-1=-2$,

$i^2+(-i)^3=-1+i$, $i^2+(-i)^4=-1+1=0$

(iii) $m=3$일 때, $i^3=-i$이므로

$i^3+(-i)=-i-i=-2i$, $i^3+(-i)^2=-i-1$,

$i^3+(-i)^3=-i+i=0$, $i^3+(-i)^4=-i+1$

(iv) $m=4$일 때, $i^4=1$이므로

$i^4+(-i)=1-i$, $i^4+(-i)^2=1-1=0$,

$i^4+(-i)^3=1+i$, $i^4+(-i)^4=1+1=2$

(i)~(iv)에서

$X(A, B)$

$=\{-2, 0, 2, -1-i, -1+i, 1-i, 1+i, -2i, 2i\}$

따라서 $n(X(A, B))$의 최댓값은 9이다. (거짓)

그러므로 옳은 것은 ㄱ, ㄴ이다. 답 ③

03 해결단계

❶ 단계	주어진 조건을 집합으로 나타낸다.
❷ 단계	주어진 조건에서 집합의 원소의 개수를 구한다.
❸ 단계	두 종목만 좋아하는 학생의 수를 구한다.

학생 전체의 집합을 U, 축구를 좋아하는 학생의 집합을 A, 농구를 좋아하는 학생의 집합을 B, 야구를 좋아하는 학생의 집합을 C라 하면

$n(U)=100k$, $n(A)=64k$, $n(B)=52k$, $n(C)=38k$,

$n(A\cap B\cap C)=12k$ (k는 상수)라 할 수 있다.

이때 한 종목만 좋아하는 학생이 전체의 46 %, 즉 $46k$명이므로

$n(A\cup B\cup C)-n(A\cap B)-n(B\cap C)-n(C\cap A)$
$+2\times n(A\cap B\cap C)$
$=46k$ ······㉠

$n(A\cup B\cup C)=n(A)+n(B)+n(C)$
$-\{n(A\cap B)+n(B\cap C)+n(C\cap A)\}$
$+n(A\cap B\cap C)$

이므로 위의 식을 ㉠에 대입하여 정리하면

$64k+52k+38k$
$-2\times\{n(A\cap B)+n(B\cap C)+n(C\cap A)\}+3\times 12k$
$=46k$

$190k-2\times\{n(A\cap B)+n(B\cap C)+n(C\cap A)\}=46k$

$2\times\{n(A\cap B)+n(B\cap C)+n(C\cap A)\}=144k$

$\therefore n(A\cap B)+n(B\cap C)+n(C\cap A)=72k$

한편, ㉠에서 $n(A\cup B\cup C)=72k-2\times 12k+46k=94k$ 이므로

$n((A\cup B\cup C)^C)=n(U)-n(A\cup B\cup C)$
$=100k-94k=6k$

이고, $n((A\cup B\cup C)^C)=12$이므로 $6k=12$

$\therefore k=2$

따라서 두 종목만 좋아하는 학생의 수는

$n(A\cap B)+n(B\cap C)+n(C\cap A)-3\times n(A\cap B\cap C)$
$=72k-3\times 12k=36k=36\times 2=72$ 답 72

04 해결단계

❶ 단계	집합 A_k의 원소가 될 수 있는 수를 구한다.
❷ 단계	집합 B의 원소를 구한 후, $A_k\cap B^C$의 원소가 될 수 있는 수를 구한다.
❸ 단계	$n(A_k\cap B^C)=1$을 만족시키는 자연수 k의 개수를 구한다.

집합 A_k는 전체집합 U의 부분집합이므로 x는 20 이하의 자연수이고 $x(y-k)=30$에서 $y-k$는 30의 약수이다.

이때 y, k는 모두 자연수이고, $y\in U$이므로

$1\le y-k<20$에서 $\frac{3}{2}<x\le 30$

이때 $x\in U$이므로 $2\le x\le 20$

$y-k$, x 사이의 관계를 표로 나타내면 다음과 같다.

$y-k$	2	3	5	6	10	15
x	15	10	6	5	3	2

$\therefore A_k\subset\{2, 3, 5, 6, 10, 15\}$

또한, $\frac{30-x}{5}=6-\frac{x}{5}\in U$에서 x는 5의 배수이므로

$x=5, 10, 15, 20$

즉, $B=\{5, 10, 15, 20\}$이므로 $(A_k\cap B^C)\subset\{2, 3, 6\}$

(i) $2\in(A_k\cap B^C)$일 때,

$2(y-k)=30$에서 $y-k=15$ $\therefore y=k+15$

이때 $y=k+15\le 20$이므로

$k\le 5$

(ii) $3\in(A_k\cap B^C)$일 때,

$3(y-k)=30$에서 $y-k=10$ $\therefore y=k+10$

이때 $y=k+10\le 20$이므로

$k\le 10$

(iii) $6\in(A_k\cap B^C)$일 때,

$6(y-k)=30$에서 $y-k=5$ $\therefore y=k+5$

이때 $y=k+5\le 20$이므로

$k\le 15$

(i), (ii), (iii)에서

$1\le k\le 5$일 때, $A_k\cap B^C=\{2, 3, 6\}$

$5<k\le 10$일 때, $A_k\cap B^C=\{3, 6\}$

$10<k\le 15$일 때, $A_k\cap B^C=\{6\}$

따라서 $n(A_k\cap B^C)=1$을 만족시키는 자연수 k는 11, 12, 13, 14, 15의 5개이다. 답 ②

BLACKLABEL 특강 참고

k의 값의 범위에 따라 집합 $A_k\cap B^C$은 다음과 같다.

(i) $1\le k\le 5$일 때,

$y-k$	2	3	5	6	10	15
x	15	10	6	5	3	2

즉, $A_k=\{2, 3, 5, 6, 10, 15\}$이므로
$A_k\cap B^C=\{2, 3, 6\}$

(ii) $5<k\le 10$일 때,

$y-k$	2	3	5	6	10
x	15	10	6	5	3

즉, $A_k=\{3, 5, 6, 10, 15\}$이므로
$A_k\cap B^C=\{3, 6\}$

(iii) $10<k<15$일 때,

$y-k$	2	3	5	6
x	15	10	6	5

즉, $A_k=\{5, 6, 10, 15\}$이므로
$A_k\cap B^C=\{6\}$

(iv) $k=15$일 때,

$y-k$	2	3	5
x	15	10	6

즉, $A_k=\{6, 10, 15\}$이므로
$A_k\cap B^C=\{6\}$

(i)~(iv)에서 $n(A_k\cap B^C)=1$을 만족시키는 자연수 k는 11, 12, 13, 14, 15이다.

05 해결단계

❶ 단계	전체집합 U를 5로 나누었을 때 나머지가 i인 원소의 집합을 A_i로 나타낸 후, 집합 사이의 관계를 파악한다.
❷ 단계	원소끼리의 합이 5의 배수가 아닐 조건을 구한 후, $n(A)$의 최댓값을 구한다.

전체집합 U의 원소를 5로 나누었을 때 나머지가 i $(i=0, 1, 2, 3, 4)$인 원소의 집합을 A_i라 하면

$A_0=\{5, 10, 15, \cdots, 50\}$

$A_1=\{1, 6, 11, \cdots, 46\}$

$A_2=\{2, 7, 12, \cdots, 47\}$

$A_3=\{3, 8, 13, \cdots, 48\}$

$A_4=\{4, 9, 14, \cdots, 49\}$

이므로

$U=A_0\cup A_1\cup A_2\cup A_3\cup A_4$, $n(A_i)=10$,

$A_i\cap A_j=\varnothing$ $(i\ne j)$

(i) $x\in A_i$, $y\in A_i$일 때,
$i=0$일 때 $x+y$가 5의 배수가 된다.
즉, 집합 A에 집합 A_0의 원소를 두 개 이상 포함하지 않아야 한다.

(ii) $x\in A_i$, $y\in A_j$ $(i\ne j)$일 때,
$i+j=5$일 때 $x+y$가 5의 배수가 된다.
즉, 집합 A에 A_1과 A_4 또는 A_2와 A_3의 원소들을 함께 포함하지 않아야 한다.

(i), (ii)에서 원소의 개수가 최대인 집합 A는
집합 $A_1\cup A_2$ 또는 $A_1\cup A_3$ 또는 $A_2\cup A_4$ 또는 $A_3\cup A_4$에 집합 A_0의 원소를 한 개만 추가한 집합이므로 $n(A)$의 최댓값은

$10+10+1=21$ 답 21

06 해결단계

❶ 단계	주어진 조건을 만족시키도록 집합 A_1, A_2, A_3, $\cdots$을 직접 구하여 성질을 파악한 후, a_k를 구한다.
❷ 단계	❶ 단계에서 파악한 집합 A_k의 성질을 이용하여 집합 A_{30}을 구한 후, $A_{30}\cap A_m\ne\varnothing$을 만족시키면서 자연수 m이 최대일 조건을 찾는다.
❸ 단계	❷ 단계에서 찾은 조건을 이용하여 자연수 m의 최댓값을 구한다.

주어진 조건을 만족시키도록 집합 A_k를 구하면

$A_1=\{1, 2, 3, 4, 5\}$

$A_2=\{3, 4, 5, 6, 7, 8, 9, 10\}$

$A_3=\{5, 6, 7, \cdots, 15\}$

$\vdots$

이때 $a_1=1$, $a_2=3$, $a_3=5$, $\cdots$이므로 $a_k=2k-1$

즉, $a_{30}=59$이므로 $A_{30}=\{59, 60, 61, \cdots, 150\}$

집합 A_k에서 a_k는 홀수이므로 $A_{30}\cap A_m\ne\varnothing$을 만족시키는 자연수 m의 최댓값은 $a_m=149$일 때이다.

따라서 $2m-1=149$에서 $m=75$이므로 자연수 m의 최댓값은 75이다. 답 75

• 다른 풀이 •

집합 A_k의 원소 중에서 가장 작은 수는 $2k-1$이고, A_k의 원소의 개수가 $3k+2$이므로

$A_k=\{2k-1, 2k, 2k+1, \cdots, 5k\}$

이때 $A_{30}=\{59, 60, 61, \cdots, 150\}$이므로 $A_{30}\cap A_m\ne\varnothing$을 만족시키려면 m의 값의 범위에 따라 다음과 같이 나눌 수 있다.

(i) $m<30$일 때,
두 집합 A_{30}, A_m의 교집합이 존재해야 하므로 집합 A_m의 원소의 최댓값이 집합 A_{30}의 원소의 최솟값보다 크거나 같아야 한다. 즉,
$5m\ge 59$에서 $m\ge\dfrac{59}{5}$
그런데 m은 자연수이고, $m<30$이므로
$12\le m<30$

(ii) $m\ge 30$일 때,
두 집합 A_{30}, A_m의 교집합이 존재해야 하므로 집합 A_m의 원소의 최솟값이 집합 A_{30}의 원소의 최댓값보다 작거나 같아야 한다. 즉,
$2m-1\le 150$에서 $m\le\dfrac{151}{2}$
그런데 m은 자연수이고, $m\ge 30$이므로
$30\le m\le 75$

(i), (ii)에서 자연수 m의 값의 범위는 $12\le m\le 75$
따라서 자연수 m의 최댓값은 75이다.

07 해결단계

❶ 단계	9 이하의 자연수 중에서 공약수를 갖는 수의 조합을 이용하여 서로소가 될 수 있는 수의 조합을 찾는다.
❷ 단계	❶ 단계에서 구한 조합에 따라 집합 X의 개수를 구한 후, 그 합을 구한다.

9 이하의 자연수 중에서 짝수는 모두 2를 공약수로 가지므로 집합 X는 짝수인 원소를 2개 이상 가질 수 없다. 마찬가지로 3, 6, 9는 3을 공약수로 가지므로 집합 X는 3, 6, 9 중에서 원소를 2개 이상 가질 수 없고, 홀수로 이루어진 집합은 3과 9를 동시에 갖는 경우를 제외하면 원소끼리 서로소이다.

따라서 다음과 같이 경우를 나누어 생각할 수 있다.

(i) 2, 4, 8 중에서 하나가 집합 X의 원소인 경우
집합 X의 나머지 원소는 모두 홀수이고 이때 3, 9도 동시에 원소로 가질 수 없으므로 집합 X는 집합 $\{1, 3, 5, 7, 9\}$의 부분집합 중에서 3과 9를 동시에 원소로 갖는 경우와 공집합을 제외해야 한다.
즉, 집합 X의 개수는
$3\times\{2^5-(2^3+1)\}=3\times23=69$

(ii) 6이 집합 X의 원소인 경우
6은 짝수이면서 3의 배수이므로 집합 X가 6을 원소로 가지면 2, 4, 8과 3, 9는 집합 X의 원소가 될 수 없다. 즉, 집합 X는 집합 $\{1, 5, 7\}$의 부분집합 중에서 공집합을 제외해야 하므로 집합 X의 개수는
$2^3-1=7$

(iii) 홀수로만 이루어진 경우
집합 X는 집합 $\{1, 3, 5, 7, 9\}$의 부분집합 중에서 3과 9를 동시에 원소로 갖는 경우와 원소의 개수가 1인 경우, 공집합을 제외해야 하므로 집합 X의 개수는
$2^5-(2^3+5+1)=18$

(i), (ii), (iii)에서 집합 X의 개수는
$69+7+18=94$ 답 94

이것이 수능 p. 17

1 ⑤ 2 63 3 ② 4 ④

1

해결단계

❶ 단계	조건 (가)에서 두 집합 $B-A$, $A\cup B^C$의 관계를 파악하여 전체집합 U를 구한다.
❷ 단계	조건 (가), (나)를 만족시키는 m의 값을 구한다.
❸ 단계	집합 $A\cup B$를 구한 후, 집합 $A^C\cap B^C$의 모든 원소의 합을 구한다.

조건 (가)에서
$n(A\cup B^C)=n((A^C\cap B)^C)=n((B-A)^C)=7$
$B-A=\{4, 7\}$에서 $n(B-A)=2$
$\therefore n(U)=n(B-A)+n((B-A)^C)$
$=2+7=9$
즉, $k=9$이므로
$U=\{1, 2, 3, 4, 5, 6, 7, 8, 9\}$

한편, 조건 (나)에서 집합 A의 모든 원소의 합과 집합 B의 모든 원소의 합이 서로 같으므로 두 집합 $A-B$, $B-A$의 모든 원소의 합은 서로 같다.
이때 조건 (가)에서 $B-A=\{4, 7\}$이므로 집합 $A-B$의 모든 원소의 합은 $4+7=11$이다.
따라서 m은 4와 7 중 어느 수도 약수로 갖지 않고, 모든 약수의 합이 11 이상이어야 하므로 m이 될 수 있는 수는 6 또는 9이다.

(i) $m=6$일 때,
$A=\{1, 2, 3, 6\}$이므로 집합 $A-B$의 원소의 합이 11이 되도록 하는 집합 $A-B$는
$A-B=\{2, 3, 6\}$

(ii) $m=9$일 때,
$A=\{1, 3, 9\}$이므로 집합 $A-B$의 원소의 합이 11이 되도록 하는 집합 $A-B$는 존재하지 않는다.

(i), (ii)에서 $m=6$, $A=\{1, 2, 3, 6\}$
$\therefore B=\{1, 4, 7\}$
즉, $A\cup B=\{1, 2, 3, 4, 6, 7\}$이므로
$A^C\cap B^C=(A\cup B)^C=\{5, 8, 9\}$
따라서 구하는 집합 $A^C\cap B^C$의 모든 원소의 합은
$5+8+9=22$ 답 ⑤

2

해결단계

❶ 단계	$S(A)-S(B)$의 값이 최대가 되도록 하는 $S(A)$, $S(B)$의 조건을 파악한다.
❷ 단계	서로 다른 두 원소의 합이 9의 배수가 아니면서 $S(A)$의 값이 최대가 되도록 하는 집합 A를 구한다.
❸ 단계	서로 다른 두 원소의 합이 10의 배수가 아니면서 $S(B)$의 값이 최소가 되도록 하는 집합 B를 구한다.
❹ 단계	$n(A\cap B)=1$을 만족시키는 두 집합 A, B를 구한 후, $S(A)-S(B)$의 최댓값을 구한다.

$S(A)-S(B)$의 값이 최대가 되려면 $S(A)$의 값이 최대, $S(B)$의 값이 최소가 되어야 한다.
조건 (나)에서 집합 A의 임의의 서로 다른 두 원소의 합이 9의 배수가 아니려면 두 원소를 9로 나눈 나머지의 합이 0 또는 9가 되지 않아야 한다.
전체집합 U의 원소를 9로 나눈 나머지가 i $(i=0, 1, 2, \cdots, 8)$인 원소의 집합을 A_i라 하면
$A_0=\{9, 18\}$
$A_1=\{1, 10, 19\}$, $A_8=\{8, 17\}$
$A_2=\{2, 11, 20\}$, $A_7=\{7, 16\}$
$A_3=\{3, 12\}$, $A_6=\{6, 15\}$
$A_4=\{4, 13\}$, $A_5=\{5, 14\}$
따라서 조건 (나)를 만족시키는 집합 A에 A_0의 원소를 두 개 이상 포함하지 않아야 하고, A_1과 A_8 또는 A_2와 A_7 또는 A_3과 A_6 또는 A_4와 A_5의 원소들은 함께 포함하지 않아야 한다.

조건 ㈎에서 $n(A)=8$이므로 $S(A)$의 값이 최대가 되도록 하는 집합 A의 원소를 큰 수부터 택하면

$A=\{20, 19, 18, 15, 14, 11, 10, 6\}$ ……㉠

조건 ㈐에서 집합 B의 임의의 서로 다른 두 원소의 합이 10의 배수가 아니려면 두 원소를 10으로 나눈 나머지의 합이 0 또는 10이 되지 않아야 한다.

전체집합 U의 원소를 10으로 나눈 나머지가 j ($j=0, 1, 2, \cdots, 9$)인 원소의 집합을 B_j라 하면

$B_0=\{10, 20\}$

$B_1=\{1, 11\}$, $B_9=\{9, 19\}$

$B_2=\{2, 12\}$, $B_8=\{8, 18\}$

$B_3=\{3, 13\}$, $B_7=\{7, 17\}$

$B_4=\{4, 14\}$, $B_6=\{6, 16\}$

$B_5=\{5, 15\}$

따라서 조건 ㈐를 만족시키는 집합 B에 B_5, B_0의 원소를 두 개 이상 포함하지 않아야 하고, B_1과 B_9 또는 B_2와 B_8 또는 B_3과 B_7 또는 B_4와 B_6의 원소들은 함께 포함하지 않아야 한다.

조건 ㈎에서 $n(B)=8$이므로 $S(B)$의 값이 최소가 되도록 하는 집합 B의 원소를 작은 수부터 택하면

$B=\{1, 2, 3, 4, 5, 10, 11, 12\}$ ……㉡

이때 조건 ㈎에서 $n(A\cap B)=1$이므로 ㉠, ㉡에서 두 원소 10, 11 중 하나는 집합 A 또는 집합 B에서 제외해야 한다.

(i) 원소 10 또는 11을 집합 A에서 제외하는 경우
집합 A는 5를 원소로 가져야 하므로
$n(A\cap B)=2$
즉, 조건을 만족시킬 수 없다.

(ii) 원소 10 또는 11을 집합 B에서 제외하는 경우
집합 B는 13을 원소로 가져야 하므로
$n(A\cap B)=1$
이때 $S(B)$의 값이 최소가 되려면 집합 B에서 11을 제외해야 한다.

(i), (ii)에서

$A=\{6, 10, 11, 14, 15, 18, 19, 20\}$,

$B=\{1, 2, 3, 4, 5, 10, 12, 13\}$

따라서 $S(A)-S(B)$의 최댓값은

$S(A)-S(B)=113-50=63$ 답 63

3 해결단계

❶ 단계	두 은행 A, B를 이용하는 고객의 집합을 각각 A, B라 하고, 주어진 조건을 A, B로 나타낸다.
❷ 단계	두 은행 A, B 중 한 은행만 이용하는 여자 고객의 수를 구한다.
❸ 단계	은행 A와 은행 B를 모두 이용하는 여자 고객의 수를 구한다.

은행 A와 은행 B를 이용하는 고객의 집합을 각각 A, B라 하면 조건 ㈎에서

$n(A)+n(B)=82$

이때 조사한 고객이 총 65명이므로

$n(A\cup B)=65$

$\therefore n(A\cap B)=n(A)+n(B)-n(A\cup B)$
$=82-65=17$

두 은행 A, B 중 한 은행만 이용하는 고객의 수는

$n(A\cup B)-n(A\cap B)=65-17$
$=48$

조건 ㈏에서 두 은행 A, B 중 한 은행만 이용하는 남자 고객의 수와 여자 고객의 수는 같으므로 한 은행만 이용하는 여자 고객의 수는

$48\times\frac{1}{2}=24$

따라서 은행 A와 은행 B를 모두 이용하는 여자 고객의 수는

$30-24=6$ 답 ②

4 해결단계

❶ 단계	신청한 봉사 활동의 종류에 따라 학생의 집합을 A, B로 나눈 후, 주어진 조건을 A, B로 나타낸다.
❷ 단계	합집합의 원소의 개수는 전체집합의 원소의 개수보다 적거나 같고, 교집합의 원소의 개수보다 많거나 같음을 이용하여 $n(A\cap B)$의 최댓값과 최솟값을 구한 후, 그 합을 구한다.

학생 전체의 집합을 U, 봉사 활동 A, B를 신청한 학생을 원소로 하는 집합을 각각 A, B라 하면

$n(A)+n(B)=36$

이때 $n(A\cup B)=n(A)+n(B)-n(A\cap B)$에서

$n(A\cup B)=36-n(A\cap B)$ ……㉠

이때 $n(U)=30$이므로

$n(A\cup B)\le n(U)=30$

$36-n(A\cap B)\le 30$ ($\because$ ㉠)

$\therefore n(A\cap B)\ge 6$ ……㉡

또한, $n(A\cap B)\le n(A\cup B)$이므로

$n(A\cap B)\le 36-n(A\cap B)$ ($\because$ ㉠)

$2\times n(A\cap B)\le 36$

$\therefore n(A\cap B)\le 18$ ……㉢

㉡, ㉢에 의하여

$6\le n(A\cap B)\le 18$

따라서 $M=18$, $m=6$이므로

$M+m=24$ 답 ④

02 명제

STEP 1 출제율 100% **우수 기출 대표 문제** pp. 20~21

01 ③	02 4	03 ④	04 ④	05 ③
06 ③	07 2	08 ③	09 ④	10 4
11 ④	12 ③	13 ③	14 12	15 ②

01 ㄱ. $\sqrt{3}+\sqrt{7}\neq\sqrt{10}$이므로 거짓인 명제이다.

ㄴ. $x>2$인 실수는 성립하지만 $x\le2$인 실수는 성립하지 않으므로 참, 거짓을 판별할 수 없다. 즉, 명제가 아니다.

ㄷ, ㄹ. 참인 명제이다.

ㅁ. '재미있다'는 참, 거짓을 판별할 수 없으므로 명제가 아니다.

따라서 명제인 것은 ㄱ, ㄷ, ㄹ의 3개이다. 답 ③

02 $x^2-3x-18<0$에서 $(x+3)(x-6)<0$

$\therefore -3<x<6$

$\therefore P=\{-2, -1, 0, 1, 2, 3, 4, 5\}$

$4x-7>0$에서 $x>\frac{7}{4}$이므로

$Q=\{2, 3, 4, 5, 6, \cdots\}$

따라서 $P\cap Q=\{2, 3, 4, 5\}$이므로

$n(P\cap Q)=4$ 답 4

03 조건 '$x^2+y^2+z^2=0$'($x=0$이고 $y=0$이고 $z=0$)의 부정은 '$x^2+y^2+z^2\neq0$'이므로 '$x\neq0$ 또는 $y\neq0$ 또는 $z\neq0$'이다. 답 ④

04 '어떤'의 부정은 '모든'이고, '$>$'의 부정은 '$\le$'이므로 명제 '$x>3$인 어떤 실수 x에 대하여 $x^2-9>0$이다.'의 부정은 '$x>3$인 모든 실수 x에 대하여 $x^2-9\le0$이다.'이다.

답 ④

BLACKLABEL 특강 오답 피하기

명제 '$x>3$인 어떤 실수 x에 대하여 $x^2-9>0$이다.'를 부정할 때, 명제 안의 모든 요소를 부정하여 '$x\le3$인 모든 실수 x에 대하여 $x^2-9\le0$이다.'로 착각할 수도 있다. 비법노트 A에 '명제의 부정은 반드시 여집합 개념을 생각해야 하며, 이때 전체집합을 먼저 생각한다.'로 되어 있는데 이 내용을 토대로 위의 명제의 부정을 이해해 보자. 주어진 명제는 '$x>3$인 실수 x 중에서 부등식 $x^2-9>0$을 만족시키는 원소가 존재한다.'는 의미이고, 여기서 $x>3$은 전체집합을 의미한다. 따라서 여집합 개념으로 명제를 부정하면 '$x>3$인 실수 x 중에서 부등식 $x^2-9>0$을 만족시키는 원소가 존재하지 않는다.' 또는 '$x>3$인 모든 실수 x는 부등식 $x^2-9\le0$을 만족시킨다.'이므로 답은 ②가 아닌 ④이다.

05 ① $x^2=1$이면 $x=-1$ 또는 $x=1$이다. (거짓)

② x가 실수이면 $x^2\ge0$이다. (거짓)

③ $xy>1$에서 $0<y\le1$이므로 양변을 y로 나누면

$x>\frac{1}{y}$

이때 $\frac{1}{y}\ge1$이므로 $x>1$이다. (참)

④ (반례) $x=\sqrt{2}+1$이면 x는 무리수이지만 $x^2=(\sqrt{2}+1)^2=3+2\sqrt{2}$이므로 x^2도 무리수이다. (거짓)

⑤ (반례) $x=1$, $y=-2$이면 $x>y$이지만 $x^2<y^2$이다. (거짓)

따라서 참인 명제는 ③이다. 답 ③

06 조건 q의 진리집합이 Q이므로 조건 $\sim q$의 진리집합은 Q^C이다.

이때 명제 '$p \longrightarrow \sim q$'가 참이므로 $P\subset Q^C$이다.

즉, 두 진리집합 P, Q의 포함 관계를 벤다이어그램으로 나타내면 오른쪽 그림과 같다.

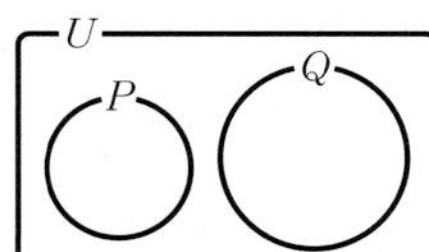

① $P\cap Q=\varnothing$ (거짓)

② $P\cup Q\neq U$ (거짓)

③ $P\cap Q^C=P-(P\cap Q)=P-\varnothing=P$ ($\because$ ①) (참)

④ $P^C\cup Q=P^C$ ($\because Q\subset P^C$) (거짓)

⑤ $P^C\cap Q=Q-(P\cap Q)=Q-\varnothing=Q$ ($\because$ ①) (거짓)

따라서 옳은 것은 ③이다. 답 ③

07 주어진 명제가 참이 되려면

$f(x)=x^2+4kx+3k^2-2k+3$이라 할 때, $f(x)\ge0$이 항상 성립해야 한다.

즉, 함수 $y=f(x)$의 그래프가 다음 그림과 같이 x축에 접하거나 만나지 않아야 한다.

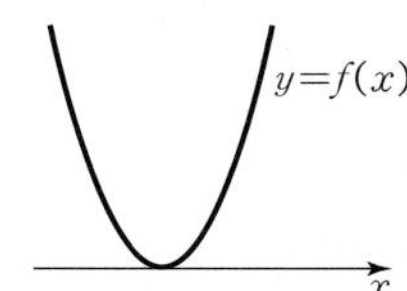

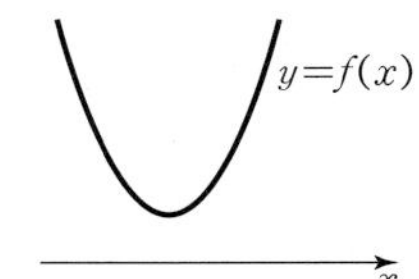

이차방정식 $f(x)=0$이 중근 또는 서로 다른 두 허근을 가져야 하므로 이 이차방정식의 판별식을 D라 하면

$\frac{D}{4}=(2k)^2-(3k^2-2k+3)\le0$에서

$k^2+2k-3\le0$, $(k+3)(k-1)\le0$

$\therefore -3\le k\le1$

따라서 주어진 명제가 거짓이 되려면 $k<-3$ 또는 $k>1$이어야 하므로 구하는 자연수 k의 최솟값은 2이다. 답 2

• 다른 풀이 •

주어진 명제가 거짓이면 주어진 명제의 부정은 참이다.

주어진 명제의 부정은

'어떤 실수 x에 대하여 $x^2+4kx+3k^2-2k+3<0$이다.' 이고, 이 명제가 참이 되어야 하므로 이차방정식 $x^2+4kx+3k^2-2k+3=0$이 서로 다른 두 실근을 가져야 한다.
이 이차방정식의 판별식을 D라 하면
$\frac{D}{4}=(2k)^2-(3k^2-2k+3)>0$에서
$k^2+2k-3>0$, $(k+3)(k-1)>0$
$\therefore k<-3$ 또는 $k>1$
따라서 구하는 자연수 k의 최솟값은 2이다.

08 명제와 그 대우의 참, 거짓은 항상 일치하므로 명제와 대우 중에서 하나의 참, 거짓을 판별하고, 역의 참, 거짓을 판별하면 된다.
ㄱ. 대우 : $x\neq y$이면 $x^2-y^2\neq 0$이다.
(반례) $x=1$, $y=-1$이면 $x\neq y$이지만 $x^2-y^2=0$이다. (거짓)
역 : $x=y$이면 $x^2-y^2=0$이다. (참)
ㄴ. 명제 : $x-2=0$이면 $x^2-4=0$이다. (참)
역 : $x^2-4=0$이면 $x-2=0$이다.
(반례) $x=-2$이면 $x^2-4=0$이지만 $x-2\neq 0$이다. (거짓)
ㄷ. 대우 : $x=0$ 또는 $y=0$이면 $xy=0$이다. (참)
역 : $x\neq 0$이고 $y\neq 0$이면 $xy\neq 0$이다. (참)
따라서 명제와 그 역, 대우가 모두 참인 것은 ㄷ뿐이다.
답 ③

09 주어진 명제의 [대우]는 '자연수 n에 대하여 n이 홀수이면 n^2도 [홀수]이다.'이다.
n이 홀수이면 $n=$[$2k+1$] (k는 [0] 또는 자연수)로 나타낼 수 있다.
이때 n^2의 값을 구하면
$n^2=($[$2k+1$]$)^2=4k^2+4k+1=2($[$2k^2+2k$]$)+1$이고,
2([$2k^2+2k$])는 [0] 또는 짝수이므로 n^2은 [홀수]이다.
따라서 주어진 명제의 [대우]가 참이므로 주어진 명제도 참이다.
즉, ① 대우, ② 홀수, ③ $2k+1$, ④ 0, ⑤ $2k^2+2k$이므로 바르게 짝지어지지 않은 것은 ④이다.
답 ④

10 세 조건 p, q, r의 진리집합을 각각 P, Q, R라 하면
$P=\{x\mid -1\le x\le 3$ 또는 $x\ge 5\}$,
$Q=\{x\mid x\ge a\}$, $R=\{x\mid x\ge b\}$
이때 q는 p이기 위한 필요조건, r는 p이기 위한 충분조건이므로 $P\subset Q$, $R\subset P$
즉, $R\subset P\subset Q$이므로 오른쪽 그림과 같이
$a\le -1$, $b\ge 5$
따라서 a의 최댓값은 -1, b의 최솟값은 5이므로 구하는 합은 $(-1)+5=4$
답 4

11 ① $p\Longrightarrow \sim q$이고, $r\Longrightarrow q$이면 $\sim q\Longrightarrow \sim r$이므로
$p\Longrightarrow \sim q\Longrightarrow \sim r$ $\therefore p\Longrightarrow \sim r$ (거짓)
② $p\Longrightarrow q$이고, $\sim r\Longrightarrow \sim q$이면 $q\Longrightarrow r$이므로
$p\Longrightarrow q\Longrightarrow r$ $\therefore p\Longrightarrow r$ (거짓)
③ $p\Longrightarrow \sim q$이고, $\sim r\Longrightarrow q$이면 $\sim q\Longrightarrow r$이므로
$p\Longrightarrow \sim q\Longrightarrow r$ $\therefore p\Longrightarrow r$ (거짓)
④ $q\Longrightarrow \sim p$이면 $p\Longrightarrow \sim q$이고, $\sim q\Longrightarrow r$이므로
$p\Longrightarrow \sim q\Longrightarrow r$ $\therefore p\Longrightarrow r$ (참)
⑤ $q\Longrightarrow p$이면 $\sim p\Longrightarrow \sim q$이고, $\sim q\Longrightarrow \sim r$이므로
$\sim p\Longrightarrow \sim q\Longrightarrow \sim r$ $\therefore \sim p\Longrightarrow \sim r$ (거짓)
따라서 항상 옳은 것은 ④이다.
답 ④

12 투표 결과를 명제라 하고, 명제에 나타나는 각 조건 p, q, r, s를 각각 A, B, C, D가 대표에 선출되는 것으로 하자.
(나), (다), (라)를 p, q, r, s로 나타내면
(나) : $p\Longrightarrow r$, (다) : $\sim q\Longrightarrow \sim r$, (라) : $\sim p\Longrightarrow \sim s$
이때 명제가 참이면 그 대우가 참이므로
(마) : $\sim r\Longrightarrow \sim p$, (바) : $r\Longrightarrow q$, (사) : $s\Longrightarrow p$
(나), (사)에서 $s\Longrightarrow p\Longrightarrow r$
(나), (바)에서 $p\Longrightarrow r\Longrightarrow q$
즉, A 또는 D가 대표에 선출되면 (가)를 만족시키지 않는다.
따라서 대표로 선출된 두 사람은 B, C이다.
답 ③

• 다른 풀이 •
(i) (나)에서 A가 대표가 되었다고 가정하면 A, B, C, D의 선출 여부는 다음과 같다.

A	B	C	D
○	×	○	×

그런데 이것은 (다)를 만족시키지 않는다.
(ii) (나)의 대우는 'C가 대표가 되지 않았다면 A도 대표가 되지 않았다.'이므로 C가 대표가 되지 않았다고 가정하면 A, B, C, D의 선출 여부는 다음과 같다.

A	B	C	D
×	○	×	○

그런데 이것은 (라)를 만족시키지 않는다.
(iii) (다)에서 B가 대표가 되지 않았다고 가정하면 A, B, C, D의 선출 여부는 다음과 같다.

A	B	C	D
○	×	×	○

그런데 이것은 ㈏를 만족시키지 않는다.

(iv) ㈐의 대우는 'C가 대표가 되었다면 B도 대표가 되었다.'이므로 C가 대표가 되었다고 가정하면 A, B, C, D의 선출 여부는 다음과 같다.

A	B	C	D
×	○	○	×

따라서 이것은 ㈎~㈑를 모두 만족시킨다.

(i)~(iv)에서 대표로 선출된 두 사람은 B, C이다.

13 ㄱ. $a^2-\frac{ab}{2}+\frac{b^2}{2}=\left(a-\frac{b}{4}\right)^2-\frac{b^2}{16}+\frac{b^2}{2}$

$=\left(a-\frac{b}{4}\right)^2+\frac{7}{16}b^2>0$ ($\because a\neq b$) (참)

ㄴ. (반례) $a=2$, $b=1$이면

$|a-b|=|2-1|=1$, $||a|-|b||=|2-1|=1$

$\therefore |a-b|=||a|-|b||$ (거짓)

ㄷ. $a^2+b^2+c^2>ab+bc+ca$에서

$a^2+b^2+c^2-ab-bc-ca>0$

위의 부등식의 좌변을 정리하면

$a^2+b^2+c^2-ab-bc-ca$

$=\frac{1}{2}(2a^2+2b^2+2c^2-2ab-2bc-2ca)$

$=\frac{1}{2}\{(a-b)^2+(b-c)^2+(c-a)^2\}>0$

($\because a\neq b,\ b\neq c,\ c\neq a$)

$\therefore a^2+b^2+c^2>ab+bc+ca$ (참)

따라서 옳은 것은 ㄱ, ㄷ이다. 답 ③

• 다른 풀이 •

ㄴ. $|a-b|>0$, $||a|-|b||>0$ ($\because a\neq b$)이므로

$|a-b|^2-||a|-|b||^2$

$=(a-b)^2-(|a|-|b|)^2$

$=a^2-2ab+b^2-(a^2-2|a||b|+b^2)$

$=-2ab+2|a||b|$

$=2(|ab|-ab)$

이때 $ab\geq 0$이면 $|ab|=ab$에서 $|ab|-ab=0$

$ab<0$이면 $|ab|=-ab$이므로

$|ab|-ab=-2ab>0$

즉, $|a-b|^2-||a|-|b||^2=2(|ab|-ab)\geq 0$이므로

$|a-b|\geq ||a|-|b||$이다. (거짓)

14 점 (a, b)가 곡선 $y=\frac{6}{x}$ 위의 점이므로

$b=\frac{6}{a}$ $\quad\therefore ab=6$

$2a>0$, $3b>0$이므로 산술평균과 기하평균의 관계에 의하여

$2a+3b\geq 2\sqrt{2a\times 3b}$ (단, 등호는 $2a=3b$일 때 성립)

$=2\sqrt{6ab}=2\sqrt{6\times 6}=12$

따라서 구하는 최솟값은 12이다. 답 12

15 x, y는 실수이므로 코시-슈바르츠의 부등식에 의하여

$(3^2+4^2)(x^2+y^2)\geq(3x+4y)^2$

$\left(\text{단, 등호는 }\frac{x}{3}=\frac{y}{4}\text{일 때 성립}\right)$

이때 $x^2+y^2=1$이므로 $(3x+4y)^2\leq 25$

$\therefore -5\leq 3x+4y\leq 5$

따라서 $3x+4y$의 최댓값 $M=5$, 최솟값 $m=-5$이므로 $M-m=10$ 답 ②

• 다른 풀이 •

$3x+4y=k$라 하면 $3x+4y-k=0$

즉, 구하는 $3x+4y$의 값은 직선 $3x+4y-k=0$이 원 $x^2+y^2=1$과 만나도록 하는 k의 값과 같다.

원의 중심 $(0, 0)$과 직선 $3x+4y-k=0$ 사이의 거리는

$\frac{|-k|}{\sqrt{3^2+4^2}}=\frac{|k|}{5}$

이때 원의 반지름의 길이가 1이므로

$\frac{|k|}{5}\leq 1$, $|k|\leq 5$ $\quad\therefore -5\leq k\leq 5$

따라서 $M=5$, $m=-5$이므로 $M-m=10$

BLACKLABEL 특강 필수 개념

원과 직선의 위치 관계

원 $x^2+y^2=r^2$ $(r>0)$의 중심과 직선 $y=mx+n$ 사이의 거리를 d라 하면

(i) 서로 다른 두 점에서 만난다.
$\Rightarrow d<r$

(ii) 한 점에서 만난다. (접한다.)
$\Rightarrow d=r$

(iii) 만나지 않는다.
$\Rightarrow d>r$

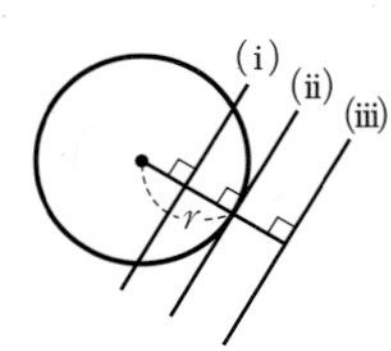

STEP 2 1등급을 위한 **최고의 변별력 문제** pp. 22~27

01 ③	02 6	03 ③	04 ③	05 8
06 ②	07 12	08 5	09 7	10 ④
11 3	12 −1	13 ③	14 풀이 참조	15 ③
16 ③	17 15	18 11	19 ④	20 12
21 ③	22 ⑤	23 ④	24 ③	25 ③
26 B, C	27 ③	28 12	29 ⑤	30 ④
31 2, $x=z$	32 4	33 5	34 5	35 ⑤
36 ③	37 ①	38 3	39 ④	

01 ㄱ. $a>0$, $b>0$, $2ab>1$이므로
$a^2+b^2=(a-b)^2+2ab\geq 2ab>1$ (참)

ㄴ. (반례) $a=1$, $b=\frac{1}{2}$이면
$a>0$, $b>0$, $a^2+b^2=1^2+\left(\frac{1}{2}\right)^2=\frac{5}{4}>1$이지만
$2ab=2\times1\times\frac{1}{2}=1$이다. (거짓)

ㄷ. $a+b=0$ ······㉠
$b+c=0$ ······㉡
$c+a=0$ ······㉢
㉠, ㉡, ㉢을 변끼리 더하면 $2(a+b+c)=0$
$\therefore a+b+c=0$ ······㉣
㉠, ㉡, ㉢을 ㉣에 각각 대입하면
$c=0$, $a=0$, $b=0$ (참)

따라서 참인 명제는 ㄱ, ㄷ이다. 답 ③

• 다른 풀이 •

ㄱ. $a>0$, $b>0$에서 $a^2>0$, $b^2>0$이므로 산술평균과 기하평균의 관계에 의하여
$a^2+b^2\geq 2\sqrt{a^2b^2}=2ab>1$
(단, 등호는 $a=b$일 때 성립) (참)

02 명제 p가 참이므로 $A\subset C$이고, 명제 r가 참이므로 $C^C\subset B^C$, 즉 $B\subset C$이다.
또한, 명제 q가 참이므로 $B\subset A^C$에서 $A\cap B=\varnothing$이다.
즉, 세 집합 A, B, C의 포함 관계를 벤다이어그램으로 나타내면 오른쪽 그림과 같다.

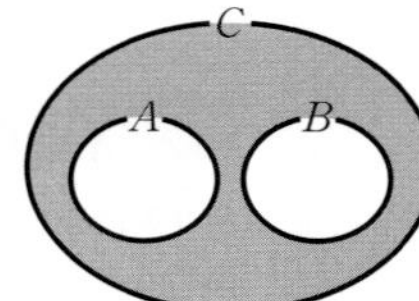

따라서 $n(A)=14$, $n(B)=10$, $n(C)=30$이므로
$n(C-(A\cup B))=n(C)-n(A\cup B)$
$=30-(14+10)=6$ 답 6

03 $\overline{\text{AC}}=\sqrt{(\sqrt{2})^2+(\sqrt{2})^2}=2$이므로
$q=p+\sqrt{2}$, $r=p+2=q+2-\sqrt{2}$
이때 (유리수)+(유리수)=(유리수),
(유리수)+(무리수)=(무리수)임을 이용하면 명제의 참, 거짓을 판별할 수 있다.

ㄱ. $q=p+\sqrt{2}$, $r=p+2$에서 $\sqrt{2}$는 무리수, 2는 유리수이므로 p가 유리수이면 q는 무리수, r는 유리수이다. (참)

ㄴ. (반례) $p=-\sqrt{2}$(무리수)이면 $q=(-\sqrt{2})+\sqrt{2}=0$, $r=2-\sqrt{2}$이므로 q는 유리수, r는 무리수이다. (거짓)

ㄷ. $r=q+2-\sqrt{2}$에서 $2-\sqrt{2}$가 무리수이므로 q가 유리수이면 r는 무리수이다. (참)

따라서 참인 명제는 ㄱ, ㄷ이다. 답 ③

04 $(X\cup P^C)\cap(X^C\cap Q)$
$=\{X\cap(X^C\cap Q)\}\cup\{P^C\cap(X^C\cap Q)\}$
$=\{(X\cap X^C)\cap Q\}\cup\{P^C\cap(X^C\cap Q)\}$
$=(\varnothing\cap Q)\cup\{P^C\cap(X^C\cap Q)\}$
$=\varnothing\cup\{P^C\cap(X^C\cap Q)\}$
$=(Q\cap X^C)\cap P^C$
$=Q\cap X^C\cap P^C$
$=(Q\cap P^C)\cap X^C$
$=(Q-P)-X=\varnothing$ ······㉠
이때 임의의 부분집합 X에 대하여 ㉠이 항상 성립하려면 $Q-P=\varnothing$이어야 하므로 $Q\subset P$이다.
따라서 항상 참인 명제는 ③ $q\longrightarrow p$이다. 답 ③

• 다른 풀이 •

$(X\cup P^C)\cap(X^C\cap Q)=\varnothing$에서
$(X\cup P^C)-(X^C\cap Q)=X\cup P^C$
$(X\cup P^C)-(X^C\cap Q)=(X\cup P^C)\cap(X^C\cap Q)^C$
$=(X\cup P^C)\cap(X\cup Q^C)$
$=X\cup(P^C\cap Q^C)$
이므로 $X\cup(P^C\cap Q^C)=X\cup P^C$
즉, $P^C\cap Q^C=P^C$이므로 $P^C\subset Q^C$
$\therefore Q\subset P$

05 명제 '$\sim q$이면 p이다.'가 참이려면 두 조건 p, q의 진리집합을 P, Q라 할 때, $Q^C\subset P$이어야 하므로 명제 '$\sim q$이면 p이다.'가 거짓이려면 $Q^C\not\subset P$이어야 한다.
즉, 집합 Q^C의 원소이면서 집합 P에 속하지 않아야 하므로 $\sqrt{3x}$가 자연수가 되도록 하는 200 이하의 자연수 x의 개수를 구해야 한다.
$\sqrt{3x}$가 자연수이려면 $x=3k^2$ (k는 자연수) 꼴이어야 하므로
$3k^2\leq 200$, $k^2\leq\frac{200}{3}=66.6\times\times$
이때 $8^2=64$, $9^2=81$이므로 $k=1, 2, 3, \cdots, 8$
따라서 주어진 명제가 거짓이 되도록 하는 $x=3k^2$이고 x의 개수는 k의 개수와 같으므로 8이다. 답 8

06 명제 $p\longrightarrow\sim q$가 참이 되려면 $P\subset Q^C$이어야 한다.

ㄱ. $(P\cap R)\cup(R-Q)=\varnothing$이므로
$P\cap R=\varnothing$, $R-Q=\varnothing$
$\therefore P\cap R=\varnothing$, $R\subset Q$
그런데 $P\cap Q\neq\varnothing$이면 오른쪽 그림에서 $P\not\subset Q^C$

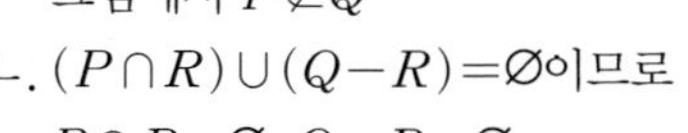

ㄴ. $(P\cap R)\cup(Q-R)=\varnothing$이므로
$P\cap R=\varnothing$, $Q-R=\varnothing$
$\therefore P\cap R=\varnothing$, $Q\subset R$
즉, $P\cap Q=\varnothing$이므로 $P\subset Q^C$이다.

ㄷ. $P\cap R^C=P-R=\varnothing$이므로 $P\subset R$

$Q^C\cup R=U$에서 $(Q^C\cup R)^C=U^C$

$Q\cap R^C=Q-R=\varnothing$

$\therefore Q\subset R$

그런데 $P\cap Q\neq\varnothing$이면 오른쪽 그림에서 $P\not\subset Q^C$

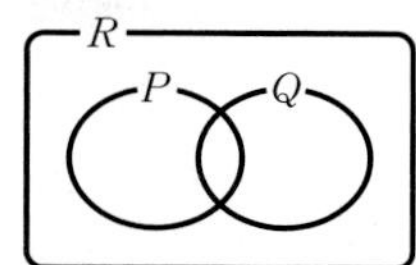

따라서 명제 $p \longrightarrow \sim q$가 참이 되도록 하는 것은 ㄴ뿐이다.

답 ②

07 두 조건 p, q의 진리집합을 P, Q라 하면 명제 $p \longrightarrow q$가 참이 되려면 $P\subset Q$이어야 한다.

$|x-1|+|x-3|<k$에서

(i) $x<1$일 때,

$-x+1-x+3<k \quad \therefore x>\frac{4-k}{2}$ ······㉠

(ii) $1\le x<3$일 때,

$x-1-x+3<k \quad \therefore 0\times x<k-2$ ······㉡

(iii) $x\ge 3$일 때,

$x-1+x-3<k \quad \therefore x<\frac{4+k}{2}$ ······㉢

즉, 집합 P는 k의 값에 따라 달라진다.

① $k\le 2$일 때,

㉠에서 $\frac{4-k}{2}\ge 1$이므로 $x<1$과 $x>\frac{4-k}{2}$의 공통부분은 존재하지 않으므로 $x<1$에서 해는 없다.

㉡에서 $k-2\le 0$이므로 해는 없다.

㉢에서 $\frac{4+k}{2}\le 3$이므로 $x\ge 3$과 $x<\frac{4+k}{2}$의 공통부분은 존재하지 않으므로 $x\ge 3$에서 해는 없다.

따라서 $k\le 2$이면 $P=\varnothing$이므로 $P\subset Q$를 만족시킨다.

② $k>2$일 때,

㉠에서 $\frac{4-k}{2}<1$이므로 $x<1$, $x>\frac{4-k}{2}$에서

$\frac{4-k}{2}<x<1$

㉡에서 $k-2>0$이므로 해는 모든 실수이다.

$\therefore 1\le x<3$

㉢에서 $\frac{4+k}{2}>3$이므로 $x\ge 3$, $x<\frac{4+k}{2}$에서

$3\le x<\frac{4+k}{2}$

따라서 $k>2$이면 $P=\left\{x\,\middle|\,\frac{4-k}{2}<x<\frac{4+k}{2}\right\}$이다.

이때 $P\subset Q$이려면 오른쪽 그림과 같아야 하므로

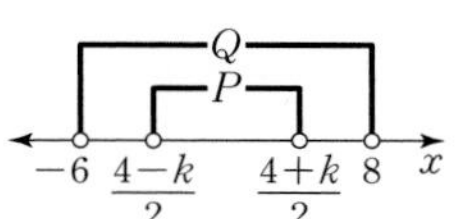

$-6\le\frac{4-k}{2}$, $\frac{4+k}{2}\le 8$

$4-k\ge -12$, $4+k\le 16$

$k\le 16$, $k\le 12 \quad \therefore k\le 12$

그런데 $k>2$이므로 $2<k\le 12$

①, ②에서 $k\le 12$이므로 조건을 만족시키는 실수 k의 최댓값은 12이다.

답 12

08 $x^2-x-6=(x+2)(x-3)<0$에서 $-2<x<3$

즉, 조건 p의 진리집합을 P라 하면

$P=\{x\,|\,-2<x<3\}$

또한,

$x^2+(6-3a)x+2a^2-10a+8$

$=x^2+(6-3a)x+2(a-1)(a-4)$

$=\{x-(2a-2)\}\{x-(a-4)\}\ge 0$

에서 조건 q의 진리집합을 Q라 하면 a의 값의 범위에 따라 집합 Q는 다음과 같다.

(i) $2a-2<a-4$, 즉 $a<-2$일 때,

$Q=\{x\,|\,x\le 2a-2$ 또는 $x\ge a-4\}$

(ii) $2a-2=a-4$, 즉 $a=-2$일 때,

$(x+6)^2\ge 0$이므로 $Q=\{x\,|\,x$는 모든 실수$\}$

(iii) $2a-2>a-4$, 즉 $a>-2$일 때,

$Q=\{x\,|\,x\le a-4$ 또는 $x\ge 2a-2\}$

(i), (ii)에서 $a\le -2$일 때 $P\cap Q=\{x\,|\,-2<x<3\}$이므로 두 조건 p, q가 모두 참이 되도록 하는 정수 x는 -1, 0, 1, 2의 4개로 조건을 만족시키지 않는다.

(iii)에서 $a>-2$일 때 $2a-2>-6$, $a-4>-6$이므로 두 조건 p, q가 모두 참이 되도록 하는 정수 x가 오직 하나 존재하려면 [그림 1] 또는 [그림 2]와 같아야 한다.

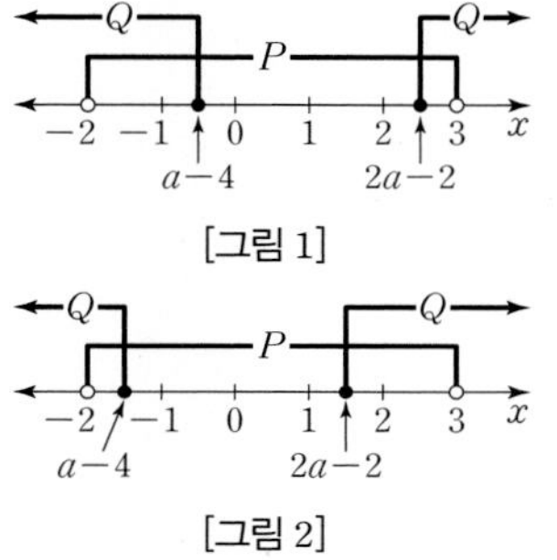

[그림 1]

[그림 2]

[그림 1]에서 $-1\le a-4<0$, $2a-2>2$이므로

$3\le a<4$, $a>2 \quad \therefore 3\le a<4$

[그림 2]에서 $a-4<-1$, $1<2a-2\le 2$이므로

$a<3$, $\frac{3}{2}<a\le 2 \quad \therefore \frac{3}{2}<a\le 2$

따라서 조건을 만족시키는 a의 값의 범위는 $3\le a<4$ 또는 $\frac{3}{2}<a\le 2$이므로 정수 a는 2, 3이고, 그 합은

$2+3=5$

답 5

• 다른 풀이 •

$x^2-x-6<0$에서 $(x+2)(x-3)<0$

$\therefore -2<x<3$

위의 식을 만족시키는 정수 x는 -1, 0, 1, 2

$x^2+(6-3a)x+2a^2-10a+8\ge 0$에서

$x^2+(6-3a)x+2(a-1)(a-4)\ge 0$

$\{x-2(a-1)\}\{x-(a-4)\}\ge 0$ ······㉠

이때 두 조건 p, q가 모두 참이 되도록 하는 정수 x가 오직 하나이어야 하므로 -1, 0, 1, 2 중에서 부등식 ㉠을 만족시키는 정수 x는 -1 또는 2이어야 한다.

(i) $x=-1$만 부등식 ㉠을 만족시킬 경우

$\{-1-2(a-1)\}\{-1-(a-4)\}\geq 0$

$(2a-1)(a-3)\geq 0$

$\therefore a\leq\frac{1}{2}$ 또는 $a\geq 3$ ……㉡

그런데 $x=0$, $x=2$는 부등식 ㉠을 만족시키지 않으므로

$\{0-2(a-1)\}\{0-(a-4)\}<0$

$2(a-1)(a-4)<0$ $\therefore 1<a<4$ ……㉢

$\{2-2(a-1)\}\{2-(a-4)\}<0$

$2(a-2)(a-6)<0$ $\therefore 2<a<6$ ……㉣

㉡, ㉢, ㉣에서 $3\leq a<4$이므로 정수 a는 3이다.

(ii) $x=2$만 부등식 ㉠을 만족시킬 경우

$\{2-2(a-1)\}\{2-(a-4)\}\geq 0$

$2(a-2)(a-6)\geq 0$

$\therefore a\leq 2$ 또는 $a\geq 6$ ……㉤

그런데 $x=-1$, $x=1$은 부등식 ㉠을 만족시키지 않으므로

$\{-1-2(a-1)\}\{-1-(a-4)\}<0$

$(2a-1)(a-3)<0$ $\therefore \frac{1}{2}<a<3$ ……㉥

$\{1-2(a-1)\}\{1-(a-4)\}<0$

$(2a-3)(a-5)<0$ $\therefore \frac{3}{2}<a<5$ ……㉦

㉤, ㉥, ㉦에서 $\frac{3}{2}<a\leq 2$이므로 정수 a는 2이다.

(i), (ii)에서 조건을 만족시키는 정수 a는 2, 3이므로 그 합은

$2+3=5$

09

명제 '집합 C에 속하는 어떤 점 P에 대하여 $\angle APB=90°$이다.'가 참이려면 두 점 $A(-1, 3)$, $B(1, -3)$을 지름의 양 끝점으로 하는 원을 S라 할 때, 원 S와 집합 C가 나타내는 도형의 교점이 존재해야 한다.

원 S의 중심은 $\overline{AB}$의 중점이므로

$\left(\frac{-1+1}{2}, \frac{3+(-3)}{2}\right)$, 즉 $(0, 0)$

이고 반지름의 길이는

$\frac{1}{2}\overline{AB}=\frac{1}{2}\sqrt{(1+1)^2+(-3-3)^2}$

$=\sqrt{10}$

이므로 원 S의 방정식은

$x^2+y^2=10$

이때 집합 C가 나타내는 도형은 오른쪽 그림의 (i) 또는 (ii) 이거나 (i)과 (ii)의 사이에 있어야 한다.

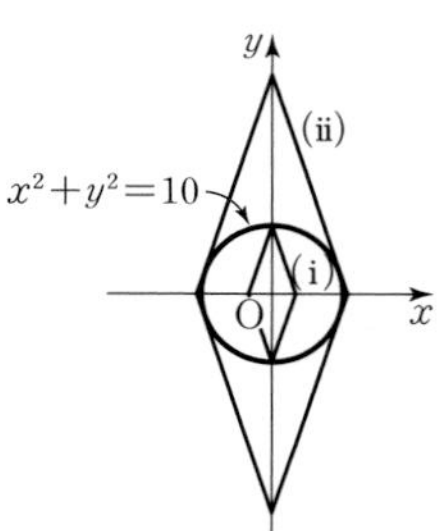

(i) $3|x|+|y|=k$의 그래프가 점 $(0, \sqrt{10})$을 지날 때, $k=\sqrt{10}$

(ii) $3|x|+|y|=k$의 그래프가 원 $S: x^2+y^2=10$과 접할 때,

$x>0$, $y>0$일 때 $3x+y=k$이므로 직선 $y=-3x+k$가 원 $x^2+y^2=10$과 접해야 한다.

$x^2+(-3x+k)^2=10$에서 $10x^2-6kx+k^2-10=0$

위의 이차방정식이 중근을 가지므로 판별식을 D라 하면

$\frac{D}{4}=(-3k)^2-10(k^2-10)=0$에서 $-k^2+100=0$

$k^2=100$ $\therefore k=10$ ($\because$ k는 자연수)

(i), (ii)에서 $\sqrt{10}\leq k\leq 10$

따라서 자연수 k는 4, 5, 6, 7, 8, 9, 10의 7개이다. 답 7

10

대우가 거짓이면 그 명제도 거짓이므로 명제는 거짓이고, 역은 참인 명제를 찾으면 된다.

ㄱ. 명제 : $a^2+b^2=0$이면 $a=b=0$이므로 $|a|+|b|=0$이다. (참)

역 : $|a|+|b|=0$이면 $a=b=0$이므로 $a^2+b^2=0$이다. (참)

ㄴ. 명제 : $a^2=b^2$이면 $a^3=b^3$이다.

(반례) $a=1$, $b=-1$이면 $a^2=b^2=1$이지만 $a^3=1$, $b^3=-1$이므로 $a^3\neq b^3$이다. (거짓)

역 : $a^3=b^3$이면 $a=b$이므로 $a^2=b^2$이다. (참)

ㄷ. 명제 : $a+b$가 짝수이면 a, b는 모두 짝수이다.

(반례) $a=1$, $b=3$이면 $a+b=4$는 짝수이지만 a, b는 모두 홀수이다. (거짓)

역 : a, b가 모두 짝수이면 $a+b$는 짝수이다. (참)

따라서 역은 참이고 대우는 거짓인 명제는 ㄴ, ㄷ이다.

답 ④

11

두 조건을 $p: 2x-1<0$, $q: 4x+1<a$라 하고, 두 조건 p, q의 진리집합을 각각 P, Q라 하면

$P=\left\{x \middle| x<\frac{1}{2}\right\}$, $Q=\left\{x \middle| x<\frac{a-1}{4}\right\}$

이때 명제 $p \longrightarrow q$의 역 $q \longrightarrow p$가 참이므로 $Q\subset P$이고, 이것이 성립하려면 오른쪽 그림과 같아야 한다.

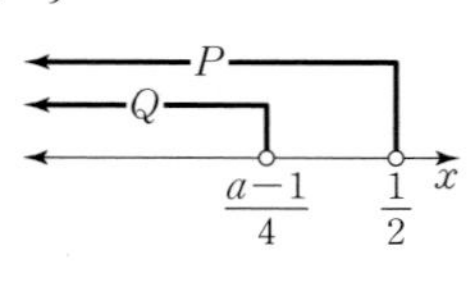

즉, $\frac{a-1}{4}\leq\frac{1}{2}$이어야 하므로 $a-1\leq 2$ $\therefore a\leq 3$

따라서 조건을 만족시키는 실수 a의 최댓값은 3이다.

답 3

12 해결단계

❶ 단계	$f(p, q)f(q, r)=-1$을 만족시키는 $f(p, q)$, $f(q, r)$의 값을 각각 구한다.
❷ 단계	❶ 단계에서 구한 값에 따라 $f(p, r)$의 값을 구한다.

$f(p,\ q)f(q,\ r)=-1$에서
$f(p,\ q)=1,\ f(q,\ r)=-1$ 또는
$f(p,\ q)=-1,\ f(q,\ r)=1$

(i) $f(p,\ q)=1,\ f(q,\ r)=-1$일 때,
$f(p,\ q)=1$에서 명제 $p \longrightarrow q$의 대우와 역이 모두 참이고, 대우가 참이면 명제도 참이므로
$p \Longrightarrow q,\ q \Longrightarrow p$
이때 $f(q,\ r)=-1$에서 명제 $q \longrightarrow r$의 대우와 역 중에서 하나만 참이어야 한다.
① 명제 $q \longrightarrow r$의 대우가 참인 경우
$\sim r \Longrightarrow \sim q$이면 $q \Longrightarrow r$이므로 $p \Longrightarrow q \Longrightarrow r$
즉, 명제 $p \longrightarrow r$가 참이므로 대우도 참이다.
② 명제 $q \longrightarrow r$의 역이 참인 경우
$r \Longrightarrow q$이면 $r \Longrightarrow q \Longrightarrow p$이므로 명제 $r \longrightarrow p$가 참이다.
①, ②에서 명제 $p \longrightarrow r$의 대우 또는 역 중에서 하나만 참이므로 $f(p,\ r)=-1$

(ii) $f(p,\ q)=-1,\ f(q,\ r)=1$일 때,
$f(q,\ r)=1$에서 명제 $q \longrightarrow r$의 대우와 역이 모두 참이고, 대우가 참이면 명제도 참이므로
$q \Longrightarrow r,\ r \Longrightarrow q$
이때 $f(p,\ q)=-1$에서 명제 $p \longrightarrow q$의 대우와 역 중에서 하나만 참이어야 한다.
③ 명제 $p \longrightarrow q$의 대우가 참인 경우
$\sim q \Longrightarrow \sim p$이면 $p \Longrightarrow q$이므로 $p \Longrightarrow q \Longrightarrow r$
즉, 명제 $p \longrightarrow r$가 참이므로 대우도 참이다.
④ 명제 $p \longrightarrow q$의 역이 참인 경우
$q \Longrightarrow p$이면 $r \Longrightarrow q \Longrightarrow p$이므로 명제 $r \longrightarrow p$가 참이다.
③, ④에서 명제 $p \longrightarrow r$의 대우 또는 역 중에서 하나만 참이므로 $f(p,\ r)=-1$

(i), (ii)에서 가능한 $f(p,\ r)$의 값은 -1이다. 답 -1

13 $\sqrt{n^2+n+1}$이 유리수라고 가정하면
$\sqrt{n^2+n+1}=\dfrac{q}{p}$ ($p,\ q$는 서로소인 자연수)라 할 수 있다.
이 식의 양변을 제곱하여 정리하면 $p^2(n^2+n+1)=q^2$이다. 이때 q^2은 p의 배수이고, $p,\ q$는 서로소인 자연수이므로 $p=1$이다.
$p^2(n^2+n+1)=q^2$에서 $n^2+n+1=q^2$
$\therefore n(n+1)=\boxed{q^2-1}$
자연수 k에 대하여
(i) $q=2k$일 때,
$n(n+1)=4k^2-1$에서
$4k^2-1=(2k+1)\times(\boxed{2k-1})$이므로 연속한 두 자연수의 곱이 될 수 없다.
즉, 조건을 만족시키는 자연수 n은 존재하지 않는다.
(ii) $q=2k+1$일 때,
$n(n+1)=4k^2+4k$에서
$4k^2+4k=2k\times(\boxed{2k+2})$이므로 연속한 두 자연수의 곱이 될 수 없다.
즉, 조건을 만족시키는 자연수 n은 존재하지 않는다.
(i), (ii)에서 $\sqrt{n^2+n+1}=\dfrac{q}{p}$ ($p,\ q$는 서로소인 자연수)를 만족시키는 자연수 n은 존재하지 않는다.
따라서 $\sqrt{n^2+n+1}$은 유리수가 아니다.
$\therefore f(q)=q^2-1,\ g(k)=2k-1,\ h(k)=2k+2$
$$\therefore \frac{g(5)h(6)}{f(10)}=\frac{(2\times5-1)\times(2\times6+2)}{10^2-1}=\frac{9\times14}{99}=\frac{14}{11}$$
답 ③

14 주어진 명제의 대우는 '자연수 n에 대하여 n이 3의 배수가 아니면 n^2+2는 3의 배수이다.'이다.
n이 3의 배수가 아니므로
$n=3k+1$ 또는 $n=3k+2$ (단, k는 음이 아닌 정수)로 나타낼 수 있다.
(i) $n=3k+1$ (k는 음이 아닌 정수)일 때,
$n^2+2=(3k+1)^2+2=9k^2+6k+3$
$=3(3k^2+2k+1)$
이므로 n^2+2는 3의 배수이다.
(ii) $n=3k+2$ (k는 음이 아닌 정수)일 때,
$n^2+2=(3k+2)^2+2=9k^2+12k+6$
$=3(3k^2+4k+2)$
이므로 n^2+2는 3의 배수이다.
(i), (ii)에서 자연수 n에 대하여 n이 3의 배수가 아니면 n^2+2는 3의 배수이다.
따라서 주어진 명제의 대우가 참이므로 주어진 명제도 참이다. 답 풀이 참조

15 (i) $f(1)\neq1$임을 증명하기 위해 $f(1)=1$이라 가정하자.
조건 (나)의 식의 양변에 $n=1,\ m=1$을 대입하면
$f(1+f(1))=f(1)+1+1 \qquad \therefore f(2)=3$
$n=2,\ m=1$을 대입하면
$f(2+f(1))=f(2)+1+1 \qquad \therefore f(3)=\boxed{5}$
$n=1,\ m=2$를 대입하면
$f(1+f(2))=f(1)+2+1 \qquad \therefore f(4)=4$
$n=3,\ m=1$을 대입하면
$f(3+f(1))=f(3)+1+1 \qquad \therefore f(4)=\boxed{7}$
따라서 $f(4)$의 값이 정의되지 않으므로 모순이다.
즉, $f(1)\neq1$이다.
(ii) $f(n)\le n$을 만족시키는 어떤 자연수 n $(n\ge2)$이 존재한다고 가정하자.
자연수 n에 대하여 $n-1<n$이고 조건 (가)에 의하여
$f(n-1)<f(n)\le n$이므로

$f(n-1) \le \boxed{n-1}$

마찬가지로

$f(n-2) \le n-2$

$\vdots$

(중략)

따라서 $f(1) \le 1$이고 f의 정의역과 공역이 모두 자연수이므로 $f(1)=1$이다.

이것은 (i)에 의하여 모순이다.

(i), (ii)에서 모든 자연수 n에 대하여 $f(n)>n$이 성립한다.

$\therefore p=5,\ q=7,\ g(n)=n-1$

$\therefore g(p+q)=g(12)=12-1=11$ 답 ③

16 ㄱ. $xy>0$이면 $x>0,\ y>0$ 또는 $x<0,\ y<0$

즉, $p \Longleftarrow q$이므로 p는 q이기 위한 필요조건이다.

ㄴ. $x<y \Longleftrightarrow x-y<0 \Longleftrightarrow x-y<|x-y|$

즉, $p \Longleftrightarrow q$이므로 p는 q이기 위한 필요충분조건이다.

ㄷ. $A\cap B\cap C=A\cap B \Longleftrightarrow (A\cap B)\subset C$

$A\cup B\cup C=C \Longleftrightarrow (A\cup B)\subset C$

이때 $(A\cap B)\subset(A\cup B)$이므로

$(A\cup B)\subset C$이면 $(A\cap B)\subset C$

즉, $p \Longleftarrow q$이므로 p는 q이기 위한 필요조건이다.

따라서 p가 q이기 위한 필요조건이지만 충분조건이 아닌 것은 ㄱ, ㄷ이다. 답 ③

17 p가 q이기 위한 필요조건이므로 $p \Longleftarrow q$에서

$\sim p \Longrightarrow \sim q$

$\sim p : x^2-x-2=0$에서 $(x+1)(x-2)=0$

$\therefore x=-1$ 또는 $x=2$

$\sim q : ax-a\le 2x+1$에서

(i) $x=-1$일 때, $-a-a\le -2+1$

$-2a\le -1 \qquad \therefore a\ge \frac{1}{2}$

(ii) $x=2$일 때, $2a-a\le 4+1 \qquad \therefore a\le 5$

(i), (ii)에서 $\frac{1}{2}\le a\le 5$이므로 정수 a는 1, 2, 3, 4, 5이고 그 합은

$1+2+3+4+5=15$ 답 15

단계	채점 기준	배점
(가)	p가 q이기 위한 필요조건임을 이용하여 $\sim p \Longrightarrow \sim q$를 구한 경우	20%
(나)	$\sim p,\ \sim q$를 구한 경우	20%
(다)	$\sim p \Longrightarrow \sim q$를 만족시키는 a의 값의 범위를 구한 경우	40%
(라)	정수 a의 값의 합을 구한 경우	20%

• 다른 풀이 •

두 조건 $p,\ q$의 진리집합을 각각 $P,\ Q$라 하면 p가 q이기 위한 필요조건이므로

$q \Longrightarrow p$에서 $Q\subset P$

이때 $x^2-x-2\ne 0$에서 $(x+1)(x-2)\ne 0$

$\therefore x\ne -1$이고 $x\ne 2$

즉, $P=\{x \mid x$는 $x\ne -1$이고 $x\ne 2$인 모든 실수$\}$

$ax-a>2x+1$에서 $(a-2)x>a+1$ ……㉠

(i) $a<2$일 때, ㉠에서 $x<\frac{a+1}{a-2}$

$Q\subset P$이려면 오른쪽 그림과 같아야 하므로

$\frac{a+1}{a-2}\le -1$

$a+1\ge -a+2\ (\because a<2)$

$\therefore a\ge \frac{1}{2}$

그런데 $a<2$이므로 $\frac{1}{2}\le a<2$

(ii) $a=2$일 때, ㉠에서 $0\times x>3$

즉, 부등식을 항상 만족시키는 x의 값은 존재하지 않으므로 $Q=\varnothing$

따라서 $Q\subset P$를 만족시킨다.

(iii) $a>2$일 때, ㉠에서 $x>\frac{a+1}{a-2}$

$Q\subset P$이려면 오른쪽 그림과 같아야 하므로

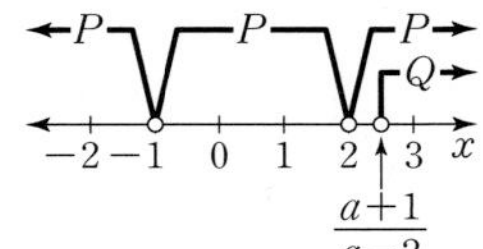

$\frac{a+1}{a-2}\ge 2$

$a+1\ge 2a-4\ (\because a>2)$

$\therefore a\le 5$

그런데 $a>2$이므로 $2<a\le 5$

(i), (ii), (iii)에서 $\frac{1}{2}\le a\le 5$이므로 정수 a는 1, 2, 3, 4, 5이고 그 합은

$1+2+3+4+5=15$

18 p가 q이기 위한 필요충분조건이려면 두 조건 $p,\ q$의 진리집합이 같아야 한다.

$p : x^2+x\ne 0$에서 $x(x+1)\ne 0$이므로

$x\ne -1,\ x\ne 0$ ……㉠

$q : x^4+x^3+ax^2+ax\ne 0$에서

$x^2(x^2+x)+a(x^2+x)\ne 0,\ (x^2+x)(x^2+a)\ne 0$

$x(x+1)(x^2+a)\ne 0$

$\therefore x\ne -1,\ x\ne 0,\ x^2+a\ne 0$ ……㉡

㉠=㉡이려면 이차방정식 $x^2+a=0$의 근이 $x=-1$이거나 $x=0$이거나 존재하지 않아야 한다.

(i) $x=-1$일 때, $1+a=0$에서 $a=-1$

그런데 $a=-1$이면 $x^2-1=(x+1)(x-1)=0$에서 $x=1$도 근이므로 조건을 만족시키지 않는다.

(ii) $x=0$일 때, $a=0$

두 조건 $p,\ q$의 진리집합이 같으므로 p는 q이기 위한 필요충분조건이다.

(iii) 이차방정식 $x^2+a=0$의 근이 존재하지 않으려면
$a>0$
(i), (ii), (iii)에서 $a\ge0$
따라서 조건을 만족시키는 10 이하의 정수 a는 0, 1, 2, $\cdots$, 10의 11개이다. 답 11

• 다른 풀이 •

p가 q이기 위한 필요충분조건이므로
$p \Longleftrightarrow q$에서 $\sim p \Longleftrightarrow \sim q$
$\sim p$: $x^2+x=0$에서 $x(x+1)=0$
$\therefore x=-1$ 또는 $x=0$ ······ⓒ
$\sim q$: $x^4+x^3+ax^2+ax=0$에서
$x^2(x^2+x)+a(x^2+x)=0$
$(x^2+x)(x^2+a)=0$, $x(x+1)(x^2+a)=0$
$\therefore x=-1$ 또는 $x=0$ 또는 $x^2+a=0$ ······ⓔ
ⓒ=ⓔ이므로 이차방정식 $x^2+a=0$의 근이 $x=-1$이거나 $x=0$이거나 존재하지 않아야 한다.
다음은 *와 같다.

19 x가 정수이면 x^2, x^3, x^4은 모두 정수이므로 네 조건 p, q, r, s의 진리집합을 각각 P, Q, R, S라 하면
$P\subset Q$, $P\subset R$, $P\subset S$
또한, x^2이 정수이면 x^4이 정수이므로
$Q\subset S$
즉, 네 집합 P, Q, R, S의 포함 관계를 벤다이어그램으로 나타내면 오른쪽 그림과 같다.

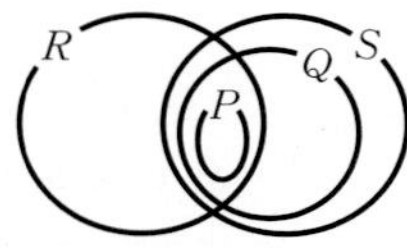

ㄱ. r가 s이기 위한 충분조건이려면 $R\subset S$이어야 한다. 그런데 위의 그림에서 $R\not\subset S$이므로 r는 s이기 위한 충분조건이 아니다. (거짓)
ㄴ. $P\cap R=P$이고 $P\subset Q$이므로
$(P\cap R)\subset Q$
즉, (p이고 r)는 q이기 위한 충분조건이다. (참)
ㄷ. $P\cup S=S$이고 $Q\subset S$이므로
$Q\subset(P\cup S)$
즉, (p 또는 s)는 q이기 위한 필요조건이다. (참)
따라서 옳은 것은 ㄴ, ㄷ이다. 답 ④

20 p는 q이기 위한 충분조건이므로 $P\subset Q$
즉, $2\in\{a, a^2-7, ab+b\}$이므로
$a=2$ 또는 $a^2-7=2$ 또는 $ab+b=2$
한편, r는 p이기 위한 필요조건이므로 $P\subset R$
$\therefore 2\in\{ab^2, b\}$ ······ⓐ
(i) $a=2$일 때,
ⓐ에서 $2\in\{2b^2, b\}$이므로
$2b^2=2$ 또는 $b=2$에서 $b^2=1$ 또는 $b=2$
그런데 b는 자연수이므로 $b=1$ 또는 $b=2$
즉, $a=2$, $b=1$일 때 $a+b=3$이고, $a=2$, $b=2$일 때 $a+b=4$이다.
(ii) $a^2-7=2$일 때, a는 자연수이므로 $a=3$
ⓐ에서 $2\in\{3b^2, b\}$이므로
$3b^2=2$ 또는 $b=2$
그런데 $3b^2=2$를 만족시키는 자연수 b는 존재하지 않으므로 $b=2$
$\therefore a+b=3+2=5$
(iii) $ab+b=2$일 때, $b(a+1)=2$이고 a, b는 자연수이므로
$a+1=2$, $b=1$ $\quad\therefore a=1$, $b=1$
이때 $R=\{1\}$이므로 $P\not\subset R$
즉, $a=1$, $b=1$일 때는 주어진 조건을 만족시키지 않는다.
(i), (ii), (iii)에서 $a+b$의 값은 3 또는 4 또는 5이므로 그 합은 $3+4+5=12$ 답 12

21 p는 q이기 위한 필요조건이므로
$q\Longrightarrow p$ $\quad\therefore Q\subset P$
또한, $\sim q$는 $\sim r$이기 위한 충분조건이므로
$\sim q\Longrightarrow\sim r$
명제가 참이면 그 대우도 참이므로
$r\Longrightarrow q$ $\quad\therefore R\subset Q$
즉, 세 집합 P, Q, R의 포함 관계는
$R\subset Q\subset P$, $P^C\subset Q^C\subset R^C$
$\therefore \{(P-Q)\cap R\}^C\cap(P\cap R^C)$
$=\{(P\cap Q^C)\cap R\}^C\cap(P\cap R^C)$
$=\{(P\cap R)\cap Q^C\}^C\cap(P\cap R^C)$
$=(R\cap Q^C)^C\cap(P\cap R^C)$
($\because$ $R\subset P$에서 $P\cap R=R$)
$=(R-Q)^C\cap(P-R)$
$=\varnothing^C\cap(P-R)$ ($\because$ $R\subset Q$에서 $R-Q=\varnothing$)
$=U\cap(P-R)=P-R$ 답 ③

22 두 명제 $p\longrightarrow q$, $q\longrightarrow\sim r$가 모두 참이므로
$p\Longrightarrow q$, $q\Longrightarrow\sim r$
명제가 참이면 그 대우도 참이므로
$\sim q\Longrightarrow\sim p$(①), $r\Longrightarrow\sim q$
또한, $p\Longrightarrow q\Longrightarrow\sim r$에서 $p\Longrightarrow\sim r$(②)이므로
$r\Longrightarrow\sim p$
명제 $\sim s\longrightarrow r$와 그 역이 모두 참이므로
$\sim s\Longrightarrow r$, $r\Longrightarrow\sim s$
명제가 참이면 그 대우도 참이므로
$\sim r\Longrightarrow s$, $s\Longrightarrow\sim r$

$q \Longrightarrow \sim r \Longrightarrow s$에서 $q \Longrightarrow s$(③)이므로 $\sim s \Longrightarrow \sim q$

$p \Longrightarrow q \Longrightarrow s$에서 $p \Longrightarrow s$이므로 $\sim s \Longrightarrow \sim p$(④)

따라서 반드시 참이라고 할 수 없는 명제는 ⑤이다. 답 ⑤

23 $Q-P=\varnothing$에서 $Q \subset P$이므로 $q \Longrightarrow p$

$P \cup R^C = R^C$에서 $P \subset R^C$이므로 $p \Longrightarrow \sim r$

$\therefore q \Longrightarrow p \Longrightarrow \sim r$

또한, $(S \cup Q^C)^C \cup (S \cup R^C)^C = \varnothing$에서

$(S \cup Q^C)^C = \varnothing$이고 $(S \cup R^C)^C = \varnothing$

$S^C \cap Q = \varnothing$이고 $S^C \cap R = \varnothing$

$Q-S=\varnothing$이고, $R-S=\varnothing$

즉, $Q \subset S$, $R \subset S$이므로 $q \Longrightarrow s$, $r \Longrightarrow s$

ㄱ. $q \Longrightarrow s$이므로 명제 $q \longrightarrow s$는 참이다.

ㄴ. 명제 $s \longrightarrow p$가 참인지는 알 수 없다.

ㄷ. $q \Longrightarrow p \Longrightarrow \sim r$에서 $q \Longrightarrow \sim r$

즉, $r \Longrightarrow \sim q$이므로 명제 $r \longrightarrow \sim q$는 참이다.

따라서 참인 명제는 ㄱ, ㄷ이다. 답 ④

• 다른 풀이 •

$Q-P=\varnothing$에서 $Q \subset P$

$P \cup R^C = R^C$에서 $P \subset R^C$이므로

$Q \subset P \subset R^C$ ……㉠

$(S \cup Q^C)^C \cup (S \cup R^C)^C = \varnothing$에서

$(S^C \cap Q) \cup (S^C \cap R) = \varnothing$

$S^C \cap (Q \cup R) = \varnothing$, $(Q \cup R) - S = \varnothing$

$(Q \cup R) \subset S$ ……㉡

㉠, ㉡에 의하여 네 집합 P, Q, R, S의 포함 관계를 벤다이어그램으로 나타내면 오른쪽 그림과 같다.

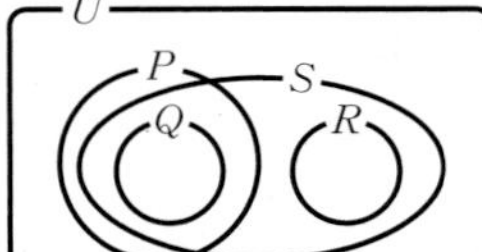

ㄱ. $Q \subset S$이므로 $q \Longrightarrow s$

ㄴ. $S \not\subset P$이므로 $s \not\Longrightarrow p$

ㄷ. $R \subset Q^C$이므로 $r \Longrightarrow \sim q$

24 시장 조사에서 얻은 결과를 명제라 하고, 명제에 나타나는 각 조건 p, q, r, s를 각각 다음과 같이 정하자.

> p : 10대, 20대에게 선호도가 높다.
> q : 판매량이 많다.
> r : 가격이 싸다.
> s : 기능이 많다.

(가), (나), (다)를 다음과 같이 나타낼 수 있다.

> (가) $p \Longrightarrow q$ (나) $r \Longrightarrow q$ (다) $s \Longrightarrow p$

이때 (가), (다)에서 $s \Longrightarrow p \Longrightarrow q$이므로 $s \Longrightarrow q$이고, $\sim q \Longrightarrow \sim s$이다.

①~⑤를 p, q, r, s를 이용하여 나타내면 다음과 같다.

① $s \longrightarrow \sim r$ ② $\sim r \longrightarrow \sim q$ ③ $\sim q \longrightarrow \sim s$

④ $p \longrightarrow s$ ⑤ $p \longrightarrow \sim r$

따라서 항상 옳은 것은 ③이다. 답 ③

25 조사에서 얻은 결과를 명제라 하고, 명제에 나타나는 각 조건 p, q, r, s를 각각 국어, 영어, 일본어, 중국어에 흥미가 있는 것으로 하자.

(가), (나), (다)를 p, q, r, s로 나타내면

(가) : $p \Longrightarrow q$, (나) : $q \Longrightarrow \sim r$, (다) : $\sim s \Longrightarrow r$

이때 명제가 참이면 그 대우도 참이므로

(라) : $\sim q \Longrightarrow \sim p$, (마) : $r \Longrightarrow \sim q$, (바) : $\sim r \Longrightarrow s$

또한, (가), (나)에서 $p \Longrightarrow \sim r$, (라), (마)에서 $r \Longrightarrow \sim p$

(나), (바)에서 $q \Longrightarrow s$, (다), (마)에서 $\sim s \Longrightarrow \sim q$

보기의 내용을 네 조건 p, q, r, s를 이용하여 나타낸 후, 참, 거짓을 판별하면 다음과 같다.

ㄱ. 명제 $\sim q \longrightarrow \sim s$는 명제 $\sim s \longrightarrow \sim q$의 역이므로 참인지는 알 수 없다.

ㄴ. $p \Longrightarrow \sim r$이므로 명제 $p \longrightarrow \sim r$는 참이다.

ㄷ. $p \Longrightarrow \sim r \Longrightarrow s$에서 $p \Longrightarrow s$이지만 명제 $p \longrightarrow s$의 역인 명제 $s \longrightarrow p$가 참인지는 알 수 없다.

ㄹ. $r \Longrightarrow \sim p$에서 명제 $r \longrightarrow \sim p$가 참이지만 명제 $r \longrightarrow p$가 참인지는 알 수 없다.

ㅁ. $\sim q \Longrightarrow \sim p$이므로 명제 $\sim q \longrightarrow \sim p$는 참이다.

따라서 항상 참인 것은 ㄴ, ㅁ이다. 답 ③

26 A, B, C, D 각각이 범인인 경우, 네 명의 진술의 참, 거짓은 다음과 같다.

범인	A 진술	B 진술	C 진술	D 진술
A	거짓	참	거짓	참
B	거짓	거짓	거짓	참
C	참	참	거짓	참
D	거짓	참	참	거짓

따라서 한 명의 진술만이 참인 경우의 범인은 B이고, 한 명의 진술만이 거짓인 경우의 범인은 C이다. 답 B, C

27 ㄱ. $x+y=2$에서 $y=2-x$이므로

$xy=x(2-x)=-x^2+2x=-(x^2-2x+1)+1$

$=-(x-1)^2+1 \leq 1$ (단, 등호는 $x=1$일 때 성립)

$\therefore xy \leq 1$ (참)

ㄴ. $x^2+y^2=(x+y)^2-2xy=4-2xy$ ($\because x+y=2$)

ㄱ에서 $xy \leq 1$이므로 $4-2xy \geq 2$

$\therefore x^2+y^2 \geq 2$ (참)

ㄷ. $\dfrac{1}{x}+\dfrac{1}{y}=\dfrac{x+y}{xy}=\dfrac{2}{xy}$ ($\because x+y=2$)

ㄱ에서 $xy \leq 1$이고, $xy>0$이므로 $\dfrac{2}{xy} \geq 2$

$\therefore \frac{1}{x}+\frac{1}{y}\geq 2$ (거짓)

따라서 옳은 것은 ㄱ, ㄴ이다. 답 ③

• 다른 풀이 •

ㄱ. $x>0$, $y>0$이므로 산술평균과 기하평균의 관계에 의하여 $\frac{x+y}{2}\geq\sqrt{xy}$ (단, 등호는 $x=y$일 때 성립)

$1\geq\sqrt{xy}$ $\quad\therefore xy\leq 1$ (참)

ㄷ. $x>0$, $y>0$에서 $\frac{1}{x}>0$, $\frac{1}{y}>0$이므로 산술평균과 기하평균의 관계에 의하여

$\frac{1}{x}+\frac{1}{y}\geq 2\sqrt{\frac{1}{xy}}$ (단, 등호는 $x=y$일 때 성립)

ㄱ에서 $xy\leq 1$이므로 $\frac{1}{xy}\geq 1$

$\therefore \frac{1}{x}+\frac{1}{y}\geq 2$ (거짓)

28 $(a+b+c)^2=a^2+b^2+c^2+2(ab+bc+ca)$에서

$36=a^2+b^2+c^2+2(ab+bc+ca)$ ($\because a+b+c=6$)

이때 $a^2+b^2+c^2\geq ab+bc+ca$이므로

$36=a^2+b^2+c^2+2(ab+bc+ca)$

$\geq ab+bc+ca+2(ab+bc+ca)$

(단, 등호는 $a=b=c$일 때 성립)

$=3(ab+bc+ca)$

$\therefore ab+bc+ca\leq 12$

따라서 구하는 최댓값은 12이다. 답 12

단계	채점 기준	배점
(가)	곱셈 공식 $(a+b+c)^2=a^2+b^2+c^2+2(ab+bc+ca)$에 $a+b+c=6$을 대입한 경우	30%
(나)	부등식 $a^2+b^2+c^2\geq ab+bc+ca$를 이용하여 식을 정리한 경우	40%
(다)	$ab+bc+ca$의 최댓값을 구한 경우	30%

29 $xy>0$에서 $x>0$, $y>0$ 또는 $x<0$, $y<0$이므로

$P=\{(x, y)\,|\,x>0, y>0$ 또는 $x<0, y<0\}$

$|x|+|y|\geq 0$, $|x+y|\geq 0$이므로

$(|x|+|y|)^2-|x+y|^2$

$=x^2+2|x||y|+y^2-(x^2+2xy+y^2)$

$=2|xy|-2xy>0$

$2|xy|>2xy$에서 $|xy|>xy$

즉, $xy<0$이므로 $x>0$, $y<0$ 또는 $x<0$, $y>0$

$\therefore Q=\{(x, y)\,|\,x>0, y<0$ 또는 $x<0, y>0\}$

따라서 $P\cap Q=\varnothing$이므로 두 집합 P, Q의 포함 관계로 옳은 것은 ⑤이다. 답 ⑤

• 다른 풀이 •

모든 실수 x, y에 대하여 부등식 $|x+y|\leq|x|+|y|$이 성립하고, 등호는 $xy\geq 0$일 때 성립한다.

집합 Q는 조건 q : $|x+y|<|x|+|y|$를 만족시키는 순서쌍 (x, y)의 집합이므로 모든 실수 x, y에서 $xy\geq 0$을 만족시키는 경우를 제외하면 된다.

즉, $Q=\{(x, y)\,|\,xy<0\}$이다.

그런데 $P=\{(x, y)\,|\,xy>0\}$이므로 두 부등식 $xy>0$, $xy<0$을 동시에 만족시키는 두 실수 x, y의 순서쌍 (x, y)는 존재하지 않는다.

$\therefore P\cap Q=\varnothing$

30 ㄱ. (반례) $a=\frac{1}{4}$이면 $-1<2a<1$을 만족시키지만

$\frac{1}{a+1}=\frac{1}{\frac{1}{4}+1}=\frac{4}{5}$, $1-a=1-\frac{1}{4}=\frac{3}{4}$이므로

$\frac{1}{a+1}>1-a$ (거짓)

ㄴ. 부등식 $a<b$의 양변에 b를 곱하면

$b<0$이므로 $ab>b^2$ ……㉠

또한, $a<b$의 양변에 a를 곱하면

$a<0$이므로 $a^2>ab$ ……㉡

㉠, ㉡에서 $a^2>ab>b^2$, 즉 $a^2>b^2$ (참)

ㄷ. a, b, c가 삼각형의 세 변의 길이이고, c가 가장 긴 변의 길이이므로 $a+b>c$

$\frac{a}{1+a}+\frac{b}{1+b}-\frac{c}{1+c}$

$=\frac{a(1+b)(1+c)+b(1+a)(1+c)-c(1+a)(1+b)}{(1+a)(1+b)(1+c)}$

$=\frac{a(1+b+c+bc)+b(1+a+c+ac)-c(1+a+b+ab)}{(1+a)(1+b)(1+c)}$

$=\frac{a+b-c+ab(2+c)}{(1+a)(1+b)(1+c)}>0$

($\because a+b>c$, $a>0$, $b>0$, $c>0$)

$\therefore \frac{a}{1+a}+\frac{b}{1+b}>\frac{c}{1+c}$ (참)

따라서 옳은 것은 ㄴ, ㄷ이다. 답 ④

• 다른 풀이 1 •

ㄱ. $\frac{1}{a+1}-1+a=\frac{1}{a+1}+\frac{(a+1)(a-1)}{a+1}$

$=\frac{1+a^2-1}{a+1}=\frac{a^2}{1+a}$

이때 $a^2\geq 0$이고, $\frac{1}{2}<a+1<\frac{3}{2}$이므로

$\frac{1}{a+1}-1+a=\frac{a^2}{1+a}\geq 0$

$\therefore \frac{1}{a+1}\geq 1-a$ (거짓)

ㄴ. $a^2-b^2=(a+b)(a-b)$

$a<b<0$에서 $a+b<0$, $a-b<0$이므로

$a^2-b^2>0$ $\quad\therefore a^2>b^2$ (참)

• 다른 풀이 2 •

ㄱ. $\frac{1}{a+1}-1+a=\frac{1}{a+1}+a+1-2$

$\frac{1}{2}<a+1<\frac{3}{2}$에서 $a+1>0$, $\frac{1}{a+1}>0$이므로 산술평균과 기하평균의 관계에 의하여

$\frac{1}{a+1}+a+1-2\geq 2\sqrt{\frac{1}{a+1}\times(a+1)}-2=0$

(단, 등호는 $a=0$일 때 성립)

$\therefore \frac{1}{a+1}\geq 1-a$ (거짓)

31 $(x+y+z)\left(\frac{1}{2x+y}+\frac{1}{y+2z}\right)$

$=\frac{1}{2}(2x+2y+2z)\left(\frac{1}{2x+y}+\frac{1}{y+2z}\right)$

$=\frac{1}{2}\{(2x+y)+(y+2z)\}\left(\frac{1}{2x+y}+\frac{1}{y+2z}\right)$

$=\frac{1}{2}\left(2+\frac{2x+y}{y+2z}+\frac{y+2z}{2x+y}\right)$

이때 $x>0$, $y>0$, $z>0$에서 $\frac{2x+y}{y+2z}>0$, $\frac{y+2z}{2x+y}>0$이므로 산술평균과 기하평균의 관계에 의하여

$\frac{2x+y}{y+2z}+\frac{y+2z}{2x+y}\geq 2\sqrt{\frac{2x+y}{y+2z}\times\frac{y+2z}{2x+y}}=2$

이때 등호가 성립할 조건은

$\frac{2x+y}{y+2z}=\frac{y+2z}{2x+y}$에서 $(2x+y)^2=(y+2z)^2$

$2x+y=y+2z \qquad \therefore x=z$

$\therefore (x+y+z)\left(\frac{1}{2x+y}+\frac{1}{y+2z}\right)\geq\frac{1}{2}\times(2+2)=2$

따라서 구하는 최솟값은 2이고, $x=z$일 때 최솟값을 갖는다. 답 2, $x=z$

• 다른 풀이 •

$A>0$, $B>0$일 때, 코시-슈바르츠의 부등식에 의하여

$\{(\sqrt{A})^2+(\sqrt{B})^2\}\left\{\left(\frac{1}{\sqrt{A}}\right)^2+\left(\frac{1}{\sqrt{B}}\right)^2\right\}$

$\geq\left(\sqrt{A}\times\frac{1}{\sqrt{A}}+\sqrt{B}\times\frac{1}{\sqrt{B}}\right)^2=4$

(단, 등호는 $A=B$일 때 성립)

$\therefore \frac{1}{A}+\frac{1}{B}\geq\frac{4}{A+B}$

$\therefore (x+y+z)\left(\frac{1}{2x+y}+\frac{1}{y+2z}\right)$

$\geq(x+y+z)\left(\frac{4}{2x+2y+2z}\right)=\frac{4}{2}=2$

(단, 등호는 $2x+y=y+2z$, 즉 $x=z$일 때 성립)

32 좌표평면 위의 점 (2, 1)을 지나고 기울기가 m $(m<0)$인 직선의 방정식은 $y=m(x-2)+1$

이 직선을 y축에 대하여 대칭이동한 직선이 x축과 만나는 점을 C라 하면 y축과 만나는 점은 B이고 삼각형 OAB의 넓이와 삼각형 OCB의 넓이는 같다.

이 직선의 방정식을 구하면

$y=m(-x-2)+1$, 즉 $y=-m(x+2)+1$

이때 $m'=-m$으로 놓으면 $m'>0$이고

$y=m'(x+2)+1$

이 직선의 x절편은 $-\frac{2m'+1}{m'}$, y절편은 $2m'+1$이므로 그래프는 다음 그림과 같다.

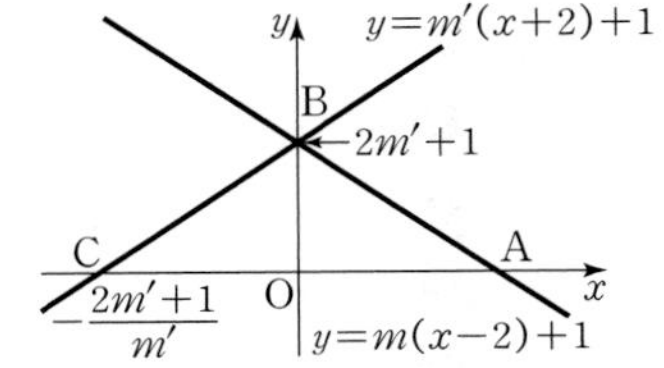

$\therefore \triangle OCB=\frac{1}{2}\times\left\{-\left(-\frac{2m'+1}{m'}\right)\right\}\times(2m'+1)$

$=\frac{4m'^2+4m'+1}{2m'}=2m'+\frac{1}{2m'}+2$

이때 $2m'>0$, $\frac{1}{2m'}>0$이므로 산술평균과 기하평균의 관계에 의하여

$2m'+\frac{1}{2m'}+2\geq 2\sqrt{2m'\times\frac{1}{2m'}}+2=4$

$\left(\text{단, 등호는 } m'=\frac{1}{2}\text{일 때 성립}\right)$

따라서 삼각형 OCB의 넓이의 최솟값이 4이므로 삼각형 OAB의 넓이의 최솟값도 4이다. 답 4

• 다른 풀이 •

점 (2, 1)을 지나고 기울기가 음수인 직선은 오른쪽 그림과 같으므로 x절편, y절편을 각각 a, b라 하면 직선의 방정식은 $\frac{x}{a}+\frac{y}{b}=1$ $(a>0, b>0)$

이 직선이 점 (2, 1)을 지나므로

$\frac{2}{a}+\frac{1}{b}=1$

이때 $\frac{2}{a}>0$, $\frac{1}{b}>0$이므로 산술평균과 기하평균의 관계에 의하여

$1=\frac{2}{a}+\frac{1}{b}\geq 2\sqrt{\frac{2}{ab}}$ (단, 등호는 $a=2b$일 때 성립)

$\sqrt{\frac{2}{ab}}\leq\frac{1}{2}$, $\frac{2}{ab}\leq\frac{1}{4} \qquad \therefore ab\geq 8$

이때 삼각형 OAB의 넓이는 $\frac{1}{2}ab$이므로

$\frac{1}{2}ab\geq\frac{1}{2}\times 8=4$

따라서 삼각형 OAB의 넓이의 최솟값은 4이다.

33 $2x^2+2y^2-4x+\frac{25}{x^2+2y^2+1}$

$=x^2+2y^2+1+\frac{25}{x^2+2y^2+1}+x^2-4x-1$

$=x^2+2y^2+1+\frac{25}{x^2+2y^2+1}+(x-2)^2-5$

이때 모든 실수 x, y에 대하여 $x^2+2y^2+1>0$, $\dfrac{25}{x^2+2y^2+1}>0$이므로 산술평균과 기하평균의 관계에 의하여

$$x^2+2y^2+1+\frac{25}{x^2+2y^2+1}$$
$$\geq 2\sqrt{(x^2+2y^2+1)\times\frac{25}{x^2+2y^2+1}}=10$$

(단, 등호는 $x^2+2y^2=4$일 때 성립)

또한, x는 실수이므로
$(x-2)^2\geq 0$ (단, 등호는 $x=2$일 때 성립)
따라서 주어진 식의 최솟값은 $x=2$, $y=0$일 때
$10+0-5=5$이다. 답 5

34 $\dfrac{x^2+x+1}{x^4+2x^3+6x^2+5x+13}=\dfrac{1}{\dfrac{x^4+2x^3+6x^2+5x+13}{x^2+x+1}}$

이므로 주어진 식의 최댓값은
$\dfrac{x^4+2x^3+6x^2+5x+13}{x^2+x+1}$의 최솟값의 역수와 같다.
다항식 $x^4+2x^3+6x^2+5x+13$을 다항식 x^2+x+1로 나누어 몫과 나머지를 구하면 다음과 같다.

$$\begin{array}{r|l} & x^2+x+4 \\ \hline x^2+x+1 & x^4+2x^3+6x^2+5x+13 \\ & x^4+x^3+x^2 \\ \hline & \quad x^3+5x^2+5x+13 \\ & \quad x^3+x^2+x \\ \hline & \qquad 4x^2+4x+13 \\ & \qquad 4x^2+4x+4 \\ \hline & \qquad\qquad 9 \end{array}$$

$x^4+2x^3+6x^2+5x+13=(x^2+x+1)(x^2+x+4)+9$
이므로

$$\frac{x^4+2x^3+6x^2+5x+13}{x^2+x+1}$$
$$=\frac{(x^2+x+1)(x^2+x+4)+9}{x^2+x+1}$$
$$=x^2+x+4+\frac{9}{x^2+x+1}$$
$$=x^2+x+1+\frac{9}{x^2+x+1}+3$$

모든 실수 x에 대하여 $x^2+x+1>0$, $\dfrac{9}{x^2+x+1}>0$이므로 산술평균과 기하평균의 관계에 의하여

$$x^2+x+1+\frac{9}{x^2+x+1}+3$$
$$\geq 2\sqrt{(x^2+x+1)\times\frac{9}{x^2+x+1}}+3$$

(단, 등호는 $x=-2$ 또는 $x=1$일 때 성립)

$=2\times 3+3=9$

$$\therefore \frac{x^2+x+1}{x^4+2x^3+6x^2+5x+13}\leq\frac{1}{9}$$

따라서 주어진 식의 최댓값 $M=\dfrac{1}{9}$이므로

$45M=45\times\dfrac{1}{9}=5$ 답 5

35 점 $\mathrm{P}(a, b)$가 원 $(x+1)^2+(y-2)^2=1$ 위에 있으므로
$(a+1)^2+(b-2)^2=1$ ……㉠

(i) $a=-1$일 때,
$ab-2a+b=-b+2+b=\boxed{2}$

(ii) $b=2$일 때,
$ab-2a+b=2a-2a+2=\boxed{2}$

(iii) $a\neq -1$, $b\neq 2$일 때,
$(a+1)^2>0$, $(b-2)^2>0$이므로 산술평균과 기하평균의 관계에 의하여

$$(a+1)^2+(b-2)^2\geq 2\sqrt{(a+1)^2(b-2)^2}$$
$$=2|(a+1)(b-2)|$$

(단, 등호는 $|a+1|=|b-2|=\dfrac{1}{\sqrt{2}}$일 때 성립)

$\therefore |(a+1)(b-2)|\leq\boxed{\dfrac{1}{2}}$ ($\because$ ㉠)

따라서

$$ab-2a+b=a(b-2)+(b-2)+2$$
$$=(a+1)(b-2)+2$$
$$\leq|(a+1)(b-2)|+2$$
$$\leq\boxed{\frac{1}{2}}+2=\boxed{\frac{5}{2}}$$

이므로 $ab-2a+b$의 최댓값은 $\boxed{\dfrac{5}{2}}$이다.

(i), (ii), (iii)에서 $ab-2a+b$의 최댓값은 $\boxed{\dfrac{5}{2}}$이다.

$\therefore p=2$, $q=\dfrac{1}{2}$, $r=\dfrac{5}{2}$

$$\therefore \frac{pr}{q}=\frac{2\times\frac{5}{2}}{\frac{1}{2}}=10$$ 답 ⑤

> **서울대 선배들의 강추문제** 1등급 비법 노하우
>
> 이 문제는 쉬워 보이지만 산술평균과 기하평균의 관계가 성립할 조건을 확인해야 하는 중요한 문제이다.
> 산술평균과 기하평균의 관계는 두 수 또는 두 식이 모두 양수일 때 성립한다.
> 이 문제에서 $(a+1)^2=0$ 또는 $(b-2)^2=0$일 때에는 산술평균과 기하평균의 관계가 성립하지 않으므로 따로 경우를 나누어 $ab-2a+b$의 값을 구해야 한다.

36 x, y는 실수이므로 코시-슈바르츠의 부등식에 의하여

$$\left\{\left(\frac{1}{\sqrt{2}}\right)^2+\left(\frac{1}{\sqrt{3}}\right)^2\right\}\{(\sqrt{2}x)^2+(3y)^2\}\geq(x+\sqrt{3}y)^2$$

(단, 등호는 $2x=3\sqrt{3}y$일 때 성립)

이때 $2x^2+9y^2=18$이므로

$\frac{5}{6}\times18\geq(x+\sqrt{3}y)^2$, $(x+\sqrt{3}y)^2\leq15$

$\therefore -\sqrt{15}\leq x+\sqrt{3}y\leq\sqrt{15}$

따라서 $x+\sqrt{3}y$의 최댓값은 $\sqrt{15}$이다. 답 ③

37 a, b, c는 실수이므로 코시－슈바르츠의 부등식에 의하여

$(2^2+3^2+6^2)(a^2+b^2+c^2)\geq(2a+3b+6c)^2$

$49\geq(2a+3b+6c)^2$ ($\because a^2+b^2+c^2=1$)

$-7\leq2a+3b+6c\leq7$ $\therefore \alpha=7$

등호는 $\frac{a}{2}=\frac{b}{3}=\frac{c}{6}$일 때 성립하므로

$\frac{a}{2}=\frac{b}{3}=\frac{c}{6}=k(k\neq0)$라 하면

$a=2k$, $b=3k$, $c=6k$

$\therefore \frac{c^2}{ab}=\frac{(6k)^2}{2k\times3k}=\frac{36k^2}{6k^2}=6=\beta$

$\therefore \alpha-\beta=7-6=1$ 답 ①

38 a, b, x가 실수이므로 코시－슈바르츠의 부등식에 의하여

$\{1^2+(\sqrt{2})^2\}(a^2+b^2)\geq(a+\sqrt{2}b)^2$

$\left(\text{단, 등호는 } a=\frac{b}{\sqrt{2}}\text{일 때 성립}\right)$

$3(a^2+b^2)\geq(a+\sqrt{2}b)^2$

이때 $a+\sqrt{2}b=3-x$, $a^2+b^2=9-x^2$이므로

$3(9-x^2)\geq(3-x)^2$, $27-3x^2\geq9-6x+x^2$

$2x^2-3x-9\leq0$, $(2x+3)(x-3)\leq0$

$\therefore -\frac{3}{2}\leq x\leq3$

따라서 x의 최댓값은 3이다. 답 3

39 길이가 10인 선분 AB 위를 점 P가 움직이므로

$\overline{AP}+\overline{BP}=10$이고,

$4S_1+S_2=4\pi\overline{AP}^2+\pi\overline{BP}^2=\pi(4\overline{AP}^2+\overline{BP}^2)$

이때 $\overline{AP}$, $\overline{BP}$는 실수이므로 코시－슈바르츠의 부등식에 의하여

$\left\{\left(\frac{1}{2}\right)^2+1^2\right\}(4\overline{AP}^2+\overline{BP}^2)\geq\left(\frac{1}{2}\times2\overline{AP}+\overline{BP}\right)^2$

(단, 등호는 $\overline{AP}=2$, $\overline{BP}=8$일 때 성립)

$\frac{5}{4}(4\overline{AP}^2+\overline{BP}^2)\geq(\overline{AP}+\overline{BP})^2$

$4\overline{AP}^2+\overline{BP}^2\geq\frac{4}{5}\times10^2=80$ ($\because \overline{AP}+\overline{BP}=10$)

$\therefore 4S_1+S_2=\pi(4\overline{AP}^2+\overline{BP}^2)\geq80\pi$

따라서 $4S_1+S_2$의 최솟값은 80π이다. 답 ④

• 다른 풀이 •

두 원 C_1, C_2의 반지름의 길이를 각각 r_1, r_2 ($0<r_1<10$, $0<r_2<10$)라 하면

$r_1+r_2=10$ $\therefore r_2=10-r_1$

따라서

$4S_1+S_2=4\pi r_1^2+\pi r_2^2=\pi\{4r_1^2+(10-r_1)^2\}$

$=\pi(5r_1^2-20r_1+100)$

$=5\pi(r_1-2)^2+80\pi$ ($0<r_1<10$)

이므로 $r_1=2$일 때 $4S_1+S_2$는 최솟값 80π를 갖는다.

STEP 3 1등급을 넘어서는 **종합 사고력 문제** p. 28

01 $4\sqrt{3}$ **02** 5 **03** ③ **04** 풀이 참조 **05** ⑤
06 ②

01 해결단계

❶ 단계	x, y가 양수임을 이용하여 x, y의 값의 범위를 각각 구한다.
❷ 단계	주어진 식을 X로 놓는다.
❸ 단계	산술평균과 기하평균의 관계를 이용하여 X^2의 값의 범위를 구한 후, X의 최댓값을 구한다.

$x+y=10$에서 $y=10-x$ ······㉠

x, y가 양수이므로 $x>0$, $y>0$에서

$x>0$, $10-x>0$ $\therefore 0<x<10$, $0<y<10$ ($\because$ ㉠)

$X=\sqrt{21-2x}+\sqrt{23-2y}$라 하면

$X^2=21-2x+2\sqrt{(21-2x)(23-2y)}+23-2y$

$=44-2(x+y)+2\sqrt{(21-2x)(23-2y)}$

$=24+2\sqrt{(21-2x)(23-2y)}$ ($\because x+y=10$) ······㉡

한편, $0<x<10$, $0<y<10$에서 $21-2x>0$, $23-2y>0$이므로 산술평균과 기하평균의 관계에 의하여

$(21-2x)+(23-2y)\geq2\sqrt{(21-2x)(23-2y)}$

$\left(\text{단, 등호는 } 21-2x=23-2y\text{, 즉 } x=\frac{9}{2}, y=\frac{11}{2}\text{일 때 성립}\right)$

$\therefore 2\sqrt{(21-2x)(23-2y)}\leq44-2(x+y)$

$=24$ ($\because x+y=10$)

㉡에서

$X^2=24+2\sqrt{(21-2x)(23-2y)}\leq24+24=48$

이므로 $0\leq X\leq4\sqrt{3}$

따라서 X의 최댓값은 $4\sqrt{3}$이다. 답 $4\sqrt{3}$

• 다른 풀이1 •

코시－슈바르츠의 부등식에 의하여

$(1^2+1^2)\{(\sqrt{21-2x})^2+(\sqrt{23-2y})^2\}$

$\geq(\sqrt{21-2x}+\sqrt{23-2y})^2$

$\left(\text{단, 등호는 } 21-2x=23-2y\text{, 즉 } x=\frac{9}{2}, y=\frac{11}{2}\text{일 때 성립}\right)$

$2\{44-2(x+y)\}\geq(\sqrt{21-2x}+\sqrt{23-2y})^2$

$48\geq(\sqrt{21-2x}+\sqrt{23-2y})^2$ ($\because x+y=10$)

$\therefore 0\leq\sqrt{21-2x}+\sqrt{23-2y}\leq4\sqrt{3}$

($\because \sqrt{21-2x}\geq0$, $\sqrt{23-2y}\geq0$)

따라서 주어진 식의 최댓값은 $4\sqrt{3}$이다.

• 다른 풀이 2 •

$*$에서

$$X^2=24+2\sqrt{(21-2x)(2x+3)}\ (\because y=10-x)$$
$$=24+2\sqrt{-4x^2+36x+63}$$
$$=24+2\sqrt{-4\left(x-\frac{9}{2}\right)^2+144}\ (0<x<10)$$

따라서 X^2은 $x=\frac{9}{2}$일 때 최댓값 $24+2\sqrt{144}=48$을 가지므로 X, 즉 $\sqrt{21-2x}+\sqrt{23-2y}$의 최댓값은 $\sqrt{48}=4\sqrt{3}$

02 해결단계

❶ 단계	코시-슈바르츠의 부등식을 이용하여 a의 최댓값 M을 구한다.
❷ 단계	산술평균과 기하평균의 관계를 이용하여 b의 최솟값 m을 구한 후, M^2+m^2의 값을 구한다.

x, y가 실수이므로 코시-슈바르츠의 부등식에 의하여

$(1^2+1^2)(x^2+y^2)\geq(x+y)^2$

(단, 등호는 $x=y$일 때 성립)

이때 $x+y=a$이므로

$a^2\leq2(x^2+y^2)\leq2\times2=4\ (\because x^2+y^2\leq2)$

즉, a의 최댓값은 2이므로 $M=2$

한편, $x=0$ 또는 $y=0$일 때 $b=xy=0$이고,

$x\neq0$, $y\neq0$일 때, $x^2>0$, $y^2>0$이므로 산술평균과 기하평균의 관계에 의하여

$x^2+y^2\geq2\sqrt{x^2y^2}=2|xy|$ (단, 등호는 $x=y$일 때 성립)

이때 $xy=b$이므로

$2|b|\leq x^2+y^2\leq2$, $|b|\leq1$ $\quad\therefore -1\leq b\leq1$

즉, b의 최솟값은 -1이므로 $m=-1$이다.

$\therefore M^2+m^2=2^2+(-1)^2=5$

답 5

03 해결단계

❶ 단계	두 방정식 $ax^2-bx+c=0$, $\frac{a}{x^2}-\frac{b}{x}+c=0$의 근 사이의 관계를 파악한 후, 세 집합 P, Q, R를 각각 구한다.
❷ 단계	방정식 $ax^2-bx+c=0$의 두 근과 1의 대소 관계를 이용하여 ㄱ의 참, 거짓을 판단한다.
❸ 단계	$P\cap Q=\varnothing$이 되도록 하는 두 근과 1의 대소 관계를 파악하여 ㄴ의 참, 거짓을 판단한다.
❹ 단계	$P\cap Q\neq\varnothing$이 되도록 하는 두 근과 1의 대소 관계를 파악하여 ㄷ의 참, 거짓을 판단한다.

방정식 $ax^2-bx+c=0$이 실근을 가질 때, a, b, c가 모두 양의 실수이므로 실근은 모두 0보다 크다.*

$x=t\ (t>0)$를 방정식 $ax^2-bx+c=0$의 근이라 하면

$at^2-bt+c=0$에서 $\frac{a}{\left(\frac{1}{t}\right)^2}-\frac{b}{\frac{1}{t}}+c=0$이므로 $\frac{1}{t}$은 방정식 $\frac{a}{x^2}-\frac{b}{x}+c=0$의 근이다.

즉, $P=\{x|\alpha<x<\beta\}\ (0<\alpha<\beta)$라 하면

$Q=\left\{x\middle|\frac{1}{\beta}<x<\frac{1}{\alpha}\right\}$이다.

또한, $(x-1)^2\leq0$에서 $x=1$이므로 $R=\{1\}$이다.

ㄱ. $R\subset P$이면 $\alpha<1<\beta$이므로 $\frac{1}{\beta}<1<\frac{1}{\alpha}$이다.

$\therefore R\subset Q$ (참)

ㄴ. $P\cap Q=\varnothing$이려면 $P=Q=\varnothing$이거나 $\alpha<\beta<1$ 또는 $1<\alpha<\beta$이어야 한다.

이때 어느 경우도 $R\subset P$ 또는 $R\subset Q$를 만족시키지 않는다. (거짓)

ㄷ. $P\cap Q\neq\varnothing$이려면 $\alpha<1<\beta$이어야 한다.

$\alpha<1<\beta$일 때, $\frac{1}{\beta}<1<\frac{1}{\alpha}$이므로 두 집합 P, Q는 모두 1을 원소로 갖는다.

즉, $R\subset P$, $R\subset Q$이므로 $R\subset(P\cap Q)$ (참)

따라서 옳은 것은 ㄱ, ㄷ이다.

답 ③

BLACKLABEL 특강 풀이 첨삭 $*$

이차방정식 $ax^2-bx+c=0$이 실근을 가질 때, 두 근을 α, β라 하면 근과 계수의 관계에 의하여

$\alpha+\beta=\frac{b}{a}$, $\alpha\beta=\frac{c}{a}$

이때 a, b, c가 모두 양수이므로 $\alpha+\beta>0$, $\alpha\beta>0$

$\therefore \alpha>0$, $\beta>0$

04 해결단계

❶ 단계	두 정수 a, b를 모두 2의 배수가 아니라고 가정한다.
❷ 단계	이차방정식 $x^2+ax+b=0$의 정수인 근을 α라 할 때, α가 2의 배수가 아닌 경우와 2의 배수인 경우로 나누어 생각한다.
❸ 단계	결론이 모순임을 유도하여 주어진 명제를 증명한다.

두 정수 a, b가 모두 2의 배수가 아니라고 가정하자.

이차방정식 $x^2+ax+b=0$의 정수인 근을 α라 하면 α는 2의 배수가 아니거나 2의 배수이다.

(i) α가 2의 배수가 아닐 때, α와 a, b가 모두 2의 배수가 아니므로 α^2, $a\alpha$는 모두 2의 배수가 아니다.

즉, $\alpha^2+a\alpha+b$는 2의 배수가 아니므로

$\alpha^2+a\alpha+b\neq0$이다.

(ii) α가 2의 배수일 때, α^2, $a\alpha$는 모두 2의 배수이고, b는 2의 배수가 아니다.

즉, $\alpha^2+a\alpha+b$는 2의 배수가 아니므로

$\alpha^2+a\alpha+b\neq0$이다.

(i), (ii)에서 이차방정식 $x^2+ax+b=0$은 정수인 근을 갖지 않으므로 모순이다.

따라서 주어진 이차방정식이 적어도 하나의 정수인 근을 가지면 두 정수 a, b 중에서 적어도 하나는 2의 배수이다.

답 풀이 참조

05 해결단계

❶ 단계	$\angle$FGH$=90°$임을 이용하여 세 점 F, G, H가 중심이 M인 한 원 위에 있음을 증명하고, ㄱ의 참, 거짓을 판단한다.
❷ 단계	$\triangle$EFM과 $\triangle$FGM의 넓이를 구한 후, 산술평균과 기하평균의 관계를 이용하여 ㄴ의 참, 거짓을 판단한다.
❸ 단계	$\overline{\text{FH}}=6\sqrt{2}$임을 이용하여 a, b에 관한 식을 세운 후, 산술평균과 기하평균의 관계를 이용하여 ㄷ의 참, 거짓을 판단한다.

ㄱ. $\triangle$GDH와 $\triangle$FCG는 직각이등변삼각형이므로
$\angle$FGH$=90°$이고, 점 M은 선분 FH의 중점이므로
세 점 F, G, H는 중심이 M인 한 원 위에 있다.
즉, $\overline{FM}=\overline{GM}$이다. (참)

ㄴ. $\angle$HAE$=\angle$EBF$=90°$, $\overline{AH}=\overline{BE}$, $\overline{AE}=\overline{BF}$에서
$\triangle$AEH$\equiv\triangle$BFE (SAS 합동)이므로
$\angle$AEH$+\angle$BEF$=90°$, $\overline{EH}=\overline{FE}$
즉, $\triangle$EFH는 $\overline{EH}=\overline{EF}=\sqrt{a^2+b^2}$인 직각이등변삼각형이므로 넓이는 $\frac{1}{2}(a^2+b^2)$이다.
이때 선분 EM은 삼각형 EFH의 넓이를 이등분하므로 삼각형 EFM의 넓이는 $\frac{1}{4}(a^2+b^2)$이다.
한편, $\triangle$FGH는 직각을 낀 두 변의 길이가 각각 $\overline{HG}=\sqrt{2}a$, $\overline{FG}=\sqrt{2}b$인 직각삼각형이므로 넓이는 ab이다.
이때 선분 GM은 삼각형 FGH의 넓이를 이등분하므로 삼각형 FGM의 넓이는 $\frac{1}{2}ab$이다.
$a>0$, $b>0$에서 $a^2>0$, $b^2>0$이므로 산술평균과 기하평균의 관계에 의하여
$a^2+b^2\ge 2\sqrt{a^2b^2}=2ab$ (단, 등호는 $a=b$일 때 성립)
$\therefore \frac{1}{4}(a^2+b^2)\ge\frac{1}{2}ab$
따라서 $\triangle$EFM$\ge\triangle$FGM이다. (참)

ㄷ. 선분 FH는 직각이등변삼각형 EFH의 빗변이고,
$\overline{EH}=\sqrt{a^2+b^2}$이므로
$\overline{FH}=\sqrt{2}\times\sqrt{a^2+b^2}$
이때 $\overline{FH}=6\sqrt{2}$이면 $\sqrt{2}\times\sqrt{a^2+b^2}=6\sqrt{2}$에서
$a^2+b^2=36$ ……㉠
$a>0$, $b>0$에서 $a^2>0$, $b^2>0$이므로 산술평균과 기하평균의 관계에 의하여
$a^2+b^2\ge 2\sqrt{a^2b^2}=2ab$ (단, 등호는 $a=b$일 때 성립)
$36\ge 2ab$ ($\because$ ㉠)
$\therefore \frac{1}{2}ab\le 9$
따라서 삼각형 FGM의 넓이의 최댓값은 9이다. (참)

그러므로 ㄱ, ㄴ, ㄷ 모두 옳다. 답 ⑤

06 해결단계

❶ 단계	$Q=\varnothing$을 만족시키는 a, b의 조건을 파악하여 ㄱ의 참, 거짓을 판단한다.
❷ 단계	$a=0$, $b=4$일 때, 두 진리집합 P, Q의 포함 관계를 이용하여 ㄴ의 참, 거짓을 판단한다.
❸ 단계	명제 $q \longrightarrow p$가 참이 되도록 하는 a, b의 조건을 구한 후, ㄷ의 참, 거짓을 판단한다.

ㄱ. $Q=\varnothing$이면 $a-b\ge b-a$이어야 하므로 $a\ge b$이다. (참)

ㄴ. $a=0$, $b=4$일 때,
$P=R$ (단, 집합 R는 실수 전체의 집합이다.)
$Q=\{x\mid -4<x<4\}$
$\therefore Q\subset P$ (참)

ㄷ. 명제 $p \longrightarrow q$의 역은 $q \longrightarrow p$이므로 $Q\subset P$이려면
$Q=\varnothing$이거나 $P=R$이거나 $Q\subset\{x\mid x\le b-4\}$ 또는 $Q\subset\{x\mid x\ge a\}$이어야 한다.
(i) $Q=\varnothing$일 때, ㄱ에서 $a\ge b$
(ii) $P=R$일 때, $a\le b-4$
(iii) $Q\subset\{x\mid x\le b-4\}$ 또는 $Q\subset\{x\mid x\ge a\}$일 때,
ㄱ에서 $a<b$이면 $Q\ne\varnothing$이므로
$Q=\{x\mid a-b<x<b-a\}$
① $Q\subset\{x\mid x\le b-4\}$일 때,
다음 그림과 같이 $b-a\le b-4$이어야 하므로
$a\ge 4$

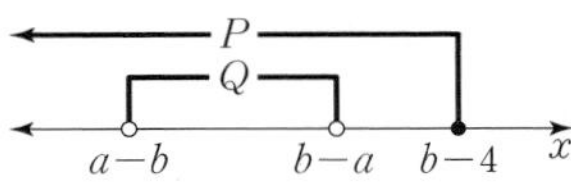

② $Q\subset\{x\mid x\ge a\}$일 때,
다음 그림과 같이 $a\le a-b$이어야 하므로
$b\le 0$

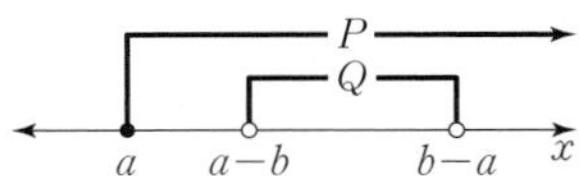

(i), (ii), (iii)에서 명제 $q \longrightarrow p$가 참이 되려면 $a\ge b$ 또는 $a\le b-4$ 또는 $a\ge 4$ 또는 $b\le 0$이어야 하므로 명제 $q \longrightarrow p$가 거짓이 되려면 $b-4<a<b$, $a<4$, $b>0$이어야 한다.
$1\le b\le 4$일 때, $b-4<a<b$, $a<4$를 만족시키는 정수 a는 각각 $b-3$, $b-2$, $b-1$의 3개
$b=5$일 때, $1<a<5$, $a<4$를 만족시키는 정수 a는 2, 3의 2개
$b=6$일 때, $2<a<6$, $a<4$를 만족시키는 정수 a는 3의 1개
$b\ge 7$일 때, $b-4<a<b$, $a<4$를 만족시키는 정수 a는 없다.
즉, 구하는 순서쌍 (a, b)의 개수는
$4\times 3+2+1=15$ (거짓)

따라서 옳은 것은 ㄱ, ㄴ이다. 답 ②

이것이 수능 p. 29

1 13　2 ①　3 ①　4 ②

1

해결단계

❶ 단계	주어진 명제의 의미를 파악한다.
❷ 단계	$P\cap Q\neq\varnothing$을 만족시키는 k의 값의 범위를 구한다.
❸ 단계	❷ 단계에서 구한 k의 값의 범위를 이용하여 정수 k의 개수를 구한다.

명제 '어떤 실수 x에 대하여 p이고 q이다.'가 참이려면 두 조건 p, q의 진리집합을 P, Q라 할 때,

$x\in(P\cap Q)$이어야 한다.

즉, $P\cap Q\neq\varnothing$이어야 하므로 조건을 만족시키는 경우는 다음과 같다.

(i) $-3\leq k-2<5$, 즉 $-1\leq k<7$일 때,

집합 Q는 다음 그림과 같으므로 $P\cap Q\neq\varnothing$이 성립한다.

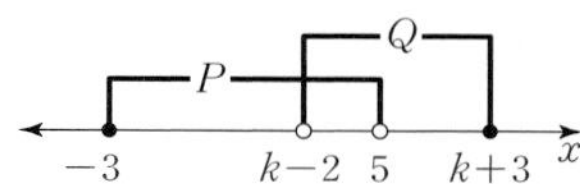

(ii) $-3\leq k+3\leq 5$, 즉 $-6\leq k\leq 2$일 때,

집합 Q는 다음 그림과 같으므로 $P\cap Q\neq\varnothing$이 성립한다.

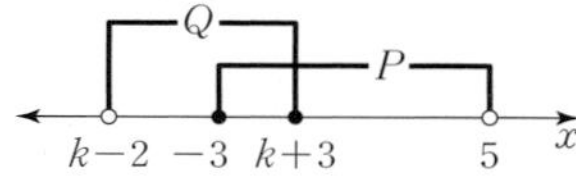

(i), (ii)에서 조건을 만족시키는 k의 값의 범위는

$-6\leq k<7$

따라서 정수 k는 -6, -5, -4, $\cdots$, 6의 13개이다.

답 13

2

해결단계

❶ 단계	$f(x)=x^2-8x+n$이라 하고, 주어진 명제의 의미를 파악한다.
❷ 단계	$2\leq x\leq 5$에서 $f(x)$의 최댓값을 구한 후, 조건을 만족시키는 n의 값의 범위를 구한다.
❸ 단계	❷ 단계에서 구한 n의 값의 범위를 이용하여 n의 최솟값을 구한다.

$f(x)=x^2-8x+n$이라 하자.

명제 '$2\leq x\leq 5$인 어떤 실수 x에 대하여 $f(x)\geq 0$이다.'가 참이려면 $2\leq x\leq 5$에서 $f(x)\geq 0$인 x의 값이 적어도 하나 존재해야 하므로 이 범위에서 $f(x)$의 최댓값이 0 이상이어야 한다.

$$f(x)=x^2-8x+n$$
$$=(x-4)^2+n-16$$

이므로 $2\leq x\leq 5$에서 $f(x)$는 $x=2$일 때 최댓값 $n-12$를 갖는다.

즉, $n-12\geq 0$에서

$n\geq 12$

따라서 구하는 n의 최솟값은 12이다.

답 ①

3

해결단계

❶ 단계	직육면체의 세 모서리의 길이를 각각 a, b, 6이라 하고, 부피를 이용하여 ab의 값을 구한다.
❷ 단계	직육면체의 대각선의 길이를 a, b에 대한 식으로 나타낸 후, 산술평균과 기하평균의 관계를 이용하여 a^2+b^2의 최솟값을 구한다.
❸ 단계	❷ 단계에서 구한 값을 이용하여 직육면체의 대각선의 길이의 최솟값을 구한다.

오른쪽 그림과 같이 직육면체의 세 모서리의 길이를 각각 a, b, 6이라 하면 부피가 108이므로

$6ab=108$

$\therefore ab=18$ ⋯⋯㉠

이때 직육면체의 대각선의 길이는 $\sqrt{a^2+b^2+6^2}$이고,

$a>0$, $b>0$에서 산술평균과 기하평균의 관계에 의하여

$$a^2+b^2\geq 2\sqrt{a^2b^2}$$
$$=2ab$$
$$=2\times 18=36\ (\because ㉠)$$

(단, 등호는 $a=b=3\sqrt{2}$일 때 성립)

$\therefore \sqrt{a^2+b^2+36}\geq\sqrt{36+36}=\sqrt{72}=6\sqrt{2}$

따라서 직육면체의 대각선의 길이의 최솟값은 $6\sqrt{2}$이다.

답 ①

4

해결단계

❶ 단계	직선 OP의 기울기를 이용하여 점 P를 지나고 직선 OP에 수직인 직선의 방정식을 구한다.
❷ 단계	❶ 단계에서 구한 직선이 y축과 만나는 점 Q의 좌표를 구한다.
❸ 단계	산술평균과 기하평균의 관계를 이용하여 삼각형 OQR의 넓이의 최솟값을 구한다.

직선 OP의 기울기는 $\frac{b}{a}$이므로 이 직선에 수직인 직선의 기울기는 $-\frac{a}{b}$이다.

점 P(a, b)를 지나고 기울기가 $-\frac{a}{b}$인 직선의 방정식은

$$y-b=-\frac{a}{b}(x-a)$$

$$\therefore y=-\frac{a}{b}x+\frac{a^2}{b}+b$$

이 직선이 y축과 만나는 점 Q의 좌표는

$\left(0,\ \frac{a^2}{b}+b\right)$

따라서 삼각형 OQR의 넓이는

$$\frac{1}{2}\times\frac{1}{a}\times\left(\frac{a^2}{b}+b\right)=\frac{1}{2}\left(\frac{a}{b}+\frac{b}{a}\right)$$

이때 $a>0$, $b>0$에서 $\frac{b}{a}>0$, $\frac{a}{b}>0$이므로 산술평균과 기하평균의 관계에 의하여

$$\frac{1}{2}\left(\frac{a}{b}+\frac{b}{a}\right)\geq\frac{1}{2}\times 2\sqrt{\frac{a}{b}\times\frac{b}{a}}$$
$$=1\ (\text{단, 등호는 } a=b\text{일 때 성립})$$

그러므로 삼각형 OQR의 넓이의 최솟값은 1이다.

답 ②

II 함수와 그래프

03 함수

STEP 1 출제율 100% **우수 기출 대표 문제** pp. 34~35

01 ③	02 7	03 ②	04 5	05 ④
06 ④	07 42	08 2	09 ④	10 ③
11 ②	12 ①	13 ④	14 -5	15 4
16 ④				

01 각 대응을 그림으로 나타내면 다음과 같다.

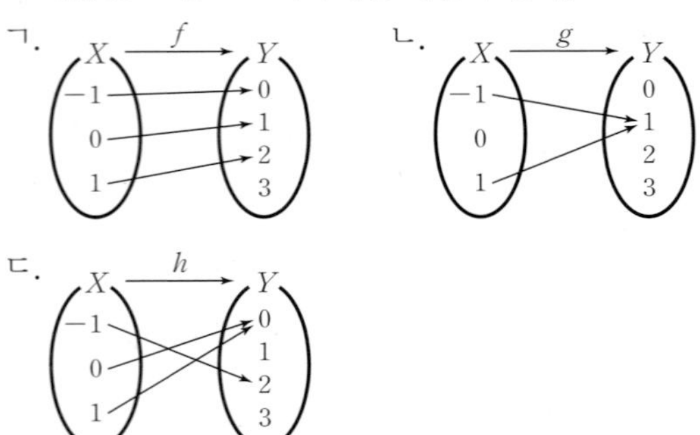

따라서 X에서 Y로의 함수인 것은 ㄱ, ㄷ이다. 답 ③

02 $x^3+2x+1=-2x^2+3x+3$에서

$x^3+2x^2-x-2=0$

$h(x)=x^3+2x^2-x-2$라 하면 $h(1)=0$, $h(-1)=0$이므로 오른쪽 그림과 같이 조립제법을 이용하여 인수분해하면

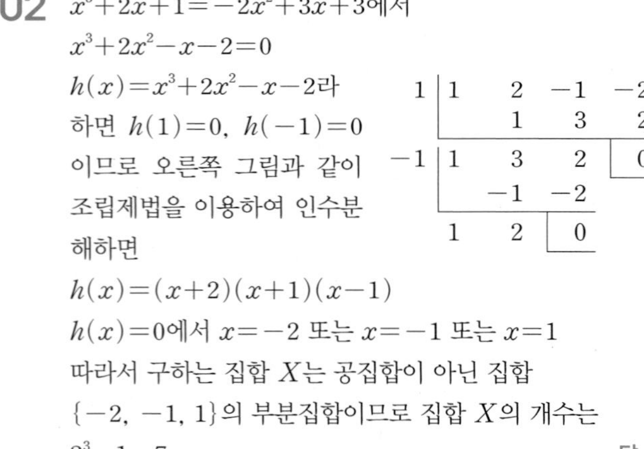

$h(x)=(x+2)(x+1)(x-1)$

$h(x)=0$에서 $x=-2$ 또는 $x=-1$ 또는 $x=1$

따라서 구하는 집합 X는 공집합이 아닌 집합 $\{-2, -1, 1\}$의 부분집합이므로 집합 X의 개수는

$2^3-1=7$ 답 7

03 $f(x)=\begin{cases}-x^2+2x+1 & (x<1)\\ x^2-2x+3 & (x\geq1)\end{cases}$

$=\begin{cases}-(x-1)^2+2 & (x<1)\\ (x-1)^2+2 & (x\geq1)\end{cases}$

이므로 함수 $y=f(x)$의 그래프는 오른쪽 그림과 같다.

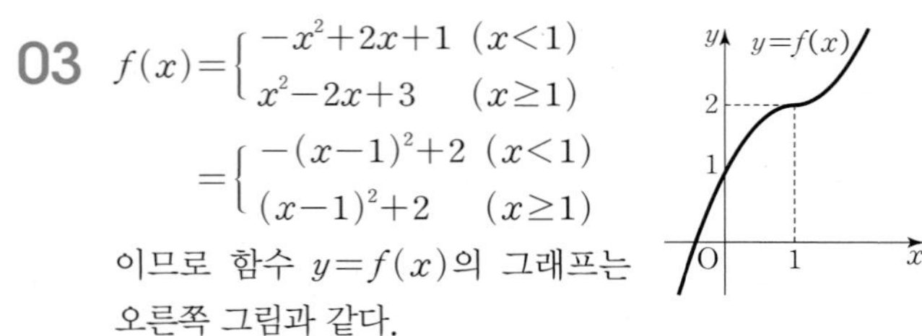

ㄱ. 함수 $f(x)$의 정의역이 실수 전체의 집합이므로 치역은 실수 전체의 집합이다. (참)

ㄴ. $f(a)=-2$라 하면 $a<1$이므로

$-a^2+2a+1=-2$

$a^2-2a-3=0$, $(a+1)(a-3)=0$

$\therefore a=-1$ ($\because a<1$)

또한, $f(1)=2$이므로 함수 $f(x)$의 치역이 $-2\leq f(x)\leq2$가 되도록 하는 정의역은 $-1\leq x\leq1$이다. (참)

ㄷ. 위의 그림에서 함수 $y=f(x)$의 그래프는 점 $(1, 2)$에 대하여 대칭이다. (거짓)

따라서 옳은 것은 ㄱ, ㄴ이다. 답 ②

04 함수 f는 정의역이 $X=\{x|1\leq x\leq a\}$이고 일대일대응이므로 치역도 $X=\{x|1\leq x\leq a\}$이어야 한다.

이때 함수 $f(x)=\frac{1}{3}(x-1)^2+b$의 그래프가 오른쪽 그림과 같으므로

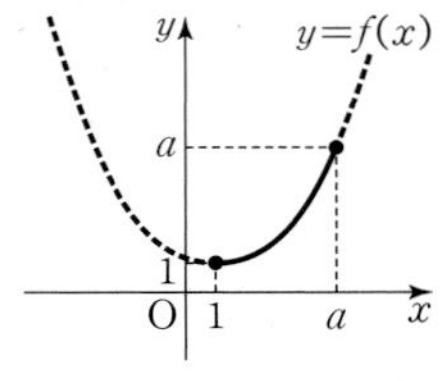

$f(1)=1$, $f(a)=a$

즉, $b=1$이고 $\frac{1}{3}(a-1)^2+1=a$

$a^2-2a+1+3=3a$, $a^2-5a+4=0$

$(a-1)(a-4)=0$

$\therefore a=4$ ($\because a\neq1$)

$\therefore a+b=4+1=5$ 답 5

05 함수 $f(x)=x^2-6x$가 항등함수가 되려면 집합 X의 각 원소 x에 대하여 $f(x)=x$가 성립해야 하므로

$x^2-6x=x$에서 $x^2-7x=0$

$x(x-7)=0$ $\quad\therefore x=0$ 또는 $x=7$

따라서 구하는 집합 X는 $\{0\}$, $\{7\}$, $\{0, 7\}$의 3개이다. 답 ④

06 집합 $X=\{0, 1, 2\}$에 대하여 함수 h는 X에서 X로의 항등함수이므로 $h(0)=0$, $h(1)=1$, $h(2)=2$

$\therefore f(0)=g(1)=h(2)=2$

이때 함수 g는 X에서 X로의 상수함수이므로

$g(0)=g(1)=g(2)=2$

또한, $f(0)-g(0)=f(1)$이므로 $f(1)=2-2=0$이고,

함수 f는 X에서 X로의 일대일대응이므로

$f(0)=2$, $f(1)=0$, $f(2)=1$

$\therefore f(2)+g(0)+h(1)=1+2+1=4$ 답 ④

07 (i) $n=3$일 때,

두 집합 $X=\{x_1, x_2, x_3\}$, $Y=\{y_1, y_2, y_3\}$에 대하여 집합 X의 세 원소 x_1, x_2, x_3에 대응될 수 있는 집합 Y의 원소가 각각 3개씩 존재하므로 X에서 Y로의 함수의 개수는 $3^3=27$

이때 집합 Y의 원소의 개수가 3이므로 X에서 Y로의 상수함수의 개수는 3이다.

따라서 X에서 Y로의 함수 중에서 상수함수가 아닌 함수의 개수는 $f(3)=27-3=24$ *

(ii) $n=4$일 때,

두 집합 $X=\{x_1, x_2, x_3, x_4\}$, $Y=\{y_1, y_2, y_3, y_4\}$에 대하여

x_1에 대응될 수 있는 것은 집합 Y의 원소 중에서 y_1을 제외한 y_2, y_3, y_4 중에서 하나이므로 3개,

x_2에 대응될 수 있는 것은 x_1에 대응되는 것을 제외한 3개,

x_3에 대응될 수 있는 것은 x_1, x_2에 대응되는 것을 제외한 2개,

x_4에 대응될 수 있는 것은 x_1, x_2, x_3에 대응되는 것을 제외한 1개

따라서 X에서 Y로의 함수 중에서 x_1이 y_1에 대응되지 않는 일대일대응의 개수는

$g(4)=3\times3\times2\times1=18$

$\therefore f(3)+g(4)=24+18=42$ 답 42

• 다른 풀이 1 •

*에서 $f(3)=24$

$g(4)=$(전체 일대일대응의 개수)

$-$($x_1 \longrightarrow y_1$인 일대일대응의 개수)

$=4\times3\times2\times1-3\times2\times1=18$

• 다른 풀이 2 •

X에서 Y로의 함수의 개수는

$n\times n\times n\times\cdots\times n=n^n$

이때 상수함수는 n개이므로

$f(n)=n^n-n \qquad \therefore f(3)=3^3-3=27-3=24$

또한, X에서 Y로의 일대일대응의 개수는

$n\times(n-1)\times(n-2)\times\cdots\times1=n!$

이때 x_1이 y_1에 대응되는 일대일대응의 개수는

$(n-1)\times(n-2)\times\cdots\times1=(n-1)!$

이므로

$g(n)=n!-(n-1)!=(n-1)(n-1)!$

$\therefore g(4)=(4-1)(4-1)!$

$=3\times(3\times2\times1)=18$

$\therefore f(3)+g(4)=24+18=42$

08 $f(x)=ax+m$, $g(x)=bx+n$이므로

$f\circ g=g\circ f$에서 $f(g(x))=g(f(x))$

$f(bx+n)=g(ax+m)$

$a(bx+n)+m=b(ax+m)+n$

$abx+an+m=abx+bm+n$

$(1-b)m+(a-1)n=0$

위의 식이 두 실수 m, n의 값에 관계없이 항상 성립하므로

$1-b=0$, $a-1=0 \qquad \therefore a=1, b=1$

$\therefore a+b=2$ 답 2

09 $f^1(x)=2x-1$이므로

$f^2(x)=(f\circ f)(x)=f(f(x))$

$=2f(x)-1=2(2x-1)-1$

$=4x-3$

$f^3(x)=(f\circ f^2)(x)=f(f^2(x))$

$=2f^2(x)-1=2(4x-3)-1$

$=8x-7$

$f^4(x)=(f\circ f^3)(x)=f(f^3(x))$

$=2f^3(x)-1=2(8x-7)-1$

$=16x-15$

⋮

$\therefore f^n(x)=2^nx-(2^n-1)$ (단, n은 자연수)

$\therefore f^9(3)=2^9\times3-(2^9-1)$

$=1536-511=1025$ 답 ④

10 $f(x)=t$로 놓으면

$(f\circ f)(x)=f(f(x))=f(x)$에서 $f(t)=t$

이때 함수 $y=f(x)$의 그래프와 직선 $y=x$는 원점과 원점이 아닌 서로 다른 두 점에서 만나므로 원점이 아닌 서로 다른 두 점의 x좌표를 각각 α, β $(\alpha<\beta)$라 하면

$t=\alpha$ $(\alpha<0)$, $t=0$, $t=\beta$ $(\beta>0)$

(i) $t=\alpha$, 즉 $f(x)=\alpha$일 때,

함수 $y=f(x)$의 그래프와 직선 $y=\alpha$는 한 점 (α, α)에서 만나므로 조건을 만족시키는 실수 x는 α의 1개이다.

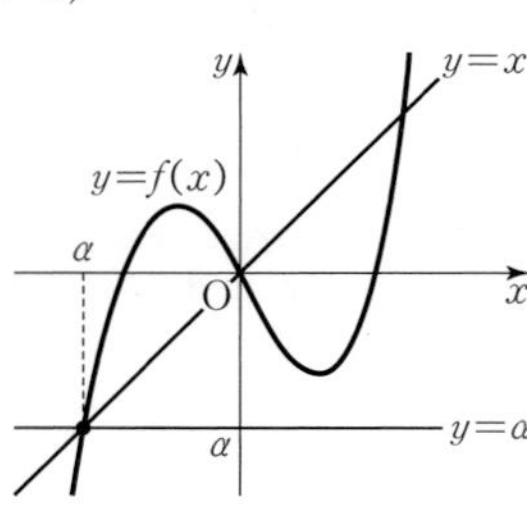

(ii) $t=0$, 즉 $f(x)=0$일 때,

함수 $y=f(x)$의 그래프는 x축과 서로 다른 세 점에서 만나므로 조건을 만족시키는 실수 x의 개수는 3이다.

(iii) $t=\beta$, 즉 $f(x)=\beta$일 때,

함수 $y=f(x)$의 그래프와 직선 $y=\beta$는 한 점 (β, β)에서 만나므로 조건을 만족시키는 실수 x는 β의 1개이다.

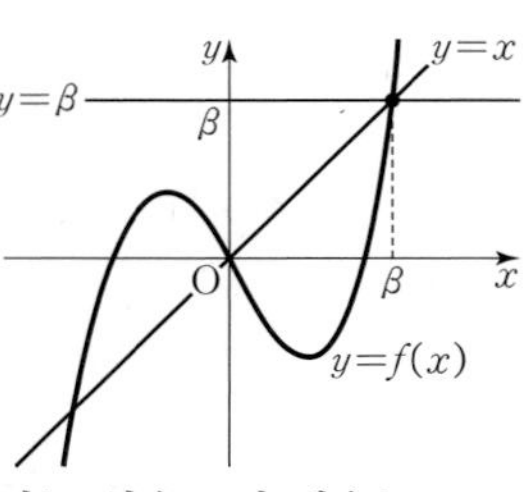

(i), (ii), (iii)에서 조건을 만족시키는 실수 x의 개수는

$1+3+1=5$ 답 ③

11 $x<1$일 때,

$f(x)=-x^2+2x+2b=-(x-1)^2+2b+1$

함수 $f(x)$의 역함수가 존재하려면 함수 $f(x)$는 실수 전체의 집합에서 일대일대응이어야 하므로 함수 $y=f(x)$의 그래프는 오른쪽 그림과 같아야 한다.

즉, $x\geq1$일 때 직선

$y=(3a-1)x-b+5$의 기울기는 양수이어야 하므로

$3a-1>0 \qquad \therefore a>\frac{1}{3} \qquad \cdots\cdots ㉠$

또한, $x=1$에서 두 함수 $y=(3a-1)x-b+5$와

$y=-x^2+2x+2b$는 함숫값이 같아야 하므로

$3a-b+4=1+2b$

$\therefore b=a+1$

㉠에서 $b=a+1>\frac{1}{3}+1=\frac{4}{3}$

따라서 정수 b의 최솟값은 2이다.

답 ②

12 $(f\circ g^{-1})(x^2)=x$에서

$(f^{-1}\circ f\circ g^{-1})(x^2)=f^{-1}(x)$

$g^{-1}(x^2)=f^{-1}(x)=2x^2$

$x^2=X$로 놓으면

$g^{-1}(X)=2X \qquad \therefore g^{-1}(x)=2x$

$y=2x$로 놓으면 $x=\frac{1}{2}y$

x와 y를 서로 바꾸면

$y=\frac{1}{2}x \qquad \therefore g(x)=\frac{1}{2}x$

$\therefore (g^{-1}\circ f)^{-1}(2)=(f^{-1}\circ g)(2)$

$=f^{-1}(g(2))$

$=f^{-1}(1)$

$=2\times1^2=2$

답 ①

BLACKLABEL 특강 참고

$g(2)$의 값은 다음과 같이 구할 수도 있다.

$g^{-1}(x)=2x$에서

$g(2x)=(g\circ g^{-1})(x)=x$

양변에 $x=1$을 대입하면 $g(2)=1$

13 함수 $f(x)$의 역함수가 $g(x)$이므로 $g(k)=p$라 하면

$f(p)=k \qquad \therefore p=c$

또한, $g(c)=q$라 하면

$f(q)=c \qquad \therefore q=d$

$\therefore (g\circ g)(k)=g(g(k))$

$=g(c)=d$

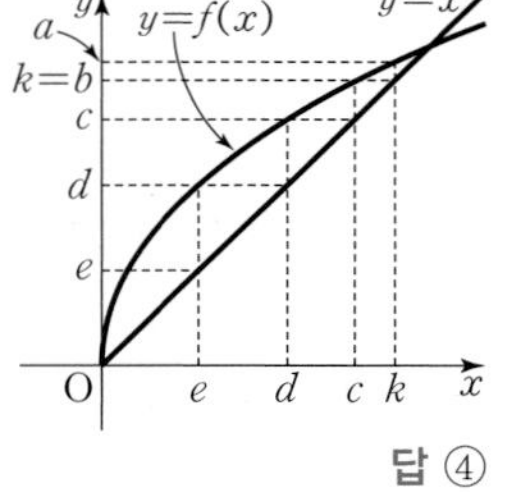

답 ④

14 $f(x)=x+a$에서 $y=x+a$로 놓으면

$x=y-a$

x와 y를 서로 바꾸면

$y=x-a \qquad \therefore f^{-1}(x)=x-a$

이때 $(f^{-1}\circ g)(x)=2x+5$이므로

$(f^{-1}\circ g)(x)=f^{-1}(g(x))=g(x)-a$

$=bx+c-a=2x+5$

위의 등식은 x에 대한 항등식이므로

$b=2,\ c-a=5 \qquad \cdots\cdots ㉠$

또한, $g^{-1}(3)=2$에서 $g(2)=3$이므로

$2b+c=3 \qquad \cdots\cdots ㉡$

㉠, ㉡에서

$a=-6,\ b=2,\ c=-1$

$\therefore a+b+c=-5$

답 -5

• 다른 풀이1 •

$g^{-1}(3)=2$이므로 $g(2)=3$

$(f^{-1}\circ g)(x)=f^{-1}(g(x))=2x+5$이므로

$x=2$를 대입하면

$f^{-1}(g(2))=9,\ f^{-1}(3)=9$

$\therefore f(9)=3$

$f(x)=x+a$이므로

$9+a=3 \qquad \therefore a=-6$

또한, $x=1$을 대입하면

$f^{-1}(g(1))=7,\ g(1)=f(7)=7-6=1$

$g(x)=bx+c$이므로 $b+c=1$

$\therefore a+b+c=(-6)+1=-5$

• 다른 풀이2 •

$(f^{-1}\circ g)(x)=2x+5$의 양변에 함수 f를 합성하면

$g(x)=f(2x+5)$

$=2x+5+a$ ($\because f(x)=x+a$)

$g^{-1}(3)=2$에서 $g(2)=3$이므로

$4+5+a=3 \qquad \therefore a=-6$

$\therefore g(x)=2x-1$

이때 $g(x)=bx+c$이므로 $2x-1=bx+c$

$\therefore b=2,\ c=-1$

$\therefore a+b+c=(-6)+2+(-1)=-5$

15 함수 $f(x)=|x-1|+|x-2|+|x-3|$에서

(i) $x<1$일 때,

$f(x)=-(x-1)-(x-2)-(x-3)=-3x+6$

(ii) $1\leq x<2$일 때,

$f(x)=(x-1)-(x-2)-(x-3)=-x+4$

(iii) $2\leq x<3$일 때,

$f(x)=(x-1)+(x-2)-(x-3)=x$

(iv) $x\geq3$일 때,

$f(x)=(x-1)+(x-2)+(x-3)=3x-6$

(ⅰ)~(ⅳ)에서 함수 $y=f(x)$의 그래프는 오른쪽 그림과 같다.
따라서 함수 $f(x)$는 $x=2$에서 최솟값 2를 가지므로
$a=2$, $b=2$
$\therefore a+b=4$

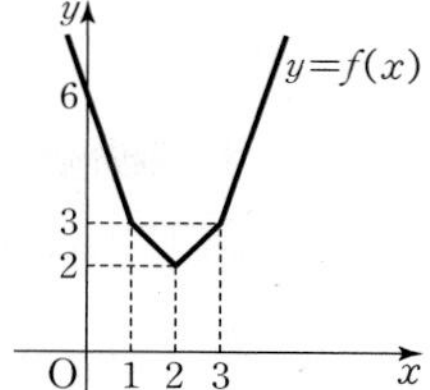

답 4

BLACKLABEL 특강 참고

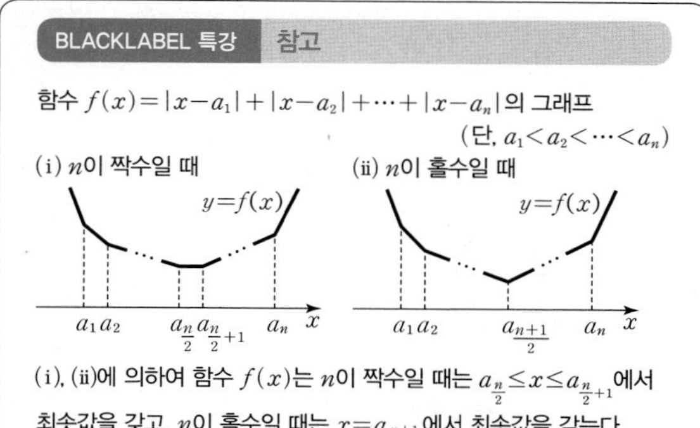

(ⅰ), (ⅱ)에 의하여 함수 $f(x)$는 n이 짝수일 때는 $a_{\frac{n}{2}}\le x\le a_{\frac{n}{2}+1}$에서 최솟값을 갖고, n이 홀수일 때는 $x=a_{\frac{n+1}{2}}$에서 최솟값을 갖는다.

16 정수 n에 대하여

(ⅰ) $n\le x<n+\frac{1}{2}$일 때,
$2n\le 2x<2n+1$이므로
$[x]=n$, $[2x]=2n$
$\therefore f(x)=[2x]-2[x]$
$=2n-2n=0$

(ⅱ) $n+\frac{1}{2}\le x<n+1$일 때,
$2n+1\le 2x<2n+2$이므로
$[x]=n$, $[2x]=2n+1$
$\therefore f(x)=[2x]-2[x]$
$=(2n+1)-2n=1$

(ⅰ), (ⅱ)에서 함수 $f(x)=[2x]-2[x]$의 치역은 $\{0, 1\}$이다.

답 ④

STEP 2 1등급을 위한 **최고의 변별력 문제** pp. 36~41

01 ⑤	02 ⑤	03 5	04 7	05 2
06 ③	07 ②	08 ①	09 18	10 ③
11 99	12 ③	13 ②	14 ③	15 3
16 4	17 2	18 4	19 4	20 ②
21 4	22 ⑤	23 $2\sqrt{5}$	24 ④	25 $-\frac{3}{2}$
26 ②	27 ④	28 ③	29 5	30 $\sqrt{7}$
31 32	32 ③	33 1	34 ④	35 ②
36 $\frac{3}{2}$	37 21	38 ②	39 ⑤	

01 $0\le k\le 8$인 정수 k에 대하여
$f(k)=f(9\times 0+k)$
$=f(0)+k=0+k=k$
$\therefore f(k)=k$ (단, $0\le k\le 8$)
ㄱ. $f(31)=f(9\times 3+4)=f(3)+4$
$=3+4=7$ (참)
ㄴ. $0\le p\le 4$이므로 $0\le 2p\le 8$이다.
즉, $f(2p)=2p$이므로
$f(181p)=f(9\times 20p+p)=f(20p)+p$
$=f(9\times 2p+2p)+p=f(2p)+2p+p$
$=2p+2p+p$
$=5p$ (참)
ㄷ. $f(81a+9b+c)=f(9(9a+b)+c)$
$=f(9a+b)+c=f(a)+b+c$
$=a+b+c$
$f(81c+9b+a)=f(9(9c+b)+a)$
$=f(9c+b)+a=f(c)+b+a$
$=c+b+a$
$\therefore f(81a+9b+c)=f(81c+9b+a)$ (참)
따라서 ㄱ, ㄴ, ㄷ 모두 옳다.

답 ⑤

02 $f(xy)=f(x)+f(y)$ ······㉠
ㄱ. ㉠의 양변에 $x=1$, $y=1$을 대입하면
$f(1)=f(1)+f(1)$
$\therefore f(1)=0$ (거짓)
ㄴ. $f(8)=f(4\times 2)$
$=f(4)+f(2)$
$=f(2\times 2)+f(2)$
$=f(2)+f(2)+f(2)=3f(2)$ (참)
ㄷ. ㉠의 양변에 $y=\frac{1}{x}$을 대입하면
$f\left(x\times\frac{1}{x}\right)=f(x)+f\left(\frac{1}{x}\right)$, $f(1)=f(x)+f\left(\frac{1}{x}\right)$
$0=f(x)+f\left(\frac{1}{x}\right)$ ($\because$ ㄱ)
$\therefore f\left(\frac{1}{x}\right)=-f(x)$ (참)
따라서 옳은 것은 ㄴ, ㄷ이다.

답 ⑤

03 (ⅰ) $m=0$, 즉 $g(x)=1$인 경우
x가 유리수일 때, $x^2+1=1$에서 $x=0$
x가 무리수일 때, $-x^2+1=1$에서 $x=0$
그런데 $x=0$은 유리수이므로 방정식 $-x^2+1=1$을 만족시키는 무리수 x는 존재하지 않는다.
즉, 두 함수의 그래프의 교점은 $x=0$일 때의 1개뿐이므로
$h(0)=1$

(ii) $m=1$, 즉 $g(x)=x+1$인 경우

x가 유리수일 때,

$x^2+1=x+1$에서 $x^2-x=0$

$x(x-1)=0$ $\quad\therefore x=0$ 또는 $x=1$

x가 무리수일 때,

$-x^2+1=x+1$에서 $x^2+x=0$

$x(x+1)=0$ $\quad\therefore x=-1$ 또는 $x=0$

그런데 x는 무리수이어야 하므로 방정식 $-x^2+1=x+1$을 만족시키는 무리수 x는 존재하지 않는다.

즉, 두 함수의 그래프의 교점은 $x=0$ 또는 $x=1$일 때의 2개이므로

$h(1)=2$

(iii) $m=\sqrt{2}$, 즉 $g(x)=\sqrt{2}x+1$인 경우

x가 유리수일 때,

$x^2+1=\sqrt{2}x+1$에서 $x^2-\sqrt{2}x=0$

$x(x-\sqrt{2})=0$ $\quad\therefore x=0$ 또는 $x=\sqrt{2}$

그런데 x는 유리수이어야 하므로 $x=0$

x가 무리수일 때,

$-x^2+1=\sqrt{2}x+1$에서 $x^2+\sqrt{2}x=0$

$x(x+\sqrt{2})=0$ $\quad\therefore x=-\sqrt{2}$ 또는 $x=0$

그런데 x는 무리수이어야 하므로 $x=-\sqrt{2}$

즉, 두 함수의 그래프의 교점은 $x=0$ 또는 $x=-\sqrt{2}$일 때의 2개이므로

$h(\sqrt{2})=2$

(i), (ii), (iii)에서

$h(0)+h(1)+h(\sqrt{2})=1+2+2=5$ 답 5

04

조건 (가)에서 함수 f의 치역의 원소의 개수가 7이므로 집합 X의 서로 다른 두 원소 a, b에 대하여 $f(a)=f(b)=n$을 만족시키는 집합 X의 원소 n은 한 개이다.

이때 집합 X의 원소 중 함숫값으로 사용되지 않은 원소를 m이라 하면 조건 (나)에서

$f(1)+f(2)+f(3)+f(4)+f(5)+f(6)+f(7)+f(8)$

$=(1+2+3+4+5+6+7+8)+n-m$

$=36+n-m=42$

$\therefore n-m=6$

집합 X의 원소 n, m에 대하여 $n-m=6$인 경우는 다음과 같다.

(i) $n=8$, $m=2$일 때,

함수 f의 치역은 $\{1, 3, 4, 5, 6, 7, 8\}$이므로 조건 (다)를 만족시키지 않는다.

(ii) $n=7$, $m=1$일 때,

함수 f의 치역은 $\{2, 3, 4, 5, 6, 7, 8\}$이므로 조건 (다)를 만족시킨다.

(i), (ii)에서 $n=7$ 답 7

05

해결단계

❶ 단계	주어진 식의 양변에 $x=a$, $x=\frac{1}{a}$을 각각 대입하여 관계식을 세운다.
❷ 단계	❶ 단계에서 세운 관계식을 연립하여 함수 $f(x)$를 구한다.
❸ 단계	$f(x)=f(-x)$를 만족시키는 식을 세운 후, 실수 x의 개수를 구한다.

$f(x)+2f\left(\frac{1}{x}\right)=3x$의 양변에 $x=a$를 대입하면

$f(a)+2f\left(\frac{1}{a}\right)=3a$ ……㉠

또한, $f(x)+2f\left(\frac{1}{x}\right)=3x$의 양변에 $x=\frac{1}{a}$을 대입하면

$f\left(\frac{1}{a}\right)+2f(a)=\frac{3}{a}$ ……㉡

㉠+㉡을 하면

$3f(a)+3f\left(\frac{1}{a}\right)=3a+\frac{3}{a}$

$\therefore f(a)+f\left(\frac{1}{a}\right)=a+\frac{1}{a}$ ……㉢

㉡−㉢을 하면

$f(a)=\frac{3}{a}-\left(a+\frac{1}{a}\right)=-a+\frac{2}{a}$

$\therefore f(x)=-x+\frac{2}{x}$

$f(-x)=x-\frac{2}{x}$이므로 $f(x)=f(-x)$에서

$-x+\frac{2}{x}=x-\frac{2}{x}$, $2x=\frac{4}{x}$

$x^2=2$ $\quad\therefore x=\pm\sqrt{2}$

따라서 구하는 실수 x는 $-\sqrt{2}$, $\sqrt{2}$의 2개이다. 답 2

06

함수 f가 항등함수이므로 정의역의 모든 원소 x에 대하여 $f(x)=x$가 성립해야 한다.

(i) $x<-3$일 때,

$f(x)=-5$이므로 $f(x)=x$를 만족시키는 x의 값은 $x=-5$

(ii) $-3\le x\le 2$일 때,

$f(x)=3x-4$이므로 $f(x)=x$에서

$3x-4=x$ $\quad\therefore x=2$

(iii) $x>2$일 때,

$f(x)=2x^2-2x-9$이므로 $f(x)=x$에서

$2x^2-2x-9=x$

$2x^2-3x-9=0$, $(x-3)(2x+3)=0$

$\therefore x=3$ ($\because x>2$)

(i), (ii), (iii)에서 $X=\{-5, 2, 3\}$이므로

$a+b+c=0$ 답 ③

07

조건 (다)에서 모든 실수 x에 대하여 $f(x+2)=f(x)$이므로

$f\left(\frac{121}{2}\right)=f\left(\frac{121}{2}-2\right)=f\left(\frac{121}{2}-2-2\right)=\cdots$

$\therefore f\left(\frac{121}{2}\right)=f\left(\frac{117}{2}\right)=f\left(\frac{113}{2}\right)=\cdots=f\left(\frac{1}{2}\right)$

조건 (나)에서 모든 실수 x에 대하여 $f(x)=f(-x)$이므로

$f\left(\frac{1}{2}\right)=f\left(-\frac{1}{2}\right)$

조건 (가)에서 $-1\le x\le 0$일 때, $f(x)=(x+1)^2$이므로

$f\left(\frac{1}{2}\right)=f\left(-\frac{1}{2}\right)=\left(-\frac{1}{2}+1\right)^2=\frac{1}{4}$

$\therefore f\left(\frac{121}{2}\right)=f\left(\frac{1}{2}\right)=\frac{1}{4}$

답 ②

08 $f(x+2)=f(x+1)-f(x)$에서 x 대신에 $x+1$을 대입하면

$$\begin{aligned}f(x+3)&=f(x+2)-f(x+1)\\&=\{f(x+1)-f(x)\}-f(x+1)\\&=-f(x)\end{aligned}$$

$\therefore f(x+3)=-f(x)$

즉, $f(x+6)=-f(x+3)=f(x)$이므로

$f(2019)=f(6\times 336+3)=f(3)$

$f(2020)=f(6\times 336+4)=f(4)$

$f(2021)=f(6\times 336+5)=f(5)$

$$\begin{aligned}\therefore\ &f(2019)+f(2020)+f(2021)\\&=f(3)+f(4)+f(5)\\&=f(3)+f(4)+\{f(4)-f(3)\}\\&=2f(4)=-2f(1)=-2\times 2017\\&=-4034\end{aligned}$$

답 ①

09 조건 (다)에서 $9-f(a)\in\{f(1),\ f(2),\ f(3),\ f(4)\}$이고, 조건 (나)에서 $f(1)=1$이므로

$9-f(a)\in\{1,\ f(2),\ f(3),\ f(4)\}$

이때 $a=1$이면 $8\in\{1,\ f(2),\ f(3),\ f(4)\}$이어야 하므로 $f(2)=8$ 또는 $f(3)=8$ 또는 $f(4)=8$이다.

(i) $f(2)=8$일 때,

$f(3)+f(4)=9$이어야 하므로

순서쌍 $(f(3),\ f(4))$는

$(2,\ 7),\ (7,\ 2),\ (3,\ 6),\ (6,\ 3),\ (4,\ 5),\ (5,\ 4)$의 6가지

(ii) $f(3)=8$일 때,

$f(2)+f(4)=9$이어야 하므로

순서쌍 $(f(2),\ f(4))$는

$(2,\ 7),\ (7,\ 2),\ (3,\ 6),\ (6,\ 3),\ (4,\ 5),\ (5,\ 4)$의 6가지

(iii) $f(4)=8$일 때,

$f(2)+f(3)=9$이어야 하므로

순서쌍 $(f(2),\ f(3))$은

$(2,\ 7),\ (7,\ 2),\ (3,\ 6),\ (6,\ 3),\ (4,\ 5),\ (5,\ 4)$의 6가지

(i), (ii), (iii)에서 조건을 만족시키는 함수 f의 개수는

$6+6+6=18$

답 18

• 다른 풀이 •

조건 (가)에 의하여 함수 f는 일대일함수이어야 하고, 조건 (나)와 (다)에서 $9-1=8\in\{f(x)\,|\,x\in X\}$이어야 한다. 즉, 함수 f의 치역은 항상 1, 8을 원소로 갖는다.

1, 8을 제외한 함수 f의 치역의 원소는 조건 (다)에 의하여

2, 7 또는 3, 6 또는 4, 5

이때 함수 f의 치역을 $\{1,\ 2,\ 7,\ 8\}$이라 하면 $f(1)=1$을 만족시키는 일대일함수 f의 개수는

$3\times 2\times 1=6$

함수 f의 치역이 $\{1,\ 3,\ 6,\ 8\}$ 또는 $\{1,\ 4,\ 5,\ 8\}$일 때도 함수 f는 6가지씩 존재하므로 주어진 조건을 만족시키는 함수 f의 개수는

$3\times 6=18$

10 ㄱ. 두 함수 $y=f(x)$, $y=g(x)$의 그래프의 교점의 좌표를 $(a,\ b)$라 하면 $f(a)=g(a)=b$이므로

$h(a)=\frac{1}{4}f(a)+\frac{3}{4}g(a)=\frac{1}{4}b+\frac{3}{4}b=b$

따라서 함수 $y=h(x)$의 그래프는 두 함수 $y=f(x)$, $y=g(x)$의 그래프의 교점 $(a,\ b)$를 지난다. (참)

ㄴ. 두 함수 $y=f(x)$, $y=g(x)$의 그래프가 모두 원점에 대하여 대칭이면

$f(-x)=-f(x)$, $g(-x)=-g(x)$

$$\begin{aligned}\therefore h(-x)&=\frac{1}{4}f(-x)+\frac{3}{4}g(-x)\\&=-\frac{1}{4}f(x)-\frac{3}{4}g(x)\\&=-\left\{\frac{1}{4}f(x)+\frac{3}{4}g(x)\right\}\\&=-h(x)\end{aligned}$$

따라서 함수 $y=h(x)$의 그래프도 원점에 대하여 대칭이다. (참)

ㄷ. (반례) $f(x)=3x$, $g(x)=-x$라 하면 두 함수 $f(x)$, $g(x)$는 모두 일대일대응이다. 그런데

$$\begin{aligned}h(x)&=\frac{1}{4}f(x)+\frac{3}{4}g(x)\\&=\frac{1}{4}\times 3x+\frac{3}{4}\times(-x)=0\end{aligned}$$

따라서 함수 $h(x)$는 일대일대응이 아니다. (거짓)

그러므로 옳은 것은 ㄱ, ㄴ이다.

답 ③

BLACKLABEL 특강 **필수 개념**

함수 $f(x)$의 정의역의 임의의 원소 x에 대하여

(1) $f(-x)=-f(x)$이면 함수 $y=f(x)$의 그래프는 원점에 대하여 대칭이다.

(2) $f(-x)=f(x)$이면 함수 $y=f(x)$의 그래프는 y축에 대하여 대칭이다.

서울대 선배들의 강추문제 1등급 비법 노하우

ㄷ이 거짓인 이유를 좀 더 자세히 알아보자.
두 함수 $f(x)$, $g(x)$가 일대일대응이면 일대일함수이므로
$f(x_1)=f(x_2)$이면 $x_1=x_2$, $g(x_1)=g(x_2)$이면 $x_1=x_2$ ……㉠
함수 $h(x)$가 일대일대응이려면 $h(x_1)=h(x_2)$일 때 $x_1=x_2$이어야 한다.
$h(x_1)=h(x_2)$라 하면 $h(x)=\frac{1}{4}f(x)+\frac{3}{4}g(x)$에서
$\frac{1}{4}f(x_1)+\frac{3}{4}g(x_1)=\frac{1}{4}f(x_2)+\frac{3}{4}g(x_2)$ ……㉡
이때 $\frac{1}{4}f(x_1)=\frac{1}{4}f(x_2)$, $\frac{3}{4}g(x_1)=\frac{3}{4}g(x_2)$ ……㉢
이면 ㉠에 의하여 $x_1=x_2$이므로 주어진 명제는 참이다. 그러나
$\frac{1}{4}f(x_1)=0$, $\frac{3}{4}g(x_1)=3$, $\frac{1}{4}f(x_2)=1$, $\frac{3}{4}g(x_2)=2$이면 ㉡은 만족시키지만 ㉢을 만족시키지 않으므로 반례가 존재한다. 즉, ㄷ은 거짓이다.

11 조건 (가)에서 $(f\circ g)(x)=4\{g(x)\}^2-g(x)-1$이므로
$f(x)=4x^2-x-1$
함수 $g(x)$는 일차함수이므로 $g(x)=ax+b\ (a\neq0)$라 하면 조건 (나)에서 $(g\circ f)(x)=(f\circ g)(x)$이므로
$a(4x^2-x-1)+b=4(ax+b)^2-(ax+b)-1$
$4ax^2-ax-a+b=4a^2x^2+8abx+4b^2-ax-b-1$
$4ax^2-ax-a+b=4a^2x^2+(8ab-a)x+4b^2-b-1$
위의 식이 x에 대한 항등식이므로
$4a=4a^2$, $-a=8ab-a$, $-a+b=4b^2-b-1$
$4a=4a^2$에서 $a=1\ (\because a\neq0)$
$a=1$을 $-a=8ab-a$에 대입하면 $b=0$이므로
$g(x)=x$
$\therefore f(5)+g(5)=(4\times5^2-5-1)+5=99$ 답 99

12 ㄱ. x가 유리수이면 $f(x)=\sqrt{2}$이고, $\sqrt{2}$는 무리수이므로
$f(\sqrt{2})=1$
즉, x가 유리수이면
$(f\circ f)(x)=f(f(x))=f(\sqrt{2})=1$ (참)
ㄴ. (반례) $x=0$이면 0은 유리수이므로 $f(0)=\sqrt{2}$
$\therefore f(0\times f(0))=f(0\times\sqrt{2})=f(0)=\sqrt{2}$ (거짓)
ㄷ. $f(x_1)\neq f(x_2)$이면 x_1은 유리수, x_2는 무리수 또는 x_1은 무리수, x_2는 유리수이다.
이때 (유리수)+(무리수)=(무리수)이므로 x_1+x_2는 무리수이다.
$\therefore f(x_1+x_2)=1$ (참)
따라서 옳은 것은 ㄱ, ㄷ이다. 답 ③

13 ㄱ. 함수 f의 공역은 집합 $A=\{-1, 0, 1\}$이고,
$f(0)=0$이므로 $f(-1)$과 $f(1)$이 될 수 있는 값은 각각 -1, 0, 1의 3가지씩이다.
즉, $f(0)=0$인 함수 f의 개수는 $3\times3=9$ (거짓)
ㄴ. 집합 A의 모든 원소 x에 대하여 $f(-x)=f(x)$이므로 $f(-1)=f(1)$
이때 $f(-1)$이 될 수 있는 값은 -1, 0, 1의 3가지이고, $f(0)$이 될 수 있는 값도 3가지이므로
$f(-x)=f(x)$를 만족시키는 함수 f의 개수는
$3\times3=9$ (참)
ㄷ. $(f\circ f)(x)=f(f(x))=x$가 성립하기 위해서는 $f(a)=b$이면 $f(b)=a$이어야 하므로 구하는 경우는 다음과 같다.
$f(-1)=-1$, $f(0)=0$, $f(1)=1$ 또는
$f(-1)=-1$, $f(0)=1$, $f(1)=0$ 또는
$f(-1)=1$, $f(0)=0$, $f(1)=-1$ 또는
$f(-1)=0$, $f(0)=-1$, $f(1)=1$
즉, $(f\circ f)(x)=x$를 만족시키는 함수 f의 개수는 4이다. (거짓)
따라서 옳은 것은 ㄴ뿐이다. 답 ②

• 다른 풀이 •
ㄷ. $f(x)=a$라 하면 $f(f(x))=x$이므로 $f(a)=x$
즉, $(f\circ f)(x)=x$를 만족시키는 함수 f는 다음과 같다.
집합 A의 세 원소가 모두 자기 자신을 함숫값으로 갖는 경우의 1가지
하나의 원소는 자기 자신을 함숫값으로 갖고, 나머지 두 원소는 서로를 함숫값으로 갖는 경우의 ${}_3C_1=3$가지
따라서 구하는 함수 f의 개수는 $1+3=4$ (거짓)

14 ① $a\in A$라 하면 $f(a)=a$이므로
$f(f(a))=f(a)=a$ $\therefore a\in B$
$\therefore A\subset B$
② $a\in A$라 하면 $f(a)=a$이므로
$f(f(a))=f(a)$ $\therefore a\in C$
$\therefore A\subset C$
③ $b\in B$라 하면 $f(f(b))=b$
이때 $f(b)\neq b$이면 $f(f(b))\neq f(b)$
즉, b는 집합 C의 원소가 아닐 수도 있다.
$\therefore B\not\subset C$
④ $b\in B\cap C$라 하면
$f(f(b))=b$, $f(f(b))=f(b)$이므로 $f(b)=b$
$\therefore b\in A$
$\therefore (B\cap C)\subset A$
⑤ ①에서 $A\subset B$이므로 $A\cup B=B$
이때 $C\subset B$이면 $B\cap C=C$이고, ④에서 $(B\cap C)\subset A$이므로 $C\subset A$
그런데 ②에서 $A\subset C$이므로 $A=C$
즉, $C\subset(A\cup B)$이면 $A=C$이다.
따라서 세 집합 A, B, C 사이의 관계로 옳지 않은 것은 ③이다. 답 ③

15 해결단계

❶단계	함수 $(f\circ f\circ f)(x)$의 치역을 이용하여 함수 f의 치역을 구한다.
❷단계	$f(3)=2$, $f(4)=4$와 함수 f의 치역을 이용하여 $f(1)$, $f(2)$로 가능한 값들을 구한다.
❸단계	❷단계에서 구한 $f(1)$, $f(2)$의 값을 이용하여 $f(1)+f(2)$의 값을 구한다.

함수 $(f\circ f\circ f)(x)$의 치역이 $\{1, 2, 4\}$이므로 함수 f의 치역도 $\{1, 2, 4\}$이다.
$f(3)=2$, $f(4)=4$이므로 $f(a)=1$을 만족시키는 집합 X의 원소 a가 존재해야 한다.
즉, $f(1)=1$ 또는 $f(2)=1$이다.
이때 $3\notin\{1, 2, 4\}$이므로 $f(b)=3$을 만족시키는 집합 X의 원소 b가 존재하지 않는다.
이를 만족시키는 $f(1)$, $f(2)$의 값은 다음과 같이 5가지이다.

$f(1)$	1	1	1	2	4
$f(2)$	1	2	4	1	1

그런데 $f(1)=1$, $f(2)=1$ 또는 $f(1)=1$, $f(2)=4$ 또는 $f(1)=4$, $f(2)=1$이면 $(f\circ f\circ f)(x)$의 치역이 $\{1, 4\}$ 또는 $\{4\}$가 되어 모순이다.*
따라서 $f(1)=1$, $f(2)=2$ 또는 $f(1)=2$, $f(2)=1$이어야 하므로
$f(1)+f(2)=3$ 답 3

• 다른 풀이 •
함수 f의 치역이 $\{1, 2, 4\}$이고 $3\notin\{1, 2, 4\}$이므로 3을 함숫값으로 갖는 정의역의 원소가 존재하지 않는다.
또한, $f(3)=2$이고, 함수 $(f\circ f\circ f)(x)$의 치역은 $\{1, 2, 4\}$이므로 3이 아닌 정의역의 원소 중에서 2를 함숫값으로 갖는 원소가 존재해야 한다.
이때 $f(4)=4$이므로 $f(1)$과 $f(2)$는 각각 1 또는 2가 되어야 한다.
즉, $f(1)=1$, $f(2)=2$ 또는 $f(1)=2$, $f(2)=1$이므로
$f(1)+f(2)=3$

BLACKLABEL 특강 풀이 첨삭 *

(i) $f(1)=1$, $f(2)=1$일 때,
$f(f(f(1)))=f(f(1))=f(1)=1$,
$f(f(f(2)))=f(f(1))=f(1)=1$,
$f(f(f(3)))=f(f(2))=f(1)=1$이므로
함수 $(f\circ f\circ f)(x)$의 치역은 $\{1, 4\}$이다.
(ii) $f(1)=1$, $f(2)=4$일 때,
$f(f(f(1)))=f(f(1))=f(1)=1$,
$f(f(f(2)))=f(f(4))=f(4)=4$,
$f(f(f(3)))=f(f(2))=f(4)=4$이므로
함수 $(f\circ f\circ f)(x)$의 치역은 $\{1, 4\}$이다.
(iii) $f(1)=4$, $f(2)=1$일 때,
$f(f(f(1)))=f(f(4))=f(4)=4$,
$f(f(f(2)))=f(f(1))=f(4)=4$,
$f(f(f(3)))=f(f(2))=f(1)=4$이므로
함수 $(f\circ f\circ f)(x)$의 치역은 $\{4\}$이다.
(i), (ii), (iii)에서 $f(1)=1$, $f(2)=1$ 또는 $f(1)=1$, $f(2)=4$ 또는 $f(1)=4$, $f(2)=1$일 때 조건을 만족시키지 않는다.

16

조건 (다)에서 모든 실수 x에 대하여 이차함수 $f(x)$가 $f(2-x)=f(2+x)$를 만족시키므로 함수 $y=f(x)$의 그래프는 직선 $x=2$에 대하여 대칭이고, 조건 (나)에서 함수 $y=f(x)$의 그래프의 꼭짓점의 y좌표가 3이므로 꼭짓점의 좌표는 $(2, 3)$이다.
즉, $f(2)=3$이므로 방정식 $(f\circ f)(x)=3$에서
$f(f(x))=3$ $\quad\therefore f(x)=2$
이때 조건 (가)에서 이차함수 $f(x)$의 이차항의 계수가 음수이므로 함수 $y=f(x)$의 그래프는 오른쪽 그림과 같다.
따라서 함수 $y=f(x)$의 그래프와 직선 $y=2$는 서로 다른 두 점에서 만난다.
즉, 방정식 $f(x)=2$는 서로 다른 두 실근을 갖고 두 실근을 α, β $(\alpha<\beta)$라 하면 함수 $y=f(x)$의 그래프의 대칭축이 $x=2$이므로

$\dfrac{\alpha+\beta}{2}=2$ $\quad\therefore \alpha+\beta=4$ 답 4

• 다른 풀이 •
이차함수 $f(x)$의 이차항의 계수를 a $(a<0)$라 하자.
조건 (나)에서 그래프의 꼭짓점의 y좌표가 3이고, 조건 (다)에서 이차함수 $y=f(x)$의 그래프가 직선 $x=2$에 대하여 대칭이므로 꼭짓점의 좌표는 $(2, 3)$이다.
$\therefore f(x)=a(x-2)^2+3$ ……㉠
$f(f(x))=3$에서 $a\{f(x)-2\}^2+3=3$
$a\{f(x)-2\}^2=0$, $f(x)-2=0$
$a(x-2)^2+3-2=0$ ($\because$ ㉠)
$\therefore ax^2-4ax+4a+1=0$
이 이차방정식의 판별식을 D라 하면
$\dfrac{D}{4}=(-2a)^2-a(4a+1)=-a>0$
이므로 서로 다른 두 실근을 갖는다.
따라서 방정식 $(f\circ f)(x)=3$, 즉
$ax^2-4ax+4a+1=0$의 모든 실근의 합은 근과 계수의 관계에 의하여
$-\dfrac{-4a}{a}=4$

17

이차함수 $y=g(x)$의 그래프가 x축과 만나는 점의 x좌표를 각각 α, β $(\alpha<\beta)$라 하면 그래프의 개형으로부터
$\alpha<-2$, $\beta>0$
이때 방정식 $g(f(x))=0$의 실근이 존재하기 위해서는 $f(x)=\alpha$ 또는 $f(x)=\beta$이어야 한다.
(i) $f(x)=\alpha$ $(\alpha<-2)$일 때,
함수 $y=f(x)$의 그래프는 직선 $y=\alpha$ $(\alpha<-2)$와 만나지 않으므로 실근 x가 존재하지 않는다.
(ii) $f(x)=\beta$ $(\beta>0)$일 때,
함수 $y=f(x)$의 그래프는 직선 $y=\beta$ $(\beta>0)$와 서

로 다른 두 점에서 만나므로 실근의 개수는 2이다.

(i), (ii)에서 방정식 $g(f(x))=0$의 실근의 개수는 2이다.

답 2

18 $(g\circ f)(x)=f(x)+10$

$$=\begin{cases} x^2+2ax+16 & (x<0) \\ x+16 & (x\ge 0)\end{cases}$$

$$=\begin{cases} (x+a)^2+16-a^2 & (x<0) \\ x+16 & (x\ge 0)\end{cases}$$

이때 $a\le 0$이면 함수 $y=(g\circ f)(x)$의 그래프가 오른쪽 그림과 같으므로 치역은 $\{y\,|\,y\ge 16\}$

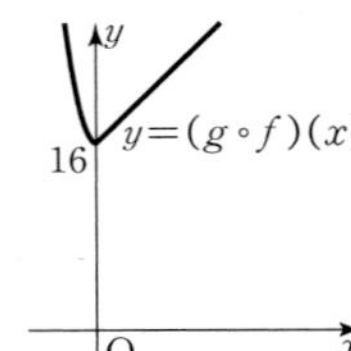

$a>0$이면 $x<0$에서 함수 $y=(g\circ f)(x)$의 그래프의 꼭짓점의 좌표는 $(-a,\ 16-a^2)$이므로 x좌표가 음수이다. 이때 합성함수 $(g\circ f)(x)$의 치역이 $\{y\,|\,y\ge 0\}$이기 위해서는 꼭짓점의 y좌표가 0이어야 한다.

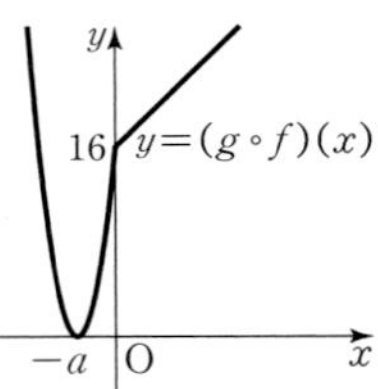

즉, $16-a^2=0$이므로 $a=\pm 4$

그런데 $a>0$이므로 $a=4$

답 4

• 다른 풀이 •

함수 $(g\circ f)(x)$의 치역이 $\{y\,|\,y\ge 0\}$이므로 모든 실수 x에 대하여 $g(f(x))\ge 0$이어야 한다.

$f(x)=t$로 놓으면

$g(t)\ge 0$에서 $t+10\ge 0$ $\quad\therefore t\ge -10$

$\therefore f(x)\ge -10$

이때

$$f(x)=\begin{cases} x^2+2ax+6 & (x<0) \\ x+6 & (x\ge 0)\end{cases}$$

$$=\begin{cases} (x+a)^2+6-a^2 & (x<0) \\ x+6 & (x\ge 0)\end{cases}$$

이고, 함수 $f(x)$의 치역이 $\{y\,|\,y\ge -10\}$이려면 함수 $y=f(x)$의 그래프가 오른쪽 그림과 같아야 한다.

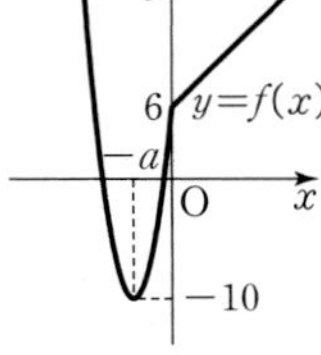

즉, $f(-a)=-10$이어야 하므로

$6-a^2=-10$

$a^2=16$ $\quad\therefore a=\pm 4$

그런데 함수 $y=f(x)$의 그래프가 위의 그림과 같으려면 $-a<0$, 즉 $a>0$이어야 하므로 $a=4$

19 두 함수 $y=f(x)$와 $y=(g\circ f)(x)$의 정의역이 $\{x\,|\,0\le x\le 3\}$, 공역이 $\{y\,|\,0\le y\le 2\}$이므로 함수 $y=g(x)$의 정의역은 $\{x\,|\,0\le x\le 2\}$, 공역은 $\{y\,|\,0\le y\le 2\}$이다.

이때 주어진 그래프에서

$$f(x)=\begin{cases} x & (0\le x<1) \\ 1 & (1\le x\le 2), \\ x-1 & (2<x\le 3)\end{cases}$$

$$(g\circ f)(x)=\begin{cases} 2x & (0\le x<1) \\ 2 & (1\le x\le 2) \\ -2x+6 & (2<x\le 3)\end{cases}\qquad \cdots\cdots ㉠$$

이므로 함수 f와 함수 g를 합성하면

$(g\circ f)(x)=g(f(x))$

$$=\begin{cases} g(x) & (0\le x<1) \\ g(1) & (1\le x\le 2) \\ g(x-1) & (2<x\le 3)\end{cases}$$

위의 함수와 ㉠이 같아야 하므로

$0\le x<1$일 때, $g(x)=2x$

$1\le x\le 2$일 때, $g(1)=2$

$2<x\le 3$일 때, $g(x-1)=-2x+6$

이때 $g(x-1)=-2x+6\ (2<x\le 3)$에서

$x-1=t$로 놓으면 $x=t+1$이므로

$g(t)=-2t+4\ (1<t\le 2)$

$$\therefore g(x)=\begin{cases} 2x & (0\le x<1) \\ -2x+4 & (1\le x\le 2)\end{cases}$$

즉, 함수 $y=g(x)$의 그래프는 오른쪽 그림과 같다.

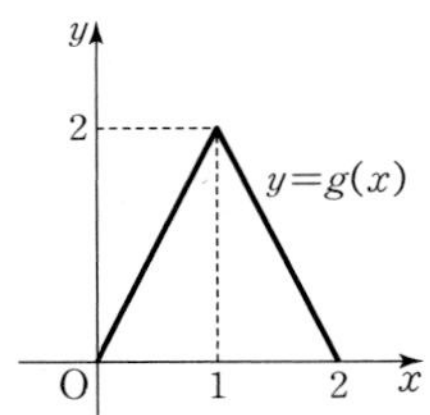

함수 $y=g(x)$의 그래프를 이용하여 함수 $g(g(x))$를 구하면

$g(g(x))$

$$=\begin{cases} 2g(x) & (0\le g(x)<1) \\ -2g(x)+4 & (1\le g(x)\le 2)\end{cases}$$

$$=\begin{cases} 2\times 2x & \left(0\le x<\frac{1}{2}\right) \\ -2\times 2x+4 & \left(\frac{1}{2}\le x<1\right) \\ -2(-2x+4)+4 & \left(1\le x<\frac{3}{2}\right) \\ 2(-2x+4) & \left(\frac{3}{2}\le x\le 2\right)\end{cases}$$

$$=\begin{cases} 4x & \left(0\le x<\frac{1}{2}\right) \\ -4x+4 & \left(\frac{1}{2}\le x<1\right) \\ 4x-4 & \left(1\le x<\frac{3}{2}\right) \\ -4x+8 & \left(\frac{3}{2}\le x\le 2\right)\end{cases}$$

즉, 함수 $y=(g\circ g)(x)$의 그래프는 오른쪽 그림과 같고, 방정식 $(g\circ g)(x)=\frac{1}{2}$의 실근은 함수 $y=(g\circ g)(x)$의

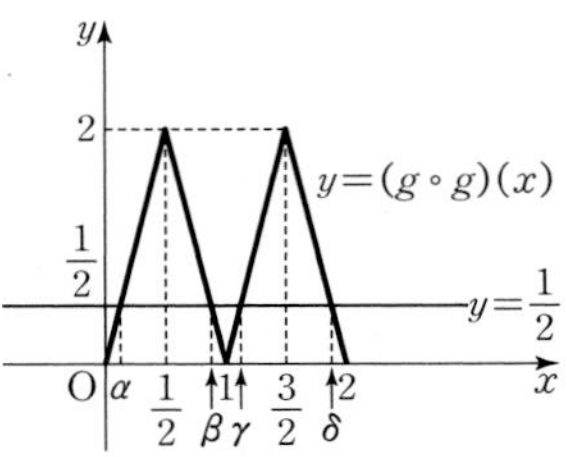

그래프와 직선 $y=\frac{1}{2}$의 교점의 x좌표와 같으므로 네 교점의 x좌표를 각각 α, β, γ, δ $(\alpha<\beta<\gamma<\delta)$라 하면 두 근 α, β는 직선 $x=\frac{1}{2}$에 대하여 대칭이므로

$\frac{\alpha+\beta}{2}=\frac{1}{2}$ $\quad\therefore \alpha+\beta=1$

두 근 γ, δ는 직선 $x=\frac{3}{2}$에 대하여 대칭이므로

$\frac{\gamma+\delta}{2}=\frac{3}{2}$ $\quad\therefore \gamma+\delta=3$

따라서 방정식 $(g\circ g)(x)=\frac{1}{2}$의 모든 실근의 합은

$\alpha+\beta+\gamma+\delta=1+3=4$ 답 4

20 (i) $x\geq3$일 때

$(g\circ f)(x)-(f\circ g)(x)$
$=g(f(x))-f(g(x))$
$=g(-2x+3)-f(x^2-3)$
$=(-2x+3)^2-3-\{-2(x^2-3)+3\}$
$=6x^2-12x-3$

$(g\circ f)(x)-(f\circ g)(x)=15$에서

$6x^2-12x-3=15$, $6x^2-12x-18=0$

$x^2-2x-3=0$, $(x+1)(x-3)=0$

$\therefore x=3$ $(\because x\geq3)$

(ii) $x<3$일 때

$(g\circ f)(x)-(f\circ g)(x)$
$=g(f(x))-f(g(x))$
$=g(3)-f(x^2-3)$

$$=\begin{cases}6-\{-2(x^2-3)+3\} & (x^2-3\geq3)\\ 6-3 & (x^2-3<3)\end{cases}$$

$$=\begin{cases}2x^2-3 & (x\leq-\sqrt{6} \text{ 또는 } \sqrt{6}\leq x<3)\\ 3 & (-\sqrt{6}<x<\sqrt{6})\end{cases}$$

이때 $(g\circ f)(x)-(f\circ g)(x)=15$에서

$-\sqrt{6}<x<\sqrt{6}$이면 $3=15$

이므로 모순이다.

$\therefore x\leq-\sqrt{6}$ 또는 $\sqrt{6}\leq x<3$

즉, $2x^2-3=15$에서

$2x^2-18=0$, $2(x+3)(x-3)=0$

$\therefore x=-3$ $(\because x<3)$

(i), (ii)에서 주어진 방정식을 만족시키는 모든 x의 값은 -3, 3이므로 그 곱은

$(-3)\times3=-9$ 답 ②

•다른 풀이•

$(g\circ f)(x)-(f\circ g)(x)=15$에서

$(g\circ f)(x)=(f\circ g)(x)+15$

이므로 방정식 $(g\circ f)(x)-(f\circ g)(x)=15$의 해는 두 함수 $y=(g\circ f)(x)$와 $y=(f\circ g)(x)+15$의 그래프의 교점의 x좌표와 같다.

$f(x)=\begin{cases}-2x+3 & (x\geq3)\\ 3 & (x<3)\end{cases}$, $g(x)=x^2-3$이므로

$(g\circ f)(x)=g(f(x))$
$=\{f(x)\}^2-3$

$$=\begin{cases}(-2x+3)^2-3 & (x\geq3)\\ 3^2-3 & (x<3)\end{cases}$$

$$=\begin{cases}4x^2-12x+6 & (x\geq3)\\ 6 & (x<3)\end{cases}$$

$(f\circ g)(x)=f(g(x))$

$$=\begin{cases}-2g(x)+3 & (g(x)\geq3)\\ 3 & (g(x)<3)\end{cases}$$

$$=\begin{cases}-2(x^2-3)+3 & (x^2-3\geq3)\\ 3 & (x^2-3<3)\end{cases}$$

$$=\begin{cases}-2x^2+9 & (x\leq-\sqrt{6} \text{ 또는 } x\geq\sqrt{6})\\ 3 & (-\sqrt{6}<x<\sqrt{6})\end{cases}$$

$\therefore (f\circ g)(x)+15$

$$=\begin{cases}-2x^2+24 & (x\leq-\sqrt{6} \text{ 또는 } x\geq\sqrt{6})\\ 18 & (-\sqrt{6}<x<\sqrt{6})\end{cases}$$

두 함수 $y=(g\circ f)(x)$와 $y=(f\circ g)(x)+15$의 그래프는 오른쪽 그림과 같으므로 두 그래프의 교점의 x좌표를 구하면

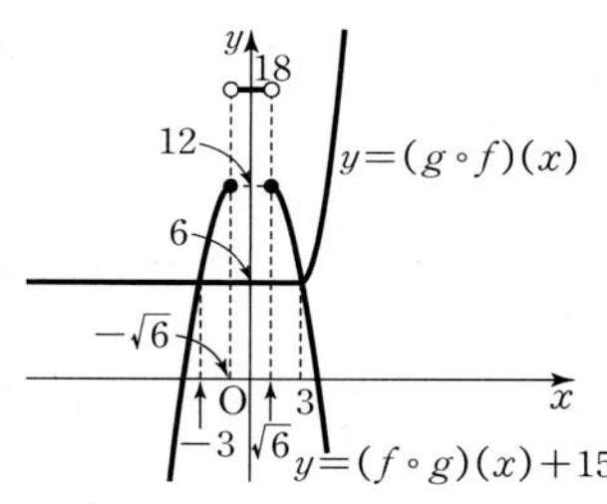

$-2x^2+24=6$

$2x^2=18$, $x^2=9$

$\therefore x=\pm3$

따라서 주어진 방정식을 만족시키는 모든 x의 값의 곱은

$3\times(-3)=-9$

21 집합 $A=\{x|x\geq a\}$에 대하여 A에서 A로의 함수 $f(x)$가 역함수를 가지려면 함수 $f(x)$는 일대일대응이어야 한다.

즉,

$f(x)=x^2-2x-4$
$=(x-1)^2-5$

의 그래프에서 대칭축은 $x=1$이고, $x\geq a$에서 함수 $f(x)$는 x의 값이 증가할 때 y의 값도 증가해야 하므로

$a\geq1$

또한, (정의역)=(공역)=(치역)이어야 하므로 $x\geq a$에서 오른쪽 그림과 같이 $f(a)=a$이어야 한다.

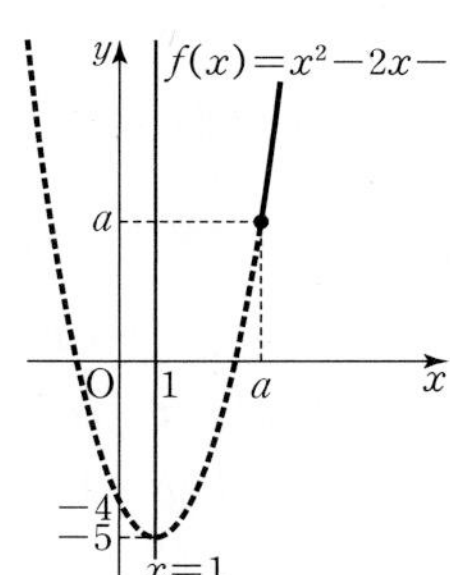

즉, $a^2-2a-4=a$에서

$a^2-3a-4=0$

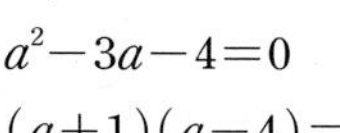

$(a+1)(a-4)=0$

$\therefore a=4$ $(\because a\geq1)$ 답 4

22 집합 $S=\{1, 2, 3, 4\}$의 두 부분집합 X, Y에 대하여 함수 $f : X \longrightarrow Y$의 역함수가 존재하고 $X \cup Y=S$, $X \cap Y=\varnothing$이려면 $Y=S-X$이고 $n(X)=n(Y)=2$이어야 한다.
(공집합이 아닌)

즉, 두 부분집합 X, Y가 될 수 있는 경우는 다음과 같다.

$X=\{1, 2\}$일 때 $Y=\{3, 4\}$,
$X=\{1, 3\}$일 때 $Y=\{2, 4\}$,
$X=\{1, 4\}$일 때 $Y=\{2, 3\}$,
$X=\{2, 3\}$일 때 $Y=\{1, 4\}$,
$X=\{2, 4\}$일 때 $Y=\{1, 3\}$,
$X=\{3, 4\}$일 때 $Y=\{1, 2\}$

한편, $X=\{1, 2\}$, $Y=\{3, 4\}$에 대하여 함수 $f : X \longrightarrow Y$는 $f(1)=3$, $f(2)=4$인 경우와 $f(1)=4$, $f(2)=3$인 경우로 2가지가 존재한다.

따라서 두 부분집합 X, Y가 될 수 있는 6가지 경우에 대하여 함수 f는 2가지씩 존재하므로 조건을 만족시키는 함수 f의 개수는

$6 \times 2=12$ 답 ⑤

• 다른 풀이 •

함수 f의 역함수가 존재하고, $X \cup Y=S$, $X \cap Y=\varnothing$이려면 $Y=S-X$이고 $n(X)=n(Y)=2$이어야 한다.

$S=\{1, 2, 3, 4\}$에서 두 집합 X, Y의 원소를 뽑는 경우의 수는

$${}_4C_2 \times {}_2C_2 \times \frac{1}{2!} \times 2=6$$

$X=\{1, 2\}$, $Y=\{3, 4\}$에 대하여 함수 f는 오른쪽 그림의 2가지 경우가 존재하므로 주어진 조건을 만족시키는 함수 f의 개수는

$6 \times 2=12$

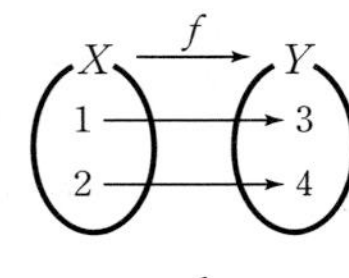

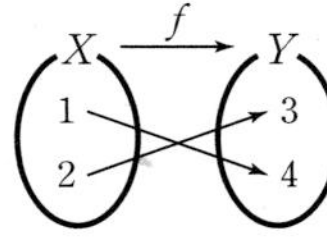

23 함수 $f(x)$가 역함수를 갖기 위해서는 함수 $f(x)$가 일대일대응이어야 하므로 함수 $y=f(x)$의 그래프가 오른쪽 그림과 같아야 한다. 즉,

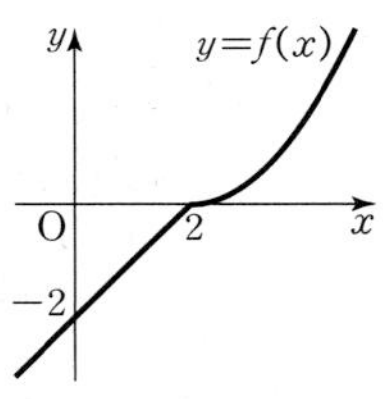

$f(x)=x^2-ax+b$

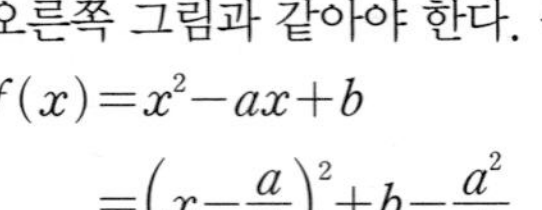

$$=\left(x-\frac{a}{2}\right)^2+b-\frac{a^2}{4}$$

의 그래프의 꼭짓점의 x좌표가 2보다 작거나 같아야 하므로

$\frac{a}{2} \leq 2$에서 $a \leq 4$

또한, 치역이 R이어야 하므로

$f(2)=4-2a+b=0$

$\therefore b=2a-4$

이때 a, b가 음이 아닌 실수이므로

$b=2a-4 \geq 0$에서

$a \geq 2$

$\therefore b=2a-4 \ (2 \leq a \leq 4)$

따라서 조건을 만족시키는 점 (a, b)의 자취의 길이는

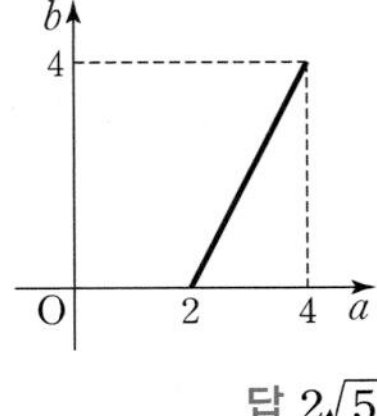

$\sqrt{2^2+4^2}=2\sqrt{5}$ 답 $2\sqrt{5}$

단계	채점 기준	배점
(가)	함수 $f(x)$가 일대일대응임을 이용하여 실수 a의 값의 범위를 구한 경우	40%
(나)	치역이 R임을 이용하여 b를 a에 대하여 나타낸 경우	40%
(다)	점 (a, b)의 자취의 길이를 구한 경우	20%

24 ㄱ. $f(1)=0$, $f(0)=1$이므로

$f^2(1)=f(f(1))=f(0)=1$
$f^3(1)=f(f^2(1))=f(1)=0$
$\vdots$
$\therefore f^{2n-1}(1)=0$, $f^{2n}(1)=1$

또한, $f(-1)=2$, $f(2)=-1$이므로

$f^2(-1)=f(f(-1))=f(2)=-1$
$f^3(-1)=f(f^2(-1))=f(-1)=2$
$\vdots$
$\therefore f^{2n-1}(-1)=2$, $f^{2n}(-1)=-1$
$\therefore f^{2n}(1)+f^{2n+1}(-1)=1+2=3$ (거짓)

ㄴ. 함수 $y=f(x)$의 그래프를 좌표평면 위에 나타내면 오른쪽 그림과 같다.

$a>0$일 때 $f(a)<1$이므로
$f(f(a))>0$,
$b<0$일 때 $f(b)>1$이므로
$f(f(b))<0$
$\therefore f^2(a)>f^2(b)$ (참)

ㄷ. $f(x)=\begin{cases} x^2+1 & (x<0) \\ -x+1 & (x \geq 0) \end{cases}$에서

(i) $x<0$일 때,
$f(x)=x^2+1>1$이므로
$f^2(x)=f(f(x))=-(x^2+1)+1=-x^2$

(ii) $0 \leq x \leq 1$일 때,
$f(x)=-x+1 \geq 0$이므로
$f^2(x)=f(f(x))=-(-x+1)+1=x$

(iii) $x>1$일 때,
$f(x)=-x+1<0$이므로
$f^2(x)=f(f(x))=(-x+1)^2+1=(x-1)^2+1$

(i), (ii), (iii)에서

$$f^2(x)=\begin{cases} -x^2 & (x<0) \\ x & (0 \leq x \leq 1) \\ (x-1)^2+1 & (x>1) \end{cases}$$

이므로 함수 $y=f^2(x)$의 그래프는 오른쪽 그림과 같다.
이때 직선 $y=k$ (k는 상수)와 함수 $y=f^2(x)$의 그래프는 항상 한 점에서 만나므로 합성함수 $f^2(x)$의 역함수가 존재한다. (참)

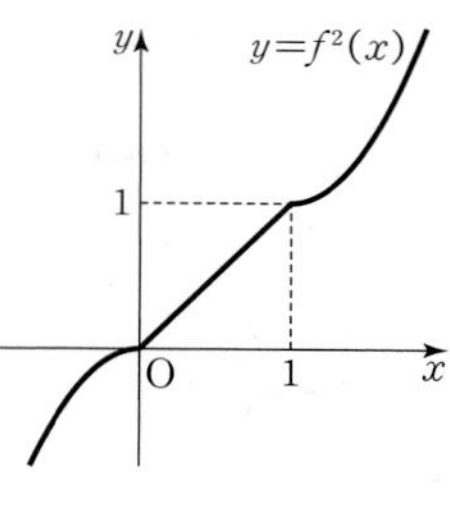

따라서 옳은 것은 ㄴ, ㄷ이다. 답 ④

• 다른 풀이 •

ㄷ. ㄴ에서 함수 $f(x)$는 일대일대응이므로 역함수가 존재한다.
즉, 역함수의 성질에 의하여
$(f \circ f)^{-1}=f^{-1} \circ f^{-1}$
가 존재하며 함수 f^2의 역함수이다.
따라서 $f^2(x)$의 역함수가 존재한다. (참)

25 $2g(x)-(4x+7)=h(x)$로 놓으면
$f(h(x))=(f \circ h)(x)=x$
이므로 함수 $h(x)$는 함수 $f(x)$의 역함수이다.
$\therefore h(x)=g(x)$
즉, $2g(x)-(4x+7)=g(x)$이므로
$g(x)=4x+7$ *
이때 $y=f(x)$에서 $g(y)=x$이므로
$x=4y+7$에서 $4y=x-7$
$\therefore y=f(x)=\frac{x-7}{4}$
$$\begin{aligned}\therefore ((g \circ f^{-1})^{-1} \circ g)(1)&=(f \circ g^{-1} \circ g)(1)\\&=(f \circ I)(1)\\&=f(1)\\&=\frac{1-7}{4}=-\frac{3}{2}\end{aligned}$$
답 $-\frac{3}{2}$

• 다른 풀이 •

$((g \circ f^{-1})^{-1} \circ g)(1)=(f \circ g^{-1} \circ g)(1)=f(1)=k$라 하면
$f^{-1}(k)=g(k)=1$이므로 *에서
$4k+7=1$, $4k=-6$
$\therefore k=-\frac{3}{2}$
$\therefore ((g \circ f^{-1})^{-1} \circ g)(1)=-\frac{3}{2}$

26 $x+1=t$로 놓으면 $x=t-1$이므로
$f(t)=\frac{t-1}{t}$
$\therefore f(x)=\frac{x-1}{x}$
$y=\frac{x-1}{x}$에서 $xy=x-1$
$x(1-y)=1$, $x=\frac{1}{1-y}$
x와 y를 서로 바꾸면
$y=\frac{1}{1-x}$ $\quad \therefore f^{-1}(x)=\frac{1}{1-x}$
위의 식에 x 대신에 $p+1$을 대입하면
$f^{-1}(p+1)=\frac{1}{1-(p+1)}=-\frac{1}{p}$ 답 ②

• 다른 풀이 1 •

$f(x+1)=\frac{x}{x+1}$의 양변에 함수 f^{-1}를 합성하면
$f^{-1}(f(x+1))=f^{-1}\left(\frac{x}{x+1}\right)$
$\therefore f^{-1}\left(\frac{x}{x+1}\right)=x+1$ ……㉠
이때 $\frac{x}{x+1}=p+1$이라 하면
$x=(x+1)(p+1)$
$x=xp+x+p+1$, $xp+p+1=0$
$xp=-p-1$ $\quad \therefore x=-\frac{p+1}{p}$ ($\because p\neq0$)
위의 식을 ㉠에 대입하면
$f^{-1}(p+1)=-\frac{p+1}{p}+1=-\frac{1}{p}$

• 다른 풀이 2 •

$f^{-1}(p+1)=k$라 하고 양변에 함수 f를 합성하면
$f(f^{-1}(p+1))=f(k)$
$\therefore p+1=f(k)$
한편, $f(x+1)=\frac{x}{x+1}$이므로 이 식에 x 대신에 $k-1$을 대입하면
$f(k)=\frac{k-1}{k}=1-\frac{1}{k}$
즉, $p+1=1-\frac{1}{k}$이므로 $p=-\frac{1}{k}$
$\therefore k=-\frac{1}{p}$
$\therefore f^{-1}(p+1)=-\frac{1}{p}$

27 $f(a)+f(b)=f(ab)$ ……㉠
$f(4)=\alpha$, $f(8)=\beta$이므로 $a=4$, $b=8$을 ㉠에 대입하면
$f(4)+f(8)=f(4\times8)$에서 $\alpha+\beta=f(32)$
함수 $g(x)$가 함수 $f(x)$의 역함수이므로
$g(\alpha+\beta)=32$
또한, $a=4$, $b=2$를 ㉠에 대입하면
$f(4)+f(2)=f(8)$에서 $\alpha+f(2)=\beta$
$\therefore \beta-\alpha=f(2)$
함수 $g(x)$가 함수 $f(x)$의 역함수이므로
$g(\beta-\alpha)=2$
$\therefore g(\alpha+\beta)-g(\beta-\alpha)=32-2=30$ 답 ④

28 두 일차함수 $f(x)$, $g(x)$에 대하여
$(f \circ g \circ h)(x)=h(x)$이므로 $(f \circ g)(x)=x$이어야 한다. 즉, $g^{-1}(x)=f(x)$
이때 $f(x)=ax+b\ (a\neq0)$라 하면 방정식
$f(x)=h(x)$의 근이 1, 3이고 $h(x)=x^2+kx$이므로
$h(x)-f(x)=x^2+kx-(ax+b)=(x-1)(x-3)$
$x^2+(k-a)x-b=x^2-4x+3$
위의 등식이 x에 대한 항등식이므로
$k-a=-4$, $-b=3$
$\therefore a=k+4$, $b=-3$
한편, 조건 (다)에서 $y=g^{-1}(x)+2x$의 그래프와 x축의 교점의 x좌표가 1이므로
$g^{-1}(1)+2=0$, $g^{-1}(1)=-2$
즉, $f(1)=-2$이므로
$a-3=-2\qquad \therefore a=1$
위의 값을 $a=k+4$에 대입하면
$k=a-4=1-4=-3$
$\therefore f(x)=x-3$, $h(x)=x^2-3x$
이때 $g(2)=c$라 하면 $f(c)=2$이므로
$c-3=2\qquad \therefore c=5$
$\therefore f(1)+g(2)+h(4)=(1-3)+5+(4^2-3\times4)$
$=-2+5+4=7$ 답 ③

• 다른 풀이 •
두 함수 $f(x)$, $g(x)$가 일차함수이므로
$f(x)=ax+b\ (a\neq0)$, $g(x)=cx+d\ (c\neq0)$
라 하자.
조건 (가)에서 $(f \circ g \circ h)(x)=h(x)$이므로
$f(ch(x)+d)=h(x)$
$ach(x)+ad+b=h(x)$
$\therefore ac=1$, $ad+b=0$ ……㉠
조건 (나)에서 방정식 $f(x)=h(x)$, 즉 $h(x)-f(x)=0$의 두 근이 1, 3이고 $h(x)$가 x^2의 계수가 1인 이차함수이므로
$h(x)-f(x)=(x-1)(x-3)=x^2-4x+3$
$x^2+kx-ax-b=x^2-4x+3$
$(k-a)x-b=-4x+3$
$\therefore k=a-4$, $b=-3$
$b=-3$을 ㉠에 대입하면 $ad=3$ ……㉡
한편, $g(x)=cx+d$에서 $y=cx+d$로 놓으면
$cx=y-d$, $x=\frac{1}{c}y-\frac{d}{c}$
x와 y를 서로 바꾸면 $y=\frac{1}{c}x-\frac{d}{c}$
$\therefore g^{-1}(x)=\frac{1}{c}x-\frac{d}{c}$
이때 ㉠, ㉡에서 $\frac{d}{c}=\frac{ad}{ac}=\frac{3}{1}=3$이므로
$g^{-1}(x)=\frac{1}{c}x-3$
조건 (다)에서 $y=g^{-1}(x)+2x$의 그래프와 x축의 교점의 x좌표가 1이므로
$\frac{1}{c}-3+2=0$, $\frac{1}{c}=1\qquad \therefore c=1$
$\therefore a=1$, $d=3$, $k=1-4=-3$
따라서 $f(x)=x-3$, $g(x)=x+3$, $h(x)=x^2-3x$이므로
$f(1)+g(2)+h(4)=-2+5+4=7$

29 함수 $f(x)$의 역함수가 존재하므로 함수 $f(x)$는 일대일 대응이다.
이때 정의역이 집합 $X=\{1, 2, 3\}$이고 $f^3=I$이므로 $f(1)=3$이면 $f(3)=2$, $f(2)=1$이어야 한다.*
따라서 함수 $f(x)$와 그 역함수 $g(x)$를 그림으로 나타내면 다음과 같다.

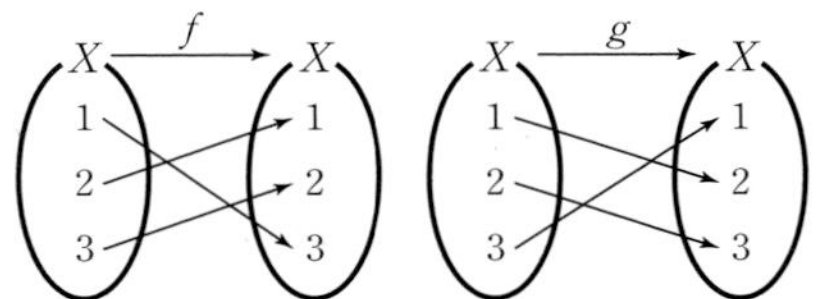

한편, 함수 $f(x)$의 역함수 $g(x)$에 대하여
$f \circ f \circ f=I$에서 $g^3=(f^{-1})^3=(f^3)^{-1}=I^{-1}=I$
($(f^{-1})^3=f^{-1}\circ f^{-1}\circ f^{-1}=(f\circ f\circ f)^{-1}=(f^3)^{-1}$)
따라서 $g^{10}=g$, $g^{11}=g^2$이므로
$g^{10}(2)+g^{11}(3)=g(2)+g^2(3)$
$=3+g(1)$
$=3+2=5$ 답 5

BLACKLABEL 특강 풀이 첨삭 *

함수 $f(x)$의 역함수가 $g(x)$이고, $f \circ f \circ f=I$이므로
$(f \circ f)(x)=g(x)$이다.
이때 $f(1)=3$이면 $(f \circ f)(1)=g(1)$이므로 $f(3)=g(1)$
(i) $f(3)=g(1)=1$일 때,
$f(3)=1$, $f(1)=1$이 되어 함수 $f(x)$가 정의되지 않는다.
(ii) $f(3)=g(1)=2$일 때,
$f(3)=2$, $f(2)=1$이므로 함수 $f(x)$는 일대일대응을 만족한다.
(iii) $f(3)=g(1)=3$일 때,
$f(3)=3$, $f(3)=1$이 되어 함수 $f(x)$가 정의되지 않는다.
(i), (ii), (iii)에서 조건을 만족시키는 함수 $f(x)$는 $f(3)=2$, $f(2)=1$이다.

30 함수 $y=f(x)$의 그래프와 그 역함수 $y=g(x)$의 그래프는 직선 $y=x$에 대하여 대칭이므로 두 함수 $y=f(x)$, $y=g(x)$의 그래프로 둘러싸인 부분의 넓이는 함수 $y=f(x)$의 그래프와 직선 $y=x$로 둘러싸인 부분의 넓이의 2배이다.
이때 함수 $y=f(x)$의 그래프와 직선 $y=x$의 교점의 좌표를 구하면
$x<0$일 때 $\frac{3}{2}x+a=x$에서 $x=-2a$이므로 $(-2a, -2a)$

$x\ge 0$일 때 $\frac{1}{2}x+a=x$에서 $x=2a$이므로 $(2a,\ 2a)$

따라서 함수 $y=f(x)$의 그래프와 직선 $y=x$는 오른쪽 그림과 같고, 두 함수 $y=f(x)$, $y=g(x)$의 그래프로 둘러싸인 부분의 넓이가 28이므로

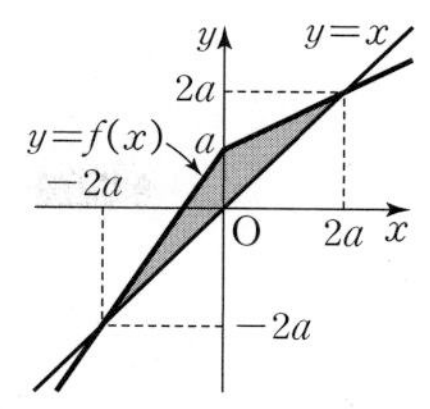

$2\left(\frac{1}{2}\times a\times 2a+\frac{1}{2}\times a\times 2a\right)=28$

$4a^2=28,\ a^2=7$

$\therefore a=\sqrt{7}\ (\because a>0)$

답 $\sqrt{7}$

• 다른 풀이 •

함수 $y=f(x)$의 그래프와 그 역함수 $y=g(x)$의 그래프로 둘러싸인 부분의 넓이가 28이고, 두 함수 $y=f(x)$, $y=g(x)$의 그래프는 직선 $y=x$에 대하여 대칭이므로 함수 $y=f(x)$의 그래프와 직선 $y=x$로 둘러싸인 부분의 넓이는 $\frac{1}{2}\times 28=14$이다.

함수 $y=f(x)$의 그래프와 직선 $y=x$의 교점의 좌표는 $(-2a,\ -2a)$, $(2a,\ 2a)$

이므로 두 교점 사이의 거리는

$\sqrt{\{2a-(-2a)\}^2+\{2a-(-2a)\}^2}=\sqrt{32a^2}=4a\sqrt{2}$

또한, 점 $(0,\ a)$와 직선 $y=x$, 즉 $x-y=0$ 사이의 거리는

$\frac{|-a|}{\sqrt{1^2+(-1)^2}}=\frac{a}{\sqrt{2}}\ (\because a>0)$

따라서 함수 $y=f(x)$의 그래프와 직선 $y=x$로 둘러싸인 부분은 밑변의 길이가 $4a\sqrt{2}$이고 높이가 $\frac{a}{\sqrt{2}}$인 삼각형이고 넓이가 14이므로

$\frac{1}{2}\times 4a\sqrt{2}\times\frac{a}{\sqrt{2}}=14$

$2a^2=14,\ a^2=7$

$\therefore a=\sqrt{7}\ (\because a>0)$

31 점 A의 좌표를 $(a,\ 0)\ (a>0)$, 점 B의 좌표를 $(0,\ b)\ (b<0)$라 하자.

두 함수 $y=f(x)$, $y=f^{-1}(x)$의 그래프는 직선 $y=x$에 대하여 대칭이므로 점 C의 좌표는 $(b,\ 0)$, 점 D의 좌표는 $(0,\ a)$이다.

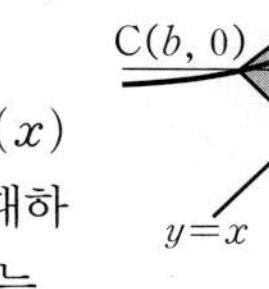

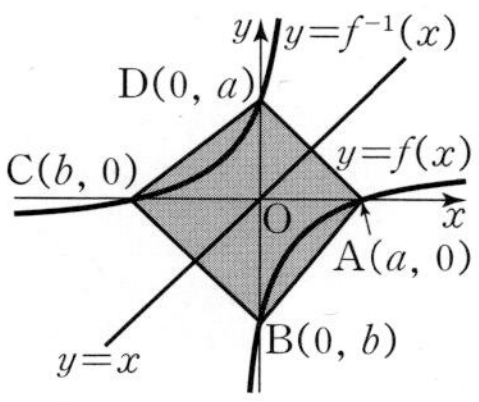

$\overline{AB}=\sqrt{34}$에서 $\sqrt{a^2+b^2}=\sqrt{34}$

$\therefore a^2+b^2=34$ ······㉠

$\overline{BC}=5\sqrt{2}$에서 $\sqrt{b^2+b^2}=5\sqrt{2}$

$2b^2=50,\ b^2=25$

$\therefore b=-5\ (\because b<0)$ ······㉡

㉠, ㉡에서 $a^2=9$ $\quad\therefore a=3\ (\because a>0)$

따라서 $\overline{AC}=\overline{BD}=5+3=8$이므로 사각형 ABCD의 넓이는

$\frac{1}{2}\times 8\times 8=32$

답 32

BLACKLABEL 특강 필수 개념

사각형의 넓이

사각형 ABCD의 두 대각선의 길이가 각각 a, b이고 두 대각선이 이루는 각의 크기가 x일 때, 넓이 S는

$S=\frac{1}{2}ab\sin x$

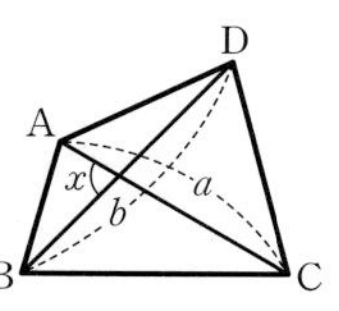

32 주어진 함수 $y=f(x)$의 그래프에서

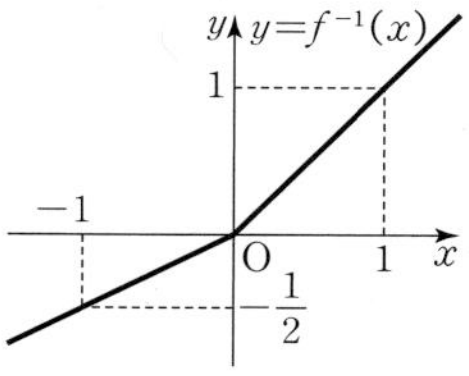

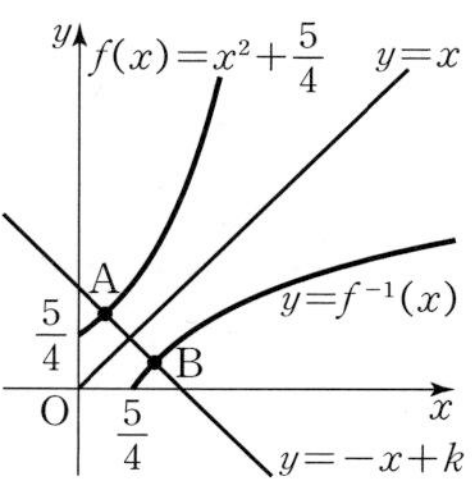

$f(x)=\begin{cases}2x & (x<0)\\ x & (x\ge 0)\end{cases}$

$\therefore f^{-1}(x)=\begin{cases}\frac{1}{2}x & (x<0)\\ x & (x\ge 0)\end{cases}$

ㄱ. $f^{-1}(5)=5$이므로

$f^{-1}(f^{-1}(5))=f^{-1}(5)$ (참)

ㄴ. $f^{-1}(-2)=\frac{1}{2}\times(-2)=-1$ (참)

ㄷ. 함수 $y=f(x)$의 그래프와 그 역함수 $y=f^{-1}(x)$의 그래프의 교점은 함수 $y=f(x)$의 그래프와 직선 $y=x$의 교점과 같다.

그런데 $x\ge 0$일 때, 함수 $y=f(x)$의 그래프와 직선 $y=x$는 일치하므로 교점은 무수히 많다. (거짓)

따라서 옳은 것은 ㄱ, ㄴ이다.

답 ③

33 함수 $y=f(x)$의 그래프와 그 역함수 $y=f^{-1}(x)$의 그래프가 직선 $y=x$에 대하여 서로 대칭이고, 직선 $y=-x+k$가 직선 $y=x$에 대하여 대칭이므로 두 함수 $y=f(x)$, $y=f^{-1}(x)$의 그래프가 직선 $y=-x+k$와 만나서 생기는 두 점 A, B도 직선 $y=x$에 대하여 대칭이다.

즉, $A(a,\ b)$라 하면 $B(b,\ a)$이다.

이때 점 $A(a,\ b)$는 함수 $f(x)=x^2+\frac{5}{4}$의 그래프 위의 점이므로

$b=a^2+\frac{5}{4}$ ······㉠

두 점 A, B 사이의 거리는

$\overline{AB}=\sqrt{(b-a)^2+(a-b)^2}$

$=\sqrt{2(b-a)^2}$

$=\sqrt{2\left(a^2+\frac{5}{4}-a\right)^2}$ ($\because$ ㉠)

$=\sqrt{2\left(a^2-a+\frac{1}{4}+1\right)^2}$

$=\sqrt{2\left\{\left(a-\frac{1}{2}\right)^2+1\right\}^2}$

즉, 선분 AB의 길이는 $a=\frac{1}{2}$일 때 최솟값 $\sqrt{2\times1^2}=\sqrt{2}$를 갖는다.

$a=\frac{1}{2}$을 ㉠에 대입하면

$b=\frac{1}{4}+\frac{5}{4}=\frac{6}{4}=\frac{3}{2}$

$\therefore A\left(\frac{1}{2}, \frac{3}{2}\right)$

점 A를 지나고 기울기가 -1인 직선의 방정식은

$y-\frac{3}{2}=-\left(x-\frac{1}{2}\right)$

$\therefore x+y-2=0$

원점과 직선 $x+y-2=0$ 사이의 거리는

$\frac{|0+0-2|}{\sqrt{1^2+1^2}}=\sqrt{2}$

따라서 선분 AB의 길이가 최소일 때의 삼각형 OAB의 넓이는

$\frac{1}{2}\times\sqrt{2}\times\sqrt{2}=1$ 답 1

• 다른 풀이 •

두 함수 $y=f(x)$, $y=f^{-1}(x)$의 그래프가 직선 $y=-x+k$와 만나는 두 점 A, B에 대하여 선분 AB의 길이가 최소가 되려면 점 A를 지나면서 기울기가 1인 직선이 함수 $y=f(x)$의 그래프와 접해야 한다.

이 직선의 방정식을 $y=x+a$라 하면 방정식

$x^2+\frac{5}{4}=x+a$, 즉 $4x^2-4x+5-4a=0$이 중근을 가져야 하므로 이 이차방정식의 판별식을 D라 하면

$\frac{D}{4}=(-2)^2-4(5-4a)=0$에서

$16a=16$ $\therefore a=1$

즉, 직선의 방정식은 $y=x+1$이고 방정식

$4x^2-4x+1=(2x-1)^2=0$에서 $x=\frac{1}{2}$이므로

$A\left(\frac{1}{2}, \frac{3}{2}\right)$

직선 $y=-x+k$가 점 $A\left(\frac{1}{2}, \frac{3}{2}\right)$을 지나므로

$\frac{3}{2}=-\frac{1}{2}+k$에서 $k=2$

한편, 두 함수 $y=f(x)$와 $y=f^{-1}(x)$의 그래프가 직선 $y=x$에 대하여 서로 대칭이고, 직선 $y=-x+k$도 직선 $y=x$에 대하여 대칭이므로

$B\left(\frac{3}{2}, \frac{1}{2}\right)$

따라서 두 점 A, B 사이의 거리는

$\sqrt{\left(\frac{3}{2}-\frac{1}{2}\right)^2+\left(\frac{1}{2}-\frac{3}{2}\right)^2}=\sqrt{2}$

원점과 직선 $y=-x+2$, 즉 $x+y-2=0$ 사이의 거리는

$\frac{|-2|}{\sqrt{2}}=\sqrt{2}$

이므로 삼각형 OAB의 넓이는

$\frac{1}{2}\times\sqrt{2}\times\sqrt{2}=1$

34 $f(x)=|x+1|+|x-a|+|x-1|$에서

(i) $-1\le x<a$ ($\because -1<a<1$)일 때,

$f(x)=(x+1)+(-x+a)+(-x+1)$

$=-x+2+a$

(ii) $a\le x\le 1$ ($\because -1<a<1$)일 때,

$f(x)=(x+1)+(x-a)+(-x+1)$

$=x+2-a$

(i), (ii)에서

$f(x)=\begin{cases}-x+2+a & (-1\le x<a)\\ x+2-a & (a\le x\le 1)\end{cases}$

이때 $f(-1)=1+2+a=3+a$, $f(a)=a+2-a=2$, $f(1)=3-a$이므로 $-1\le x\le 1$, $-1<a<1$일 때, 함수 $y=f(x)$의 그래프는 다음 그림과 같다.

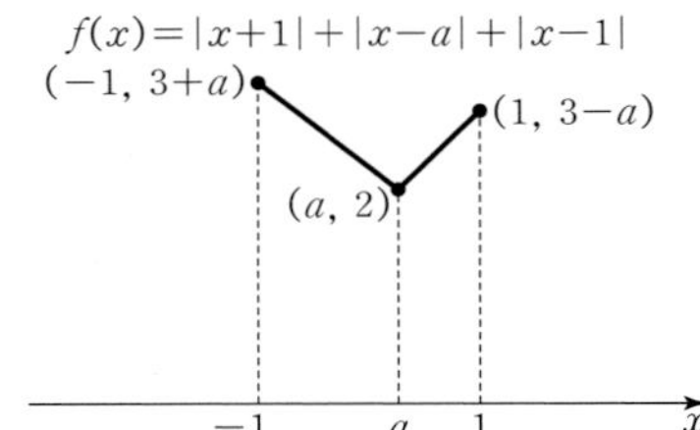

따라서 구하는 최솟값은 $x=a$일 때 2이다. 답 ④

• 다른 풀이 •

$-1\le x\le 1$이므로

$f(x)=x+1+|x-a|+(-x+1)$

$=|x-a|+2$

이때 $-1<a<1$에서 $x=a$가 $-1\le x\le 1$에 포함되고, $|x-a|\ge0$이므로 함수 $f(x)$의 최솟값은 $x=a$일 때 2이다.

BLACKLABEL 특강 참고

두 함수 $y=|x-a|+|x-b|$, $y=|x-a|+|x-b|+|x-c|$의 그래프는 각각 다음 그림과 같다. (단, $a<b<c$)

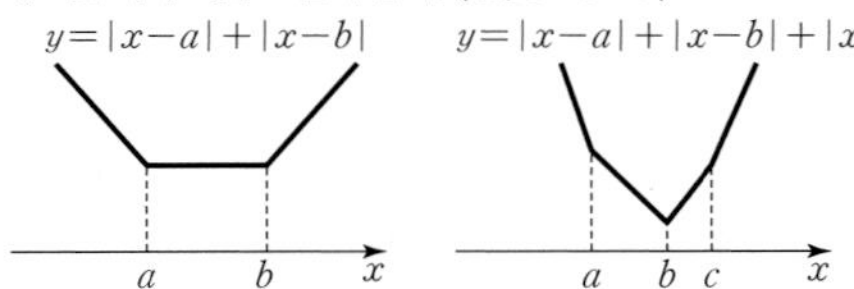

따라서 $y=|x-a|+|x-b|$ $(a<b)$ 꼴의 함수는 $a\le x\le b$일 때 최솟값 $b-a$를 갖고, $y=|x-a|+|x-b|+|x-c|$ $(a<b<c)$ 꼴의 함수는 $x=b$일 때 최솟값 $c-a$를 갖는다.

35 ㄱ. $f(x)=[x^2]$, $g(x)=[x]^2$이므로
$f(\sqrt{2})=[(\sqrt{2})^2]=[2]=2$,
$g(\sqrt{2})=[\sqrt{2}]^2=1^2=1$
$\therefore f(\sqrt{2})>g(\sqrt{2})$ (참)
ㄴ. x가 정수이면 x^2도 정수이므로
$f(x)=[x^2]=x^2$, $g(x)=[x]^2=x^2$
따라서 x가 정수이면 $f(x)=g(x)$이다. (참)
ㄷ. (반례) $x=\frac{1}{2}$일 때,
$f\left(\frac{1}{2}\right)=\left[\left(\frac{1}{2}\right)^2\right]=\left[\frac{1}{4}\right]=0$, $g\left(\frac{1}{2}\right)=\left[\frac{1}{2}\right]^2=0$
$\therefore f\left(\frac{1}{2}\right)=g\left(\frac{1}{2}\right)$
그런데 $x=\frac{1}{2}$은 정수가 아니다. (거짓)
그러므로 옳은 것은 ㄱ, ㄴ이다. 답 ②

36 $0<x<1$에서 $0<nx<n$
$[nx]$는 정수이므로
$[nx]=0, 1, 2, 3, \cdots, n-1$
$nx-[nx]=0$에서 $nx=[nx]$이므로
$nx=0, 1, 2, 3, \cdots, n-1$
$\therefore x=\frac{1}{n}, \frac{2}{n}, \frac{3}{n}, \cdots, \frac{n-1}{n}$ ($\because 0<x<1$)
두 집합 A, B는 각각 $n=3$, $n=6$일 때이므로
$A=\left\{\frac{1}{3}, \frac{2}{3}\right\}$, $B=\left\{\frac{1}{6}, \frac{2}{6}, \frac{3}{6}, \frac{4}{6}, \frac{5}{6}\right\}$
$\therefore A^C\cap B=B-A=\left\{\frac{1}{6}, \frac{3}{6}, \frac{5}{6}\right\}$
따라서 집합 $A^C\cap B$의 모든 원소의 합은
$\frac{1}{6}+\frac{3}{6}+\frac{5}{6}=\frac{9}{6}=\frac{3}{2}$ 답 $\frac{3}{2}$

BLACKLABEL 특강 참고
$nx-[nx]$는 nx에서 nx의 정수 부분을 뺀 것이므로 함수 $f_n(x)$는 nx의 소수 부분과 같다. 즉, $f_n(x)=0$은 nx의 소수 부분의 값이 0이므로 nx가 정수일 때이다. 따라서 x는 분모가 n이면서 0과 1 사이의 수이므로 $x=\frac{1}{n}, \frac{2}{n}, \frac{3}{n}, \cdots, \frac{n-1}{n}$이다.

37 정수 n에 대하여 $n\le x<n+1$일 때 $f(x)=n$이고, 모든 자연수 x에 대하여 $x>0$이므로 $x+4>4$
$0<\frac{1}{x+4}<\frac{1}{4}$ $\therefore 3<3+\frac{1}{x+4}<3+\frac{1}{4}$
$\therefore f\left(3+\frac{1}{x+4}\right)=3$
정수 n에 대하여 $n-1<x\le n$일 때 $g(x)=n$이므로
$g\left(f\left(3+\frac{1}{x+4}\right)+\frac{x}{6}\right)=g\left(3+\frac{x}{6}\right)=4$에서
$3<3+\frac{x}{6}\le 4$, $0<\frac{x}{6}\le 1$
$\therefore 0<x\le 6$
따라서 조건을 만족시키는 자연수 x의 값은 1, 2, 3, 4, 5, 6이므로 그 합은
$1+2+3+4+5+6=21$ 답 21

38 ㄱ. 함수 $y=f(x)$의 그래프는 오른쪽 그림과 같고, 이 그래프와 직선 $y=a$ $(a>0)$의 교점의 x좌표는 $|2x-8|=a$에서

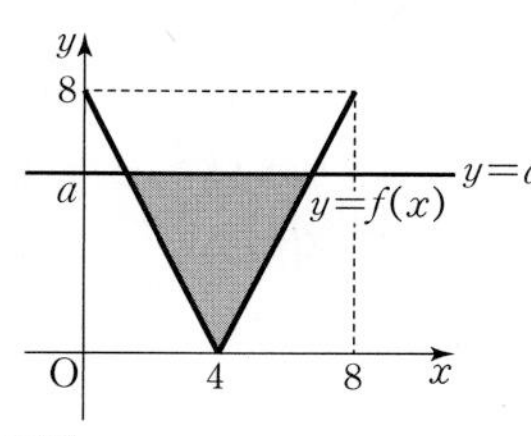

$2x-8=-a$ 또는 $2x-8=a$
$\therefore x=\frac{8-a}{2}$ 또는 $x=\frac{8+a}{2}$
이때 위의 그림의 어두운 부분의 넓이가 16이므로
$\frac{1}{2}\left(\frac{8+a}{2}-\frac{8-a}{2}\right)\times a=16$
$a^2=32$ $\therefore a=4\sqrt{2}$ ($\because a>0$) (거짓)
ㄴ. (i) $0\le x<4$일 때,
$f(x)=-2x+8$이므로 $-2x+8=x$에서
$3x=8$ $\therefore x=\frac{8}{3}$
(ii) $4\le x\le 8$일 때,
$f(x)=2x-8$이므로 $2x-8=x$에서
$x=8$
(i), (ii)에서 방정식 $f(x)=x$의 근은
$x=\frac{8}{3}$ 또는 $x=8$이므로 그 개수는 2이다. (참)
ㄷ. $f(f(x))=f(x)$에서 $f(x)=t$로 놓으면
$f(t)=t$
(i) $0\le t<4$일 때,
ㄴ에서 $t=\frac{8}{3}$이므로 $f(x)=\frac{8}{3}$
$|2x-8|=\frac{8}{3}$에서
$2x-8=-\frac{8}{3}$ 또는 $2x-8=\frac{8}{3}$
$\therefore x=\frac{8}{3}$ 또는 $x=\frac{16}{3}$
(ii) $4\le t\le 8$일 때,
ㄴ에서 $t=8$이므로 $f(x)=8$
$|2x-8|=8$에서
$2x-8=-8$ 또는 $2x-8=8$
$\therefore x=0$ 또는 $x=8$
(i), (ii)에서 $x=0$ 또는 $x=\frac{8}{3}$ 또는 $x=\frac{16}{3}$ 또는 $x=8$
이므로 구하는 모든 실근의 합은
$0+\frac{8}{3}+\frac{16}{3}+8=16$ (거짓)
따라서 옳은 것은 ㄴ뿐이다. 답 ②

• 다른 풀이 •

ㄴ. 오른쪽 그림과 같이 방정식 $f(x)=x$의 실근의 개수는 함수 $y=f(x)$의 그래프와 직선 $y=x$의 교점의 개수와 같다.

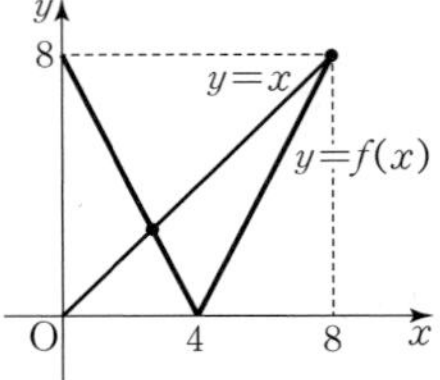

즉, 방정식 $f(x)=x$의 모든 실근의 개수는 2이다. (참)

ㄷ. 방정식 $f(f(x))=f(x)$의 실근은 두 함수 $y=f(f(x))$, $y=f(x)$의 그래프의 교점의 x좌표와 같다.

$f(f(x))$

$=|2f(x)-8|$

$=\begin{cases} 2f(x)-8 & (4\le f(x)\le 8) \\ -2f(x)+8 & (0\le f(x)<4) \end{cases}$

$=\begin{cases} 2|2x-8|-8 & (0\le x\le 2 \text{ 또는 } 6\le x\le 8) \\ -2|2x-8|+8 & (2<x<6) \end{cases}$

$=\begin{cases} -4x+8 & (0\le x\le 2) \\ 4x-8 & (2<x<4) \\ -4x+24 & (4\le x<6) \\ 4x-24 & (6\le x\le 8) \end{cases}$

즉, 두 함수 $y=f(f(x))$, $y=f(x)$의 그래프는 다음 그림과 같다.

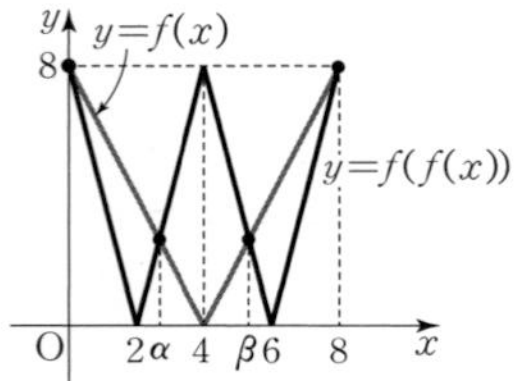

$0<x<8$에서 두 함수 $y=f(f(x))$, $y=f(x)$의 그래프의 교점의 x좌표를 각각 α, β $(0<\alpha<4<\beta<8)$라 하면 방정식 $f(f(x))=f(x)$의 모든 실근은 $x=0$, $x=\alpha$, $x=\beta$, $x=8$이다.

이때 두 함수 $y=f(f(x))$, $y=f(x)$의 그래프는 직선 $x=4$에 대하여 대칭이므로

$\alpha+\beta=8$

따라서 구하는 모든 실근의 합은

$0+\alpha+\beta+8=8+8=16$ (거짓)

39 해결단계

❶ 단계	$x\ge 0$일 때와 $x<0$일 때로 나누어 ㄱ의 참, 거짓을 판단한다.
❷ 단계	$n\le x<n+1$일 때, $[x[x]]$의 값의 개수를 찾아 ㄴ의 참, 거짓을 판단한다.
❸ 단계	$-n\le x<-n+1$일 때, $[x[x]]$의 값의 개수를 찾아 ㄷ의 참, 거짓을 판단한다.

ㄱ. $x\ge 0$일 때, $[x]\ge 0$이므로 $x[x]\ge 0$

$x<0$일 때, $[x]<0$이므로 $x[x]>0$

즉, $f(x)=[x[x]]\ge 0$이므로 $f(x)=-1$인 x는 존재하지 않는다. (참)

ㄴ. $n\le x<n+1$일 때, $[x]=n$이므로

$f(x)=[x[x]]=[nx]$

이때 $n>0$이므로

$n\le x<n+1$에서 $n^2\le nx<n^2+n$

$\therefore [nx]=n^2,\ n^2+1,\ n^2+2,\ \cdots,\ n^2+n-1$

따라서 집합 $\{f(x)\,|\,n\le x<n+1\}$의 원소의 개수는

$(n^2+n-1)-n^2+1=n$ (참)

ㄷ. $-n\le x<-n+1$일 때, $[x]=-n$이므로

$f(x)=[x[x]]=[-nx]$

이때 $-n<0$이므로

$-n\le x<-n+1$에서 $n^2-n<-nx\le n^2$

$\therefore [-nx]=n^2-n,\ n^2-n+1,\ n^2-n+2,\ \cdots,\ n^2$

따라서 집합 $\{f(x)\,|\,-n\le x<-n+1\}$의 원소의 개수는

$n^2-(n^2-n)+1=n+1$ (참)

그러므로 ㄱ, ㄴ, ㄷ 모두 옳다. 답 ⑤

STEP 3 1등급을 넘어서는 **종합 사고력 문제** p. 42

01 15	02 2	03 ④	04 3	05 2
06 6	07 8			

01 해결단계

❶ 단계	x의 값의 범위에 따라 함수 $f(x)$의 식을 구한다.
❷ 단계	각 범위에서 직선의 기울기를 비교하여 함수 $y=f(x)$의 그래프의 개형을 파악한 후, a, b 사이의 관계식을 구한다.
❸ 단계	조건을 만족시키는 a, b의 값을 각각 구하여 순서쌍 (a, b)의 개수를 구한다.

(i) $x<-2$일 때,

$f(x)=3(-x+1)+ax+4+b(-x-2)$

$=(a-b-3)x+7-2b$

(ii) $-2\le x<1$일 때,

$f(x)=3(-x+1)+ax+4+b(x+2)$

$=(a+b-3)x+7+2b$

(iii) $x\ge 1$일 때,

$f(x)=3(x-1)+ax+4+b(x+2)$

$=(a+b+3)x+1+2b$

한편, 각 구간 $x<-2$, $-2\le x<1$, $x\ge 1$에서의 각 직선의 기울기 $a-b-3$, $a+b-3$, $a+b+3$에 대하여

$a-b-3<a+b-3<a+b+3$

이때 한 자리 자연수 a, b에 대하여 $a+b+3>0$이고 함수 $f(x)$가 일대일대응이므로 $y=f(x)$의 그래프는 오른쪽 그림과 같아야 한다.

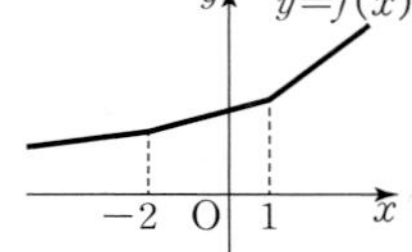

즉, $x<-2$일 때의 직선의 기울기가 양수이어야 하므로

$a-b-3>0$

$\therefore a>b+3$

따라서 조건을 만족시키는 한 자리 자연수 a, b는 다음과 같다.

$b=1$일 때, $a>4$이므로 a는 5, 6, 7, 8, 9의 5개

$b=2$일 때, $a>5$이므로 a는 6, 7, 8, 9의 4개

$b=3$일 때, $a>6$이므로 a는 7, 8, 9의 3개

$b=4$일 때, $a>7$이므로 a는 8, 9의 2개

$b=5$일 때, $a>8$이므로 a는 9의 1개

따라서 구하는 순서쌍 (a, b)의 개수는

$5+4+3+2+1=15$ 답 15

BLACKLABEL 특강 참고

$x=-2$에서 두 함수
$y=(a-b-3)x+7-2b$, $y=(a+b-3)x+7+2b$
의 함숫값은 $-2a+13$으로 같다.
$x=1$에서 두 함수
$y=(a+b-3)x+7+2b$, $y=(a+b+3)x+1+2b$
의 함숫값은 $a+3b+4$로 같다.

02 해결단계

❶ 단계	$ax+2=t$로 놓은 후, $(g\circ f)(x)=x^2-x-2$를 t에 대하여 정리하고 함수 $g(x)$를 구한다.
❷ 단계	❶ 단계에서 구한 함수 $g(x)$를 이용하여 $g(x)\le 0$인 x의 값의 범위를 구한다.
❸ 단계	❷ 단계에서 구한 x의 값의 범위 안에 정수해가 7개 이상 존재하도록 하는 자연수 a의 최솟값을 구한다.

$f(x)=ax+2$에서 $ax+2=t$로 놓으면

$x=\dfrac{t-2}{a}$ ($\because a\neq 0$)

$(g\circ f)(x)=g(f(x))=x^2-x-2$에서

$$g(t)=\left(\frac{t-2}{a}\right)^2-\frac{t-2}{a}-2$$
$$=\frac{t^2-4t+4}{a^2}-\frac{t-2}{a}-2$$
$$=\frac{t^2-(a+4)t-2a^2+2a+4}{a^2}$$

$\therefore g(x)=\dfrac{x^2-(a+4)x-2a^2+2a+4}{a^2}$

이때 $a^2>0$이므로 부등식 $g(x)\le 0$을 만족시키려면

$x^2-(a+4)x-2a^2+2a+4\le 0$이어야 한다.

즉, $x^2-(a+4)x-(a-2)(2a+2)\le 0$에서

$\{x+(a-2)\}\{x-(2a+2)\}\le 0$

$\therefore -a+2\le x\le 2a+2$ ($\because a$는 자연수)

* 위의 x의 값의 범위를 만족시키는 정수해가 7개 이상 존재하려면

$2a+2-(-a+2)+1\ge 7$

$3a\ge 6$ $\therefore a\ge 2$

따라서 조건을 만족시키는 자연수 a의 최솟값은 2이다.

답 2

• 다른 풀이 •

$(g\circ f)(x)=g(f(x))=x^2-x-2$에서

$g(ax+2)=x^2-x-2$

$ax+2=t$로 놓으면

$x=\dfrac{t-2}{a}$ ($\because a\neq 0$)

$\therefore g(t)=\left(\dfrac{t-2}{a}\right)^2-\left(\dfrac{t-2}{a}\right)-2$

$g(x)\le 0$에서 $\left(\dfrac{x-2}{a}\right)^2-\left(\dfrac{x-2}{a}\right)-2\le 0$

$\left(\dfrac{x-2}{a}+1\right)\left(\dfrac{x-2}{a}-2\right)\le 0$

$-1\le\dfrac{x-2}{a}\le 2$, $-a\le x-2\le 2a$

$\therefore -a+2\le x\le 2a+2$

다음은 *와 같다.

03 해결단계

❶ 단계	$f(1)=1$에서 $f^{-1}(1)=1$이고, 주어진 식의 양변에 $a=1$, $b=1$을 대입하여 $f^{-1}(2)$의 값을 구한 후, 주어진 식의 양변에 $a=2$, $b=2$를 대입하여 ㄱ의 참, 거짓을 판단한다.
❷ 단계	$f(a)=p$, $f(b)=q$라 한 후, 역함수의 성질을 이용하여 ㄴ의 참, 거짓을 판단한다.
❸ 단계	ㄴ을 이용하여 함수 $y=f(x)$의 그래프와 직선 $y=x$가 만나는 점을 찾은 후, ㄷ의 참, 거짓을 판단한다.

$f(a+b)=f^{-1}(a)+f^{-1}(b)$ ……㉠

ㄱ. $f(1)=1$이므로 $f^{-1}(1)=1$

㉠의 양변에 $a=1$, $b=1$을 대입하면

$f(1+1)=f^{-1}(1)+f^{-1}(1)$

$f(2)=1+1=2$ $\therefore f^{-1}(2)=2$

㉠의 양변에 $a=2$, $b=2$를 대입하면

$f(2+2)=f^{-1}(2)+f^{-1}(2)$

$\therefore f(4)=2+2=4$ (거짓)

ㄴ. $f(a)=p$, $f(b)=q$라 하면

$f^{-1}(p)=a$, $f^{-1}(q)=b$

㉠의 양변에 $a=p$, $b=q$를 대입하면

$f(p+q)=f^{-1}(p)+f^{-1}(q)=a+b$

$\therefore f^{-1}(a+b)=p+q=f(a)+f(b)$ (참)

ㄷ. ㄴ에서 $f(f(a)+f(b))=a+b$이므로

$f(a)=b$, $f(b)=a$이면 $f(a+b)=a+b$

즉, 함수 $y=f(x)$의 그래프와 직선 $y=x$는 점 $(a+b, a+b)$에서 만난다. (참)

따라서 옳은 것은 ㄴ, ㄷ이다. 답 ④

04 해결단계

❶ 단계	주어진 함수가 f_1 또는 f_2와 같음을 이용하여 두 함수 f_1, f_2의 조건을 파악한다.
❷ 단계	$f_1=x$ 또는 $f_2=x$인 경우로 나누어 조건을 만족시키는 두 일차함수 f_1, f_2를 각각 구한다.
❸ 단계	❷ 단계에서 구한 두 일차함수 f_1, f_2의 순서쌍 (f_1, f_2)의 개수를 구한다.

$f_1\circ f_2=f_1$ 또는 $f_1\circ f_2=f_2$이므로 두 일차함수 f_1, f_2 중에서 적어도 하나는 $y=x$이어야 한다.

(i) $f_1(x)=f_2(x)=x$인 경우

주어진 조건을 모두 만족시킨다.

(ii) $f_1(x)=x$, $f_2(x)=ax+b\ (a\neq0)$인 경우
$f_2(f_2(x))=a(ax+b)+b=a^2x+ab+b$
이 함수가 $f_1(x)=x$ 또는 $f_2(x)=ax+b$와 일치해야 하므로

① $a^2x+ab+b=x$에서 $a^2=1$, $ab+b=0$
$a^2=1$에서 $a=1$ 또는 $a=-1$
$a=1$을 $ab+b=0$에 대입하면 $2b=0$ $\quad\therefore b=0$
그런데 $f_2(x)=x$가 아니므로 모순이다.
$a=-1$을 $ab+b=0$에 대입하면 성립하므로
$f_2(x)=-x+b$
$f_2(1)=1$이므로 $-1+b=1$ $\quad\therefore b=2$
즉, $f_2(x)=-x+2$

② $a^2x+ab+b=ax+b$에서 $a^2=a$, $ab+b=b$
$a^2=a$에서 $a=1\ (\because a\neq0)$
이것을 $ab+b=b$에 대입하면 $2b=b$ $\quad\therefore b=0$
그런데 $f_2(x)=x$가 아니므로 모순이다.

(iii) $f_1(x)=ax+b\ (a\neq0)$, $f_2(x)=x$인 경우
(ii)와 같은 방법으로 계산하면 $f_1(x)=-x+2$이다.

(i), (ii), (iii)에서 조건을 만족시키는 두 일차함수 f_1, f_2의 순서쌍 (f_1, f_2)의 개수는 (x, x), $(-x+2, x)$, $(x, -x+2)$의 3이다.

답 3

05 해결단계

❶ 단계	주어진 함수 $y=f(x)$의 그래프에서 함수 $y=f(f(x))$의 그래프를 그린다.
❷ 단계	두 집합 A, B의 원소의 조건의 의미를 파악한 후, 집합 $A\cap B$를 구하여 $n(A\cap B)$의 값을 구한다.

$$f(x)=\begin{cases}3x & \left(0\le x<\frac{1}{3}\right)\\ -3x+2 & \left(\frac{1}{3}\le x<\frac{1}{2}\right)\\ -x+1 & \left(\frac{1}{2}\le x\le 1\right)\end{cases}\text{에서}$$

$$f(f(x))=\begin{cases}3f(x) & \left(0\le f(x)<\frac{1}{3}\right)\\ -3f(x)+2 & \left(\frac{1}{3}\le f(x)<\frac{1}{2}\right)\\ -f(x)+1 & \left(\frac{1}{2}\le f(x)\le 1\right)\end{cases}$$

$$=\begin{cases}3\times3x & \left(0\le x<\frac{1}{9}\right)\\ -3\times3x+2 & \left(\frac{1}{9}\le x<\frac{1}{6}\right)\\ -3x+1 & \left(\frac{1}{6}\le x<\frac{1}{3}\right)\\ -(-3x+2)+1 & \left(\frac{1}{3}\le x<\frac{1}{2}\right)\\ -3(-x+1)+2 & \left(\frac{1}{2}\le x<\frac{2}{3}\right)\\ 3(-x+1) & \left(\frac{2}{3}\le x\le 1\right)\end{cases}$$

따라서 함수 $y=f(f(x))$의 그래프는 [그림 1]과 같다.

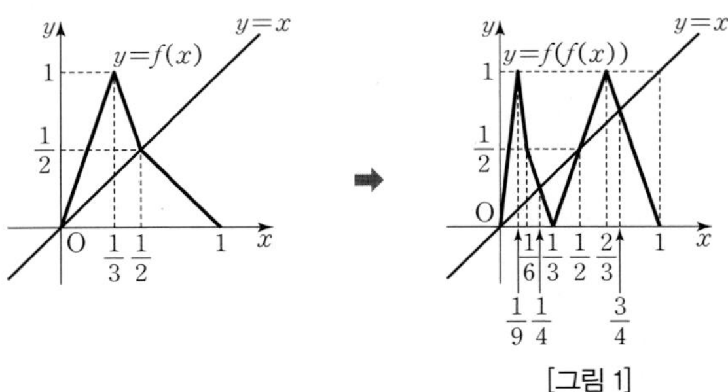

[그림 1]

이때 $f(f(x))-x=0$에서 $f(f(x))=x$이고, $f(x)-x\neq0$에서 $f(x)\neq x$이므로 집합 $A\cap B$의 원소는 함수 $y=f(f(x))$의 그래프와 직선 $y=x$의 교점이면서 함수 $y=f(x)$의 그래프와 직선 $y=x$의 교점이 아닌 점의 x좌표이다.

즉, 함수 $y=f(f(x))$의 그래프와 직선 $y=x$의 교점의 x좌표는 0, $\frac{1}{4}$, $\frac{1}{2}$, $\frac{3}{4}$이고, 함수 $y=f(x)$의 그래프와 직선 $y=x$의 교점의 x좌표는 0, $\frac{1}{2}$이므로

($-3x+3=x$에서 $4x=3$ $\quad\therefore x=\frac{3}{4}$)
($-3x+1=x$에서 $4x=1$ $\quad\therefore x=\frac{1}{4}$)

$A\cap B=\left\{\frac{1}{4}, \frac{3}{4}\right\}$ $\quad\therefore n(A\cap B)=2$

답 2

06 해결단계

❶ 단계	$g(x)=x-[x]-\frac{1}{2}$이라 하고 x의 값의 범위를 나누어 함수 $y=g(x)$의 그래프를 그린다.
❷ 단계	$f(x)=\lvert g(x)\rvert$라 하고, 대칭이동을 이용하여 함수 $y=f(x)$의 그래프를 그린다.
❸ 단계	두 함수 $y=f(x)$, $y=\frac{1}{4}x^2$의 그래프의 교점의 개수를 이용하여 방정식 $\left\lvert x-[x]-\frac{1}{2}\right\rvert=\frac{1}{4}x^2$의 실근의 개수를 구한다.

$f(x)=\left\lvert x-[x]-\frac{1}{2}\right\rvert$, $g(x)=x-[x]-\frac{1}{2}$이라 하자.

⋮

$-2\le x<-1$에서 $[x]=-2$이므로 $g(x)=x+\frac{3}{2}$

$-1\le x<0$에서 $[x]=-1$이므로 $g(x)=x+\frac{1}{2}$

$0\le x<1$에서 $[x]=0$이므로 $g(x)=x-\frac{1}{2}$

$1\le x<2$에서 $[x]=1$이므로 $g(x)=x-\frac{3}{2}$

$2\le x<3$에서 $[x]=2$이므로 $g(x)=x-\frac{5}{2}$

⋮

즉, 함수 $y=g(x)$의 그래프는 다음 그림과 같다.

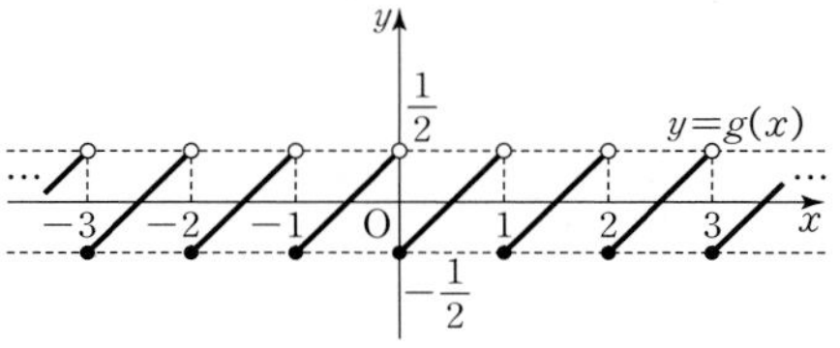

$f(x)=|g(x)|$이므로 함수 $y=f(x)$의 그래프는 함수 $y=g(x)$의 그래프에서 $y\ge 0$인 부분은 그대로 두고, $y<0$인 부분은 x축에 대하여 대칭이동하여 그린다.

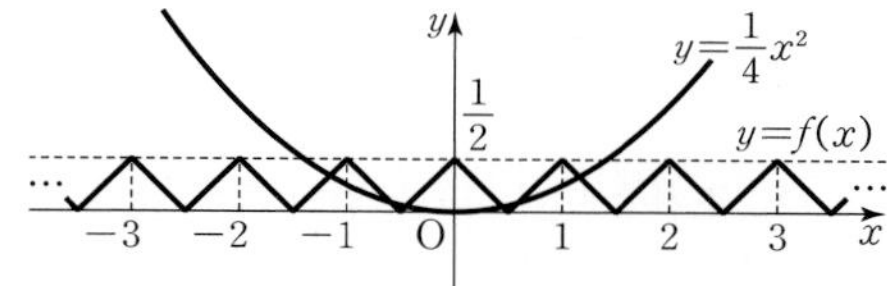

따라서 두 함수 $y=f(x)$, $y=\frac{1}{4}x^2$의 그래프는 위의 그림과 같으므로 방정식 $\left|x-[x]-\frac{1}{2}\right|=\frac{1}{4}x^2$의 실근의 개수는 6이다.

답 6

07 해결단계

❶ 단계	조건 (다)의 의미를 파악한 후, $f(5)=9$를 이용하여 $f(7)$의 값을 찾는다.
❷ 단계	조건 (나)의 의미를 파악한 후, 함수의 정의를 이용하여 $g(7)$, $f(1)$의 값을 찾는다.
❸ 단계	❶, ❷ 단계에서 구한 함숫값과 조건 (가), (나)를 이용하여 $f(3)$, $g(5)$의 값을 찾는다.
❹ 단계	$f(3)+g(5)$의 값을 구한다.

$f(g(f(x)))=x+2$ ······㉠

$f(k)=3$이라 하자.

$x=k$를 ㉠에 대입하면 $f(g(f(k)))=k+2$

$f(g(3))=k+2$, $f(5)=k+2$ ($\because$ $g(3)=5$)

$f(5)=9$이므로 $k+2=9$

$\therefore$ $k=7$, $f(7)=3$ ······㉡

한편, 어떤 $x\in B$에 대하여 $g(x)=x$이고 $g(3)=5$이므로

$g(5)=5$ 또는 $g(7)=7$

이때 $g(5)=5$이면 $f(p)=5$라 하고, $x=p$를 ㉠에 대입하면

$f(g(f(p)))=p+2$, $f(g(5))=p+2$

$f(5)=p+2$, $p+2=9$ ($\because$ $f(5)=9$)

$\therefore$ $p=7$

그런데 ㉡에서 $f(7)=3$이므로 모순이다.

즉, $g(7)=7$

$f(q)=7$이라 하고, $x=q$를 ㉠에 대입하면

$f(g(f(q)))=q+2$, $f(g(7))=q+2$

$f(7)=q+2$

㉡에서 $f(7)=3$이므로

$3=q+2$

$\therefore$ $q=1$, $f(1)=7$ ······㉢

$x=5$를 ㉠에 대입하면 $f(g(f(5)))=7$

$f(g(9))=7$

이때 ㉢에서 $f(1)=7$이므로

$g(9)=1$

$x=3$을 ㉠에 대입하면 $f(g(f(3)))=5$

이때 합성함수 $(f\circ g\circ f)(x)=x+2$가 일대일대응이므로 함수 f의 정의역의 원소는 치역의 한 원소에 대응되고, $f(1)=7$, $f(5)=9$, $f(7)=3$이므로

$f(3)=5$ *

즉, $f(g(f(3)))=5$에서 $g(f(3))=3$이므로

$g(5)=3$

$\therefore$ $f(3)+g(5)=5+3=8$

답 8

BLACKLABEL 특강 풀이 첨삭 *

(i) $f(3)=3$일 때,
$f(g(f(3)))=f(g(3))=f(5)=9$

(ii) $f(3)=7$일 때,
$f(g(f(3)))=f(g(7))=f(7)=3$

(iii) $f(3)=9$일 때,
$f(g(f(3)))=f(g(9))=f(1)=7$

(i), (ii), (iii)에서 $f(g(f(3)))=5$에 모순이므로 $f(3)=5$이어야 한다.

서울대 선배들의 강추문제 1등급 비법 노하우

조건 (다)에서 $f(g(f(x)))=x+2$이므로 이 식의 x에 적당한 값을 대입하여 나머지 대응을 모두 찾아야 한다. 이때 조건 (가)에서 $f(5)=9$, $g(3)=5$이므로 $f(g(f(x)))=x+2$에 $x=5$를 대입하거나 $f(x)$의 값이 3이 되는 x의 값을 미지수로 정하여 대입할 수 있다.
한편, 정의역과 공역의 원소의 개수가 같은 두 함수 $f: A \longrightarrow B$, $g: B \longrightarrow A$에 대하여 합성함수 $(f\circ g\circ f)(x)=x+2$가 일대일대응이므로 두 함수 f, g도 일대일대응이어야 한다. 만약 함수 f가 일대일대응이 아니면 정의역의 서로 다른 두 원소 x_1, x_2가 같은 함숫값을 가질 수 있다. 즉, $f(x_1)=f(x_2)$이므로 집합 B의 원소 중에서 합성함수 $(f\circ g\circ f)(x)=x+2$의 함숫값이 될 수 없는 원소가 존재하고, 합성함수는 일대일대응이 아니다. 마찬가지로 함수 g가 일대일대응이 아니면 합성함수 $(f\circ g\circ f)(x)=x+2$는 일대일대응이 아니다.

이것이 수능 p. 43

1 ③　2 ④　3 50　4 ⑤

1 해결단계

❶ 단계	$f(1)\times f(2)=6$을 만족시키는 $f(1)$, $f(2)$의 값의 경우를 찾은 후, ㄱ의 참, 거짓을 판단한다.
❷ 단계	$(f\circ f)(x)=x$를 만족시켰을 때의 함수 $f(x)$의 대응 관계를 찾은 후, ㄴ의 참, 거짓을 판단한다.
❸ 단계	$(f\circ f\circ f)(x)=x$를 만족시키지만 $f(b)=b$를 만족시키지 않는 함수 $f(x)$의 대응 관계를 찾은 후, ㄷ의 참, 거짓을 판단한다.

ㄱ. $f(1)\times f(2)=6$에서

$f(1)=2$, $f(2)=3$ 또는 $f(1)=3$, $f(2)=2$

이때 함수 f가 일대일대응이므로

$f(3)$, $f(4)$, $f(5)$는 각각 1, 4, 5 중에서 하나의 값을 갖는다.

$\therefore$ $f(3)+f(4)+f(5)=10$ (참)

ㄴ. $(f\circ f)(x)=x$이므로 $f(a)=b\ (a\neq b)$라 하면
$(f\circ f)(a)=f(f(a))=a$에서 $f(b)=a$
즉, $(f\circ f)(x)=x$를 만족시키는 함수 f는 $f(a)=a$ 또는 $f(a)=b$, $f(b)=a\ (a\neq b)$이어야 한다.
이때 집합 X의 원소가 5개이므로 원소를 두 개씩 짝지어도 짝 지어지지 않는 원소가 하나 존재한다.
따라서 $(f\circ f)(x)=x$이면 $f(a)=a$인 집합 X의 원소 a가 존재한다. (참)

ㄷ. $f(p)=q$라 하면 $(f\circ f\circ f)(x)=x$가 성립하므로
$(f\circ f\circ f)(p)=f(f(f(p)))=f(f(q))$
$f(q)=r$라 하면 $f(f(q))=f(r)=p$
즉, $(f\circ f\circ f)(x)=x$이면 집합 X의 서로 다른 세 원소 p, q, r에 대하여 $f(p)=q$, $f(q)=r$, $f(r)=p$인 대응 관계가 성립할 수 있다.
이때 세 원소 p, q, r를 제외한 남은 두 원소를 s, t라 하면 집합 X의 원소 p에 대하여 $(f\circ f\circ f)(x)=x$를 만족시키므로 s, t는 $(f\circ f\circ f)(x)=x$를 만족시킬 필요가 없다. 즉, $f(s)=t$, $f(t)=s$라 하면 집합 X의 세 원소 p, q, r에 대하여 $(f\circ f\circ f)(x)=x$를 만족시키지만 $f(b)=b$를 만족시키는 집합 X의 원소는 존재하지 않는다. (거짓)

그러므로 옳은 것은 ㄱ, ㄴ이다. 답 ③

2 해결단계

❶ 단계	함수 $f(x)$에 x 대신에 $g(x)$를 대입하여 방정식 $f(g(x))=f(x)$의 서로 다른 실근의 개수가 2가 될 조건을 파악한다.
❷ 단계	판별식을 이용하여 주어진 방정식이 서로 다른 두 실근을 갖도록 하는 a의 값의 범위를 구한다.
❸ 단계	❷ 단계에서 구한 a의 값의 범위를 만족시키는 모든 정수 a의 개수를 구한다.

$f(g(x))=f(x)$에서
$\{g(x)\}^2-2g(x)-3=x^2-2x-3$
$\{g(x)\}^2-x^2-2\{g(x)-x\}=0$
$\{g(x)-x\}\{g(x)+x\}-2\{g(x)-x\}=0$
$\{g(x)-x\}\{g(x)+x-2\}=0$
$\therefore g(x)=x$ 또는 $g(x)=-x+2$
$*g(x)=x$에서
$x^2+2x+a=x$
$x^2+x+a=0$ ……㉠
$g(x)=-x+2$에서
$x^2+2x+a=-x+2$
$x^2+3x+a-2=0$ ……㉡
두 이차방정식 ㉠, ㉡의 판별식을 각각 D_1, D_2라 하면
$D_1=1-4a$, $D_2=3^2-4(a-2)=17-4a$
방정식 $f(g(x))=f(x)$가 서로 다른 두 실근을 가지므로 두 이차방정식 ㉠, ㉡의 서로 다른 실근의 개수도 2이어야 한다.

(i) 이차방정식 ㉠은 서로 다른 두 실근을 갖고, 이차방정식 ㉡은 해를 갖지 않을 때,
$D_1=1-4a>0$에서 $a<\frac{1}{4}$
$D_2=17-4a<0$에서 $a>\frac{17}{4}$
즉, 조건을 만족시키는 a의 값은 존재하지 않는다.
(ii) 두 이차방정식 ㉠, ㉡이 각각 중근을 가질 때,
$D_1=1-4a=0$에서 $a=\frac{1}{4}$
$D_2=17-4a=0$에서 $a=\frac{17}{4}$
즉, 조건을 만족시키는 a의 값은 존재하지 않는다.
(iii) 이차방정식 ㉠은 해를 갖지 않고, 이차방정식 ㉡은 서로 다른 두 실근을 가질 때,
$D_1=1-4a<0$에서 $a>\frac{1}{4}$
$D_2=17-4a>0$에서 $a<\frac{17}{4}$
$\therefore \frac{1}{4}<a<\frac{17}{4}$
즉, 조건을 만족시키는 정수 a는 1, 2, 3, 4의 4개이다.
(i), (ii), (iii)에서 구하는 정수 a의 개수는 4이다. 답 ④

• 다른 풀이 •
$f(x)=x^2-2x-3=(x-1)^2-4$
에서 이차함수 $y=f(x)$의 그래프는 직선 $x=1$에 대하여 대칭이다.
$f(a)=f(b)$라 하면 두 직선 $x=a$, $x=b$가 직선 $x=1$에 대하여 대칭이므로
$\frac{a+b}{2}=1 \quad \therefore b=2-a$
$\therefore f(x)=f(2-x)$
따라서 방정식 $f(g(x))=f(x)$에서
$g(x)=x$ 또는 $g(x)=2-x$
다음은 $*$와 같다.

3 해결단계

❶ 단계	함수 f가 일대일대응임을 파악한다.
❷ 단계	조건 (가), (나)를 만족시키고, 함수 f가 일대일대응이 되도록 하는 함숫값을 구한다.
❸ 단계	❷ 단계에서 구한 함숫값을 이용하여 $f(4)\times\{f(6)+f(7)\}$의 값을 구한다.

함수 f는 역함수가 존재하므로 일대일대응이다.
조건 (가)에서
(i) $x=1$일 때,
$f(f(1))+f^{-1}(1)=2$이고, $f(f(1))\in X$, $f^{-1}(1)\in X$이므로
$f(f(1))=f^{-1}(1)=1$
$\therefore f(1)=1$

(ii) $x=2$일 때,

$f(f(2))+f^{-1}(2)=4$이고, $f(f(2))\in X$,

$f^{-1}(2)\in X$이므로

$f(f(2))=1$, $f^{-1}(2)=3$

또는 $f(f(2))=f^{-1}(2)=2$

또는 $f(f(2))=3$, $f^{-1}(2)=1$

$f(f(2))=1$이면 $f(2)=1$이므로 일대일대응이라는 조건에 모순이다.

$f^{-1}(2)=1$이면 $f(1)=2$이므로 $f(1)=1$에 모순이다.

즉, $f(f(2))=f^{-1}(2)=2$이므로

$f(2)=2$

(iii) $x=6$일 때,

$f(6)\neq 6$, $f(f(6))+f^{-1}(6)=12$이고,

$f(f(6))\in X$, $f^{-1}(6)\in X$이므로

$f(f(6))=5$, $f^{-1}(6)=7$

또는 $f(f(6))=7$, $f^{-1}(6)=5$

① $f(f(6))=5$, $f^{-1}(6)=7$인 경우

$f(7)=6$이고 조건 (나)에서 $f(3)+f(5)=10$이므로

$f(3)=3$, $f(5)=7$ 또는 $f(3)=7$, $f(5)=3$ ……㉠

$\therefore f(6)=4$ 또는 $f(6)=5$

$f(6)=4$이면 $f(f(6))=5$에서

$f(f(6))=f(4)=5$이므로 함수 f가 일대일대응이라는 조건을 만족시킨다.

$f(6)=5$이면 $f(f(6))=5$에서

$f(f(6))=f(5)=5$이므로 조건 ㉠에 모순이다.

② $f(f(6))=7$, $f^{-1}(6)=5$인 경우

$f(5)=6$이고 조건 (나)에서 $f(3)+f(5)=10$이므로

$f(3)=4$

$f(6)=a$라 하면 $f(f(6))=7$에서 $f(a)=7$이므로

$a=7$

즉, $f(6)=f(7)=7$이므로 함수 f가 일대일대응이라는 조건에 모순이다.

(i), (ii), (iii)에서 $f(1)=1$, $f(2)=2$, $f(3)=3$, $f(5)=7$ (또는 $f(3)=7$, $f(5)=3$), $f(4)=5$, $f(6)=4$이므로 함수 f가 일대일대응을 만족시키려면 $f(7)=6$이어야 한다.

$\therefore f(4)\times\{f(6)+f(7)\}=5\times(4+6)=50$　　답 50

4 해결단계

❶ 단계	함수 $g(x)$가 일대일대응임을 이용하여 함수 $y=g(x)$의 그래프의 개형을 파악하고, $f(-2)$, $f(1)$의 값을 각각 구하여 ㄱ의 참, 거짓을 판단한다.
❷ 단계	$g(1)=-3$임을 이용하여 함수 $y=g(x)$의 그래프의 개형을 파악한 후, 함수 $f(x)$를 구하여 ㄴ의 참, 거짓을 판단한다.
❸ 단계	곡선 $y=f(x)$의 꼭짓점의 x좌표가 -2임을 이용하여 함수 $y=g(x)$의 그래프의 개형을 파악한 후, 함수 $f(x)$를 구하여 ㄷ의 참, 거짓을 판단한다.

ㄱ. 함수 $g(x)$의 정의역과 치역이 모두 실수 전체의 집합이고 역함수가 존재하므로 함수 $g(x)$는 일대일대응이다.

함수 $g(x)$가 일대일대응이려면 다음 그림과 같이

$f(-2)=g(-2)=6$, $f(1)=g(1)=-3$ 또는

$f(-2)=g(-2)=-3$, $f(1)=g(1)=6$

이어야 한다.

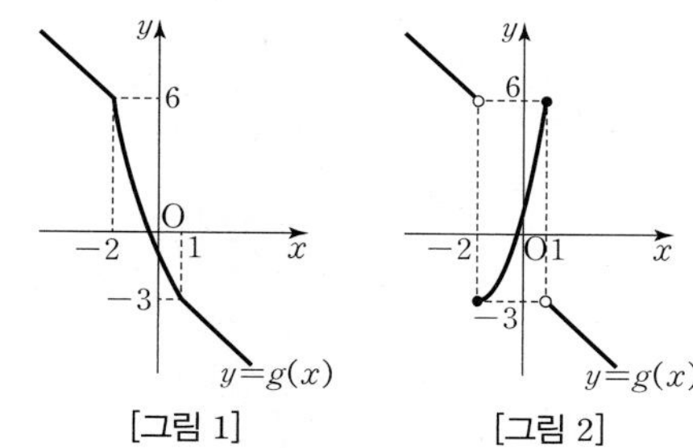

[그림 1]　　[그림 2]

$\therefore f(-2)+f(1)=3$ (참)

ㄴ. $g(0)=-1$, $g(1)=-3$일 때 함수 $y=g(x)$의 그래프는 ㄱ의 [그림 1]과 같으므로

$f(1)=-3$, $f(-2)=6$, $f(0)=-1$

$f(x)=ax^2+bx+c$라 하면

$f(0)=c=-1$

$f(1)=a+b+c=-3$

$f(-2)=4a-2b+c=6$

위의 세 식을 연립하여 풀면

$a=\frac{1}{2}$, $b=-\frac{5}{2}$, $c=-1$

$\therefore f(x)=\frac{1}{2}x^2-\frac{5}{2}x-1$

$=\frac{1}{2}\left(x-\frac{5}{2}\right)^2-\frac{33}{8}$

따라서 곡선 $y=f(x)$의 꼭짓점의 x좌표는 $\frac{5}{2}$이다. (참)

ㄷ. 곡선 $y=f(x)$의 꼭짓점의 x좌표가 -2이므로

$f(x)=p(x+2)^2+q$ (단, $p>0$, q는 상수)

라 할 수 있다.

함수 $g(x)$가 일대일대응이므로 함수 $y=g(x)$의 그래프는 ㄱ의 [그림 2]와 같다.

즉, $f(-2)=-3$, $f(1)=6$이므로

$f(-2)=q=-3$

$f(1)=9p+q=6$

$\therefore p=1$, $q=-3$

$\therefore f(x)=(x+2)^2-3$

따라서 $g(0)=f(0)=1$이므로

$g^{-1}(1)=0$ (참)

그러므로 ㄱ, ㄴ, ㄷ 모두 옳다.　　답 ⑤

04 유리함수

STEP 1 출제율 100% **우수 기출 대표 문제** p. 46

01 ①	02 ⑤	03 $\left\{y \middle\vert y\le\frac{1}{3}\text{ 또는 }y\ge3\right\}$		
04 7	05 ②	06 ②	07 ④	08 ③

01 $\dfrac{3x+2}{x(x+1)^2}=\dfrac{a}{x}+\dfrac{b}{x+1}+\dfrac{c}{(x+1)^2}$

$=\dfrac{a(x+1)^2+bx(x+1)+cx}{x(x+1)^2}$

$=\dfrac{(a+b)x^2+(2a+b+c)x+a}{x(x+1)^2}$

위의 등식은 x에 대한 항등식이므로

$a+b=0,\ 2a+b+c=3,\ a=2$

위의 세 식을 연립하여 풀면

$a=2,\ b=-2,\ c=1$

$\therefore\ abc=-4$ 답 ①

BLACKLABEL 특강 필수 개념

항등식

(1) 항등식 : 주어진 식의 문자에 어떤 값을 대입하여도 항상 참이 되는 등식

(2) 항등식의 성질 : 다음 등식이 x에 대한 항등식일 때,

① $ax^2+bx+c=0 \Longleftrightarrow a=0,\ b=0,\ c=0$

② $ax^2+bx+c=a'x^2+b'x+c' \Longleftrightarrow a=a',\ b=b',\ c=c'$

02 $\dfrac{1}{3-\dfrac{1}{3-\dfrac{1}{x}}}=\dfrac{1}{3-\dfrac{1}{\dfrac{3x-1}{x}}}=\dfrac{1}{3-\dfrac{x}{3x-1}}$

$=\dfrac{1}{\dfrac{3(3x-1)-x}{3x-1}}=\dfrac{3x-1}{8x-3}$

즉, $\dfrac{3x-1}{8x-3}=\dfrac{ax+b}{cx-3}$이므로 $a=3,\ b=-1,\ c=8$

$\therefore\ a+b+c=10$ 답 ⑤

03 $y=\dfrac{2x+1}{2x-1}=\dfrac{(2x-1)+2}{2x-1}$

$=\dfrac{2}{2x-1}+1=\dfrac{1}{x-\dfrac{1}{2}}+1$

이 유리함수의 그래프의 두 점근선의 방정식은 $x=\dfrac{1}{2},\ y=1$이므로 $-1\le x<\dfrac{1}{2}$ 또는 $\dfrac{1}{2}<x\le1$에서 그래프는 오른쪽 그림과 같다.

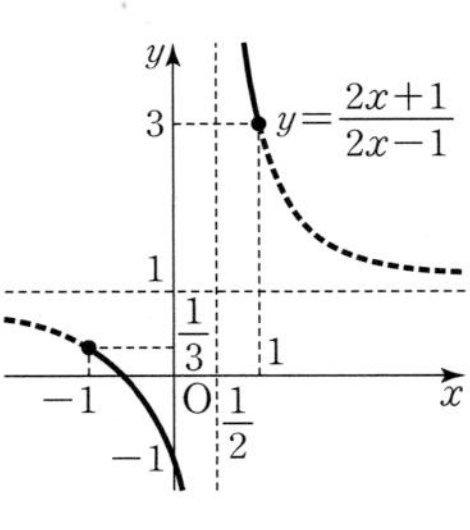

따라서 $x=-1$일 때 $y=\dfrac{-2+1}{-2-1}=\dfrac{1}{3}$,

$x=1$일 때 $y=\dfrac{2+1}{2-1}=3$이므로 구하는 치역은

$\left\{y \middle\vert y\le\dfrac{1}{3}\text{ 또는 }y\ge3\right\}$ 답 $\left\{y \middle\vert y\le\dfrac{1}{3}\text{ 또는 }y\ge3\right\}$

04 주어진 유리함수의 그래프의 두 점근선의 교점의 좌표가 $(-3,\ 2)$이므로 유리함수의 식을

$y=\dfrac{k}{x+3}+2$ (단, $k\ne0$)

라 할 수 있다.

이 유리함수의 그래프가 점 $(-1,\ -2)$를 지나므로

$-2=\dfrac{k}{2}+2,\ \dfrac{k}{2}=-4 \quad \therefore\ k=-8$

$\therefore\ y=\dfrac{-8}{x+3}+2=\dfrac{-8+2(x+3)}{x+3}=\dfrac{2x-2}{x+3}$

따라서 $a=2,\ b=-2,\ c=3$이므로

$a-b+c=7$ 답 7

• 다른 풀이 •

$y=\dfrac{ax+b}{x+c}=\dfrac{a(x+c)+b-ac}{x+c}=\dfrac{b-ac}{x+c}+a$

에서 주어진 유리함수의 그래프의 두 점근선의 방정식은 $x=-c,\ y=a$이고, 두 점근선의 교점의 좌표가 $(-3,\ 2)$이므로

$-c=-3,\ a=2 \quad \therefore\ a=2,\ c=3$

한편, 유리함수 $y=\dfrac{2x+b}{x+3}$의 그래프가 점 $(-1,\ -2)$를 지나므로

$-2=\dfrac{-2+b}{-1+3},\ b-2=-4 \quad \therefore\ b=-2$

$\therefore\ a-b+c=2-(-2)+3=7$

05 $f(x)=\dfrac{5x}{x+2}=\dfrac{5(x+2)-10}{x+2}=\dfrac{-10}{x+2}+5$

이므로 유리함수 $y=f(x)$의 그래프를 x축의 방향으로 p만큼, y축의 방향으로 q만큼 평행이동한 그래프의 식은

$y-q=\dfrac{-10}{(x-p)+2}+5$

$\therefore\ g(x)=\dfrac{-10}{x-p+2}+5+q$

즉, 함수 $y=g(x)$의 그래프의 두 점근선의 방정식은

$x=p-2,\ y=5+q$

함수 $y=|g(x)|$의 그래프는 함수 $y=g(x)$의 그래프에서 $y\ge0$인 부분은 그대로 두고, $y<0$인 부분은 x축에 대하여 대칭이동한 것이다.

즉, 함수 $y=|g(x)|$의 그래프가 y축에 대하여 대칭이려면 다음 그림과 같이 함수 $y=g(x)$의 그래프의 두 점근선의 방정식이 $x=0,\ y=0$이어야 한다.

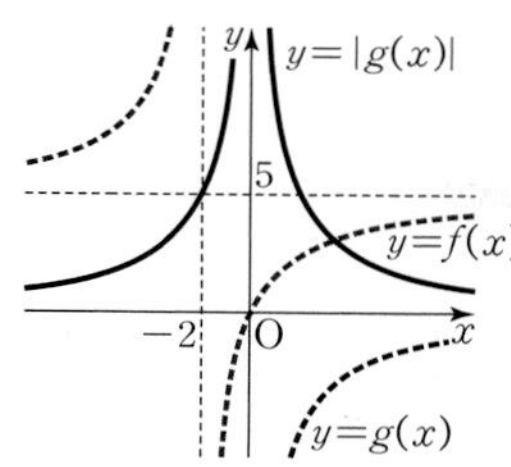

따라서 $p-2=0$, $5+q=0$이므로

$p=2$, $q=-5$

$\therefore p+q=-3$

답 ②

> **BLACKLABEL 특강** 참고
>
> 유리함수 $y=f(x)$에 대하여 함수 $y=|f(x)|$의 그래프가 y축에 대하여 대칭이려면 오른쪽 그림과 같이 유리함수 $y=f(x)$의 그래프의 점근선이 $x=0$, $y=0$이어야 한다.
>
> 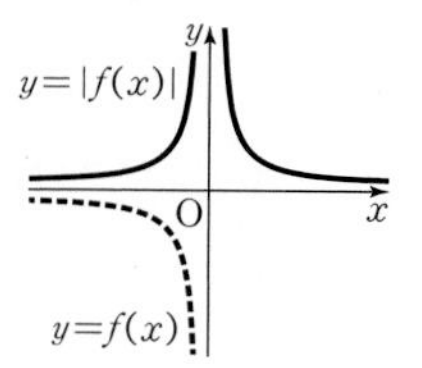
>

06 $y=\dfrac{ax-a^2+16}{x-a}=\dfrac{a(x-a)+16}{x-a}=\dfrac{16}{x-a}+a$

이므로 주어진 유리함수의 그래프의 두 점근선의 방정식은 $x=a$, $y=a$이다.

이때 $a>0$이므로 주어진 유리함수의 그래프가 좌표평면 위의 모든 사분면을 지나려면 다음 그림과 같아야 한다.

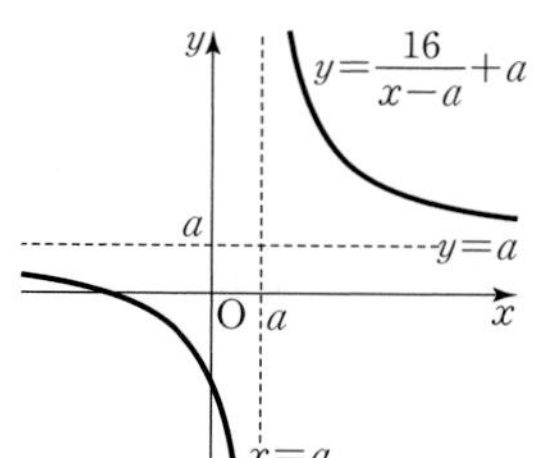

즉, $x=0$일 때의 함숫값이 0보다 작아야 하므로

$-\dfrac{16}{a}+a<0$

$a>0$이므로 위의 부등식의 양변에 a를 곱하면

$-16+a^2<0$, $(a+4)(a-4)<0$

$\therefore 0<a<4$ ($\because a>0$)

따라서 조건을 만족시키는 자연수 a는 1, 2, 3의 3개이다.

답 ②

07 $f(x)=\dfrac{x}{1-x}$이므로

$$f^2(x)=f(f(x))=f\left(\frac{x}{1-x}\right)=\frac{\frac{x}{1-x}}{1-\frac{x}{1-x}}$$

$$=\frac{x}{1-2x}$$

$$f^3(x)=f(f^2(x))=f\left(\frac{x}{1-2x}\right)=\frac{\frac{x}{1-2x}}{1-\frac{x}{1-2x}}$$

$$=\frac{x}{1-3x}$$

$\vdots$

$\therefore f^n(x)=\dfrac{x}{1-nx}$

즉, $f^{20}(x)=\dfrac{x}{1-20x}=\dfrac{ax+b}{cx+1}$이므로

$a=1$, $b=0$, $c=-20$

$\therefore a+b+c=-19$

답 ④

08 $g(f(x))=x$에서 $(g\circ f)(x)=x$

$\therefore f(x)=g^{-1}(x)$* ······㉠

이때 $y=\dfrac{bx+1}{cx+2}$이라 하면

$y(cx+2)=bx+1$, $(cy-b)x=-2y+1$

$x=\dfrac{-2y+1}{cy-b}$

x와 y를 서로 바꾸면

$y=\dfrac{-2x+1}{cx-b}$ $\therefore g^{-1}(x)=\dfrac{-2x+1}{cx-b}$

㉠에서

$\dfrac{-2x+a}{x+1}=\dfrac{-2x+1}{cx-b}$

$\therefore a=1$, $b=-1$, $c=1$

$\therefore a+b+c=1$

답 ③

• 다른 풀이 •

*에서 두 함수 $f(x)$, $g(x)$는 서로 역함수 관계이다.

$f(x)=\dfrac{-2x+a}{x+1}=\dfrac{-2(x+1)+a+2}{x+1}=\dfrac{a+2}{x+1}-2$

에서 유리함수 $y=f(x)$의 그래프의 두 점근선의 방정식은 $x=-1$, $y=-2$이므로 두 점근선의 교점의 좌표는 $(-1, -2)$이다.

점 $(-1, -2)$와 직선 $y=x$에 대하여 대칭인 점의 좌표는 $(-2, -1)$이므로 함수 $f(x)$의 역함수 $g(x)$는

$g(x)=\dfrac{a+2}{x+2}-1=\dfrac{a+2-(x+2)}{x+2}=\dfrac{-x+a}{x+2}$

이때 $g(x)=\dfrac{bx+1}{cx+2}$이므로

$a=1$, $b=-1$, $c=1$

$\therefore a+b+c=1$

> **BLACKLABEL 특강** 참고
>
> 유리함수 $y=\dfrac{q}{x-p}+r$의 그래프에서 두 점근선의 교점의 좌표는 (p, r)이고 상수 q는 곡선의 모양을 결정한다.
> 역함수 관계인 두 함수의 그래프는 직선 $y=x$에 대하여 대칭이고, 점 (p, r)를 직선 $y=x$에 대하여 대칭이동하면 점 (r, p)이므로 유리함수 $y=\dfrac{q}{x-p}+r$의 역함수는 $y=\dfrac{q}{x-r}+p$이다.

STEP 2 1등급을 위한 **최고의 변별력 문제** pp. 47~50

01 ④	02 ④	03 15	04 ⑤	05 ②
06 5	07 5	08 ②	09 2	10 ③
11 14	12 $\frac{9}{4}$	13 ②	14 ①	15 ②
16 2	17 36	18 ②	19 ④	20 4
21 9	22 −2	23 32	24 $\frac{21}{5}$	
25 1, $f^{-1}(x)=\frac{2x}{x+3}$ $(-3<x\le 3)$			26 ①	27 ③
28 ③				

01 $\frac{4}{n(n+1)(n+2)}=\frac{a}{n(n+1)}-\frac{b}{(n+1)(n+2)}$

$=\frac{a(n+2)-bn}{n(n+1)(n+2)}$

$=\frac{(a-b)n+2a}{n(n+1)(n+2)}$

위의 등식은 n에 대한 항등식이므로

$a-b=0$, $2a=4$

$\therefore a=b=2$

즉, $\frac{4}{n(n+1)(n+2)}=\frac{2}{n(n+1)}-\frac{2}{(n+1)(n+2)}$

이므로

$*f(1)+f(2)+f(3)+\cdots+f(10)$

$=2\left\{\left(\frac{1}{1\times2}-\frac{1}{2\times3}\right)+\left(\frac{1}{2\times3}-\frac{1}{3\times4}\right)+\left(\frac{1}{3\times4}-\frac{1}{4\times5}\right)+\cdots+\left(\frac{1}{10\times11}-\frac{1}{11\times12}\right)\right\}$

$=2\left(\frac{1}{1\times2}-\frac{1}{11\times12}\right)$

$=2\times\frac{65}{132}=\frac{65}{66}$

따라서 $m=66$, $n=65$이므로

$m+n=131$ 답 ④

• 다른 풀이 •

$f(n)=\frac{4}{n(n+1)(n+2)}$

$=\frac{4}{n+1}\times\frac{1}{n(n+2)}$

$=\frac{4}{n+1}\times\frac{1}{2}\left(\frac{1}{n}-\frac{1}{n+2}\right)$

$=2\left\{\frac{1}{n(n+1)}-\frac{1}{(n+1)(n+2)}\right\}$

다음은 *와 같다.

BLACKLABEL 특강 필수 개념

부분분수

분모가 세 식의 곱인 경우의 부분분수는 다음과 같이 계산한다.

$\frac{1}{ABC}=\frac{1}{C-A}\left(\frac{1}{AB}-\frac{1}{BC}\right)$

[증명] $\frac{1}{ABC}=\frac{1}{B}\times\frac{1}{AC}=\frac{1}{B}\times\frac{1}{C-A}\left(\frac{1}{A}-\frac{1}{C}\right)$

$=\frac{1}{C-A}\left(\frac{1}{AB}-\frac{1}{BC}\right)$

02 욕조의 부피를 V, 세 수도꼭지 A, B, C에서 매분 나오는 물의 양을 각각 a, b, c라 하면

$\frac{V}{a+b}=p$이므로 $a+b=\frac{V}{p}$ ……㉠

$\frac{V}{b+c}=q$이므로 $b+c=\frac{V}{q}$ ……㉡

$\frac{V}{c+a}=r$이므로 $c+a=\frac{V}{r}$ ……㉢

㉠+㉡+㉢을 하면 $2(a+b+c)=\frac{V}{p}+\frac{V}{q}+\frac{V}{r}$

$\therefore a+b+c=\frac{V(pq+qr+rp)}{2pqr}$

따라서 세 수도꼭지 A, B, C를 동시에 사용하여 욕조에 물을 가득 채우는 데 걸리는 시간은

$\frac{V}{a+b+c}=\frac{V}{\frac{V(pq+qr+rp)}{2pqr}}=\frac{2pqr}{pq+qr+rp}$ 답 ④

03 $\frac{165}{98}=1+\frac{1}{\frac{98}{67}}=1+\frac{1}{1+\frac{1}{\frac{67}{31}}}$

$=1+\frac{1}{1+\frac{1}{2+\frac{1}{\frac{31}{5}}}}=1+\frac{1}{1+\frac{1}{2+\frac{1}{6+\frac{1}{5}}}}$

이므로 $f\left(\frac{165}{98}\right)=1+1+2+6+5=15$ 답 15

• 다른 풀이 •

$\frac{m_k}{n_k}=a_k+\frac{1}{\frac{m_{k+1}}{n_{k+1}}}=\frac{a_k m_{k+1}+n_{k+1}}{m_{k+1}}$

(단, k는 음이 아닌 정수이고, $m_0=m$, $n_0=n$)

이라 하면

$m_{k+1}=n_k$,

$a_k=(m_k$를 n_k로 나누었을 때의 몫$)$,

$n_{k+1}=(m_k$를 n_k로 나누었을 때의 나머지$)$

이것을 이용하여 a_n을 구하면

$165=98\times1+67$에서

$a_0=1$, $\frac{m_1}{n_1}=\frac{98}{67}$

$98=67\times1+31$에서

$a_1=1$, $\frac{m_2}{n_2}=\frac{67}{31}$

$67=31\times2+5$에서

$a_2=2$, $\frac{m_3}{n_3}=\frac{31}{5}$

$31=5\times6+1$에서

$a_3=6$, $\frac{m_4}{n_4}=\frac{5}{1}$이므로

$a_4=5$

$\therefore f\left(\frac{165}{98}\right)=a_0+a_1+a_2+a_3+a_4$

$=1+1+2+6+5=15$

04 ㄱ. $x+\frac{1}{x}=-1$에서 $x\neq0$이므로 양변에 x를 곱하여 정리하면

$x^2+x+1=0$

$\therefore 1+\frac{1}{x}+\frac{1}{x^2}=\frac{x^2+x+1}{x^2}=0$ (참)

ㄴ. $x+\frac{1}{x}=-1$에서

$x^2+\frac{1}{x^2}=\left(x+\frac{1}{x}\right)^2-2=(-1)^2-2=-1$

$\therefore 2x^2+4x-3+\frac{4}{x}+\frac{2}{x^2}$

$=2\left(x^2+\frac{1}{x^2}\right)+4\left(x+\frac{1}{x}\right)-3$

$=2\times(-1)+4\times(-1)-3$

$=-9$ (참)

ㄷ. $x^{3n+2}+x^{3n+1}+x^{3n}+\frac{1}{x^{3n}}+\frac{1}{x^{3n+1}}+\frac{1}{x^{3n+2}}$

$=x^{3n}(x^2+x+1)+\frac{1}{x^{3n}}\left(1+\frac{1}{x}+\frac{1}{x^2}\right)$

$=x^{3n}\times0+\frac{1}{x^{3n}}\times0$ ($\because$ ㄱ)

$=0$ (참)

따라서 ㄱ, ㄴ, ㄷ 모두 옳다. 답 ⑤

• 다른 풀이 •

ㄷ. $x+\frac{1}{x}=-1$에서 $x\neq0$이므로 $x^2+x+1=0$

양변에 $x-1$을 곱하면 $(x-1)(x^2+x+1)=0$

$x^3-1=0$ $\quad\therefore x^3=1$

$\therefore x^{3n}+x^{3n+1}+x^{3n+2}+\frac{1}{x^{3n}}+\frac{1}{x^{3n+1}}+\frac{1}{x^{3n+2}}$

$=1+x+x^2+1+\frac{1}{x}+\frac{1}{x^2}$

$=0$ ($\because$ ㄱ) (참)

05 $\frac{1}{a}+\frac{1}{b}+\frac{1}{c}=\frac{bc+ca+ab}{abc}=0$에서

$ab+bc+ca=0$

ㄱ. $\frac{a}{(a+b)(a+c)}+\frac{b}{(b+c)(b+a)}+\frac{c}{(c+a)(c+b)}$

$=\frac{a(b+c)+b(c+a)+c(a+b)}{(a+b)(b+c)(c+a)}$

$=\frac{2(ab+bc+ca)}{(a+b)(b+c)(c+a)}=0$ ($\because ab+bc+ca=0$)

(참)

ㄴ. $a\neq0$, $b\neq0$, $c\neq0$이므로 $\frac{1}{a}+\frac{1}{b}+\frac{1}{c}=0$의 양변에

a를 곱하면 $1+\frac{a}{b}+\frac{a}{c}=0$ $\quad\therefore \frac{a}{b}+\frac{a}{c}=-1$

b를 곱하면 $\frac{b}{a}+1+\frac{b}{c}=0$ $\quad\therefore \frac{b}{a}+\frac{b}{c}=-1$

c를 곱하면 $\frac{c}{a}+\frac{c}{b}+1=0$ $\quad\therefore \frac{c}{a}+\frac{b}{c}=-1$

$\therefore \frac{b+c}{a}+\frac{c+a}{b}+\frac{a+b}{c}$

$=\frac{b}{a}+\frac{c}{a}+\frac{c}{b}+\frac{a}{b}+\frac{a}{c}+\frac{b}{c}$

$=\left(\frac{a}{b}+\frac{a}{c}\right)+\left(\frac{b}{a}+\frac{b}{c}\right)+\left(\frac{c}{a}+\frac{c}{b}\right)$

$=-3$ (참)

ㄷ. $(a-b)^2+(b-c)^2+(c-a)^2$

$=a^2-2ab+b^2+b^2-2bc+c^2+c^2-2ca+a^2$

$=2(a^2+b^2+c^2-ab-bc-ca)$

$=2(a^2+b^2+c^2)$ ($\because ab+bc+ca=0$)

이므로

$\frac{a^2+b^2+c^2}{(a-b)^2+(b-c)^2+(c-a)^2}=\frac{a^2+b^2+c^2}{2(a^2+b^2+c^2)}$

$=\frac{1}{2}$ (거짓)

따라서 옳은 것은 ㄱ, ㄴ이다. 답 ②

06 $y=\frac{4x+k}{x-2}=\frac{4(x-2)+k+8}{x-2}=\frac{k+8}{x-2}+4$

이므로 주어진 유리함수의 그래프의 두 점근선의 방정식은 $x=2$, $y=4$이다.

이때 $a\leq x\leq1$에서 최댓값이 $\frac{5}{2}$로 4보다 작으므로 주어진 유리함수의 그래프는 오른쪽 그림과 같아야 한다.

$x=1$일 때 최솟값 1을 가지므로

$\frac{4+k}{1-2}=1$, $4+k=-1$

$\therefore k=-5$ $\quad\therefore y=\frac{4x-5}{x-2}$

$x=a$일 때 최댓값 $\frac{5}{2}$를 가지므로 $\frac{4a-5}{a-2}=\frac{5}{2}$

$8a-10=5a-10$, $3a=0$ $\quad\therefore a=0$

$\therefore a-k=0-(-5)=5$ 답 5

07 $y=\frac{x-4}{x-a}=\frac{(x-a)+a-4}{x-a}=\frac{a-4}{x-a}+1$이므로 이 유리함수의 그래프의 두 점근선의 방정식은 $x=a$, $y=1$이고,

$y=\frac{-ax+1}{x-2}=\frac{-a(x-2)-2a+1}{x-2}=\frac{-2a+1}{x-2}-a$이므로 이 유리함수의 그래프의 두 점근선의 방정식은 $x=2$, $y=-a$이다.

그런데 $0<a<2$이면 네 점근선으로 둘러싸인 부분의 넓이는 18보다 작으므로 오른쪽 그림과 같이 $a>2$이어야 한다.

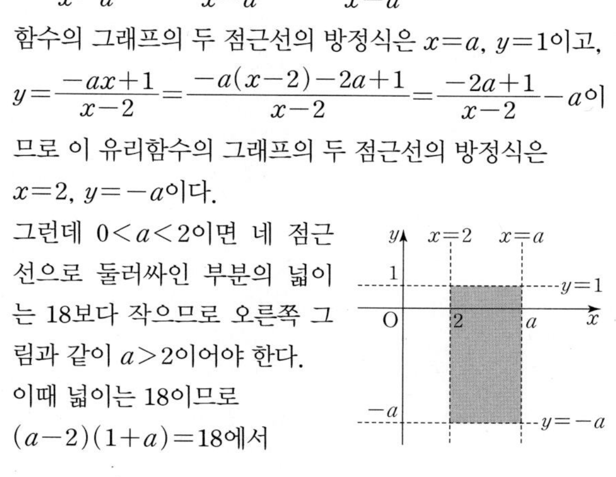

이때 넓이는 18이므로

$(a-2)(1+a)=18$에서

$a^2-a-2=18,\ a^2-a-20=0$

$(a+4)(a-5)=0 \qquad \therefore a=5\ (\because a>2)$ 답 5

> **BLACKLABEL 특강** 참고
>
> 유리함수 $y=\frac{ax+b}{cx+d}$의 그래프의 점근선은 분모 $cx+d$가 0이 될 때의 x의 값, 즉 $-\frac{d}{c}$와 분모, 분자의 x의 계수의 비, 즉 $\frac{a}{c}$가 결정한다. 이를 알면 점근선을 쉽게 구할 수 있고, 이를 이용하여 유리함수의 그래프를 쉽게 그릴 수 있다.

08 $y=\frac{-4x+7}{2x-3}=\frac{-2(2x-3)+1}{2x-3}$

$=\frac{1}{2x-3}-2=\frac{\frac{1}{2}}{x-\frac{3}{2}}-2$

에서 주어진 유리함수의 그래프의 두 점근선의 방정식은 $x=\frac{3}{2}$, $y=-2$이므로 두 점근선의 교점의 좌표는 $\left(\frac{3}{2}, -2\right)$이다.

이때 직선 $y=ax+b$는 기울기가 $a=\pm1$이고, 두 점근선의 교점 $\left(\frac{3}{2}, -2\right)$를 지나야 하므로 방정식은

$y=\pm\left(x-\frac{3}{2}\right)-2$에서 $y=x-\frac{7}{2}$ 또는 $y=-x-\frac{1}{2}$

$\therefore a=1,\ b=-\frac{7}{2}$ 또는 $a=-1,\ b=-\frac{1}{2}$

$\therefore a^2+4b^2=1+4\times\frac{49}{4}=50$ 또는

$a^2+4b^2=1+4\times\frac{1}{4}=2$

따라서 a^2+4b^2의 값이 될 수 있는 수는 ② 50이다. 답 ②

> **BLACKLABEL 특강** 참고
>
> 유리함수 $y=\frac{k}{x}\ (k\neq0)$의 그래프의 대칭성을 이용하여 유리함수 $y=\frac{k}{x-p}+q$의 그래프의 대칭성을 생각할 수 있다.
>
> 유리함수 $y=\frac{k}{x}$의 그래프는 두 직선 $y=x$, $y=-x$에 대하여 각각 대칭이고, 유리함수 $y=\frac{k}{x-p}+q\ (k\neq0)$의 그래프는 유리함수 $y=\frac{k}{x}$의 그래프를 x축의 방향으로 p만큼, y축의 방향으로 q만큼 평행이동한 것이다.
>
> 따라서 유리함수 $y=\frac{k}{x-p}+q\ (k\neq0)$의 그래프는 두 직선 $y=x$, $y=-x$를 각각 x축의 방향으로 p만큼, y축의 방향으로 q만큼 평행이동한 두 직선 $y=(x-p)+q$, $y=-(x-p)+q$에 대하여 각각 대칭이다.

09 $x\neq-a$인 모든 실수 x에 대하여 다항함수가 아닌 유리함수 $y=\frac{bx+c}{x+a}$가 $f(2-x)+f(2+x)=2$를 만족시키므로 이 유리함수의 그래프는 점 $(2, 1)$에 대하여 대칭이다.

└ $f(a-x)+f(a+x)=2b$: 함수 $y=f(x)$의 그래프는 점 (a, b)에 대하여 대칭

즉, 두 점근선의 방정식이 $x=2$, $y=1$이므로

$f(x)=\frac{bx+c}{x+a}=\frac{b(x+a)+c-ab}{x+a}=\frac{c-ab}{x+a}+b$에서

$-a=2,\ b=1 \qquad \therefore a=-2,\ b=1$

또한, 유리함수 $f(x)=\frac{x+c}{x-2}$에 대하여 $f(3)=3$이므로

$\frac{3+c}{3-2}=3,\ 3+c=3 \qquad \therefore c=0$

*즉, $f(x)=\frac{2}{x-2}+1$이므로 이 유리함수의 그래프의 두 점근선의 방정식은 $x=2$, $y=1$이고, 점 $(0, 0)$을 지난다.

따라서 $-1\le x\le1$에서 유리함수 $y=f(x)$의 그래프는 오른쪽 그림과 같으므로

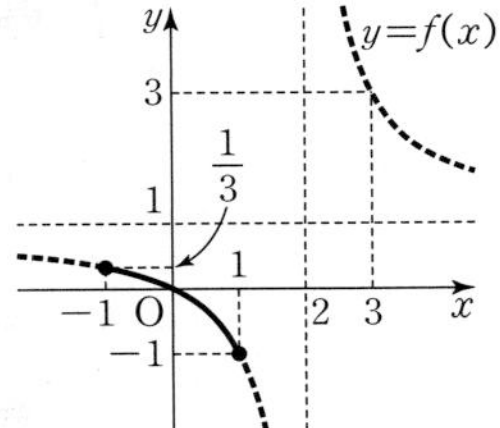

$x=-1$일 때

최댓값 $M=\frac{-1}{-1-2}=\frac{1}{3}$,

$x=1$일 때 최솟값 $m=\frac{1}{1-2}=-1$을 갖는다.

$\therefore 3M-m=3\times\frac{1}{3}-(-1)=2$ 답 2

• 다른 풀이 •

유리함수 $f(x)=\frac{bx+c}{x+a}$의 그래프가 점 $(2, 1)$에 대하여 대칭이므로 유리함수의 식을 $f(x)=\frac{k}{x-2}+1\ (k\neq0)$이라 할 수 있다.

이때 유리함수 $f(x)=\frac{k}{x-2}+1$이 $f(3)=3$을 만족시키므로 $f(3)=k+1=3 \qquad \therefore k=2$

$\therefore f(x)=\frac{2}{x-2}+1$

다음은 *와 같다.

10 ㄱ. $0<a<b$인 두 실수 a, b에 대하여 $f(a)=f(b)$가 성립하므로 오른쪽 그림과 같이 $a<1<b$이고, $x>1$일 때 $0<f(x)<1$이므로 $0<f(b)<1$ (참)

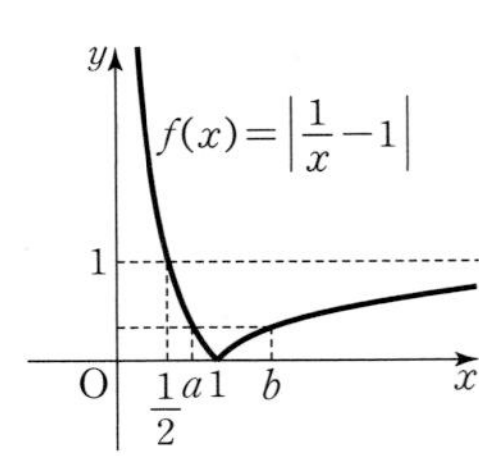

ㄴ. $\left|\frac{1}{x}-1\right|=1$에서 $x=\frac{1}{2}$이므로 $\frac{1}{2}<a<1$, $b>1$이다. (거짓)

ㄷ. $f(a)=\left|\frac{1}{a}-1\right|=\frac{1}{a}-1=\frac{1-a}{a}$,

$f(b)=\left|\frac{1}{b}-1\right|=1-\frac{1}{b}=\frac{b-1}{b}$ ($\because$ ㄴ)이므로

$f(a)f(b)=\frac{1-a}{a}\times\frac{b-1}{b}$

$=-\frac{(a-1)(b-1)}{ab}$ (참)

따라서 옳은 것은 ㄱ, ㄷ이다. 답 ③

11 조건 (가)에서

$$f(x)=\begin{cases} -x+2 & (-3\le x<0) \\ x+2 & (0\le x\le 3) \end{cases}$$

조건 (나)에서 $x-3=x'$으로 놓으면

$f(x')=f(x'+6)$

따라서 조건 (가), (나)를 모두 만족시키는 함수 $y=f(x)$의 그래프는 다음 그림과 같다.

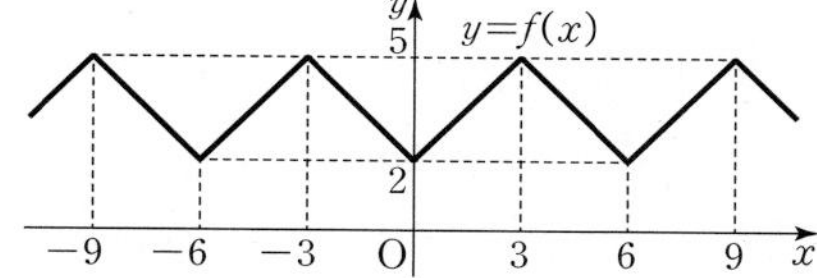

(i) $a=0$일 때,

$y=\dfrac{ax}{x-3}=0$이므로 함수 $y=f(x)$의 그래프와 직선 $y=0$은 서로 만나지 않는다.

(ii) $a\neq0$일 때,

$y=\dfrac{ax}{x-3}=\dfrac{a(x-3)+3a}{x-3}=a+\dfrac{3a}{x-3}$이므로 이 유리함수의 그래프의 두 점근선의 방정식은 $x=3$, $y=a$이고 이 그래프는 항상 점 $(0, 0)$을 지난다.

$a<0$일 때, 두 함수 $y=f(x)$, $y=\dfrac{ax}{x-3}$의 그래프는 다음 그림과 같이 한 점에서 만나므로 조건을 만족시키지 않는다.

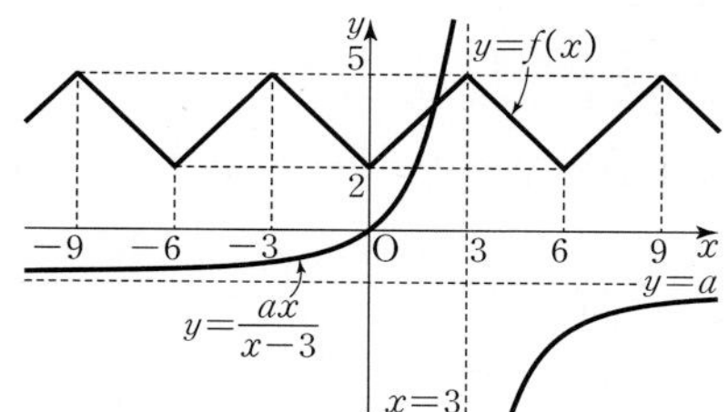

따라서 두 함수 $y=f(x)$, $y=\dfrac{ax}{x-3}$의 그래프가 무수히 많은 점에서 만나려면 $a>0$이어야 하고, 유리함수 $y=\dfrac{ax}{x-3}$의 그래프가 다음 그림과 같아야 한다.

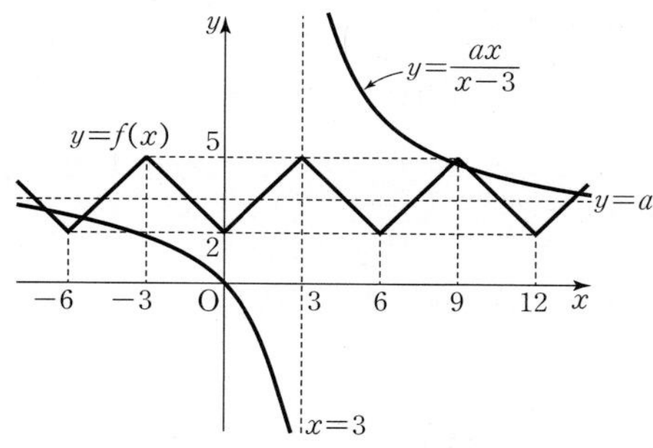

즉, 유리함수 $y=\dfrac{ax}{x-3}$의 그래프의 점근선 $y=a$가 함수 $y=f(x)$의 그래프와 만나야 하므로

$2\le a\le5$

(i), (ii)에서 조건을 만족시키는 정수 a는 2, 3, 4, 5이므로 그 합은

$2+3+4+5=14$

답 14

12 $y=\dfrac{x+1}{x-1}=\dfrac{(x-1)+2}{x-1}=\dfrac{2}{x-1}+1$

이 유리함수의 그래프의 두 점근선의 방정식은 $x=1$, $y=1$이므로 $2\le x\le3$에서 그래프는 오른쪽 그림과 같다.

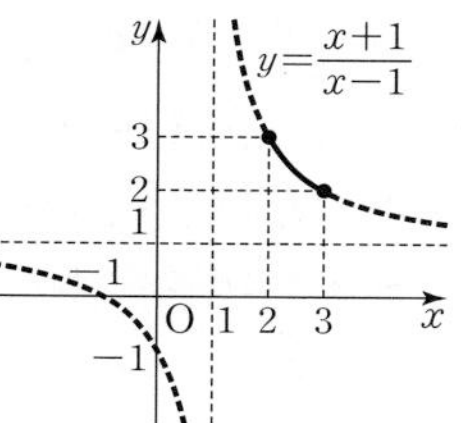

한편,

$y=ax^2-2ax+a+1$

$=a(x-1)^2+1$,

$y=bx^2-2bx+b+1=b(x-1)^2+1$이므로 두 이차함수의 그래프의 꼭짓점의 좌표는 모두 $(1, 1)$이다.

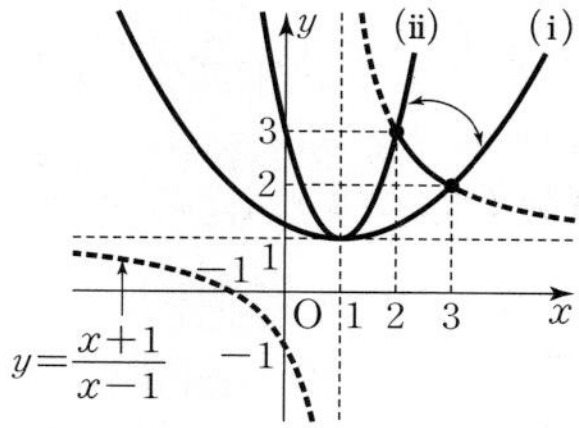

주어진 부등식이 $2\le x\le3$에서 항상 성립하도록 하는 상수 a의 값은 위의 그림의 (i)과 같이 이차함수 $y=a(x-1)^2+1$의 그래프가 점 $(3, 2)$를 지날 때 최대이고, b의 값은 (ii)와 같이 이차함수 $y=b(x-1)^2+1$의 그래프가 점 $(2, 3)$을 지날 때 최소이다.

즉, $y=a(x-1)^2+1$에 $x=3$, $y=2$를 대입하면

$2=a(3-1)^2+1$, $2=4a+1$ $\quad\therefore a=\dfrac{1}{4}=M$

$y=b(x-1)^2+1$에 $x=2$, $y=3$을 대입하면

$3=b(2-1)^2+1$, $3=b+1$ $\quad\therefore b=2=m$

$\therefore M+m=\dfrac{1}{4}+2=\dfrac{9}{4}$

답 $\dfrac{9}{4}$

BLACKLABEL 특강 참고

부등식을 이용하여 a, b의 값의 범위를 구할 수도 있다.

$2\le x\le3$이므로 $x-1>0$

$y=\dfrac{x+1}{x-1}=\dfrac{(x-1)+2}{x-1}=\dfrac{2}{x-1}+1$에서

$a(x-1)^2+1\le\dfrac{2}{x-1}+1\le b(x-1)^2+1$

$a(x-1)^2\le\dfrac{2}{x-1}\le b(x-1)^2$

위의 식의 양변을 $(x-1)^2$으로 나누면 $a\le\dfrac{2}{(x-1)^3}\le b$ ……㉠

또한, $2\le x\le3$에서 $1\le x-1\le2$이므로

$1\le(x-1)^3\le8$, $\dfrac{1}{8}\le\dfrac{1}{(x-1)^3}\le1$

$\therefore \dfrac{1}{4}\le\dfrac{2}{(x-1)^3}\le2$ ……㉡

$2\le x\le3$에서 ㉠이 항상 성립하려면 ㉡을 포함해야 하므로

$a\le\dfrac{1}{4}$, $b\ge2$

13 $\dfrac{1}{R}=\dfrac{1}{R_1}+\dfrac{1}{R_2}$을 정리하면 $R=\dfrac{R_1R_2}{R_1+R_2}$

주어진 그림의 전기회로도에서 총 저항의 크기는

$R=\dfrac{10(x-3)}{10+(x-3)}+5=\dfrac{15x+5}{x+7}$

$=\dfrac{15(x+7)-100}{x+7}=-\dfrac{100}{x+7}+15$

$\therefore f(x)=-\frac{100}{x+7}+15$

이때 $5\le x\le 13$에서

$R=f(x)$의 그래프는 오른쪽 그림과 같으므로

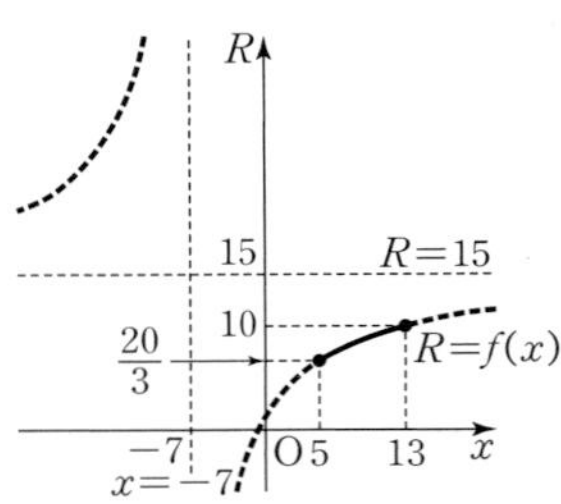

$\frac{20}{3}\le R\le 10$

따라서 구하는 치역은

$\left\{R \,\middle|\, \frac{20}{3}\le R\le 10\right\}$ 답 ②

14 점 $P(1, 2)$를 x축의 방향으로 a만큼 평행이동시킨 점이 Q, y축의 방향으로 b만큼 평행이동시킨 점이 R이므로

$Q(a+1, 2)$, $R(1, b+2)$

이때 삼각형 OQR의 넓이를 S라 하면

$S=\triangle OPQ+\triangle PQR+\triangle OPR$

$=\frac{1}{2}\times a\times 2+\frac{1}{2}\times a\times b+\frac{1}{2}\times b\times 1$

$=\frac{1}{2}(ab+2a+b)=4$

에서 $ab+2a+b=8$

$(a+1)b=8-2a$

$\therefore b=\frac{8-2a}{a+1}=\frac{-2(a+1)+10}{a+1}=\frac{10}{a+1}-2$

따라서 순서쌍 (a, b)가 나타내는 자취는 유리함수 $b=\frac{10}{a+1}-2$ $(a>0, b>0)$의 그래프이므로 오른쪽 그림과 같다. 답 ①

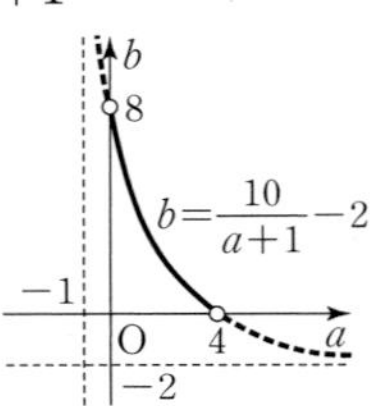

15 함수 $y=f(x)$의 그래프의 두 점근선의 방정식은

$x=0$, $y=k$

함수 $y=g(x)$의 그래프의 두 점근선의 방정식은

$x=1$, $y=-k$

k의 값의 범위에 따라 두 곡선 $y=f(x)$, $y=g(x)$는 다음과 같다.

(i) $k>0$일 때,

두 곡선 $y=f(x)$, $y=g(x)$는 오른쪽 그림과 같으므로 두 곡선의 교점 중 x좌표가 양수인 점의 개수는 2이다.

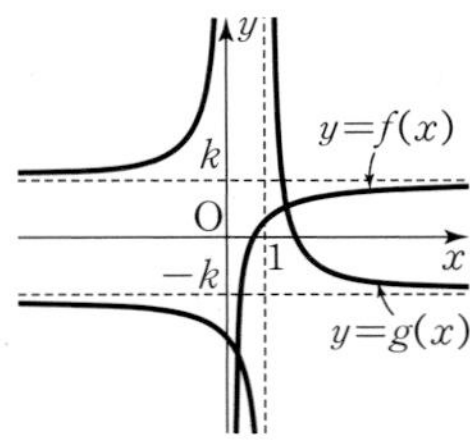

(ii) $k=0$일 때,

두 곡선 $y=f(x)$, $y=g(x)$는 오른쪽 그림과 같으므로 두 곡선의 교점 중 x좌표가 양수인 점의 개수는 1이다.

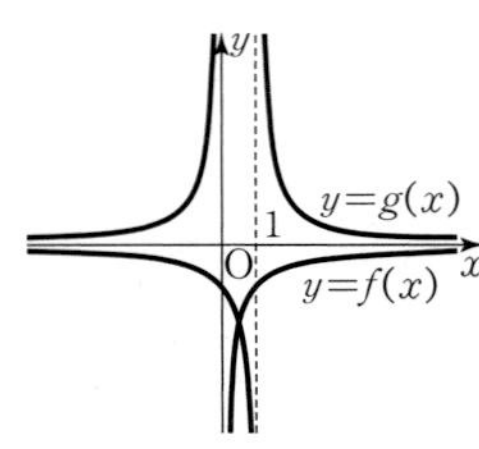

(iii) $k<0$일 때,

두 곡선 $y=f(x)$, $y=g(x)$는 오른쪽 그림과 같으므로 두 곡선의 교점 중 x좌표가 양수인 점의 개수는 1이다.

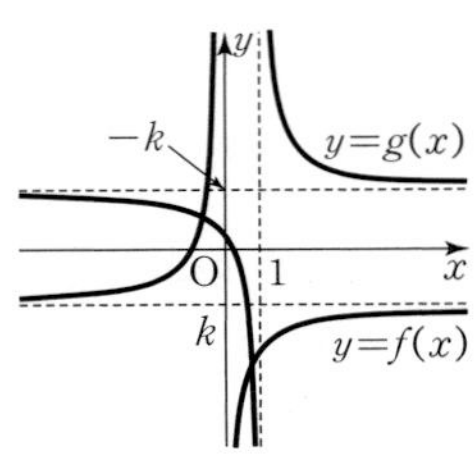

(i), (ii), (iii)에서

$h(k)=\begin{cases} 1 & (k\le 0) \\ 2 & (k>0) \end{cases}$

이때 연속하는 세 정수 k, $k+1$, $k+2$에 대하여

$h(k)+h(k+1)+h(k+2)=4$를 만족시키려면

$h(k)=h(k+1)=1$, $h(k+2)=2$이어야 한다.

즉, $k\le 0$, $k+1\le 0$, $k+2>0$이어야 하므로

$-2<k\le -1$

따라서 조건을 만족시키는 정수 k의 값은 -1이다. 답 ②

16 $y=\frac{2x+1}{-x+3}=\frac{-2(-x+3)+7}{-x+3}=-\frac{7}{x-3}-2$

이므로 이 유리함수의 그래프의 두 점근선의 방정식은

$x=3$, $y=-2$이고, x절편은 $-\frac{1}{2}$, y절편은 $\frac{1}{3}$이다.

함수 $y=\left|\frac{2x+1}{-x+3}\right|$의 그래프는 유리함수 $y=\frac{2x+1}{-x+3}$의 그래프에서 $y\ge 0$인 부분은 그대로 두고, $y<0$인 부분을 x축에 대하여 대칭이동한 것이므로 다음 그림과 같다.

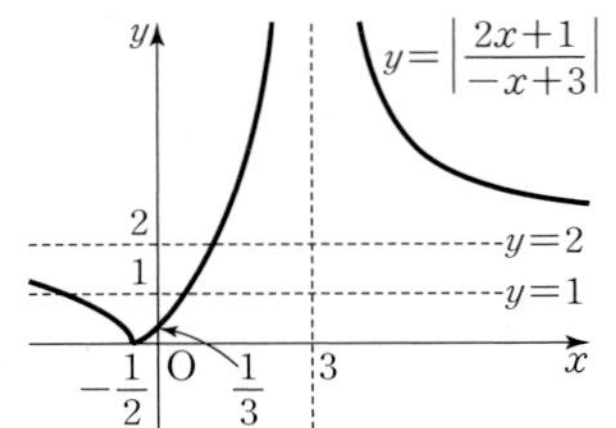

(i) 함수 $y=\left|\frac{2x+1}{-x+3}\right|$의 그래프와 직선 $y=1$의 교점의 개수는 2이므로 $N(1)=2$

(ii) 함수 $y=\left|\frac{2x+1}{-x+3}\right|$의 그래프와 직선 $y=0$의 교점의 개수는 1이므로 $N(0)=1$

(iii) 함수 $y=\left|\frac{2x+1}{-x+3}\right|$의 그래프와 직선 $y=2$의 교점의 개수는 1이므로 $N(2)=1$

$\therefore N(1)-N(0)+N(2)=2-1+1=2$ 답 2

17 오른쪽 그림과 같이 도형 $xy-2x-2y=k$와 직선 $x+y=8$의 두 교점 P, Q의 x좌표를 각각 α, β $(\alpha<\beta)$라 하자.

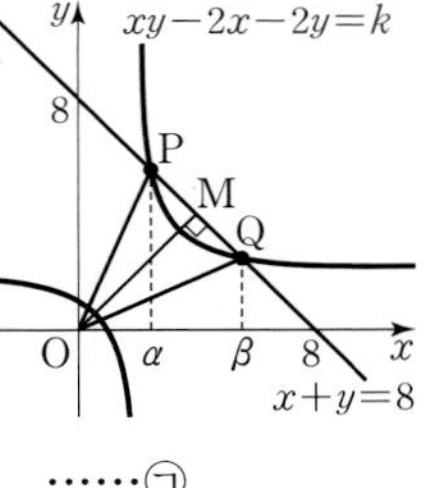

$y=8-x$를 $xy-2x-2y=k$에 대입하여 정리하면

$x^2-8x+(k+16)=0$ ……㉠

방정식 ㉠의 두 근이 α, β이므로 이차방정식의 근과 계수의 관계에 의하여 $\alpha+\beta=8$, $\alpha\beta=k+16$

이때 $\alpha\beta=14$이므로 $\underline{k=-2}_{*}$

도형 $xy-2x-2y=-2$는 직선 $y=x$에 대하여 대칭이므로 선분 PQ의 중점을 M이라 하면 $\overline{OM}\perp\overline{PQ}$이다.

$\therefore \overline{OP}\times\overline{OQ}=\overline{OP}^2=\overline{OM}^2+\left(\frac{1}{2}\overline{PQ}\right)^2$

이때 $\overline{OM}=\frac{|-8|}{\sqrt{1+1}}=4\sqrt{2}$이고, $P(\alpha,\ 8-\alpha)$, $Q(\beta,\ 8-\beta)$이므로

$\overline{PQ}=\sqrt{2(\alpha-\beta)^2}=\sqrt{2\{(\alpha+\beta)^2-4\alpha\beta\}}=4$

$\therefore \overline{OP}\times\overline{OQ}=32+4=36$ 답 36

• 다른 풀이 1 •

$*$에서 $k=-2$이므로 이것을 ㉠에 대입하면

$x^2-8x+14=0$ $\therefore x=4\pm\sqrt{2}$

$\therefore P(4-\sqrt{2},\ 4+\sqrt{2})$, $Q(4+\sqrt{2},\ 4-\sqrt{2})$

$\therefore \overline{OP}\times\overline{OQ}=\overline{OP}^2=(4-\sqrt{2})^2+(4+\sqrt{2})^2=36$

• 다른 풀이 2 •

$*$에서 $k=-2$이므로 이것을 ㉠에 대입하면

$x^2-8x+14=0$

이 이차방정식의 두 근이 α, β이므로

$\alpha^2-8\alpha+14=0$, $\beta^2-8\beta+14=0$ ……㉡

$\therefore \overline{OP}\times\overline{OQ}$

$=\sqrt{\alpha^2+(8-\alpha)^2}\sqrt{\beta^2+(8-\beta)^2}$

$=\sqrt{2\alpha^2-16\alpha+64}\sqrt{2\beta^2-16\beta+64}$

$=\sqrt{2(\alpha^2-8\alpha+14)+36}\sqrt{2(\beta^2-8\beta+14)+36}$

$=\sqrt{36}\sqrt{36}$ ($\because$ ㉡)

$=36$

18 $y=\frac{|2x|-2}{|x+1|}$

$$=\begin{cases}\frac{-2x-2}{-(x+1)} & (x<-1)\\ \frac{-2x-2}{x+1} & (-1<x<0)\\ \frac{2x-2}{x+1} & (x\geq 0)\end{cases}$$

$$=\begin{cases}2 & (x<-1)\\ -2 & (-1<x<0)\\ -\frac{4}{x+1}+2 & (x\geq 0)\end{cases}$$

에서 유리함수 $y=-\frac{4}{x+1}+2$의 그래프는 두 점근선의 방정식이 $x=-1$, $y=2$이고 x절편이 1, y절편이 -2이다.

또한, 직선 $y=kx+3k-4$, 즉 $y=k(x+3)-4$ $(k\neq 0)$는 k의 값에 관계없이 항상 점 $(-3,\ -4)$를 지난다.

따라서 함수 $y=\frac{|2x|-2}{|x+1|}$의 그래프와 직선 $y=k(x+3)-4$의 교점이 존재하지 않으려면 다음 그림과 같이 직선 $y=k(x+3)-4$가 직선 (i)이거나 두 직선 (i)과 (ii) 사이에 있어야 한다.

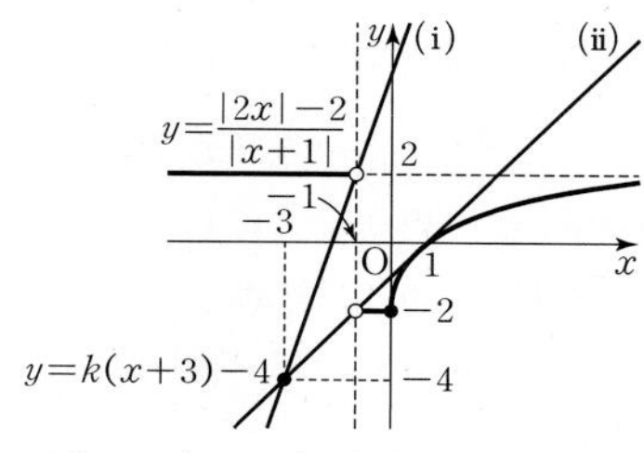

(i) 직선 $y=k(x+3)-4$가 점 $(-1,\ 2)$를 지나는 경우

$2=2k-4$, $2k=6$ $\therefore k=3$

(ii) 직선 $y=k(x+3)-4$가 점 $(-1,\ -2)$를 지나거나 유리함수 $y=-\frac{4}{x+1}+2$ $(x\geq 0)$의 그래프와 접하는 경우

직선 $y=k(x+3)-4$가 점 $(-1,\ -2)$를 지나면

$-2=2k-4$, $2k=2$ $\therefore k=1$

직선 $y=k(x+3)-4$가 유리함수 $y=-\frac{4}{x+1}+2$의 그래프와 접하면 방정식 $k(x+3)-4=-\frac{4}{x+1}+2$가 오직 하나의 근을 가져야 하므로 이 방정식의 양변에 $x+1$을 곱하면

$k(x+1)(x+3)-4(x+1)=-4+2(x+1)$

$kx^2+4kx+3k-4x-4=-4+2x+2$

$kx^2+2(2k-3)x+3k-2=0$

$k\neq 0$이므로 이 이차방정식이 중근을 가져야 하고, 판별식을 D라 하면

$\frac{D}{4}=(2k-3)^2-k(3k-2)=0$

$k^2-10k+9=0$, $(k-1)(k-9)=0$

$\therefore k=1$ 또는 $k=9$

그런데 직선 $y=k(x+3)-4$가 $x\geq 0$에서 유리함수 $y=-\frac{4}{x+1}+2$의 그래프와 접해야 하므로 $k=1$

따라서 직선 $y=k(x+3)-4$가 점 $(-1,-2)$를 지나거나 유리함수 $y=-\frac{4}{x+1}+2$ $(x\geq 0)$의 그래프와 접하는 경우는 같은 직선이므로

$k=1$

(i), (ii)에서 실수 k의 값의 범위는 $1<k\leq 3$ 답 ②

19 직선 $y=-x+4$가 두 함수 $y=\frac{1}{x}$, $y=\frac{2}{x}$의 그래프와 제1사분면에서 만나는 점 중에서 y축에 가까운 점을 다음 그림과 같이 각각 $P(x_1,\ y_1)$, $Q(x_2,\ y_2)$라 하자.

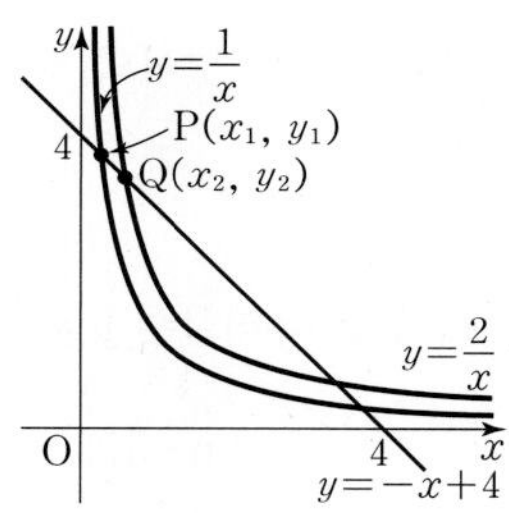

ㄱ. 주어진 그래프에서 $y_1>y_2$이므로 $\frac{1}{x_1}>\frac{2}{x_2}$

이때 $x_1>0$, $x_2>0$이므로 위의 부등식의 양변에 x_1x_2를 곱하면 $x_2>2x_1$ (거짓)

ㄴ. 두 점 $P(x_1, y_1)$, $Q(x_2, y_2)$를 지나는 직선의 방정식이 $y=-x+4$이므로 직선 PQ의 기울기는 -1이다.

즉, $\frac{y_1-y_2}{x_1-x_2}=-1$에서 $y_1-y_2=-(x_1-x_2)$

$\therefore y_1-y_2=x_2-x_1$ (참)

ㄷ. 원점 O에서 두 점 $P(x_1, y_1)$, $Q(x_2, y_2)$를 각각 지나는 직선의 기울기를 비교하면

$\frac{y_1-0}{x_1-0}>\frac{y_2-0}{x_2-0}$, $\frac{y_1}{x_1}>\frac{y_2}{x_2}$

$\therefore x_2y_1>x_1y_2$ ($\because x_1>0$, $x_2>0$)

이 부등식의 양변에 x_1y_2를 각각 더하면

$$\begin{aligned}x_1y_2+x_2y_1&>x_1y_2+x_1y_2\\&=2x_1y_2\\&>2x_1x_2\ (\because y_2>x_2)\end{aligned}$$

$\therefore x_1y_2+x_2y_1>2x_1x_2$ (참)

따라서 옳은 것은 ㄴ, ㄷ이다. 답 ④

20 $y=\frac{2x+2}{x-1}=\frac{2(x-1)+4}{x-1}=\frac{4}{x-1}+2$에서 주어진 유리함수의 그래프의 두 점근선의 방정식은 $x=1$, $y=2$이므로 두 점근선의 교점 A의 좌표는 $(1, 2)$이다.

한편, 두 직선 $x=1$, $y=mx-2m$의 교점 B의 좌표는 $(1, -m)$이고, 두 직선 $y=2$, $y=mx-2m$의 교점 C의 좌표는 $\left(2+\frac{2}{m}, 2\right)$이다.

이때 삼각형 ABC의 넓이를 S라 하면

$$\begin{aligned}S&=\frac{1}{2}\left(2+\frac{2}{m}-1\right)\{2-(-m)\}\\&=\frac{1}{2}\left(1+\frac{2}{m}\right)(2+m)\\&=\frac{1}{2}\left(2+m+\frac{4}{m}+2\right)\\&=\frac{1}{2}\left(4+m+\frac{4}{m}\right)\end{aligned}$$

이때 $m>0$, $\frac{4}{m}>0$이므로 산술평균과 기하평균의 관계에 의하여

$S\geq\frac{1}{2}\left(4+2\sqrt{m\times\frac{4}{m}}\right)$ (단, 등호는 $m=2$일 때 성립)

$=\frac{1}{2}\times(4+4)=4$

따라서 삼각형 ABC의 넓이의 최솟값은 4이다. 답 4

21 제1사분면에 있는 유리함수 $y=\frac{1}{x}$의 그래프 위의 점 A의 좌표를 $\left(\alpha, \frac{1}{\alpha}\right)$ $(\alpha>0)$이라 하면 두 점 B, C는

$B\left(k\alpha, \frac{1}{\alpha}\right)$, $C\left(\alpha, \frac{k}{\alpha}\right)$이고, $k>1$이므로

$\overline{AB}=k\alpha-\alpha=\alpha(k-1)$, $\overline{AC}=\frac{k}{\alpha}-\frac{1}{\alpha}=\frac{k-1}{\alpha}$

$$\begin{aligned}\therefore \triangle ABC&=\frac{1}{2}\times\overline{AB}\times\overline{AC}\\&=\frac{1}{2}\times\alpha(k-1)\times\frac{k-1}{\alpha}\\&=\frac{1}{2}(k-1)^2\end{aligned}$$

즉, $\frac{1}{2}(k-1)^2=32$이므로 $(k-1)^2=64$

$k-1=\pm8$ $\therefore k=9$ ($\because k>1$) 답 9

단계	채점 기준	배점
(가)	점 A의 좌표를 이용하여 두 점 B, C의 좌표를 각각 나타낸 경우	20%
(나)	두 선분 AB, AC의 길이를 각각 구한 경우	30%
(다)	삼각형 ABC의 넓이를 이용하여 k의 값을 구한 경우	50%

22 $y=\frac{x-1}{x+2}=\frac{(x+2)-3}{x+2}=-\frac{3}{x+2}+1$

이므로 주어진 유리함수의 그래프의 두 점근선의 방정식은 $x=-2$, $y=1$이고, x절편은 1, y절편은 $-\frac{1}{2}$이다.

따라서 중심이 $(-2, 1)$인 원과 유리함수 $y=\frac{x-1}{x+2}$의 그래프를 좌표평면 위에 나타내면 다음 그림과 같다.

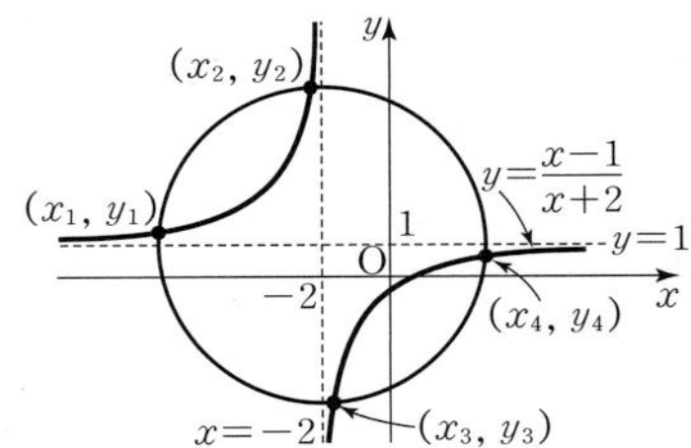

한편, 유리함수의 그래프는 두 점근선의 교점에 대하여 대칭이므로 주어진 유리함수 $y=\frac{x-1}{x+2}$의 그래프는 점 $(-2, 1)$에 대하여 대칭이다.

즉, $\frac{x_1+x_4}{2}=-2$, $\frac{y_2+y_3}{2}=1$이므로

$x_1+x_4=-4$, $y_2+y_3=2$

$\therefore \frac{x_1+x_4}{y_2+y_3}=\frac{-4}{2}=-2$ 답 -2

• 다른 풀이 •

$y=\frac{x-1}{x+2}=\frac{(x+2)-3}{x+2}=-\frac{3}{x+2}+1$

에서 주어진 유리함수의 그래프는 유리함수 $y=-\frac{3}{x}$의 그래프를 x축의 방향으로 -2만큼, y축의 방향으로 1만큼 평행이동한 것이다.

또한, 주어진 원을 C라 하고, 원 C를 x축의 방향으로 2만큼, y축의 방향으로 -1만큼 평행이동시킨 원을 C'이라 하자.

원 C와 유리함수 $y=\frac{x-1}{x+2}$의 그래프의 네 교점의 좌표가 각각 (x_1, y_1), (x_2, y_2), (x_3, y_3), (x_4, y_4)이므로 원 C'과 유리함수 $y=-\frac{3}{x}$의 그래프는 네 점에서 만나고 그 좌표는 각각 (x_1+2, y_1-1), (x_2+2, y_2-1), (x_3+2, y_3-1), (x_4+2, y_4-1)이다.

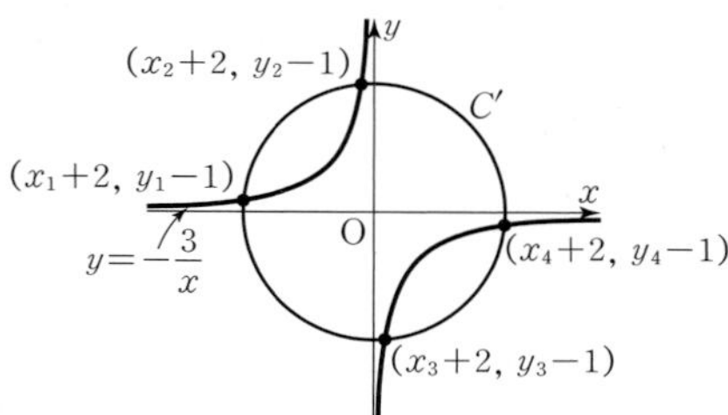

한편, 원 C'과 유리함수 $y=-\frac{3}{x}$의 그래프는 각각 두 직선 $y=x$, $y=-x$, 원점에 대하여 모두 대칭이므로 네 교점도 직선 $y=x$ 또는 $y=-x$ 또는 원점에 대하여 대칭이어야 한다.

두 점 (x_1+2, y_1-1), (x_4+2, y_4-1)이 원점에 대하여 대칭이므로

$x_1+2=-(x_4+2)$ $\quad \therefore x_1+x_4=-4$

또한, 두 점 (x_2+2, y_2-1), (x_3+2, y_3-1)이 원점에 대하여 대칭이므로

$y_2-1=-(y_3-1)$ $\quad \therefore y_2+y_3=2$

$\therefore \frac{x_1+x_4}{y_2+y_3}=\frac{-4}{2}=-2$

23 점 C의 좌표를 $(c, 0)$이라 하고, 직선 l과 함수 $y=f(x)$의 그래프가 만나는 점 중에서 점 B가 아닌 점을 Q라 하자.

두 삼각형 PBA, PQO는 합동이고, $S_2=2S_1$이므로

$\overline{PB}=\overline{QP}=\overline{CQ}$

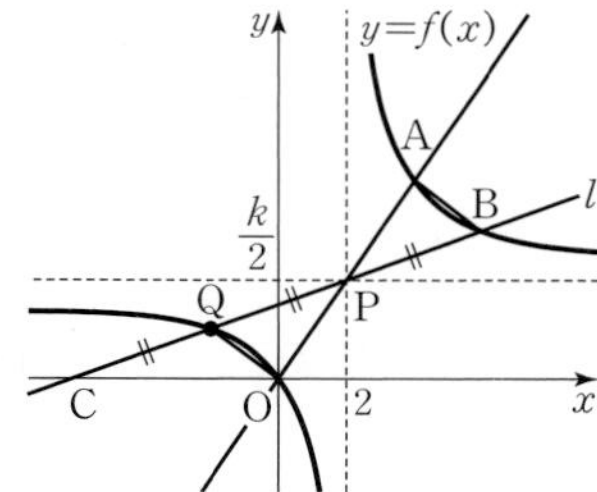

즉, 점 Q는 선분 PC의 중점이므로 $Q\left(\frac{c+2}{2}, \frac{k}{4}\right)$

이때 점 Q가 함수 $y=f(x)$의 그래프 위에 있으므로

$\frac{k}{4}=\frac{k}{\frac{c+2}{2}-2}+\frac{k}{2}$, $\frac{1}{4}=\frac{2}{c-2}+\frac{1}{2}$

$\frac{2}{c-2}=-\frac{1}{4}$, $c-2=-8$ $\quad \therefore c=-6$

$\therefore C(-6, 0)$

직선 l은 두 점 $C(-6, 0)$, $P\left(2, \frac{k}{2}\right)$를 지나므로

$y=\frac{\frac{k}{2}}{2-(-6)}(x+6)$, $y=\frac{k}{16}(x+6)$

$\therefore kx-16y+6k=0$

*이때 원점과 직선 l 사이의 거리가 2이므로

$\frac{|6k|}{\sqrt{k^2+(-16)^2}}=2$

$k^2+256=9k^2$, $8k^2=256$ $\quad \therefore k^2=32$ 답 32

•다른 풀이•

직선 l과 함수 $y=f(x)$의 그래프가 만나는 점 중에서 점 B가 아닌 점을 $Q(a, b)$라 하자.

두 삼각형 PBA, PQO는 합동이고, $S_2=2S_1$이므로

$\overline{PB}=\overline{QP}=\overline{CQ}$

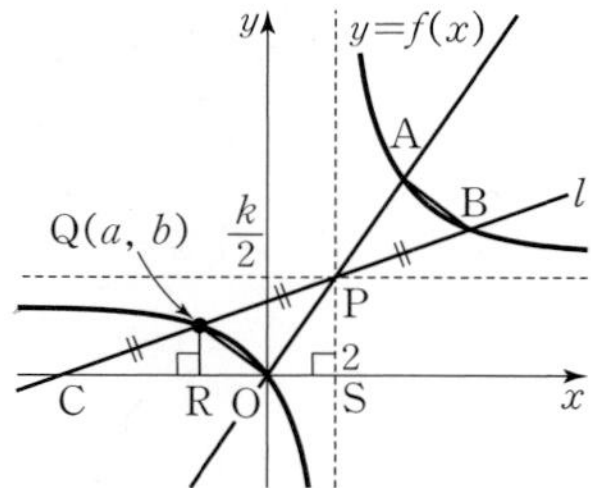

이때 두 점 Q, P에서 x축에 내린 수선의 발을 각각 R, S라 하면 $\triangle CQR \backsim \triangle CPS$이고 닮음비가 $1:2$이다.

$\overline{QR}:\overline{PS}=1:2$에서 $b:\frac{k}{2}=1:2$ $\quad \therefore b=\frac{k}{4}$

즉, 점 Q의 좌표는 $\left(a, \frac{k}{4}\right)$이고, 점 Q가 함수 $y=f(x)$의 그래프 위에 있으므로 $\frac{k}{4}=\frac{k}{a-2}+\frac{k}{2}$

$\frac{k}{a-2}=-\frac{k}{4}$, $a-2=-4$ $\quad \therefore a=-2$

$\therefore Q\left(-2, \frac{k}{4}\right)$

즉, 직선 l은 두 점 $P\left(2, \frac{k}{2}\right)$, $Q\left(-2, \frac{k}{4}\right)$를 지나므로 이 직선의 방정식은

$y-\frac{k}{2}=\frac{\frac{k}{2}-\frac{k}{4}}{2-(-2)}(x-2)$, $y-\frac{k}{2}=\frac{k}{16}(x-2)$

$\therefore kx-16y+6k=0$

다음은 *와 같다.

24 해결단계

❶ 단계	원 $x^2+y^2=n^2$과 곡선 $y=\frac{k}{x}$의 대칭성을 이용하여 네 교점의 좌표를 미지수로 표현한다.
❷ 단계	네 교점을 이어 만든 직사각형의 긴 변의 길이가 짧은 변의 길이의 2배임을 이용하여 방정식을 세운다.
❸ 단계	❶ 단계에서 구한 교점이 원 $x^2+y^2=n^2$ 위의 점임을 이용하여 방정식을 세운다.
❹ 단계	❷, ❸ 단계에서 세운 방정식을 연립하여 k의 값, 즉 $f(n)$을 n으로 표현한 후, $f(1)+f(2)+f(3)$의 값을 구한다.

원 $x^2+y^2=n^2$과 곡선 $y=\frac{k}{x}$가 두 직선 $y=x$, $y=-x$에 대하여 각각 대칭이므로 원과 곡선의 교점은 서로 직선 $y=x$ 또는 $y=-x$에 대하여 대칭이다.

즉, 다음 그림과 같이 네 점의 좌표를

$\left(a, \frac{k}{a}\right)$, $\left(\frac{k}{a}, a\right)$, $\left(-a, -\frac{k}{a}\right)$, $\left(-\frac{k}{a}, -a\right)$

$\left(\text{단, } \frac{k}{a}>a>0\right)$

라 할 수 있다.

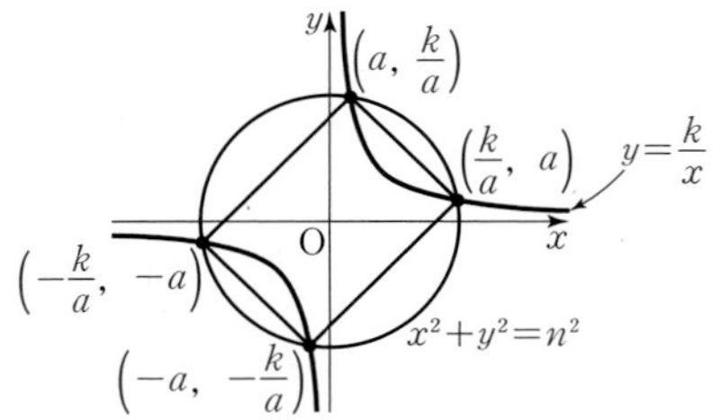

직사각형의 긴 변의 길이가 짧은 변의 길이의 2배가 되려면

$2\sqrt{\left(a-\frac{k}{a}\right)^2+\left(\frac{k}{a}-a\right)^2}=\sqrt{\left(a+\frac{k}{a}\right)^2+\left(\frac{k}{a}+a\right)^2}$

$2\sqrt{2}\left|a-\frac{k}{a}\right|=\sqrt{2}\left|a+\frac{k}{a}\right|$

$2\left(\frac{k}{a}-a\right)=a+\frac{k}{a}$ $\left(\because \frac{k}{a}>a>0\right)$

$\frac{2k}{a}-2a=a+\frac{k}{a}$, $\frac{k}{a}=3a$ $\quad\therefore k=3a^2$ $\quad\cdots\cdots$㉠

한편, 점 $\left(a, \frac{k}{a}\right)$는 원 $x^2+y^2=n^2$ 위에 있으므로

$a^2+\left(\frac{k}{a}\right)^2=n^2$

㉠을 위의 식에 대입하면

$a^2+\frac{9a^4}{a^2}=n^2$, $10a^2=n^2$ $\quad\therefore a^2=\frac{n^2}{10}$

위의 식을 ㉠에 대입하면

$k=\frac{3}{10}n^2=f(n)$

$\therefore f(1)+f(2)+f(3)=\frac{3}{10}+\frac{12}{10}+\frac{27}{10}=\frac{21}{5}$ 답 $\frac{21}{5}$

25 $f(x)=\frac{3x}{1+|x-1|}$에서

$x\geq1$일 때, $f(x)=\frac{3x}{1+x-1}=\frac{3x}{x}=3$

$x<1$일 때, $f(x)=\frac{3x}{1-x+1}=\frac{3x}{2-x}=-\frac{6}{x-2}-3$

이므로 함수 $y=f(x)$의 그래프는 다음 그림과 같다.

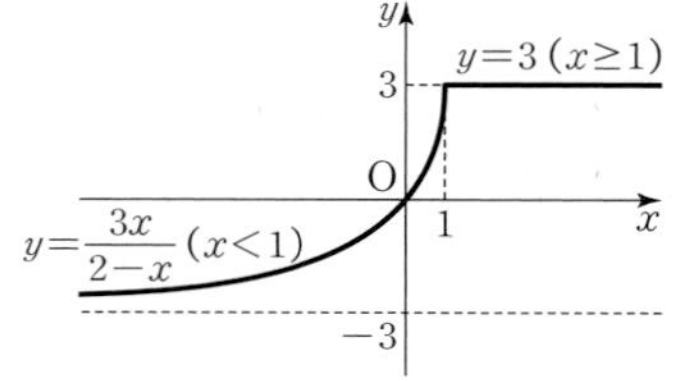

함수 $f(x)$가 역함수를 갖기 위해서는 함수 $f(x)$가 일대일대응이어야 하므로 함수 $f(x)$는 x의 값이 증가할 때 y의 값이 증가하거나 감소해야 한다.

따라서 함수 $f(x)$의 역함수가 존재하기 위한 x의 값의 범위는 $x\leq1$이다. 즉, a의 최댓값은 1이다.

또한, 이때의 역함수는 $y=\frac{3x}{2-x}$에서 $y(2-x)=3x$

$(3+y)x=2y$, $x=\frac{2y}{y+3}$

x와 y를 서로 바꾸면

$y=\frac{2x}{x+3}$

$\therefore f^{-1}(x)=\frac{2x}{x+3}$ $(-3<x\leq3)$

답 1, $f^{-1}(x)=\frac{2x}{x+3}$ $(-3<x\leq3)$

26 방정식 $(g\circ f)(x)=g(f(x))=1$이므로 함수 $g(x)$의 정의에 의하여 $f(x)$는 정수이어야 한다.

$f(x)=\frac{6x+12}{2x-1}=\frac{3(2x-1)+15}{2x-1}$

$=\frac{15}{2x-1}+3$

에서 $f(x)$의 값이 정수가 되려면 $\frac{15}{2x-1}$가 정수이어야 하고, 자연수 x에 대하여 $2x-1$은 자연수이므로 $2x-1$은 15의 양의 약수이다.

$2x-1=1, 3, 5, 15$

$\therefore x=1, 2, 3, 8$

따라서 조건을 만족시키는 자연수 x의 개수는 4이다.

답 ①

27 $b\neq4$이면 함수 $f^{-1}(x)$의 역함수 $f(x)$가 존재한다.

유리함수 $f(x)=\frac{4x-8}{2x+b}$의 역함수는

$f^{-1}(x)=\frac{-bx-8}{2x-4}$

$(f\circ f)(a)=a$에서 $f(a)=f^{-1}(a)$이므로

$\frac{4a-8}{2a+b}=\frac{-ab-8}{2a-4}$

$(4a-8)(2a-4)=(2a+b)(-ab-8)$

$(8+2b)a^2+(b^2-16)a+8b+32=0$

$2(b+4)a^2+(b-4)(b+4)a+8(b+4)=0$

$\therefore 2a^2+(b-4)a+8=0$ $(\because b\neq-4)$ $\quad\cdots\cdots$㉠

이때 조건을 만족시키는 실수 a가 단 1개 존재한다고 하였으므로 이차방정식 ㉠의 판별식을 D라 하면

$D=(b-4)^2-4\times2\times8=0$에서

$(b-4)^2=64$, $b-4=\pm8$

$\therefore b=12$ $(\because b\neq-4)$

이것을 ㉠에 대입하면

$2a^2+8a+8=0$, $a^2+4a+4=0$

$(a+2)^2=0 \qquad \therefore a=-2$

$\therefore a+b=(-2)+12=10$ 답 ③

28 해결단계

❶ 단계	함수 $f_1(x)$의 역함수를 $g(x)$라 하고, $g(f_{n+1}(x))$의 식을 구한다.
❷ 단계	$f_{36}(x)=f_6(x)$임을 이용하여 $f_n(x)=x$가 되도록 하는 n의 값을 구한다.
❸ 단계	함수 $g(x)$의 식을 구한 후, $f_{28}(x)$의 식을 구한다.

$g(x)$를 함수 $f_1(x)$의 역함수라 하면

$f_1\circ g=g\circ f_1=I$ (I는 항등함수)이므로

$$g(f_{n+1}(x))=g(f_1(f_n(x)))=(g\circ f_1)(f_n(x))=f_n(x)\ (n=1, 2, 3, \cdots)$$

$f_{36}(x)=f_6(x)$이므로

$(g\circ g\circ g\circ g\circ g\circ g)(f_{36}(x))=f_{30}(x)$에서

$(g\circ g\circ g\circ g\circ g\circ g)(f_6(x))=f_{30}(x)$

이때 $(g\circ g\circ g\circ g\circ g\circ g)(f_6(x))=x$이므로

$f_{30}(x)=x$

$\therefore f_{28}(x)=(g\circ g)(f_{30}(x))=(g\circ g)(x)$

한편, $g(x)$는 함수 $f_1(x)$의 역함수이고,

$f_1(x)=\dfrac{2x-1}{x+1}$이므로

$f_1(g(x))=x$에서 $\dfrac{2g(x)-1}{g(x)+1}=x$

$2g(x)-1=x\{g(x)+1\}$, $(2-x)g(x)=x+1$

$\therefore g(x)=\dfrac{x+1}{2-x}$

$$\therefore f_{28}(x)=(g\circ g)(x)=\frac{g(x)+1}{2-g(x)}=\frac{\frac{x+1}{2-x}+1}{2-\frac{x+1}{2-x}}=\frac{1}{1-x}$$ 답 ③

• 다른 풀이 •

$$f_{n+1}=f_1(f_n(x))=(f_1\circ f_n)(x)=(f_1\circ(f_1\circ f_{n-1}))(x)=(f_1\circ f_1\circ(f_1\circ f_{n-2}))(x)$$
$$\vdots$$
$$=(\underbrace{f_1\circ f_1\circ\cdots\circ f_1}_{(n+1)\text{개}})(x)$$

$f_1(x)=\dfrac{2x-1}{x+1}$에서

$$f_2(x)=(f_1\circ f_1)(x)=f_1(f_1(x))=\frac{2\times\frac{2x-1}{x+1}-1}{\frac{2x-1}{x+1}+1}=\frac{\frac{3x-3}{x+1}}{\frac{3x}{x+1}}=\frac{x-1}{x}$$

$$f_4(x)=(f_1\circ f_1\circ f_1\circ f_1)(x)=((f_1\circ f_1)\circ(f_1\circ f_1))(x)=(f_2\circ f_2)(x)=f_2(f_2(x))$$
$$=\frac{\frac{x-1}{x}-1}{\frac{x-1}{x}}=\frac{-\frac{1}{x}}{\frac{x-1}{x}}=\frac{1}{1-x}$$

$$f_6(x)=(f_1\circ f_1\circ f_1\circ f_1\circ f_1\circ f_1)(x)=((f_1\circ f_1\circ f_1\circ f_1)\circ(f_1\circ f_1))(x)=(f_4\circ f_2)(x)=f_4(f_2(x))$$
$$=\frac{1}{1-\frac{x-1}{x}}=\frac{1}{\frac{1}{x}}=x$$

따라서 자연수 k에 대하여

$f_6(x)=f_{12}(x)=\cdots=f_{6k}(x)$이므로

$f_{28}(x)=f_{6\times4+4}(x)=f_4(x)=\dfrac{1}{1-x}$

STEP 3 1등급을 넘어서는 종합 사고력 문제 p. 51

01 9	02 5	03 5	04 85	05 46
06 3	07 444			

01 해결단계

❶ 단계	곡선 $y=\frac{2}{x}$가 직선 $y=x$에 대하여 대칭임을 이용하여 두 점 A, B의 좌표를 나타낸다.
❷ 단계	$\angle ABC=90°$임을 이용하여 점 C의 좌표를 나타낸다.
❸ 단계	$\overline{AC}=2\sqrt{5}$이고 점 A가 직선 $y=-x+k$ 위에 있음을 이용하여 k^2의 값을 구한다.

$f(x)=\dfrac{2}{x}$라 하면 함수 $y=f(x)$의 그래프의 두 점근선의 방정식은 $x=0$, $y=0$이므로 곡선 $y=\dfrac{2}{x}$는 직선 $y=x$에 대하여 대칭이다.

곡선 $y=\dfrac{2}{x}$와 직선 $y=-x+k$가 제1사분면에서 만나는 점 A의 좌표를 $\left(a, \dfrac{2}{a}\right)$ $(a\neq\sqrt{2})$라 하면 점 B의 좌표는 $\left(\dfrac{2}{a}, a\right)$이다.

$\angle ABC=90°$이므로 다음 그림과 같이 점 C는 제3사분면 위에 있다.

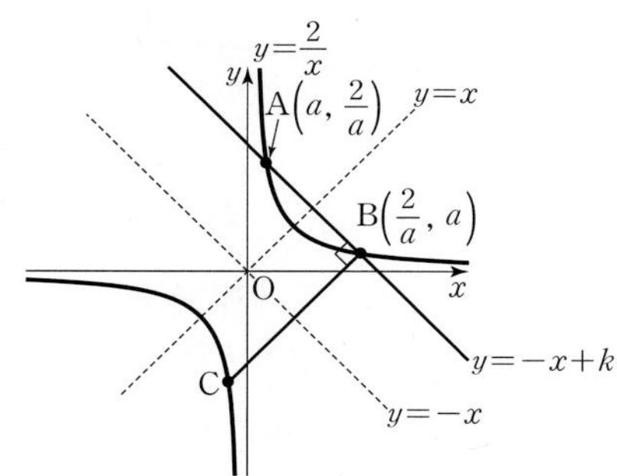

점 C의 좌표를 $\left(c, \frac{2}{c}\right)$ $(c \neq -\sqrt{2})$라 하면 직선 BC의 기울기는 1이므로

$$\frac{\frac{2}{c}-a}{c-\frac{2}{a}}=\frac{-a}{c}=1 \qquad \therefore c=-a$$

즉, 점 C의 좌표는 $\left(-a, -\frac{2}{a}\right)$이다.

$\overline{AC}=2\sqrt{5}$에서 $\overline{AC}^2=20$이므로

$$\{a-(-a)\}^2+\left\{\frac{2}{a}-\left(-\frac{2}{a}\right)\right\}^2=20$$

$$4a^2+\frac{16}{a^2}=20 \qquad \therefore a^2+\frac{4}{a^2}=5$$

이때 점 $A\left(a, \frac{2}{a}\right)$는 직선 $y=-x+k$ 위에 있으므로

$$\frac{2}{a}=-a+k \qquad \therefore k=a+\frac{2}{a}$$

$$\therefore k^2=\left(a+\frac{2}{a}\right)^2=a^2+\frac{4}{a^2}+4=5+4=9$$

답 9

02 해결단계

❶ 단계	$(g\circ f)(x)=h(x)$에 $f(x)=\frac{x-1}{x}$, $g(x)=\lvert x\rvert$, $h(x)=ax+b$를 대입하여 x에 대한 방정식을 구한다.
❷ 단계	❶ 단계에서 구한 방정식의 서로 다른 세 양수근의 비가 1 : 2 : 3임을 이용하여 세 근을 미지수로 표현한다.
❸ 단계	두 함수 $y=\left\lvert 1-\frac{1}{x}\right\rvert$과 $y=ax+b$의 그래프를 그린 후, 세 근의 차가 각각 같음을 이용하여 방정식을 세운다.
❹ 단계	❸ 단계에서 구한 방정식을 풀어 세 근을 찾은 후, 그 합을 구한다.

$f(x)=1-\frac{1}{x}$, $g(x)=\lvert x\rvert$, $h(x)=ax+b$이므로

$(g\circ f)(x)=h(x)$에서 $\left\lvert 1-\frac{1}{x}\right\rvert=ax+b$

방정식 $\left\lvert 1-\frac{1}{x}\right\rvert=ax+b$의 세 양수근을 k, $2k$, $3k$라 하면 함수 $y=\left\lvert 1-\frac{1}{x}\right\rvert$의 그래프와 직선 $y=ax+b$가 세 점에서 만나야 하므로 그래프는 다음 그림과 같아야 한다.

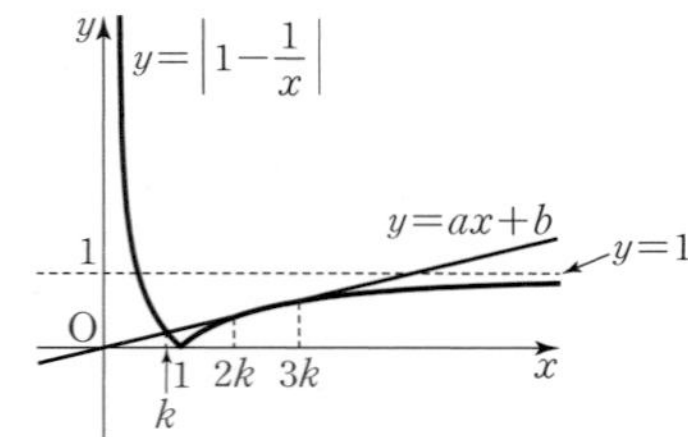

이때 $0<k<1$이고 $F(x)=\left\lvert 1-\frac{1}{x}\right\rvert$이라 하면 세 교점은 모두 한 직선 위에 있고, k와 $3k$의 중점이 $2k$이므로 $F(k)$와 $F(3k)$의 중점이 $F(2k)$이어야 한다. 즉,

$$\frac{F(k)+F(3k)}{2}=F(2k),\ F(k)+F(3k)=2F(2k)$$

$$\left(-1+\frac{1}{k}\right)+\left(1-\frac{1}{3k}\right)=2\left(1-\frac{1}{2k}\right)\ (\because 0<k<1)$$

$$\frac{5}{3k}=2 \qquad \therefore k=\frac{5}{6}$$

따라서 서로 다른 세 양수근의 합은

$$k+2k+3k=6k=6\times\frac{5}{6}=5$$

답 5

• 다른 풀이 •

$$y=\left\lvert 1-\frac{1}{x}\right\rvert=\begin{cases}\frac{1}{x}-1 & (0<x<1)\\ 1-\frac{1}{x} & (x\geq 1)\end{cases}$$

함수 $y=\left\lvert 1-\frac{1}{x}\right\rvert$의 그래프와 직선 $y=ax+b$가 $x>0$에서 세 교점을 가지고, 교점의 x좌표의 값의 비가 1 : 2 : 3이므로 그래프를 그리면 다음 그림과 같다.

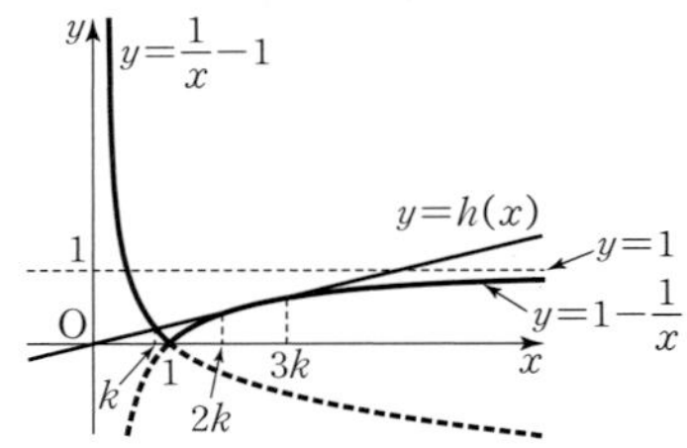

함수 $y=\frac{1}{x}-1$의 그래프와 직선 $y=ax+b$의 교점의 x좌표가 k이므로 방정식 $\frac{1}{x}-1=ax+b$, 즉 $ax^2+(b+1)x-1=0$의 근이 k이다.

$\therefore ak^2+(b+1)k-1=0$ ……㉠

또한, 함수 $y=1-\frac{1}{x}$의 그래프와 직선 $y=ax+b$의 두 교점의 x좌표가 $2k$, $3k$이므로 방정식 $1-\frac{1}{x}=ax+b$, 즉 $ax^2+(b-1)x+1=0$의 두 근이 $2k$, $3k$이다.

이차방정식의 근과 계수의 관계에 의하여

$$2k+3k=-\frac{b-1}{a},\ 2k\times 3k=\frac{1}{a}$$

$$\therefore a=\frac{1}{6k^2},\ b=-\frac{5}{6k}+1$$

위의 식을 ㉠에 대입하면

$$\frac{1}{6k^2}\times k^2+\left(-\frac{5}{6k}+1+1\right)\times k-1=0$$

$$\frac{1}{6}-\frac{5}{6}+2k-1=0,\ 2k=\frac{10}{6} \qquad \therefore k=\frac{5}{6}$$

따라서 세 양수근의 합은

$$k+2k+3k=6k=6\times\frac{5}{6}=5$$

03 해결단계

❶ 단계	$f(x)+q$를 새로운 함수로 지정하고 두 점근선의 방정식을 구한다.
❷ 단계	주어진 조건 (가), (나)를 모두 만족시키는 두 실수 x_1, x_2가 존재할 조건을 찾는다.
❸ 단계	❷ 단계에서 구한 조건을 만족시키는 q의 값의 범위를 찾은 후, 양의 정수 q의 최솟값을 구한다.

$h(x)=f(x)+q$라 하면 $g(x)=|h(x)|$

$$f(x)=\frac{3x-1}{x+1}=\frac{3(x+1)-4}{x+1}=-\frac{4}{x+1}+3$$

에서 유리함수 $y=f(x)$의 그래프의 두 점근선의 방정식이 $x=-1$, $y=3$이므로 함수 $y=h(x)$의 그래프의 두 점근선의 방정식은 $x=-1$, $y=3+q$이다.

이때 함수 $y=h(x)$의 그래프가 $-1<x<0$에서 증가하고, 두 조건 (가), (나)를 만족시키는 두 실수 x_1, x_2가 존재하려면 직선 $y=3$과 만나야 한다.

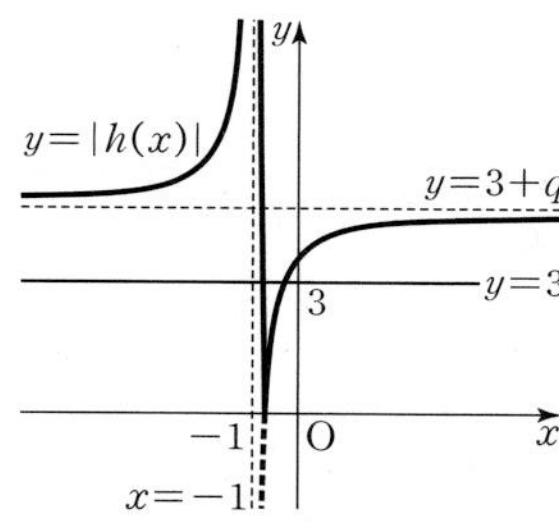

즉, 함수 $y=|h(x)|$의 그래프가 위의 그림과 같아야 하므로

$h(0)>3$에서 $q-1>3$

$\therefore q>4$

따라서 조건을 만족시키는 양의 정수 q의 최솟값은 5이다.

답 5

04 해결단계

❶ 단계	두 직선 $y=x-15$, $y=-x+20$의 교점을 구한다.
❷ 단계	유리함수 $y=f(x)$의 그래프가 두 직선 $y=x-15$, $y=-x+20$에 대하여 대칭임을 이용하여 유리함수 $y=f(x)$의 그래프가 ❶ 단계에서 구한 점에 대하여 대칭임을 파악한다.
❸ 단계	유리함수 $y=f(x)$의 그래프에서 대칭인 두 점 사이의 관계식을 구한다.
❹ 단계	❸ 단계에서 구한 관계식을 이용하여 $f(1)+f(2)+f(3)+\cdots+f(34)$의 값을 구한다.

두 직선 $y=x-15$, $y=-x+20$의 교점의 x좌표를 구하면

$x-15=-x+20$, $2x=35$

$\therefore x=\frac{35}{2}$, $y=\frac{35}{2}-15=\frac{5}{2}$

즉, 두 직선의 교점의 좌표는 $\left(\frac{35}{2}, \frac{5}{2}\right)$이고 유리함수 $y=f(x)$의 그래프가 두 직선 $y=x-15$, $y=-x+20$에 대하여 각각 대칭이므로 유리함수 $y=f(x)$의 그래프의 두 점근선의 방정식은 $x=\frac{35}{2}$, $y=\frac{5}{2}$이다.

함수 $y=f(x)$의 그래프가 점 $\left(\frac{35}{2}, \frac{5}{2}\right)$에 대하여 대칭이므로 함수 $y=f(x)$의 그래프 위의 두 점

$\left(\frac{35}{2}-\alpha, f\left(\frac{35}{2}-\alpha\right)\right)$, $\left(\frac{35}{2}+\alpha, f\left(\frac{35}{2}+\alpha\right)\right)$

의 중점이 점 $\left(\frac{35}{2}, \frac{5}{2}\right)$이어야 한다. 즉,

$\dfrac{f\left(\frac{35}{2}-\alpha\right)+f\left(\frac{35}{2}+\alpha\right)}{2}=\dfrac{5}{2}$이므로

$$f\left(\frac{35}{2}-\alpha\right)+f\left(\frac{35}{2}+\alpha\right)=5$$

위의 식에 α 대신 $\frac{35}{2}-x$를 대입하여 정리하면

$f(x)+f(35-x)=5$

위의 식에 $x=1, 2, \cdots, 17$을 대입하면

$$f(1)+f(34)=f(2)+f(33)=\cdots=f(17)+f(18)=5$$

$$\begin{aligned}\therefore\ & f(1)+f(2)+f(3)+\cdots+f(34)\\ &=\{f(1)+f(34)\}+\{f(2)+f(33)\}+\cdots+\{f(17)+f(18)\}\\ &=5\times17=85\end{aligned}$$

답 85

05 해결단계

❶ 단계	점 P의 좌표를 (x, y)라 하고, $\overline{\mathrm{PA}}^2+\overline{\mathrm{PB}}^2$을 x, y에 대한 식으로 나타낸다.
❷ 단계	❶ 단계의 결과를 k라 하고, 이 식이 원의 방정식임을 파악한 후, k가 최솟값을 갖기 위한 조건을 찾는다.
❸ 단계	원과 주어진 유리함수의 그래프의 접점을 찾은 후, k의 값을 구한다.

유리함수 $y=\frac{4}{x-3}+2\ (x>3)$ 위의 한 점을 $\mathrm{P}(x, y)$라 하면 두 점 $\mathrm{A}(4, 0)$, $\mathrm{B}(0, 2)$에 대하여

$\overline{\mathrm{PA}}^2=(x-4)^2+y^2$, $\overline{\mathrm{PB}}^2=x^2+(y-2)^2$

$\therefore \overline{\mathrm{PA}}^2+\overline{\mathrm{PB}}^2=2x^2+2y^2-8x-4y+20$

$2x^2+2y^2-8x-4y+20=k$ ……㉠

라 하면 $(x-2)^2+(y-1)^2=\frac{k-10}{2}$

즉, 점 P는 중심이 점 $(2, 1)$이고 반지름의 길이가 $\sqrt{\frac{k-10}{2}}$인 원 위에 있고, 원의 반지름의 길이가 최소일 때 k의 값도 최소이다.

이때 원의 반지름의 길이가 최소이려면 점 P는 오른쪽 그림과 같이 원과 유리함수의 그래프가 접하는 점에 위치하여야 한다.

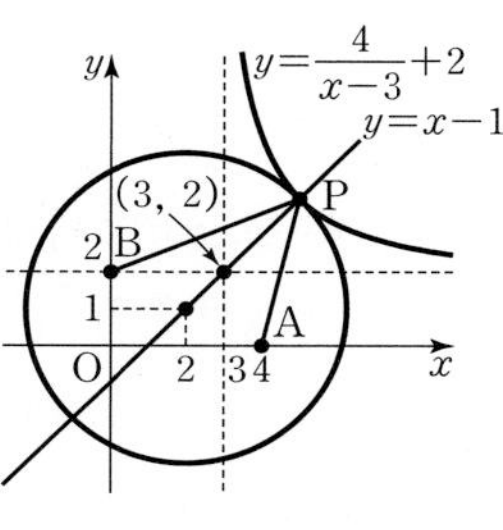

원의 중심 $(2, 1)$과 주어진 유리함수의 그래프의 두 점근선의 교점 $(3, 2)$를 지나는 직선의 방정식은

$y-1=\frac{2-1}{3-2}(x-2)$, 즉 $y=x-1$ ……㉡

이고, 유리함수 $y=\frac{4}{x-3}+2$의 그래프가 위의 직선에 대하여 대칭이므로 점 P는 직선 ㉢과 주어진 유리함수의 그래프의 교점이다.

㉢을 $y=\frac{4}{x-3}+2$에 대입하면

$x-1=\frac{4}{x-3}+2$, $x-3=\frac{4}{x-3}$

$(x-3)^2=4$, $x-3=\pm 2$

$\therefore x=5\ (\because x>3)$, $y=4$

즉, 점 P의 좌표는 $(5, 4)$이므로 ㉠에서

$k=50+32-40-16+20=46$

따라서 구하는 최솟값은 46이다. 답 46

• 다른 풀이 1 •

선분 AB의 중점을 M이라 하면

$\mathrm{M}\left(\frac{4+0}{2}, \frac{0+2}{2}\right)$ $\therefore \mathrm{M}(2, 1)$

삼각형 PBA에서 중선정리에 의하여

$\overline{\mathrm{PA}}^2+\overline{\mathrm{PB}}^2=2(\overline{\mathrm{AM}}^2+\overline{\mathrm{PM}}^2)$

이때 $\mathrm{A}(4, 0)$, $\mathrm{M}(2, 1)$이므로

$\overline{\mathrm{AM}}^2=(2-4)^2+(1-0)^2=5$

즉, $\overline{\mathrm{PA}}^2+\overline{\mathrm{PB}}^2=2(5+\overline{\mathrm{PM}}^2)$이므로 $\overline{\mathrm{PA}}^2+\overline{\mathrm{PB}}^2$의 최솟값은 $\overline{\mathrm{PM}}$의 값이 최소일 때이다.

한편, 유리함수 $y=\frac{4}{x-3}+2$의 그래프의 두 점근선의 교점의 좌표가 $(3, 2)$이므로 이 유리함수의 그래프는 점 $(3, 2)$를 지나고 기울기가 1인 직선에 대하여 대칭이다.

이 직선의 방정식을 구하면

$y-2=x-3$ $\therefore y=x-1$ ……㉢

점 M이 직선 ㉢ 위에 있으므로 $\overline{\mathrm{PM}}$의 최솟값은 점 P가 직선 ㉢과 주어진 유리함수의 그래프의 교점일 때이다.

두 함수 $y=\frac{4}{x-3}+2$, $y=x-1$의 그래프의 교점을 구하면

$x-1=\frac{4}{x-3}+2$, $x^2-4x+3=4+2x-6$

$x^2-6x+5=0$, $(x-1)(x-5)=0$

$\therefore x=5\ (\because x>3)$, $y=4$

즉, $\mathrm{P}(5, 4)$이므로 $\overline{\mathrm{PM}}^2=(5-2)^2+(4-1)^2=18$

따라서 구하는 최솟값은

$\overline{\mathrm{PA}}^2+\overline{\mathrm{PB}}^2=2(5+\overline{\mathrm{PM}}^2)=2\times(5+18)=46$

• 다른 풀이 2 •

유리함수 $y=\frac{4}{x-3}+2$의 그래프는 유리함수 $y=\frac{4}{x}$의 그래프를 x축의 방향으로 3만큼, y축의 방향으로 2만큼 평행이동한 것이다.

$f(x)=\frac{4}{x}\ (x>0)$라 하고, 세 점 A, B, P를 x축의 방향으로 -3만큼, y축의 방향으로 -2만큼 평행이동한 점을 각각 A′, B′, P′이라 하면 $\mathrm{A}'(1, -2)$, $\mathrm{B}'(-3, 0)$이고, 점 P′은 함수 $f(x)=\frac{4}{x}$ 위에 있다.

$\mathrm{P}'\left(a, \frac{4}{a}\right)\ (a>0)$라 하면

$$\begin{aligned}\overline{\mathrm{PA}}^2+\overline{\mathrm{PB}}^2&=\overline{\mathrm{P'A'}}^2+\overline{\mathrm{P'B'}}^2\\&=(a-1)^2+\left(\frac{4}{a}+2\right)^2+(a+3)^2+\left(\frac{4}{a}\right)^2\\&=2a^2+4a+\frac{32}{a^2}+\frac{16}{a}+14\\&=2\left(a^2+\frac{16}{a^2}\right)+4\left(a+\frac{4}{a}\right)+14 \quad \cdots\cdots ㉣\end{aligned}$$

이때 $a>0$에서 $a^2>0$, $\frac{16}{a^2}>0$, $\frac{4}{a}>0$이므로 산술평균과 기하평균의 관계에 의하여

$a^2+\frac{16}{a^2}\ge 2\sqrt{a^2\times\frac{16}{a^2}}=8$ (단, 등호는 $a=2$일 때 성립),

$a+\frac{4}{a}\ge 2\sqrt{a\times\frac{4}{a}}=4$ (단, 등호는 $a=2$일 때 성립)

따라서 ㉣에서 구하는 최솟값은

$$\begin{aligned}\overline{\mathrm{PA}}^2+\overline{\mathrm{PB}}^2&=2\left(a^2+\frac{16}{a^2}\right)+4\left(a+\frac{4}{a}\right)+14\\&\ge 2\times8+4\times4+14=46\end{aligned}$$

06 해결단계

❶ 단계	함수 $y=f(x)$의 그래프를 그린다.
❷ 단계	❶ 단계에서 그린 함수 $y=f(x)$의 그래프를 이용하여 함수 $y=g(a)$의 그래프를 그린다.
❸ 단계	두 집합 A와 B가 나타내는 도형을 파악한다.
❹ 단계	$n(A\cap B)=1$이 되도록 하는 모든 양의 실수 r의 값을 구한 후, 그 합을 구한다.

$$f(x)=\begin{cases}\frac{1-x}{x} & (x>0)\\ \frac{1-x}{-x} & (x<0)\end{cases}=\begin{cases}\frac{1}{x}-1 & (x>0)\\ 1-\frac{1}{x} & (x<0)\end{cases}$$

이므로 함수 $y=f(x)$의 그래프는 다음 그림과 같다.

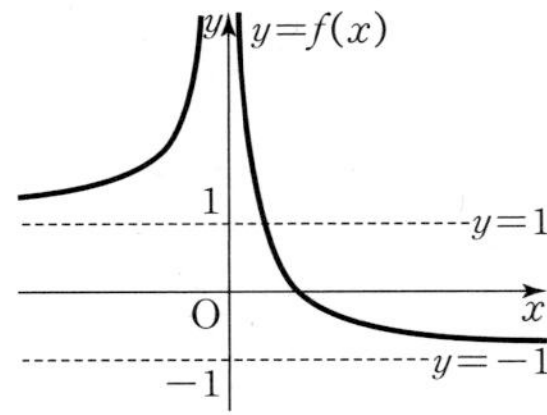

이때 방정식 $f(x)=a$의 서로 다른 실근의 개수는 두 함수 $y=f(x)$, $y=a$의 그래프의 교점의 개수와 같고, 이 값이 $g(a)$이므로 함수 $y=g(a)$의 그래프는 다음 그림과 같다.

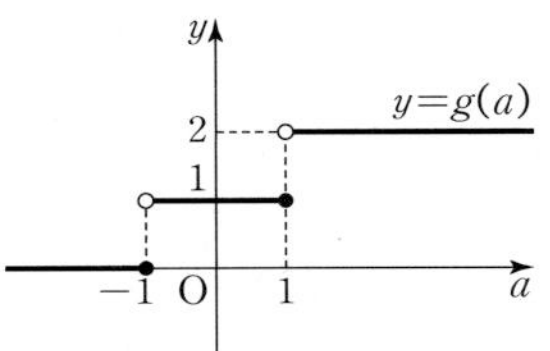

한편, $n(A\cap B)=1$이 되려면 함수 $y=g(a)$의 그래프와 원 $a^2+(y-1)^2=r$가 한 점에서 만나야 하므로 원은 다음 그림과 같이 (i) 또는 (ii)의 경우와 같아야 한다.

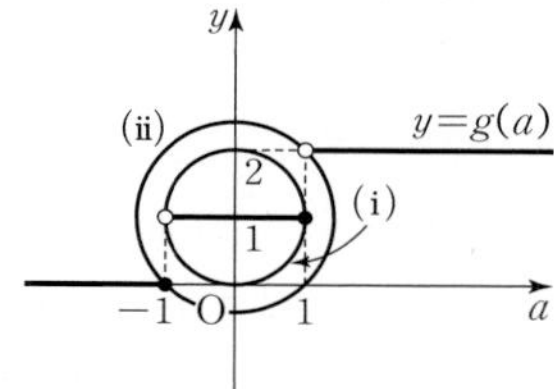

(i) 원 $a^2+(y-1)^2=r$가 점 $(1, 1)$을 지나므로
$r=1$

(ii) 원 $a^2+(y-1)^2=r$가 점 $(-1, 0)$을 지나므로
$1+1=r \quad \therefore r=2$

(i), (ii)에서 조건을 만족시키는 모든 양의 실수 r의 값의 합은 $1+2=3$

답 3

07 해결단계

❶ 단계	함수 $y=f(x)$의 식을 변형하여 분자의 차수를 낮춘다.
❷ 단계	계수의 부호에 따라 함수 $y=f(x)$의 그래프를 그린 후, 함수 $f(x)$가 일대일함수인지 상수함수인지 파악한다.
❸ 단계	❷ 단계에서 나눈 기준에 따라 함수 $f(x)$가 일대일함수가 되도록 하는 순서쌍 (a, b, c)의 개수와 상수함수가 되도록 하는 순서쌍 (a, b, c)의 개수를 구한 후, 그 차를 구한다.

$$f(x)=\frac{ax+b}{2x+c}=\frac{\frac{a}{2}(2x+c)+b-\frac{ac}{2}}{2x+c}=\frac{b-\frac{ac}{2}}{2x+c}+\frac{a}{2}$$

(i) $b-\frac{ac}{2}<0$일 때,

함수 $y=f(x)$의 그래프의 점근선은 두 직선 $x=-\frac{c}{2}$, $y=\frac{a}{2}$이므로 오른쪽 그림과 같고, 함수 $f(x)$는 일대일함수이다.

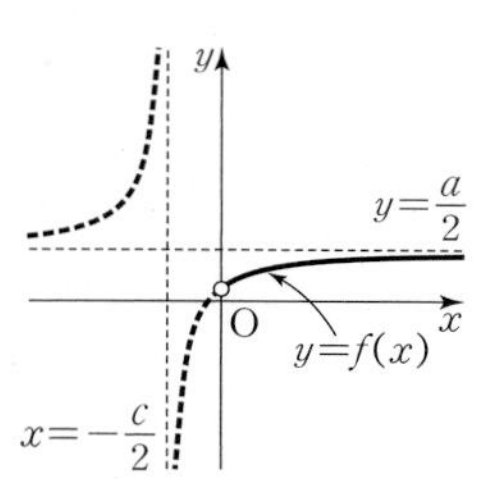

(ii) $b-\frac{ac}{2}=0$일 때,

$f(x)=\frac{a}{2}$이므로 함수 $y=f(x)$는 상수함수이다.

(iii) $b-\frac{ac}{2}>0$일 때,

함수 $y=f(x)$의 그래프의 점근선은 두 직선 $x=-\frac{c}{2}$, $y=\frac{a}{2}$이므로 오른쪽 그림과 같고, 함수 $f(x)$는 일대일함수이다.

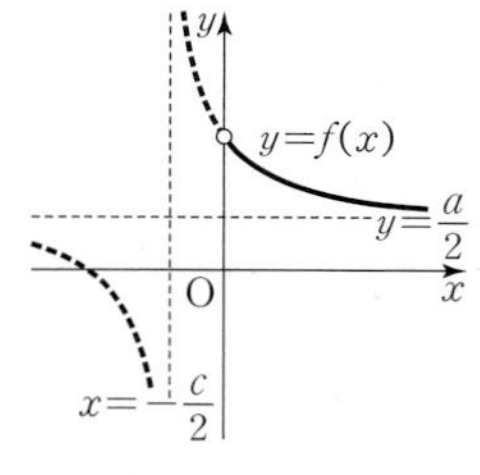

(i), (ii), (iii)에서 함수 $f(x)$가 일대일함수가 되도록 하는 순서쌍 (a, b, c)의 개수는 전체 경우의 수에서 $b-\frac{ac}{2}=0$을 만족시키는 순서쌍 (a, b, c)의 개수를 빼면 된다.

a, b, c는 모두 8보다 작은 음이 아닌 정수이므로 순서쌍 (a, b, c)의 전체 경우의 수는
$8\times8\times8=512$

$b-\frac{ac}{2}=0$, 즉 $2b=ac$를 만족시키는 순서쌍 (a, b, c)의 개수를 구하면

$b=0$일 때, $ac=0$이므로 순서쌍 (a, c)는
$(0, 0)$, $(1, 0)$, $\cdots$, $(7, 0)$,
$(0, 1)$, $(0, 2)$, $\cdots$, $(0, 7)$의 15개

$b=1$일 때, $ac=2$이므로 순서쌍 (a, c)는
$(1, 2)$, $(2, 1)$의 2개

$b=2$일 때, $ac=4$이므로 순서쌍 (a, c)는
$(1, 4)$, $(2, 2)$, $(4, 1)$의 3개

$b=3$일 때, $ac=6$이므로 순서쌍 (a, c)는
$(1, 6)$, $(2, 3)$, $(3, 2)$, $(6, 1)$의 4개

$b=4$일 때, $ac=8$이므로 순서쌍 (a, c)는
$(2, 4)$, $(4, 2)$의 2개

$b=5$일 때, $ac=10$이므로 순서쌍 (a, c)는
$(2, 5)$, $(5, 2)$의 2개

$b=6$일 때, $ac=12$이므로 순서쌍 (a, c)는
$(2, 6)$, $(3, 4)$, $(4, 3)$, $(6, 2)$의 4개

$b=7$일 때, $ac=14$이므로 순서쌍 (a, c)는
$(2, 7)$, $(7, 2)$의 2개

즉, $b-\frac{ac}{2}=0$을 만족시키는 순서쌍 (a, b, c)의 개수는
$15+2+3+4+2+2+4+2=34$

따라서 함수 $f(x)$가 상수함수가 되도록 하는 순서쌍 (a, b, c)의 개수는 $n=34$이고, 일대일함수가 되도록 하는 순서쌍 (a, b, c)의 개수는 $m=512-34=478$이므로
$m-n=444$

답 444

BLACKLABEL 특강 참고

함수 $y=\frac{px+q}{rx+s}$는 계수 p, q, r, s의 값에 따라 다음과 같이 분류할 수 있다.
(1) $p\neq0$, $r=0$이면 일차함수이다.
(2) $r\neq0$, $ps-qr=0$이면 상수함수이다.
(3) $r\neq0$, $ps-qr\neq0$이면 분수함수이다.
이때 일차함수와 분수함수는 일대일함수이므로 주어진 함수 $f(x)=\frac{ax+b}{2x+c}$가 일대일함수가 되려면 (1) 또는 (3)을 만족시켜야 하고, 상수함수가 되려면 (2)를 만족시켜야 한다.
그런데 $r=2$로 함수 $f(x)$는 일차함수가 될 수 없으므로 상수함수 또는 분수함수이다.
따라서 $ac-2b=0$이면 상수함수, $ac-2b\neq0$이면 일대일함수이다.

이것이 수능 p. 52

1 ④ 2 192 3 ① 4 ⑤

1

해결단계

❶ 단계	곡선 $y=\frac{k}{x-2}+1$이 x축, y축과 만나는 점 A, B의 좌표를 각각 구한다.
❷ 단계	곡선 $y=\frac{k}{x-2}+1$의 두 점근선의 교점 C의 좌표를 구한다.
❸ 단계	세 점 A, B, C가 한 직선 위에 있음을 이용하여 k의 값을 구한다.

곡선 $y=\frac{k}{x-2}+1$이 x축과 만나는 점의 x좌표는

$0=\frac{k}{x-2}+1$에서 $\frac{k}{x-2}=-1$

$x-2=-k$ $\quad\therefore x=2-k$ $\quad\therefore \mathrm{A}(2-k,\ 0)$

곡선 $y=\frac{k}{x-2}+1$이 y축과 만나는 점의 y좌표는

$y=\frac{k}{0-2}+1$에서 $y=-\frac{k}{2}+1$ $\quad\therefore \mathrm{B}\left(0,\ -\frac{k}{2}+1\right)$

이때 곡선 $y=\frac{k}{x-2}+1$의 두 점근선의 방정식은 $x=2$, $y=1$이므로 C(2, 1)

세 점 A, B, C가 한 직선 위에 있으므로

$$\frac{1-0}{2-(2-k)}=\frac{1-\left(-\frac{k}{2}+1\right)}{2-0}$$

$\frac{1}{k}=\frac{k}{4}$, $k^2=4$

$\therefore k=-2$ ($\because k<0$) 답 ④

• 다른 풀이 •

곡선 $y=\frac{k}{x-2}+1$에서 두 점근선의 방정식은 $x=2$, $y=1$이므로 C(2, 1)

이때 세 점 A, B, C가 한 직선 위에 있고, 두 점 A, B는 곡선 $y=\frac{k}{x-2}+1$ 위에 있으므로 오른쪽 그림과 같이 두 점 A, B는 점 C에 대하여 대칭이다.

즉, 두 점 A, B의 중점이 점 C이어야 하므로 A(a, 0), B(0, b)라 하면

$\frac{a}{2}=2$, $\frac{b}{2}=1$ $\quad\therefore a=4,\ b=2$ $\quad\therefore$ A(4, 0), B(0, 2)

$x=4$, $y=0$을 $y=\frac{k}{x-2}+1$에 대입하면

$0=\frac{k}{2}+1$ $\quad\therefore k=-2$

2

해결단계

❶ 단계	두 함수 $y=f(x)$, $y=g(x)$의 그래프의 두 점근선의 방정식을 각각 구한다.
❷ 단계	집합으로 주어진 식의 의미를 파악한 후, b의 값의 범위에 따라 경우를 나누어 조건을 만족시키는 a, b, k의 값을 각각 구한다.
❸ 단계	함수 $g(x)$의 식을 구한 후, $a\times b\times g(-k)$의 값을 구한다.

$$f(x)=\frac{bx}{x-a}=\frac{b(x-a)+ab}{x-a}=b+\frac{ab}{x-a}$$

에서 유리함수 $y=f(x)$의 그래프의 두 점근선의 방정식은 $x=a$, $y=b$이고 이 그래프는 항상 점 (0, 0)을 지난다.

함수 $y=f(x+2a)+a$의 그래프는 함수 $y=f(x)$의 그래프를 x축의 방향으로 $-2a$만큼, y축의 방향으로 a만큼 평행이동한 것이므로 이 그래프의 두 점근선의 방정식은

$x=a-2a=-a$, $y=b+a=a+b$

한편, $\{t\mid h(t)=1\}=\{t\mid -9\le t\le -8\}\cup\{t\mid t\ge k\}$에서 함수 $y=g(x)$의 그래프와 직선 $y=t$의 교점의 개수가 1이 되도록 하는 t의 값의 범위는

$-9\le t\le -8$ 또는 $t\ge k$ ……㉠

(i) $b>0$일 때,

$ab>0$, $a+b>0$이므로 함수 $y=g(x)$의 그래프는 다음 그림과 같다.

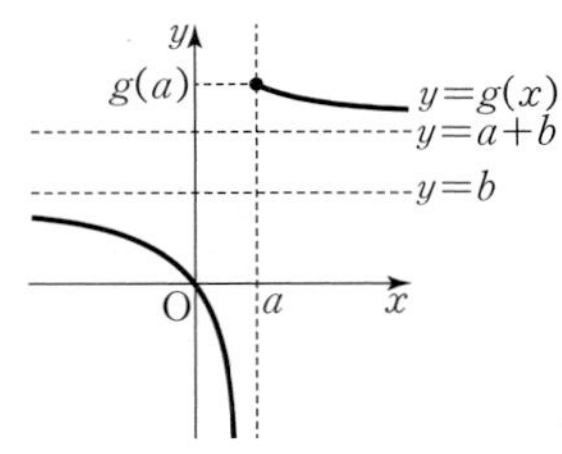

즉, 함수 $y=g(x)$의 그래프와 직선 $y=t$의 교점의 개수가 1이 되도록 하는 t의 값의 범위는

$t<b$ 또는 $a+b<t\le g(a)$이므로 ㉠을 만족시키지 않는다.

(ii) $b<0$일 때,

$ab<0$, $a+b>b$이고, $g(a)=f(3a)+a=a+\frac{3}{2}b$

① $g(a)>b$인 경우

함수 $y=g(x)$의 그래프는 다음 그림과 같다.

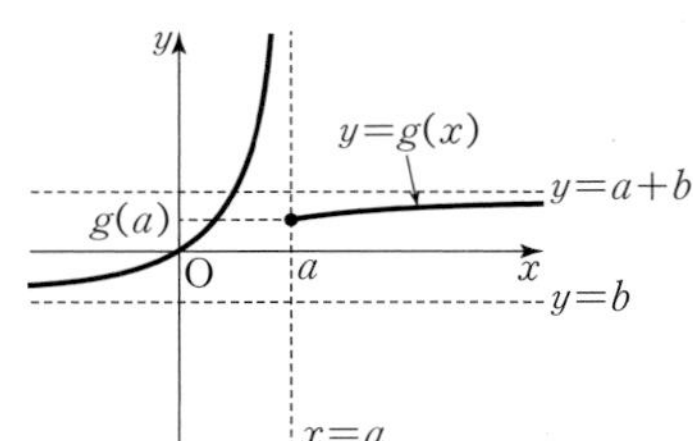

즉, 함수 $y=g(x)$의 그래프와 직선 $y=t$의 교점의 개수가 1이 되도록 하는 t의 값의 범위는

$b<t<g(a)$ 또는 $t\ge a+b$이므로 ㉠을 만족시키지 않는다.

② $g(a)=b$인 경우

함수 $y=g(x)$의 그래프는 다음 그림과 같다.

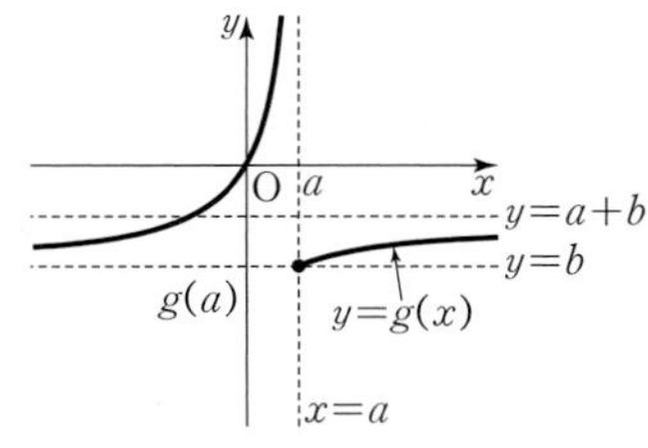

즉, 함수 $y=g(x)$의 그래프와 직선 $y=t$의 교점의 개수가 1이 되도록 하는 t의 값의 범위는 $t=b$ 또는 $t\geq a+b$이므로 ㉠을 만족시키지 않는다.

③ $g(a)<b$인 경우

함수 $y=g(x)$의 그래프는 다음 그림과 같다.

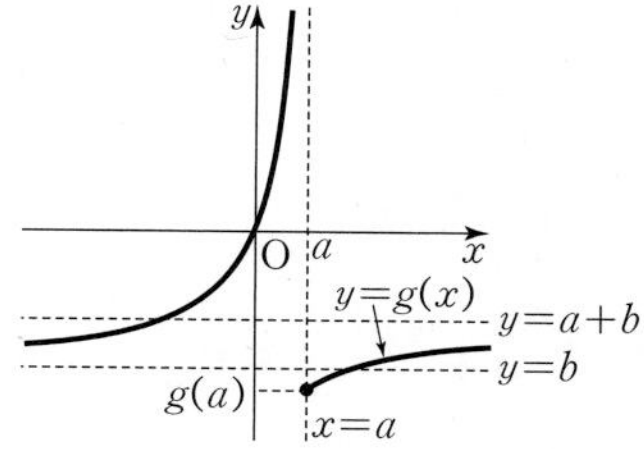

즉, 함수 $y=g(x)$의 그래프와 직선 $y=t$의 교점의 개수가 1이 되도록 하는 t의 값의 범위는

$g(a)\leq t\leq b$ 또는 $t\geq a+b$ ……㉡

㉠, ㉡에서

$g(a)=-9,\ b=-8,\ a+b=k$

$g(a)=a+\frac{3}{2}b=a+\frac{3}{2}\times(-8)=-9$에서

$a-12=-9$ $\therefore a=3$

$\therefore k=a+b=3+(-8)=-5$

(i), (ii)에서

$$g(x)=\begin{cases}\dfrac{-8x}{x-3} & (x<3)\\ -5-\dfrac{24}{x+3} & (x\geq 3)\end{cases}$$

따라서 $g(-k)=g(5)=-5-\frac{24}{5+3}=-8$이므로

$a\times b\times g(-k)=3\times(-8)\times(-8)=192$ 답 192

BLACKLABEL 특강 참고

두 함수 $y=f(x)$, $y=f(x+2a)+a$의 그래프는 다음 그림과 같다.

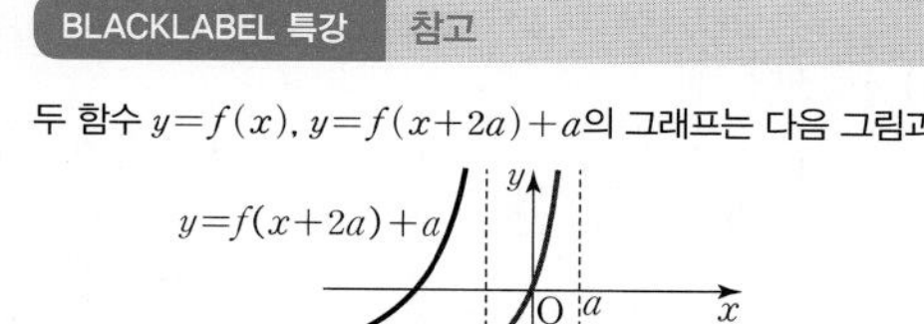

3 해결단계

❶ 단계	함수 $y=f(x)$의 그래프의 점근선의 방정식을 구하고, 조건 ㈎를 만족시키는 조건을 찾는다.
❷ 단계	함수 $f(x)$의 역함수의 식을 구한다.
❸ 단계	조건 ㈏를 이용하여 함수 $f(x)$의 식을 구한 후, $f(8)$의 값을 계산한다.

$f(x)=\frac{a}{x}+b$에서 함수 $y=f(x)$의 그래프의 두 점근선의 방정식은

$x=0,\ y=b$

조건 ㈎에서 곡선 $y=f(x)$는 두 직선 $y=-2$, $y=2$와 한 점에서만 만나야 한다.

즉, 곡선 $y=f(x)$의 점근선의 방정식은 다음 그림과 같이 $y=-2$ 또는 $y=2$이어야 한다.

$\therefore b=-2$ 또는 $b=2$* ……㉠

(i) $b=-2$일 때

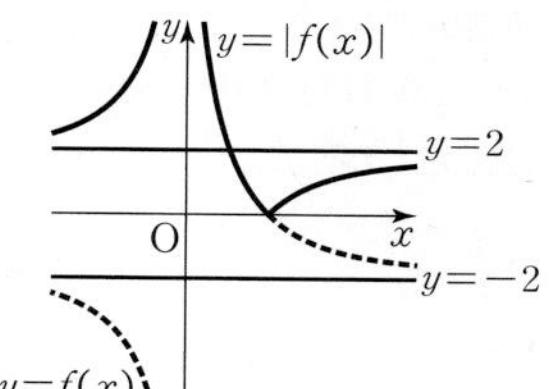

(ii) $b=2$일 때

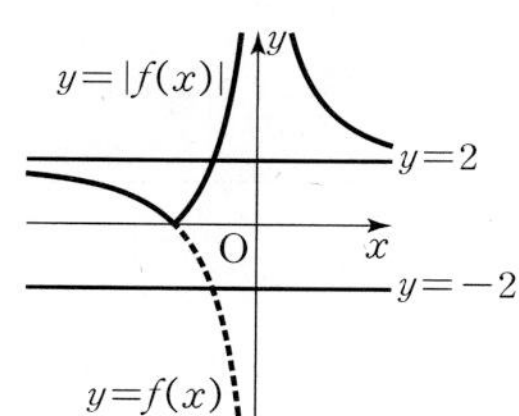

$y=\frac{a}{x}+b$에서

$\frac{a}{x}=y-b,\ x=\frac{a}{y-b}$

x와 y를 서로 바꾸면 $y=\frac{a}{x-b}$

$\therefore f^{-1}(x)=\frac{a}{x-b}$

조건 ㈏에서 $f^{-1}(2)=f(2)-1$에서

$\frac{a}{2-b}=\frac{a}{2}+b-1$ ……㉡

㉡에서 $b\neq 2$이므로 $b=-2$ ($\because$ ㉠)

$b=-2$를 ㉡에 대입하면

$\frac{a}{4}=\frac{a}{2}-2-1,\ \frac{a}{4}=3$ $\therefore a=12$

따라서 $f(x)=\frac{12}{x}-2$이므로

$f(8)=\frac{12}{8}-2=-\frac{1}{2}$ 답 ①

• 다른 풀이 •

*이고, 조건 ㈏에서 $f(2)-1=t$로 놓으면 $f^{-1}(2)=t$에서 $f(t)=2$이다.

(i) $b=-2$일 때,

$f(x)=\frac{a}{x}-2$이므로

$\frac{a}{t}-2=2,\ \frac{a}{t}=4$ $\therefore t=\frac{a}{4}$

이때 $f(2)-1=t$에서

$\frac{a}{2}-2-1=\frac{a}{4},\ \frac{a}{4}=3$ $\therefore a=12$

(ii) $b=2$일 때,

$f(x)=\frac{a}{x}+2$이므로

$\frac{a}{t}+2=2,\ \frac{a}{t}=0$ $\therefore a=0$

이때 $a\neq 0$이라는 조건에 모순이다.

(i), (ii)에서 $a=12,\ b=-2$이므로

$f(x)=\frac{12}{x}-2$

$\therefore f(8)=\frac{12}{8}-2=-\frac{1}{2}$

4 해결단계

❶ 단계	유리함수 $y=f(x)$의 그래프의 두 점근선의 교점을 이용하여 함수 $y=f^{-1}(x)$와 $y=f(x-4)-4$의 그래프의 두 점근선의 교점을 각각 찾는다.
❷ 단계	❶ 단계에서 구한 두 함수의 그래프의 점근선의 교점이 같음을 이용하여 a의 값을 구한다.
❸ 단계	유리함수 $y=f(x)$의 그래프를 평행이동하면 $y=\frac{3}{x}$의 그래프와 일치함을 이용하여 방정식을 세운다.
❹ 단계	❷ 단계에서 구한 a의 값을 ❸ 단계에서 구한 식에 대입하여 b의 값을 구한 후, $a+b$의 값을 계산한다.

$f(x)=\frac{2x+b}{x-a}=\frac{2(x-a)+2a+b}{x-a}=\frac{2a+b}{x-a}+2$

에서 함수 $y=f(x)$의 그래프의 두 점근선의 방정식이 $x=a$, $y=2$이므로 점근선의 교점의 좌표는 $(a, 2)$이다.
함수 $y=f^{-1}(x)$의 그래프의 두 점근선의 교점은 점 $(a, 2)$를 직선 $y=x$에 대하여 대칭이동한 점이므로 그 좌표는 $(2, a)$와 같다.
함수 $y=f(x-4)-4$의 그래프는 함수 $y=f(x)$의 그래프를 x축의 방향으로 4만큼, y축의 방향으로 -4만큼 평행이동한 그래프와 일치하므로 함수 $y=f(x-4)-4$의 그래프의 두 점근선의 교점은 점 $(a+4, -2)$이다.
점 $(2, a)$와 점 $(a+4, -2)$가 같으므로

$a+4=2$, $a=-2$ $\quad\therefore a=-2$

한편, 함수 $y=f(x)$의 그래프는 함수 $y=\frac{2a+b}{x}$의 그래프를 평행이동한 그래프와 일치하므로

$2a+b=3$, $-4+b=3$ $\quad\therefore b=7$

$\therefore a+b=(-2)+7=5$

답 ⑤

• 다른 풀이 •

$y=\frac{2x+b}{x-a}$에서 $(x-a)y=2x+b$

$xy-ay=2x+b$, $(y-2)x=ay+b$

$x=\frac{ay+b}{y-2}$

x와 y를 서로 바꾸면 $y=\frac{ax+b}{x-2}$

$\therefore f^{-1}(x)=\frac{ax+b}{x-2}$

$f(x-4)-4=\frac{2(x-4)+b}{x-4-a}-4=\frac{-2x+4a+b+8}{x-4-a}$

이고, 조건 (가)에서 $f^{-1}(x)=f(x-4)-4$이므로

$\frac{ax+b}{x-2}=\frac{-2x+4a+b+8}{x-4-a}$

$x\neq2$인 모든 실수에 대하여 위의 방정식이 성립하므로

$-2=-4-a$에서 $a=-2$

한편, 함수 $y=f(x)$의 그래프를 평행이동하면 함수 $y=\frac{3}{x}$의 그래프와 일치하므로

$f(x)=\frac{2x+b}{x+2}=\frac{2(x+2)+b-4}{x+2}=\frac{b-4}{x+2}+2$

에서 $b-4=3$ $\quad\therefore b=7$

$\therefore a+b=(-2)+7=5$

05 무리함수

STEP 1 출제율 100% **우수 기출 대표 문제** p. 54

01 $2a$	02 ④	03 ③	04 ②	05 ④
06 ④	07 ④	08 $k\geq1$		

01 $x=a^2+\frac{1}{a^2}$이므로

$$\sqrt{x+2}-\sqrt{x-2}=\sqrt{a^2+\frac{1}{a^2}+2}-\sqrt{a^2+\frac{1}{a^2}-2}$$
$$=\sqrt{\left(a+\frac{1}{a}\right)^2}-\sqrt{\left(a-\frac{1}{a}\right)^2}$$
$$=\left|a+\frac{1}{a}\right|-\left|a-\frac{1}{a}\right| \quad\cdots\cdots ㉠$$

이때 $0<a<1$에서 $\frac{1}{a}>1$이므로

$a+\frac{1}{a}>0$, $a-\frac{1}{a}<0$

따라서 ㉠에서

$\sqrt{x+2}-\sqrt{x-2}=\left(a+\frac{1}{a}\right)+\left(a-\frac{1}{a}\right)=2a$

답 $2a$

02 (i) $a=b$일 때,

$$\frac{1}{a+\sqrt{ab}}+\frac{1}{b+\sqrt{ab}}=\frac{1}{a+a}+\frac{1}{a+a}=\frac{1}{a}$$
$$=\frac{1}{\sqrt{a^2}}=\frac{1}{\sqrt{ab}}$$

(ii) $a\neq b$일 때,

$$\frac{1}{a+\sqrt{ab}}+\frac{1}{b+\sqrt{ab}}=\frac{a-\sqrt{ab}}{a^2-ab}+\frac{b-\sqrt{ab}}{b^2-ab}$$
$$=\frac{a-\sqrt{ab}}{a(a-b)}-\frac{b-\sqrt{ab}}{b(a-b)}$$
$$=\frac{ab-b\sqrt{ab}-ab+a\sqrt{ab}}{ab(a-b)}$$
$$=\frac{\sqrt{ab}(a-b)}{ab(a-b)}$$
$$=\frac{\sqrt{ab}}{ab}\ (\because a\neq b)$$
$$=\frac{1}{\sqrt{ab}}$$

(i), (ii)에서 임의의 두 양수 a, b에 대하여

$\frac{1}{a+\sqrt{ab}}+\frac{1}{b+\sqrt{ab}}=\frac{1}{\sqrt{ab}}$

답 ④

• 다른 풀이 •

$$\frac{1}{a+\sqrt{ab}}+\frac{1}{b+\sqrt{ab}}=\frac{1}{\sqrt{a}(\sqrt{a}+\sqrt{b})}+\frac{1}{\sqrt{b}(\sqrt{a}+\sqrt{b})}$$
$$=\frac{\sqrt{a}+\sqrt{b}}{\sqrt{a}\sqrt{b}(\sqrt{a}+\sqrt{b})}$$
$$=\frac{1}{\sqrt{a}\sqrt{b}}=\frac{1}{\sqrt{ab}}\ (\because a>0,\ b>0)$$

03

무리함수 $y=\sqrt{ax+b}+c\ (a>0)$의 정의역이 $\{x|x\geq 4\}$, 치역이 $\{y|y\geq 2\}$이므로

$y=\sqrt{ax+b}+c=\sqrt{a(x-4)}+2=\sqrt{ax-4a}+2$

즉, $b=-4a,\ c=2$이므로 *

$$\frac{4a^2+2b+c^2}{4a}=\frac{4a^2-8a+4}{4a}=\frac{a^2-2a+1}{a}=\frac{(a-1)^2}{a}$$

이때 $a>0$이므로 구하는 최솟값은 $a=1$일 때 0이다.

답 ③

• 다른 풀이 •

*에서

$$\frac{4a^2+2b+c^2}{4a}=\frac{4a^2-8a+4}{4a}=a+\frac{1}{a}-2$$

이때 $a>0$에서 $\frac{1}{a}>0$이므로 산술평균과 기하평균의 관계에 의하여

$$a+\frac{1}{a}-2\geq 2\sqrt{a\times\frac{1}{a}}-2 \text{ (단, 등호는 } a=1\text{일 때 성립)}$$

$$=2-2=0$$

따라서 구하는 최솟값은 0이다.

04

$$y=\frac{cx+d}{ax+b}=\frac{\frac{c}{a}x+\frac{d}{a}}{x+\frac{b}{a}}$$

$$=\frac{\frac{c}{a}\left(x+\frac{b}{a}\right)+\frac{d}{a}-\frac{bc}{a^2}}{x+\frac{b}{a}}=\frac{\frac{d}{a}-\frac{bc}{a^2}}{x+\frac{b}{a}}+\frac{c}{a}$$

이므로 주어진 유리함수의 그래프의 두 점근선의 방정식은 $x=-\frac{b}{a}$, $y=\frac{c}{a}$이다.

또한, 그래프와 y축의 교점의 y좌표는 $x=0$일 때의 y의 값이므로 $\frac{d}{b}$이다.

그런데 주어진 그래프에서 두 점근선의 교점의 x좌표는 음수, y좌표는 양수이고, 그래프와 y축의 교점의 y좌표는 양수이므로

$-\frac{b}{a}<0,\ \frac{c}{a}>0,\ \frac{d}{b}>0$

이때 $a>0$이므로 $b>0,\ c>0,\ d>0$

한편, $y=a\sqrt{bx+c}+d=a\sqrt{b\left(x+\frac{c}{b}\right)}+d$의 그래프는 함수 $y=a\sqrt{bx}$의 그래프를 x축의 방향으로 $-\frac{c}{b}$만큼, y축의 방향으로 d만큼 평행이동한 것이다.

이때 $-\frac{c}{b}<0,\ d>0$이므로 무리함수 $y=a\sqrt{bx+c}+d$의 그래프의 개형은 오른쪽 그림과 같다.

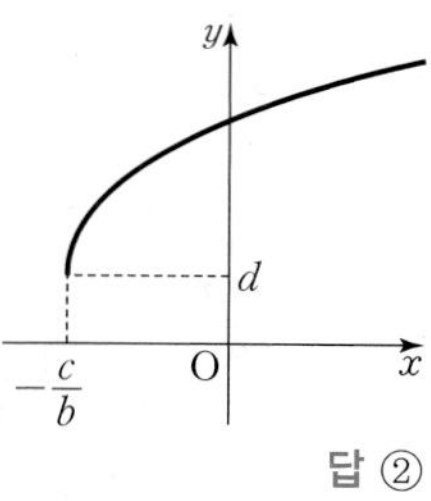

따라서 무리함수 $y=a\sqrt{bx+c}+d$의 그래프는 제1사분면, 제2사분면을 지난다.

답 ②

05

ㄱ. $y=-\sqrt{4-4x}+3=-\sqrt{-4(x-1)}+3$의 그래프는 무리함수 $y=-\sqrt{-4x}$의 그래프를 x축의 방향으로 1만큼, y축의 방향으로 3만큼 평행이동한 것이다.
즉, 주어진 무리함수의 그래프를 평행이동하면 함수 $y=-\sqrt{-4x}$의 그래프와 겹쳐진다. (거짓)

ㄴ. $y=-\sqrt{4-4x}+3$에 $x=-\frac{5}{4}$를 대입하면
$y=-\sqrt{4-4\times\left(-\frac{5}{4}\right)}+3=0$이므로 주어진 무리함수의 그래프는 점 $\left(-\frac{5}{4},\ 0\right)$을 지난다. (참)

ㄷ. ㄱ, ㄴ에 의하여 주어진 무리함수의 그래프는 두 점 $(1,\ 3)$, $\left(-\frac{5}{4},\ 0\right)$을 지난다.
또한, $x=0$일 때 $y=-\sqrt{4-0}+3=1$이므로 점 $(0,\ 1)$을 지난다.

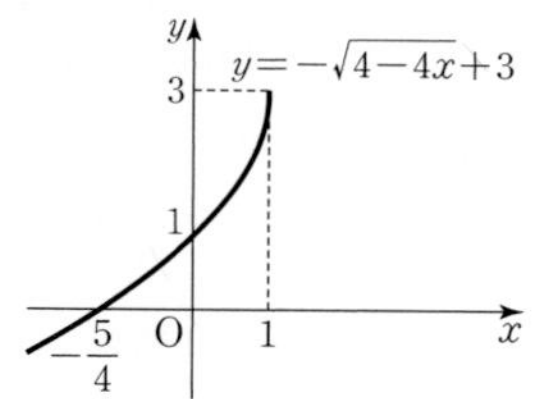

즉, 함수 $y=-\sqrt{4-4x}+3$의 그래프는 위의 그림과 같으므로 제4사분면을 지나지 않는다. (참)

따라서 옳은 것은 ㄴ, ㄷ이다.

답 ④

06

방정식 $\sqrt{x+2}=x+k$가 서로 다른 두 실근을 가지므로 두 함수 $y=\sqrt{x+2}$, $y=x+k$의 그래프는 서로 다른 두 점에서 만나야 한다.

즉, 오른쪽 그림과 같이 직선 $y=x+k$가 (i)이거나 (i)과 (ii) 사이에 있어야 한다.

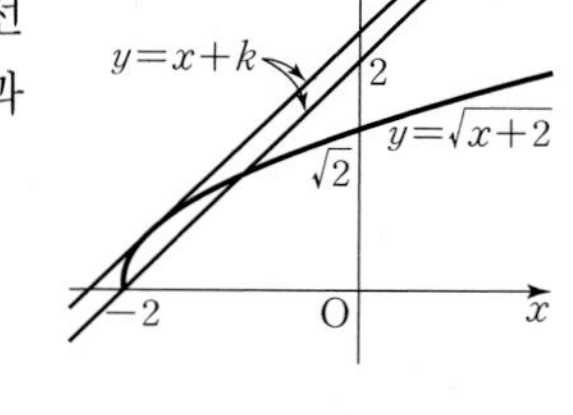

(i) 직선 $y=x+k$가 점 $(-2,\ 0)$을 지날 때,
$0=-2+k \qquad \therefore k=2$

(ii) 직선 $y=x+k$가 함수 $y=\sqrt{x+2}$의 그래프와 접할 때,
$\sqrt{x+2}=x+k$의 양변을 제곱하여 정리하면
$x^2+(2k-1)x+k^2-2=0$
이 이차방정식의 판별식을 D라 하면
$D=(2k-1)^2-4(k^2-2)=0$
$4k=9 \qquad \therefore k=\frac{9}{4}$

(i), (ii)에서 조건을 만족시키는 k의 값의 범위는

$2\leq k<\frac{9}{4}$이므로

$\alpha=2,\ \beta=\frac{9}{4}$

$\therefore \beta-\alpha=\frac{9}{4}-2=\frac{1}{4}$

답 ④

07 무리함수 $f(x)=\sqrt{2x-a}+2$는 증가함수이므로 $y=f(x)$의 그래프와 그 역함수 $y=f^{-1}(x)$의 그래프의 두 교점 사이의 거리는 함수 $f(x)=\sqrt{2x-a}+2$의 그래프와 직선 $y=x$의 두 교점 사이의 거리와 같다.

$\sqrt{2x-a}+2=x$에서 $\sqrt{2x-a}=x-2$

양변을 제곱하여 정리하면

$x^2-6x+a+4=0$ ……㉠

이때 이차방정식 ㉠의 두 근을 α, β라 하면 함수 $f(x)=\sqrt{2x-a}+2$의 그래프와 직선 $y=x$의 두 교점의 좌표는 각각 (α, α), (β, β)이고, 두 교점 사이의 거리가 $2\sqrt{2}$이므로 (직선 $y=x$ 위의 점이므로)

$\sqrt{(\alpha-\beta)^2+(\alpha-\beta)^2}=2\sqrt{2}$, $\sqrt{2(\alpha-\beta)^2}=\sqrt{8}$

$2(\alpha-\beta)^2=8$ $\therefore (\alpha-\beta)^2=4$ ……㉡

한편, ㉠에서 이차방정식의 근과 계수의 관계에 의하여

$\alpha+\beta=6$, $\alpha\beta=a+4$이므로

$(\alpha-\beta)^2=(\alpha+\beta)^2-4\alpha\beta$

$=36-4(a+4)=20-4a$ ……㉢

㉡=㉢에서 $20-4a=4$

$4a=16$ $\therefore a=4$

답 ④

• 다른 풀이 •

무리함수 $f(x)=\sqrt{2x-a}+2$의 그래프와 그 역함수의 그래프의 두 교점은 직선 $y=x$ 위에 있고, 두 교점 사이의 거리가 $2\sqrt{2}$이므로 두 교점을 각각 P, Q라 하면 다음 그림과 같은 직각삼각형을 그릴 수 있다.

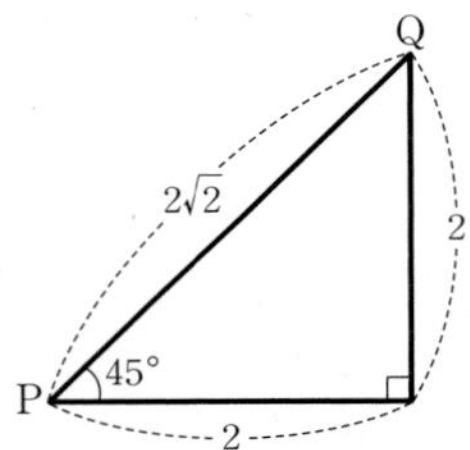

두 교점의 x좌표의 차가 2이므로 두 교점의 x좌표를 각각 α, $\alpha+2$라 하면 ㉠에서 이차방정식의 근과 계수의 관계에 의하여

$\alpha+(\alpha+2)=6$

$2\alpha+2=6$, $2\alpha=4$ $\therefore \alpha=2$

또한, $\alpha(\alpha+2)=a+4$이므로 $8=a+4$

$\therefore a=4$

08 $y=\dfrac{x+1}{x-1}=\dfrac{(x-1)+2}{x-1}$

$=\dfrac{2}{x-1}+1$

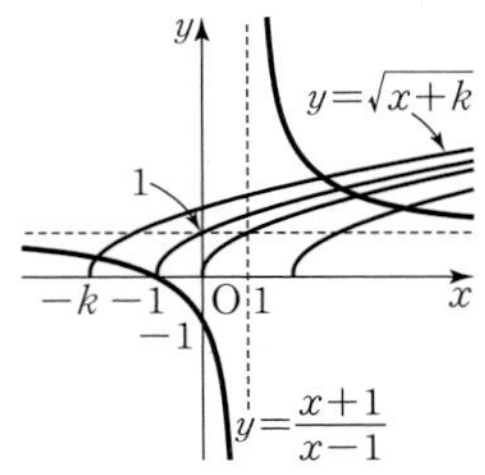

의 그래프는 오른쪽 그림과 같다.

이때 무리함수 $y=\sqrt{x+k}$의 그래프는 함수 $y=\sqrt{x}$의 그래프를 x축의 방향으로 $-k$만큼 평행이동한 것이므로 두 함수 $y=\dfrac{x+1}{x-1}$, $y=\sqrt{x+k}$의 그래프가 서로 다른 두 점에서 만나려면 $-k\le-1$이어야 한다.

$\therefore k\ge1$

답 $k\ge1$

STEP 2 1등급을 위한 **최고의 변별력 문제** pp. 55~58

01 ④	02 64	03 ④	04 3	05 ③
06 ④	07 ④	08 $\frac{1}{10}$	09 ③	10 $2\sqrt{2}$
11 1	12 $\frac{1}{12}$	13 45	14 1	15 ③
16 12	17 ①	18 83	19 ④	20 9
21 ④	22 ③	23 ③		

01 무리식 $\sqrt{kx^2-kx+3}$이 실수가 되기 위해서는 모든 실수 x에 대하여 $kx^2-kx+3\ge0$이어야 한다.

(i) $k=0$일 때,

$3\ge0$이므로 항상 실수이다.

(ii) $k\ne0$일 때,

이차방정식 $kx^2-kx+3=0$이 중근이나 허근을 가져야 하므로 판별식을 D라 하면

$D=(-k)^2-12k$

$=k(k-12)\le0$

$\therefore 0<k\le12$ ($\because k\ne0$)

(i), (ii)에서 $0\le k\le12$이므로 정수 k는 0, 1, 2, …, 12의 13개이다.

답 ④

02 별 A, B의 표면 온도를 각각 T_A, T_B, 반지름의 길이를 각각 R_A, R_B, 광도를 각각 L_A, L_B라 하면 주어진 조건에 의하여

$T_A=\dfrac{1}{3}T_B$, $R_A=72R_B$, $L_A=kL_B$

이때 ${T_A}^2=\dfrac{1}{R_A}\sqrt{\dfrac{L_A}{4\pi\sigma}}$이므로

$\left(\dfrac{1}{3}T_B\right)^2=\dfrac{1}{72R_B}\sqrt{\dfrac{kL_B}{4\pi\sigma}}$

$\dfrac{1}{9}{T_B}^2=\dfrac{1}{72R_B}\sqrt{\dfrac{kL_B}{4\pi\sigma}}$

${T_B}^2=\dfrac{\sqrt{k}}{8}\times\dfrac{1}{R_B}\sqrt{\dfrac{L_B}{4\pi\sigma}}=\dfrac{\sqrt{k}}{8}\times{T_B}^2$이므로

$\dfrac{\sqrt{k}}{8}=1$, $\sqrt{k}=8$

$\therefore k=64$

답 64

03 $f(n)=\frac{1}{\sqrt{n+2}+\sqrt{n+1}}$

$=\frac{\sqrt{n+2}-\sqrt{n+1}}{(\sqrt{n+2}+\sqrt{n+1})(\sqrt{n+2}-\sqrt{n+1})}$

$=\sqrt{n+2}-\sqrt{n+1}$

이므로

$S(n)=f(3)+f(4)+f(5)+\cdots+f(n)$

$=(\sqrt{5}-\sqrt{4})+(\sqrt{6}-\sqrt{5})+(\sqrt{7}-\sqrt{6})+\cdots+(\sqrt{n+2}-\sqrt{n+1})$

$=\sqrt{n+2}-2$

ㄱ. $S(14)=\sqrt{16}-2=4-2=2$ (거짓)

ㄴ. $\sqrt{n^4+2}<\sqrt{n^4+2n^2+1}$ ($\because n\geq 3$)

$=\sqrt{(n^2+1)^2}$

$=n^2+1$

이므로

$S(n^4)=\sqrt{n^4+2}-2$

$<(n^2+1)-2=n^2-1$

$<n^2$

$\therefore S(n^4)<n^2$ (참)

ㄷ. $S(n)>11$에서 $\sqrt{n+2}-2>11$

$\sqrt{n+2}>13$, $n+2>169$

$\therefore n>167$

즉, $S(n)>11$을 만족시키는 자연수 n의 최솟값은 168이다. (참)

따라서 옳은 것은 ㄴ, ㄷ이다. 답 ④

• 다른 풀이 •

ㄴ. $S(n^4)<n^2$에서 $\sqrt{n^4+2}-2<n^2$

즉, $\sqrt{n^4+2}<n^2+2$를 확인하면 된다.

이때 $\sqrt{n^4+2}>0$, $n^2+2>0$이므로

$(n^2+2)^2-(\sqrt{n^4+2})^2=n^4+4n^2+4-(n^4+2)$

$=4n^2+2$

>0

따라서 $(n^2+2)^2>(\sqrt{n^4+2})^2$에서

$n^2+2>\sqrt{n^4+2}$이므로 $S(n^4)<n^2$ (참)

BLACKLABEL 특강 필수 개념

부등식의 증명

두 수 또는 두 식이 모두 양수일 때, 제곱의 차를 이용하여 부등식을 증명할 수 있다.

$A>0$, $B>0$일 때

(1) $A^2-B^2>0 \Longleftrightarrow A>B$

(2) $A^2-B^2=0 \Longleftrightarrow A=B$

(3) $A^2-B^2<0 \Longleftrightarrow A<B$

04 $\sqrt{n}$의 정수 부분이 $f(n)$, 소수 부분이 $g(n)$이므로

$g(n)=\sqrt{n}-f(n)$ ……㉠

㉠을 $\{f(n)\}^2+\{g(n)\}^2=3-2g(n)$에 대입하면

$\{f(n)\}^2+\{\sqrt{n}-f(n)\}^2=3-2\{\sqrt{n}-f(n)\}$

$\{f(n)\}^2+n-2f(n)\sqrt{n}+\{f(n)\}^2=3-2\sqrt{n}+2f(n)$

$2\{f(n)\}^2-2f(n)+n-3+\{2-2f(n)\}\sqrt{n}=0$

n과 $f(n)$은 정수이고, $\sqrt{n}$은 무리수이므로 무리수가 서로 같을 조건에 의하여

$2\{f(n)\}^2-2f(n)+n-3=0$, $2-2f(n)=0$

$2-2f(n)=0$에서 $f(n)=1$

위의 값을 $2\{f(n)\}^2-2f(n)+n-3=0$에 대입하면

$2-2+n-3=0$ $\therefore n=3$ 답 3

05 이차함수 $f(x)=ax^2+bx+c$의 그래프의 꼭짓점의 좌표가 $\left(\frac{1}{2}, \frac{9}{2}\right)$이므로

$f(x)=a\left(x-\frac{1}{2}\right)^2+\frac{9}{2}$

함수 $y=f(x)$의 그래프가 점 $(0, 4)$를 지나므로

$4=a\times\left(-\frac{1}{2}\right)^2+\frac{9}{2}$, $4=\frac{1}{4}a+\frac{9}{2}$

$\frac{1}{4}a=-\frac{1}{2}$ $\therefore a=-2$

즉, $f(x)=-2\left(x-\frac{1}{2}\right)^2+\frac{9}{2}=-2x^2+2x+4$이므로

$b=2$, $c=4$

$\therefore g(x)=-2\sqrt{x+2}+4$

ㄱ. 정의역은 $\{x|x\geq -2\}$이고, 치역은 $\{y|y\leq 4\}$이다. (참)

ㄴ. 함수 $y=g(x)$의 그래프는 무리함수 $y=-2\sqrt{x}$의 그래프를 x축의 방향으로 -2만큼, y축의 방향으로 4만큼 평행이동한 것이다.

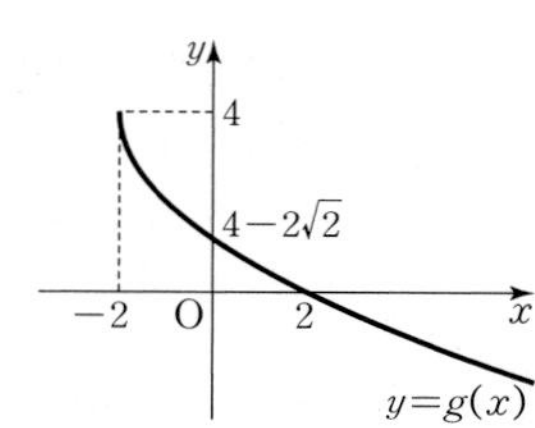

또한,

$g(0)=-2\sqrt{2}+4>0$이므로 위의 그림과 같이 제1사분면, 제2사분면, 제4사분면을 지나고, 제3사분면을 지나지 않는다. (거짓)

ㄷ. $f(x)=0$에서 $-2x^2+2x+4=0$

$x^2-x-2=0$, $(x+1)(x-2)=0$

$\therefore x=-1$ 또는 $x=2$

$\therefore \alpha=-1$, $\beta=2$ ($\because \alpha<\beta$)

함수 $g(x)$는 x의 값이 증가할 때 y의 값은 감소하는 함수이므로 $-1\leq x\leq 2$에서 함수 $g(x)$의 최댓값은

$g(-1)=-2\sqrt{-1+2}+4=2$ (참)

따라서 옳은 것은 ㄱ, ㄷ이다. 답 ③

BLACKLABEL 특강 풀이 첨삭

$x_1<x_2$이면 $\sqrt{x_1+2}<\sqrt{x_2+2}$

즉, $-2\sqrt{x_1+2}>-2\sqrt{x_2+2}$에서

$-2\sqrt{x_1+2}+4>-2\sqrt{x_2+2}+4$

$\therefore g(x_1)>g(x_2)$

따라서 $x_1<x_2$이면 $g(x_1)>g(x_2)$이므로 함수 $g(x)$는 x의 값이 증가할 때 y의 값은 감소하는 함수이다.

06 이차함수 $y=\frac{1}{2}x^2$의 그래프와 직선 $y=x+k$의 두 교점의 x좌표는 이차방정식

$\frac{1}{2}x^2=x+k$, 즉 $x^2-2x-2k=0$ ……㉠

의 두 실근이다.

이때 $A(\alpha, \alpha+k)$, $B(\beta, \beta+k)$ $(\alpha<\beta)$라 하면

$\overline{AB}=\sqrt{(\beta-\alpha)^2+\{(\beta+k)-(\alpha+k)\}^2}$

$=\sqrt{2(\beta-\alpha)^2}$

$=\sqrt{2}(\beta-\alpha)$ $(\because \alpha<\beta)$

㉠에서 근과 계수의 관계에 의하여

$\alpha+\beta=2$, $\alpha\beta=-2k$

$\therefore (\beta-\alpha)^2=(\beta+\alpha)^2-4\beta\alpha$

$=4+8k$

즉, $\beta-\alpha=\sqrt{4+8k}$ $(\because \alpha<\beta)$이므로

$f(k)=\overline{AB}=\sqrt{2}\sqrt{4+8k}$

$=2\sqrt{2+4k}=2\sqrt{4\left(k+\frac{1}{2}\right)}$

따라서 함수 $y=f(k)$의 그래프는 $y=2\sqrt{4k}$의 그래프를 k축의 방향으로 $-\frac{1}{2}$만큼 평행이동한 것이므로 그 개형은 ④이다.

답 ④

07 $f(x)=-\sqrt{kx+2k}+4=-\sqrt{k(x+2)}+4$라 하면 곡선 $y=f(x)$는 점 $(-2, 4)$를 지난다.

$g(x)=\sqrt{-kx+2k}-4=\sqrt{-k(x-2)}-4$라 하면 곡선 $y=g(x)$는 점 $(2, -4)$를 지난다.

ㄱ. $f(-x)=-\sqrt{-kx+2k}+4$

$=-(\sqrt{-kx+2k}-4)$

$=-g(x)$

$\therefore g(x)=-f(-x)$

즉, 두 곡선 $y=f(x)$, $y=g(x)$는 서로 원점에 대하여 대칭이다. (참)

ㄴ. $k<0$일 때 두 곡선 $y=f(x)$, $y=g(x)$는 다음 그림과 같다.

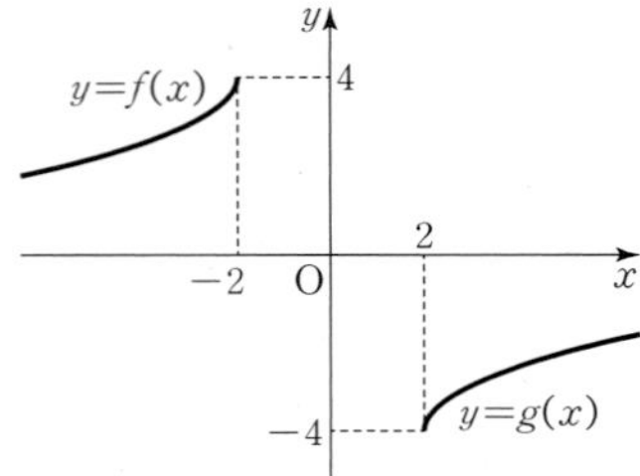

즉, 두 곡선은 만나지 않는다. (거짓)

ㄷ. (i) $k<0$일 때,

ㄴ에서 두 곡선 $y=f(x)$, $y=g(x)$는 만나지 않는다.

(ii) $k>0$일 때,

ㄱ에서 두 곡선 $y=f(x)$, $y=g(x)$는 서로 원점에 대하여 대칭이고, k의 값이 커질수록 곡선 $y=f(x)$는 직선 $y=4$와 멀어지고 곡선 $y=g(x)$는 직선 $y=-4$와 멀어진다.

따라서 두 곡선이 서로 다른 두 점에서 만나도록 하는 k의 최댓값은 다음 그림과 같이 두 곡선 $y=f(x)$, $y=g(x)$가 두 점 $(-2, 4)$, $(2, -4)$에서 만날 때이다.

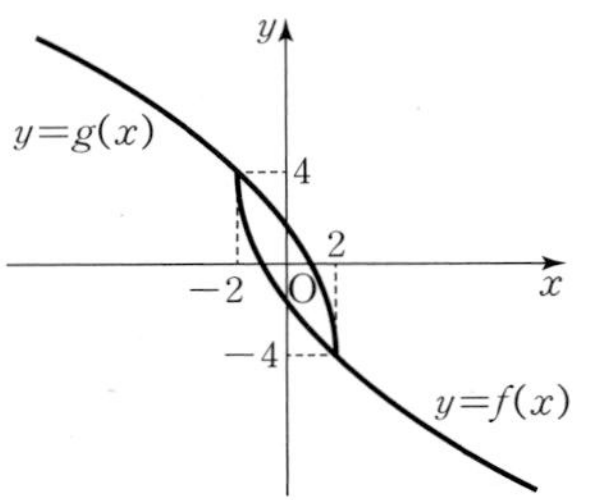

즉, 곡선 $y=f(x)$가 점 $(2, -4)$를 지나므로

$-4=-\sqrt{2k+2k}+4$에서

$\sqrt{4k}=8$, $4k=64$ $\therefore k=16$

(i), (ii)에서 조건을 만족시키는 k의 최댓값은 16이다. (참)

따라서 옳은 것은 ㄱ, ㄷ이다.

답 ④

08 $x_1<x_2$라 정하고 풀어도 일반성을 잃지 않는다.

두 점 $P(x_1, y_1)$, $Q(x_2, y_2)$가 무리함수 $y=\sqrt{x+3}-1$의 그래프 위에 있으므로

$y_1=\sqrt{x_1+3}-1$, $y_2=\sqrt{x_2+3}-1$

선분 PQ의 중점의 y좌표가 4이므로

$\frac{(\sqrt{x_1+3}-1)+(\sqrt{x_2+3}-1)}{2}=4$

$\sqrt{x_1+3}+\sqrt{x_2+3}-2=8$

$\therefore \sqrt{x_1+3}+\sqrt{x_2+3}=10$ ……㉠

따라서 직선 PQ의 기울기는

$\frac{y_2-y_1}{x_2-x_1}=\frac{(\sqrt{x_2+3}-1)-(\sqrt{x_1+3}-1)}{x_2-x_1}$

$=\frac{\sqrt{x_2+3}-\sqrt{x_1+3}}{x_2-x_1}$

$=\frac{(\sqrt{x_2+3}-\sqrt{x_1+3})(\sqrt{x_2+3}+\sqrt{x_1+3})}{(x_2-x_1)(\sqrt{x_2+3}+\sqrt{x_1+3})}$

$=\frac{(x_2+3)-(x_1+3)}{x_2-x_1}\times\frac{1}{\sqrt{x_2+3}+\sqrt{x_1+3}}$

$=1\times\frac{1}{10}$ $(\because$ ㉠$)$

$=\frac{1}{10}$

답 $\frac{1}{10}$

09 무리함수 $y=\sqrt{mx+3}=\sqrt{m\left(x+\frac{3}{m}\right)}$ $(m>0)$의 그래프는 함수 $y=\sqrt{mx}$의 그래프를 x축의 방향으로 $-\frac{3}{m}$만큼 평행이동한 것이므로 오른쪽 그림과 같다.

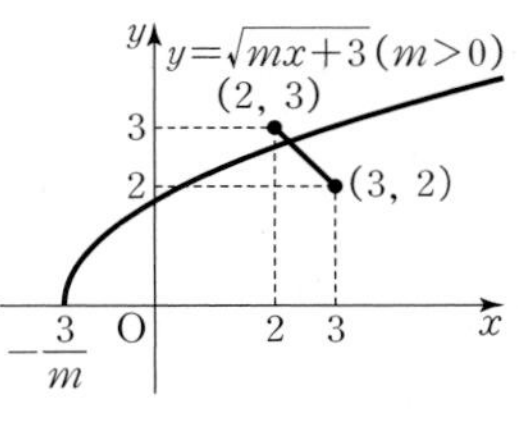

이때 두 점 $(3, 2)$, $(2, 3)$을

이은 선분과 무리함수 $y=\sqrt{mx+3}$의 그래프가 만나려면 점 $(2,\ 3)$이 무리함수 $y=\sqrt{mx+3}$의 그래프 위의 점이거나 위쪽에 있어야 하고, 점 $(3,\ 2)$가 무리함수 $y=\sqrt{mx+3}$의 그래프 위의 점이거나 아래쪽에 있어야 한다.

$\therefore \sqrt{2m+3}\le 3,\ \sqrt{3m+3}\ge 2$

(i) $\sqrt{2m+3}\le 3$에서 $2m+3\le 9$

$2m\le 6 \qquad \therefore 0<m\le 3\ (\because m>0)$

(ii) $\sqrt{3m+3}\ge 2$에서 $3m+3\ge 4$

$3m\ge 1 \qquad \therefore m\ge \frac{1}{3}$

(i), (ii)에서 m의 값의 범위는

$\frac{1}{3}\le m\le 3$ 답 ③

10 $x\ge 0,\ 4-x\ge 0$이므로 함수 $y=f(x)$의 정의역은 $\{x\,|\,0\le x\le 4\}$이다. 이때

$$|\sqrt{x}-\sqrt{4-x}|=\begin{cases}\sqrt{4-x}-\sqrt{x} & (0\le x<2)\\ \sqrt{x}-\sqrt{4-x} & (2\le x\le 4)\end{cases}$$

이므로

$$f(x)=\frac{\sqrt{x}+\sqrt{4-x}-|\sqrt{x}-\sqrt{4-x}|}{2}=\begin{cases}\sqrt{x} & (0\le x<2)\\ \sqrt{4-x} & (2\le x\le 4)\end{cases}$$

함수 $y=f(x)$의 그래프는 오른쪽 그림과 같으므로 삼각형 ABC의 세 꼭짓점이 세 점 $(0,\ 0),\ (4,\ 0),\ (2,\ \sqrt{2})$일 때, 삼각형 ABC의 넓이가 최대가 된다.

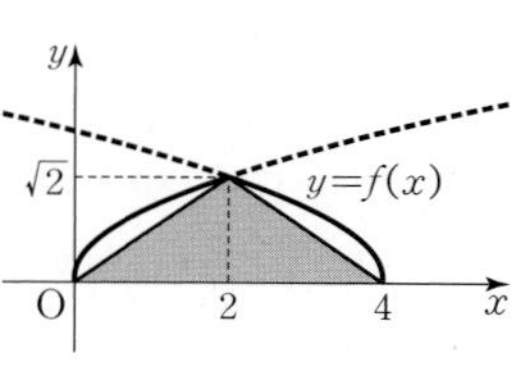

따라서 구하는 삼각형 ABC의 넓이의 최댓값은

$\frac{1}{2}\times 4\times \sqrt{2}=2\sqrt{2}$ 답 $2\sqrt{2}$

단계	채점 기준	배점
(가)	x의 값의 범위를 나누어 함수 $y=f(x)$의 식을 나타낸 경우	40%
(나)	삼각형 ABC의 넓이가 최대가 되는 세 꼭짓점의 좌표를 구한 경우	40%
(다)	삼각형 ABC의 넓이의 최댓값을 구한 경우	20%

11 $f(x)=\sqrt{2x+3}$에서

$f\left(x-\frac{3}{2}\right)=\sqrt{2\left(x-\frac{3}{2}\right)+3}=\sqrt{2x}$

이때 부등식 $f\left(x-\frac{3}{2}\right)<g(x)<f(x)$를 만족시키는 x의 값의 범위가 $2<x<3$이려면 다음 그림과 같이 함수 $g(x)=px+q\ (p>0)$의 그래프는 두 점 $(2,\ 2),\ (3,\ 3)$ 또는 $(2,\ \sqrt{7}),\ (3,\ 3)$을 지나야 한다.

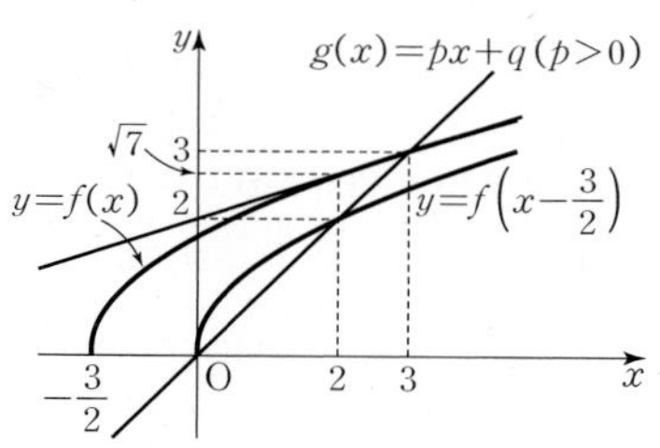

이때 $p,\ q$가 정수이므로 $y=g(x)$의 그래프는 두 점 $(2,\ 2),\ (3,\ 3)$을 지나는 직선이고, 이 직선의 방정식은

$y-2=\frac{3-2}{3-2}(x-2)$에서 $y=x$

$\therefore g(x)=x$

따라서 $p=1,\ q=0$이므로 $p+q=1$ 답 1

12 두 함수 $f(x)=\sqrt{x},\ g(x)=ax+b$에 대하여

$f(1)=g(1)$에서 $a+b=1$ ……㉠

$f(4)=g(4)$에서 $4a+b=2$ ……㉡

㉠, ㉡을 연립하여 풀면

$a=\frac{1}{3},\ b=\frac{2}{3} \qquad \therefore g(x)=\frac{1}{3}x+\frac{2}{3}$

두 함수 $y=f(x),\ y=g(x)$의 그래프는 오른쪽 그림과 같다.

이때 $1\le x\le 4$에서 $f(x)\ge g(x)$이므로

$h(x)=|f(x)-g(x)|=f(x)-g(x)$

$=\sqrt{x}-\frac{1}{3}x-\frac{2}{3}$

$\sqrt{x}=t$로 놓으면 $1\le x\le 4$에서 $1\le t\le 2$이고,

$\sqrt{x}-\frac{1}{3}x-\frac{2}{3}=t-\frac{1}{3}t^2-\frac{2}{3}=-\frac{1}{3}\left(t-\frac{3}{2}\right)^2+\frac{1}{12}$

따라서 $t=\frac{3}{2}$, 즉 $x=\frac{9}{4}$일 때 함수 $h(x)$는 최댓값 $\frac{1}{12}$을 갖는다. 답 $\frac{1}{12}$

• 다른 풀이 •

두 함수 $f(x)=\sqrt{x},\ g(x)=ax+b$에 대하여

$f(1)=g(1)$에서 $a+b=1$ ……㉢

$f(4)=g(4)$에서 $4a+b=2$ ……㉣

㉢, ㉣을 연립하여 풀면

$a=\frac{1}{3},\ b=\frac{2}{3} \qquad \therefore g(x)=\frac{1}{3}x+\frac{2}{3}$

한편, 직선 $y=g(x)$와 기울기가 같고 함수 $y=f(x)$의 그래프에 접하는 직선을 $y=\frac{1}{3}x+t$ (t는 상수)라 하면

접점의 x좌표는 방정식 $\sqrt{x}=\frac{1}{3}x+t$의 실근이다.

양변을 제곱하면 $x=\frac{1}{9}x^2+\frac{2}{3}tx+t^2$

$9x=x^2+6tx+9t^2$

$\therefore x^2+(6t-9)x+9t^2=0$

이 이차방정식이 중근을 가져야 하므로 판별식을 D라 하면
$D=(6t-9)^2-4\times1\times9t^2=0$
$36t^2-108t+81-36t^2=0$
$108t=81 \qquad \therefore t=\frac{3}{4}$
따라서 접선의 방정식은 $y=\frac{1}{3}x+\frac{3}{4}$
이때 $h(x)$의 최댓값은 평행한 두 직선 $y=g(x)$와
$y=\frac{1}{3}x+\frac{3}{4}$의 y절편의 차와 같으므로
$\left|\frac{2}{3}-\frac{3}{4}\right|=\left|\frac{8}{12}-\frac{9}{12}\right|=\frac{1}{12}$

13 두 함수 $y=\sqrt{x+3}-1$, $y=\sqrt{3-x}-1$의 그래프는 y축에 대하여 대칭이므로 다음 그림과 같이 세 함수
$y=\sqrt{x+3}-1$, $y=\sqrt{3-x}-1$, $y=-1$의 그래프로 둘러싸인 영역에 내접하는 직사각형도 y축에 대하여 대칭이다.*

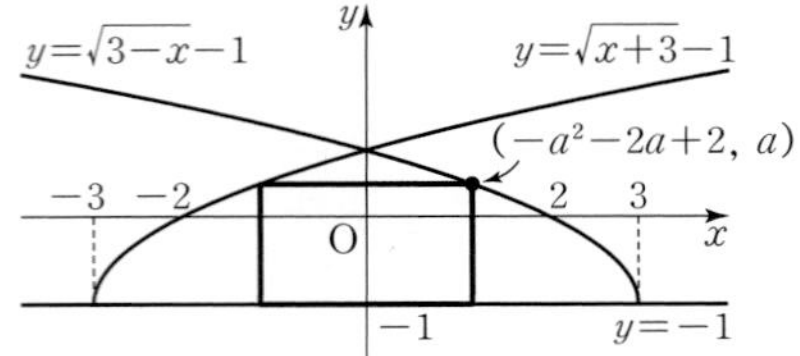

함수 $y=\sqrt{3-x}-1$의 그래프 위의 직사각형의 한 꼭짓점의 y좌표를 a라 하면
$\sqrt{3-x}-1=a$에서 $\sqrt{3-x}=a+1$
위의 식의 양변을 제곱하면
$3-x=a^2+2a+1 \qquad \therefore x=-a^2-2a+2$
즉, 이 꼭짓점의 좌표는 $(-a^2-2a+2,\ a)$ $(a>-1)$이므로 직사각형의 둘레의 길이를 l이라 하면
$l=2\{2(-a^2-2a+2)+\{a-(-1)\}\}$
$=-4a^2-6a+10$
$=-4\left(a+\frac{3}{4}\right)^2+\frac{49}{4}$
따라서 $a=-\frac{3}{4}$일 때 l은 최댓값 $\frac{49}{4}$를 가지므로
$p=4$, $q=49$
$\therefore q-p=45$ 답 45

• 다른 풀이 •

*에서

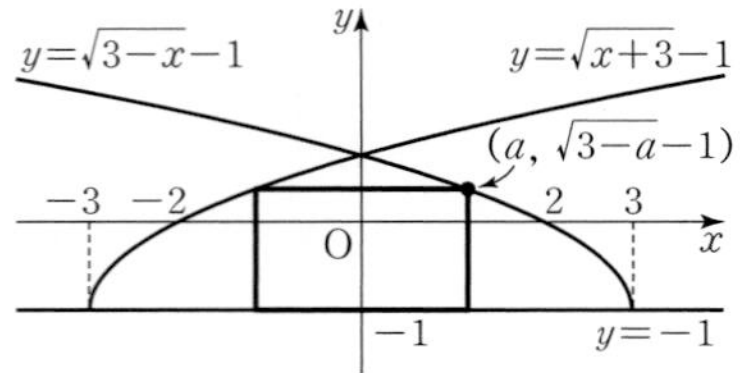

함수 $y=\sqrt{3-x}-1$의 그래프 위의 직사각형의 한 꼭짓점의 좌표를 $(a,\ \sqrt{3-a}-1)$ $(0<a<3)$, 직사각형의 둘레의 길이를 l이라 하면
$l=2\{2a+\{\sqrt{3-a}-1-(-1)\}\}$
$=2\sqrt{3-a}+4a \qquad \cdots\cdots ㉠$
이때 $\sqrt{3-a}=t$ $(0<t<\sqrt{3})$로 놓고 이 식의 양변을 제곱하면
$3-a=t^2 \qquad \therefore a=3-t^2$
위의 식을 ㉠에 대입하면
$l=2t+4(3-t^2)$
$=-4t^2+2t+12$
$=-4\left(t-\frac{1}{4}\right)^2+\frac{49}{4}$
$0<\frac{1}{4}<\sqrt{3}$이므로 $t=\frac{1}{4}$, 즉 $a=\frac{47}{16}$일 때 l은 최댓값 $\frac{49}{4}$를 갖는다.
따라서 $p=4$, $q=49$이므로
$q-p=45$

14 무리함수 $f(x)=\sqrt{x-1}+k$의 그래프와 그 역함수 $y=f^{-1}(x)$의 그래프는 직선 $y=x$에 대하여 대칭이다.
이때 두 그래프가 서로 다른 두 점에서 만나려면 오른쪽 그림과 같이 무리함수 $f(x)=\sqrt{x-1}+k$의 그래프는 직선 $y=x$와 서로 다른 두 점에서 만나야 한다.

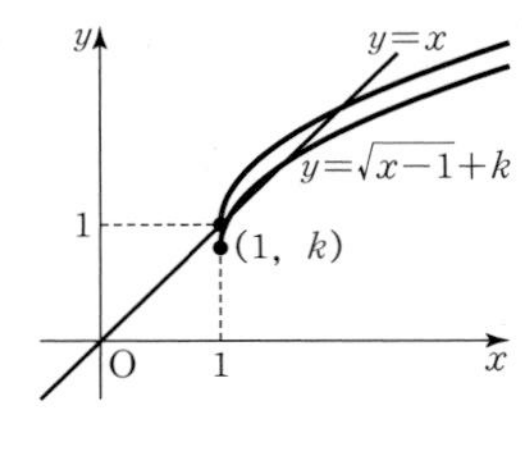

따라서 무리함수 $f(x)=\sqrt{x-1}+k$의 그래프가 점 $(1,\ 1)$을 지날 때 실수 k는 최댓값을 가지므로
$1=\sqrt{1-1}+k$에서 $k=1$ 답 1

• 다른 풀이 •

무리함수 $y=f(x)$의 정의역이 $\{x|x\ge1\}$, 치역이 $\{y|y\ge k\}$이므로 역함수 $y=f^{-1}(x)$의 정의역은 $\{x|x\ge k\}$이다.
이때 무리함수 $f(x)=\sqrt{x-1}+k$의 그래프와 그 역함수의 그래프가 서로 다른 두 점에서 만나므로 함수 $y=f(x)$의 그래프와 직선 $y=x$가 $x\ge1$, $x\ge k$에서 서로 다른 두 점에서 만나야 한다.
$\sqrt{x-1}+k=x$에서 $\sqrt{x-1}=x-k$
양변을 제곱하면
$x-1=x^2-2kx+k^2$
$\therefore x^2-(2k+1)x+k^2+1=0$
$g(x)=x^2-(2k+1)x+k^2+1$이라 하면
(i) 이차방정식 $g(x)=0$이 서로 다른 두 실근을 가져야 하므로 판별식을 D라 하면
$D=\{-(2k+1)\}^2-4(k^2+1)>0$, $4k-3>0$
$\therefore k>\frac{3}{4}$
(ii) 두 실근이 모두 1보다 크거나 같아야 하므로
$g(1)\ge0$에서 $1-2k-1+k^2+1\ge0$

$k^2-2k+1\ge0 \qquad \therefore (k-1)^2\ge0$

즉, 모든 실수 k에 대하여 항상 만족시킨다.

(iii) 두 실근이 모두 k보다 크거나 같아야 하므로

$g(k)\ge0$에서 $k^2-(2k+1)k+k^2+1\ge0$

$-k+1\ge0 \qquad \therefore k\le1$

(iv) 이차함수 $y=g(x)$의 그래프의 축이 직선 $x=1$보다 오른쪽에 있어야 하므로

$\frac{2k+1}{2}>1,\ 2k>1 \qquad \therefore k>\frac{1}{2}$

(v) 이차함수 $y=g(x)$의 그래프의 축이 직선 $x=k$보다 오른쪽에 있어야 하므로

$\frac{2k+1}{2}>k,\ 2k+1>2k$

즉, 모든 실수 k에 대하여 항상 만족시킨다.

(i)~(v)에서 k의 값의 범위는

$\frac{3}{4}<k\le1$

따라서 실수 k의 최댓값은 1이다.

15

주어진 그래프에서

$$f(x)=\begin{cases}1 & (x<-1)\\ -x & (-1\le x<1)\\ -1 & (x\ge1)\end{cases}$$

한편, $g(x)=\sqrt{2x+3}$에서 $y=\sqrt{2x+3}$이라 하고 양변을 제곱하면

$y^2=2x+3 \qquad \therefore x=\frac{1}{2}y^2-\frac{3}{2}$

x와 y를 서로 바꾸면

$y=\frac{1}{2}x^2-\frac{3}{2}$

$\therefore g^{-1}(x)=\frac{1}{2}x^2-\frac{3}{2}\ (x\ge0)$

따라서

$$\begin{aligned}y&=(f\circ g^{-1})(x)\\&=f(g^{-1}(x))\\&=\begin{cases}1 & (g^{-1}(x)<-1)\\ -g^{-1}(x) & (-1\le g^{-1}(x)<1)\\ -1 & (g^{-1}(x)\ge1)\end{cases}\\&=\begin{cases}1 & \left(\frac{1}{2}x^2-\frac{3}{2}<-1\right)\\ -\frac{1}{2}x^2+\frac{3}{2} & \left(-1\le\frac{1}{2}x^2-\frac{3}{2}<1\right)\\ -1 & \left(\frac{1}{2}x^2-\frac{3}{2}\ge1\right)\end{cases}\\&=\begin{cases}1 & (0\le x<1)\\ -\frac{1}{2}x^2+\frac{3}{2} & (1\le x<\sqrt{5})\\ -1 & (x\ge\sqrt{5})\end{cases}\end{aligned}$$

이므로 그래프의 개형은 ③이다. 답 ③

BLACKLABEL 특강 필수 개념

무리함수 $y=\sqrt{ax+b}+c\ (a\ne0)$의 역함수는

$y=\frac{1}{a}\{(x-c)^2-b\}\ (x\ge c)$이다.

[증명]

$y=\sqrt{ax+b}+c$에서 $y-c=\sqrt{ax+b}$

양변을 제곱하면

$(y-c)^2=ax+b \qquad \therefore x=\frac{1}{a}\{(y-c)^2-b\}$

x와 y를 서로 바꾸면

$y=\frac{1}{a}\{(x-c)^2-b\}\ (x\ge c)$

BLACKLABEL 특강 참고

함수 $y=-g^{-1}(x)$의 그래프의 개형은 역함수의 기하학적 의미와 대칭이동을 이용하여 다음과 같이 구할 수도 있다.

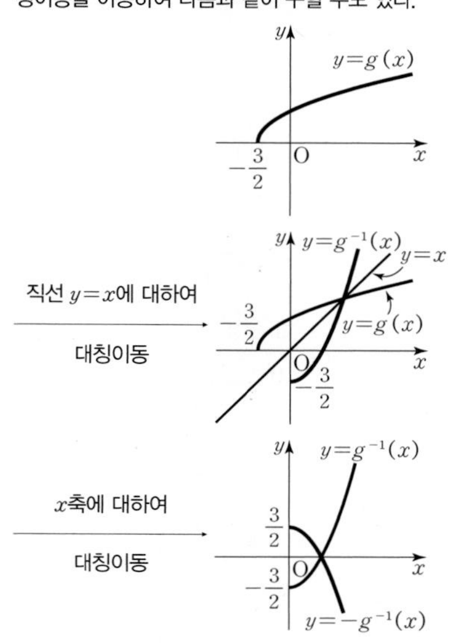

16

무리함수 $f(x)=\sqrt{x-2}$에서 $y=\sqrt{x-2}$라 하고, 양변을 제곱하면

$y^2=x-2,\ x=y^2+2$

x와 y를 서로 바꾸면

$y=x^2+2$

$\therefore g(x)=x^2+2\ (x\ge0)$

이때 $f(6)=\sqrt{6-2}=2$이므로 $g(2)=6$이다.

즉, 두 함수 $y=f(x)$, $y=g(x)$의 그래프는 오른쪽 그림과 같고, 역함수 $y=g(x)$의 그래프는 함수 $y=f(x)$의 그래프를 직선 $y=x$에 대하여 대칭이동한 것이다.

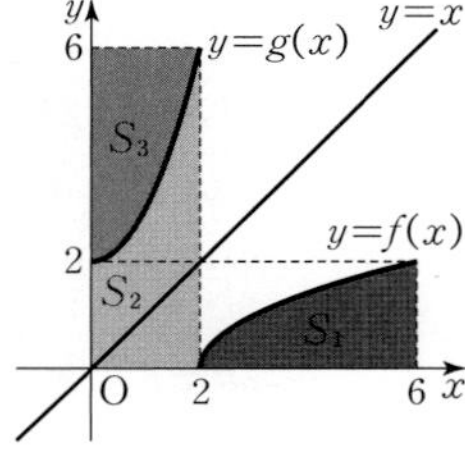

이때 두 직선 $x=2$, $y=6$과 x축, y축으로 둘러싸인 직사각형에서 S_2를 뺀 영역을 S_3이라 하면

$S_1=S_3$

$\therefore S_1+S_2=S_3+S_2=2\times6=12$ 답 12

17 $f(x)=\begin{cases}\sqrt{2x} & (x\ge0)\\ 4x & (x<0)\end{cases}$에서

(i) $x\ge0$일 때,

$y=\sqrt{2x}$의 양변을 제곱하면

$y^2=2x \qquad \therefore x=\frac{1}{2}y^2$

x와 y를 서로 바꾸면 $y=\frac{1}{2}x^2\ (x\ge0)$

(ii) $x<0$일 때,

$y=4x$에서 $x=\frac{1}{4}y$

x와 y를 서로 바꾸면 $y=\frac{1}{4}x\ (x<0)$

(i), (ii)에서 $g(x)=\begin{cases}\frac{1}{2}x^2 & (x\ge0)\\ \frac{1}{4}x & (x<0)\end{cases}$

부등식 $g(x)\le-\frac{1}{4}x^2+3$에서

① $x\ge0$일 때,

$\frac{1}{2}x^2\le-\frac{1}{4}x^2+3,\ \frac{3}{4}x^2\le3$

$x^2\le4 \qquad \therefore -2\le x\le2$

그런데 $x\ge0$이므로 $0\le x\le2$

② $x<0$일 때,

$\frac{1}{4}x\le-\frac{1}{4}x^2+3,\ \frac{1}{4}x^2+\frac{1}{4}x-3\le0$

$x^2+x-12\le0,\ (x+4)(x-3)\le0$

$\therefore -4\le x\le3$

그런데 $x<0$이므로 $-4\le x<0$

①, ②에서 주어진 부등식의 해는

$-4\le x\le2$

따라서 $a=-4,\ b=2$이므로

$a+b=-2$

답 ①

18 $a\ge3$이므로 $f(a)=b$라 하면

$b=\sqrt{2a+3}+6\ge\sqrt{2\times3+3}+6=9$ ……㉠

$(g\circ f)(a)=g(f(a))=g(b)$

$g(b)=-\sqrt{b-3}+5$이고 ㉠에서 $b-3\ge6$이므로 $g(b)$가 자연수가 되도록 하는 $b-3$의 값은 9, 16이다.*

(i) $b-3=9$, 즉 $b=12$일 때,

$f(a)=12$에서 $\sqrt{2a+3}+6=12$

$\sqrt{2a+3}=6$

위의 식의 양변을 제곱하면

$2a+3=36,\ 2a=33 \qquad \therefore a=\frac{33}{2}$

(ii) $b-3=16$, 즉 $b=19$일 때,

$f(a)=19$에서 $\sqrt{2a+3}+6=19$

$\sqrt{2a+3}=13$

위의 식의 양변을 제곱하면

$2a+3=169,\ 2a=166 \qquad \therefore a=83$

(i), (ii)에서 구하는 자연수 a의 값은 83이다. 답 83

> **BLACKLABEL 특강** 풀이 첨삭 *
>
> $g(b)=-\sqrt{b-3}+5$가 자연수가 되려면 $\sqrt{b-3}=0$ 또는 $\sqrt{b-3}=1$ 또는 $\sqrt{b-3}=2$ 또는 $\sqrt{b-3}=3$ 또는 $\sqrt{b-3}=4$이어야 한다.
> 이때 $b-3\ge6$이므로
> $\sqrt{b-3}=3$ 또는 $\sqrt{b-3}=4$
> $\therefore b-3=9$ 또는 $b-3=16$

19 k의 값이 커질수록 곡선 $y=\sqrt{x-2k}$는 x축의 양의 방향으로 평행이동하므로 곡선 $y=f(x)$가 삼각형 ABC와 만나도록 하는 k의 최댓값은 오른쪽 그림과 같이 곡선 $y=f(x)$가 점 B(12, 2)를 지날 때이다.

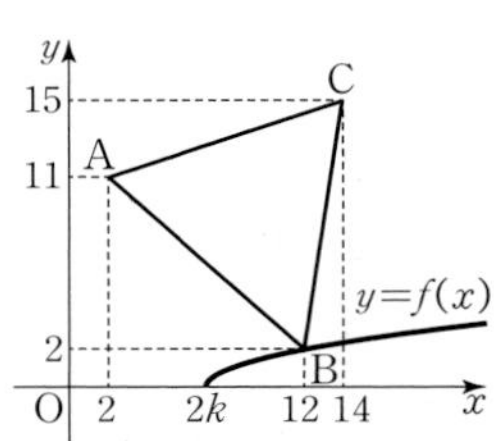

$2=\sqrt{12-2k}$에서 양변을 제곱하면

$12-2k=4,\ 2k=8 \qquad \therefore k=4$

즉, $k\le4$일 때 곡선 $y=f(x)$는 삼각형 ABC와 만난다. ……㉠

한편, $y=\sqrt{x-2k}$에서 양변을 제곱하면

$y^2=x-2k,\ x=y^2+2k$

x와 y를 서로 바꾸면 $y=x^2+2k$

즉, 함수 $f(x)$의 역함수는

$f^{-1}(x)=x^2+2k\ (x\ge0)$

k의 값이 커질수록 곡선 $y=x^2+2k$는 y축의 양의 방향으로 평행이동하므로 곡선 $y=f^{-1}(x)$가 삼각형 ABC와 만나도록 하는 k의 최댓값은 오른쪽 그림과 같이 곡선 $y=f^{-1}(x)$가 점 A(2, 11)을 지날 때이다.

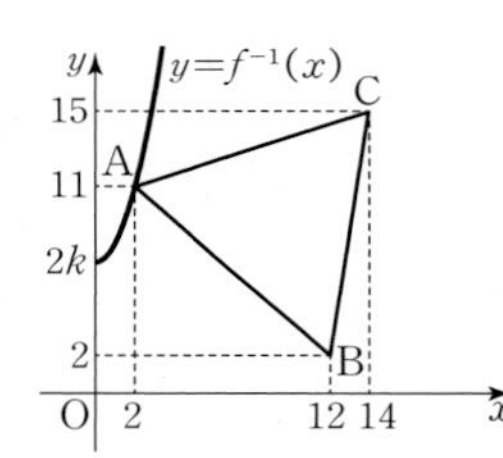

$4+2k=11$에서 $2k=7 \qquad \therefore k=\frac{7}{2}$

즉, $k\le\frac{7}{2}$일 때 곡선 $y=f^{-1}(x)$는 삼각형 ABC와 만난다. ……㉡

㉠, ㉡에서 조건을 만족시키는 실수 k의 값의 범위는 $k\le\frac{7}{2}$이므로 구하는 실수 k의 최댓값은 $\frac{7}{2}$이다. 답 ④

20 $y=\frac{4x-1}{x-2}=\frac{4(x-2)+7}{x-2}=\frac{7}{x-2}+4$

조건 ㈎에서 함수 f의 치역이 $\{y\mid y>4\}$이고, 조건 ㈏에서 함수 f는 일대일함수이므로 함수 $y=f(x)$의 그래프는 다음 그림과 같아야 한다.

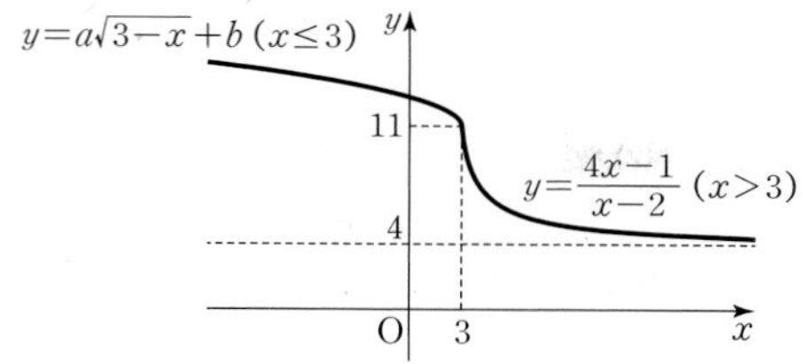

즉, $f(3)=11$이어야 하므로 $b=11$

조건 ㈐에서 $f(-1)=13$이므로

$2a+b=13$, $2a+11=13$

$2a=2$ $\quad\therefore a=1$

$$\therefore f(x)=\begin{cases}\frac{4x-1}{x-2} & (x>3)\\ \sqrt{3-x}+11 & (x\le3)\end{cases}$$

$f(2)=\sqrt{3-2}+11=12$이므로

$f(2)f(k)=60$에서 $12f(k)=60$

$\therefore f(k)=5$

즉, $\frac{4k-1}{k-2}=5$이므로 $4k-1=5k-10$

$\therefore k=9$

답 9

21 $y=m(x+1)-1$은 기울기 m의 값에 관계없이 점 $(-1,\ -1)$을 지나는 직선의 방정식이다. 즉, 집합 A의 원소는 직선 $y=m(x+1)-1$ 위의 점이다.

$y=\frac{1}{x-1}+2$는 그래프의 점근선이 $x=1$, $y=2$인 유리함수이다. 이때 집합 B의 원소는 절댓값 기호를 포함한 유리함수 $y=\left|\frac{1}{x-1}+2\right|$의 그래프 위의 점이다.

$y=\sqrt{x-n}$의 그래프는 $y=\sqrt{x}$의 그래프를 x축의 방향으로 n만큼 평행이동한 것이다. 즉, 집합 C의 원소는 무리함수 $y=\sqrt{x-n}$의 그래프 위의 점이다.

이때 $n(A\cap B)=3$은 $y=\left|\frac{1}{x-1}+2\right|$의 그래프와 직선 $y=m(x+1)-1$의 교점이 3개임을 의미한다.

즉, $n(A\cap B)=3$이기 위해서는 오른쪽 그림과 같이 직선 $y=m(x+1)-1$의 기울기가 직선 ㉠의 기울기보다 커야 한다.

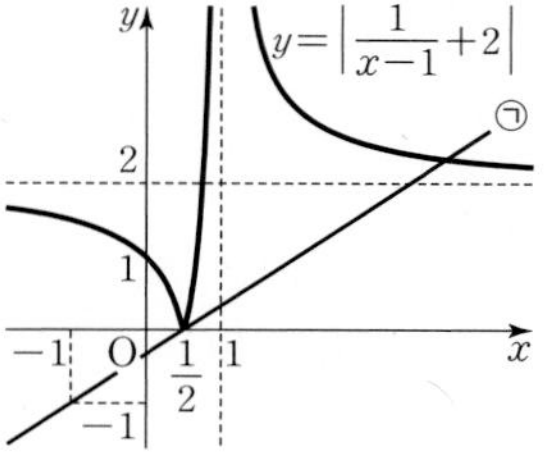

이때 $\left|\frac{1}{x-1}+2\right|=0$에서

$x=\frac{1}{2}$이므로 두 점 $(-1,\ -1)$, $\left(\frac{1}{2},\ 0\right)$을 지나는 직선 ㉠의 기울기는 $\frac{-1-0}{-1-\frac{1}{2}}=\frac{2}{3}$

따라서 $n(A\cap B)=3$이기 위한 m의 값의 범위는

$\boxed{m>\frac{2}{3}}$

한편, $n(A\cap B)=2$이려면 $m=\frac{2}{3}$이어야 하므로

$y=\frac{2}{3}(x+1)-1$ $\quad\therefore y=\frac{2}{3}x-\frac{1}{3}$

이때 $n(A\cap C)=0$이 되려면 함수 $y=\sqrt{x-n}$의 그래프가 오른쪽 그림과 같이 직선 $y=\frac{2}{3}x-\frac{1}{3}$에 접하는 ㉡보다 오른쪽에 있어야 한다.

함수 $y=\sqrt{x-k}$ (k는 실수)의 그래프가 ㉡이라 할 때, 직선과 ㉡의 접점의 x좌표는 방정식 $\frac{2}{3}x-\frac{1}{3}=\sqrt{x-k}$의 실근이다.

$2x-1=3\sqrt{x-k}$에서 양변을 제곱하면

$4x^2-4x+1=9x-9k$ $\quad\therefore 4x^2-13x+9k+1=0$

이 이차방정식의 판별식을 D라 하면

$D=(-13)^2-4\times4\times(9k+1)=0$

$153-144k=0$ $\quad\therefore k=\frac{153}{144}=\frac{17}{16}$

따라서 $n(A\cap B)=2$이면서 $n(A\cap C)=0$이기 위한 n의 값의 범위는

$\boxed{n>\frac{17}{16}}$

$\therefore$ ㈎ : $m>\frac{2}{3}$, ㈏ : $n>\frac{17}{16}$

답 ④

22 x축에 평행한 직선을 $y=k$ $(k>0)$라 하면 함수 $y=f(x)$의 그래프가 다음 그림과 같으므로 두 점 A, B는 두 함수 $y=\frac{1}{x}-1\ (0<x<1)$, $y=\sqrt{x-1}\ (x\ge1)$의 그래프 위의 점이다.

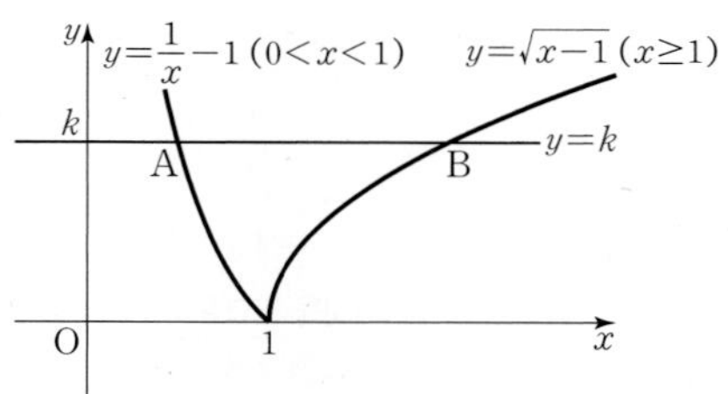

$\alpha<\beta$라 해도 일반성을 잃지 않으므로 위의 그림과 같이 $\mathrm{A}\left(\alpha,\ \frac{1}{\alpha}-1\right)$, $\mathrm{B}(\beta,\ \sqrt{\beta-1})$이라 하자.

두 점 A, B는 직선 $y=k$ 위에 있으므로

$\frac{1}{\alpha}-1=k$, $\sqrt{\beta-1}=k$에서

$\frac{1}{\alpha}=k+1$, $\beta-1=k^2$ $\quad\therefore \alpha=\frac{1}{k+1}$, $\beta=k^2+1$

$\therefore \alpha\beta=\frac{k^2+1}{k+1}$

$=\frac{(k+1)(k-1)+2}{k+1}$

$=k-1+\dfrac{2}{k+1}$

$=k+1+\dfrac{2}{k+1}-2$ ……㉠

이때 $k>0$에서 $k+1>0$, $\dfrac{2}{k+1}>0$이므로 산술평균과 기하평균의 관계에 의하여

$k+1+\dfrac{2}{k+1}\ge 2\sqrt{(k+1)\times\dfrac{2}{k+1}}$

$=2\sqrt{2}$ (단, 등호는 $k=\sqrt{2}-1$일 때 성립)

따라서 ㉠에서

$\alpha\beta=k+1+\dfrac{2}{k+1}-2\ge 2\sqrt{2}-2$

이므로 구하는 최솟값은 $2\sqrt{2}-2$이다. 답 ③

• 다른 풀이 •

$A\left(\alpha, \dfrac{1}{\alpha}-1\right)$, $B(\beta, \sqrt{\beta-1})$이라 할 때, 두 점의 y좌표가 같으므로

$\dfrac{1}{\alpha}-1=\sqrt{\beta-1}$

양변을 제곱하면

$\beta-1=\left(\dfrac{1}{\alpha}-1\right)^2$, $\beta=\dfrac{1}{\alpha^2}-\dfrac{2}{\alpha}+2$

$\therefore\ \alpha\beta=\alpha\left(\dfrac{1}{\alpha^2}-\dfrac{2}{\alpha}+2\right)=\dfrac{1}{\alpha}-2+2\alpha$ ……㉡

이때 $\alpha>0$이므로 산술평균과 기하평균의 관계에 의하여

$\dfrac{1}{\alpha}+2\alpha\ge 2\sqrt{\dfrac{1}{\alpha}\times 2\alpha}$

$=2\sqrt{2}$ $\left(\text{단, 등호는 } \alpha=\dfrac{\sqrt{2}}{2}\text{일 때 성립}\right)$

따라서 ㉡에서

$\alpha\beta=\dfrac{1}{\alpha}+2\alpha-2\ge 2\sqrt{2}-2$

이므로 구하는 최솟값은 $2\sqrt{2}-2$이다.

23 해결단계

❶ 단계	점 $P(x_1, y_1)$은 두 곡선 $y=\dfrac{1}{x}$, $y=a\sqrt{ax}$의 교점임을 이용하여 ㄱ의 참, 거짓을 판단한다.
❷ 단계	두 점 P, Q의 좌표를 a, b를 이용하여 나타낸 후, 직선 PQ의 기울기를 구하여 ㄴ의 참, 거짓을 판단한다.
❸ 단계	$\overline{OP}=\overline{OQ}$임을 이용하여 a, b 사이의 관계식을 구한 후, $\overline{PQ}=1$임을 이용하여 삼각형 OPQ의 넓이를 구하고 ㄷ의 참, 거짓을 판단한다.

ㄱ. 점 $P(x_1, y_1)$은 두 곡선 $y=\dfrac{1}{x}$, $y=a\sqrt{ax}$의 교점이므로

$\dfrac{1}{x_1}=a\sqrt{ax_1}$

위의 식의 양변을 제곱하면

$\dfrac{1}{x_1{}^2}=a^3x_1$, $\dfrac{1}{x_1{}^3}=a^3$ $\quad\therefore\ \dfrac{1}{x_1}=a$

즉, $y_1=\dfrac{1}{x_1}=a$이다. (참)

ㄴ. ㄱ에서 $P\left(\dfrac{1}{a}, a\right)$

같은 방법으로 $Q(x_2, y_2)$는 두 곡선 $y=\dfrac{1}{x}$, $y=b\sqrt{bx}$의 교점이므로 $\dfrac{1}{x_2}=b\sqrt{bx_2}$에서

$x_2=\dfrac{1}{b}$, $y_2=b$ $\quad\therefore\ Q\left(\dfrac{1}{b}, b\right)$

즉, 직선 PQ의 기울기는

$\dfrac{b-a}{\dfrac{1}{b}-\dfrac{1}{a}}=\dfrac{b-a}{\dfrac{a-b}{ab}}=-ab$ (거짓)

ㄷ. $\overline{OP}=\sqrt{a^2+\dfrac{1}{a^2}}$, $\overline{OQ}=\sqrt{b^2+\dfrac{1}{b^2}}$

$\overline{OP}=\overline{OQ}$에서 $\sqrt{a^2+\dfrac{1}{a^2}}=\sqrt{b^2+\dfrac{1}{b^2}}$

위의 식의 양변을 제곱하면

$a^2+\dfrac{1}{a^2}=b^2+\dfrac{1}{b^2}$, $a^2-b^2+\dfrac{b^2-a^2}{a^2b^2}=0$

$(a^2-b^2)\left(1-\dfrac{1}{a^2b^2}\right)=0$

이때 $0<b<1<a$이므로

$a^2-b^2\ne 0$, $1-\dfrac{1}{a^2b^2}=0$

$a^2b^2=1$, $ab=1$ ($\because\ a>0$, $b>0$)

$\therefore\ b=\dfrac{1}{a}$

즉, $P\left(\dfrac{1}{a}, a\right)$, $Q\left(a, \dfrac{1}{a}\right)$이고 $\overline{PQ}=1$이므로

$\sqrt{\left(a-\dfrac{1}{a}\right)^2+\left(\dfrac{1}{a}-a\right)^2}=1$

$2\left(a-\dfrac{1}{a}\right)^2=1$, $\left(a-\dfrac{1}{a}\right)^2=\dfrac{1}{2}$

$\therefore\ a^2+\dfrac{1}{a^2}=\dfrac{5}{2}$ ……㉠

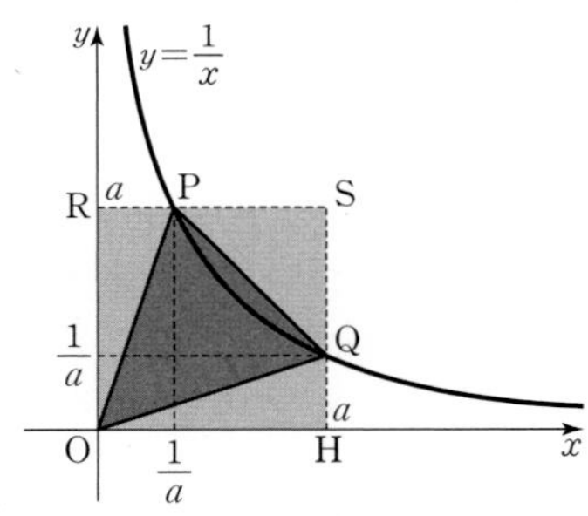

따라서 위의 그림에서

$\triangle OPQ=\square OHSR-(\triangle OPR+\triangle OHQ+\triangle PQS)$

$=a^2-\left\{\dfrac{1}{2}\times a\times\dfrac{1}{a}+\dfrac{1}{2}\times\dfrac{1}{a}\times a+\dfrac{1}{2}\times\left(a-\dfrac{1}{a}\right)^2\right\}$

$=\dfrac{1}{2}\left(a^2-\dfrac{1}{a^2}\right)$

$=\dfrac{1}{2}\sqrt{\left(a^2-\dfrac{1}{a^2}\right)^2}$

$=\dfrac{1}{2}\sqrt{\left(a^2+\dfrac{1}{a^2}\right)^2-4}$

$=\frac{1}{2}\sqrt{\frac{25}{4}-4}$ ($\because$ ㉠)

$=\frac{1}{2}\times\frac{3}{2}=\frac{3}{4}$

이므로 삼각형 OPQ의 넓이는 $\frac{3}{4}$이다. (참)

그러므로 옳은 것은 ㄱ, ㄷ이다. 답 ③

STEP 3 1등급을 넘어서는 **종합 사고력 문제** p. 59

01 $2\sqrt{2}$	**02** ⑤	**03** $0<a\le\frac{1}{2}$ 또는 $a>2$	**04** $\frac{189}{32}$
05 1925	**06** 2	**07** $\frac{25}{38}$	

01 해결단계

❶ 단계	(근호 안의 식의 값)$\ge$0임을 이용하여 함수 $f(x)$의 정의역을 구한다.
❷ 단계	$f(x)\ge0$이면 $\{f(x)\}^2$이 최대 또는 최소일 때, $f(x)$도 최대 또는 최소임을 알고 $\{f(x)\}^2$의 최댓값, 최솟값을 구한 후, 이를 이용하여 답을 구한다.

근호 안의 식의 값은 항상 0 이상이어야 하므로

$1-x\ge0,\ 1+x\ge0$

$\therefore\ -1\le x\le1$

즉, 함수 $f(x)$의 정의역은 $\{x|-1\le x\le1\}$이고,

$f(x)\ge0$이므로 $\{f(x)\}^2$이 최대 또는 최소일 때, $f(x)$ 도 최대 또는 최소이다.

$\{f(x)\}^2=(\sqrt{1-x}+\sqrt{1+x})^2$

$=1-x+2\sqrt{1-x^2}+1+x$

$=2+2\sqrt{1-x^2}$

에서 $\{f(x)\}^2$은 $x=0$일 때 최댓값 $2+2=4$를 갖고,

$x=\pm1$일 때 최솟값 $2+2\times0=2$를 갖는다.

$\therefore\ M=\sqrt{4}=2,\ m=\sqrt{2}$

$\therefore\ Mm=2\sqrt{2}$ 답 $2\sqrt{2}$

02 해결단계

❶ 단계	함수 $g(x)$가 x의 값이 증가할 때 y의 값이 감소하는 함수임을 이용하여 ㄱ의 참, 거짓을 판단한다.
❷ 단계	역함수 관계에 있는 두 함수는 직선 $y=x$에 대하여 대칭임을 이용하여 ㄴ의 참, 거짓을 판단한다.
❸ 단계	점 Q가 직선 $y=x$ 위의 점임을 이용하여 ㄷ의 참, 거짓을 판단한다.

ㄱ. 함수 $g(x)$는 x의 값이 증가할 때 y의 값이 감소하는 함수이므로 $0<x_2<1$에서

$g(1)<y_2<g(0)$ $\therefore\ \frac{1}{2}<y_2<1$ (참)

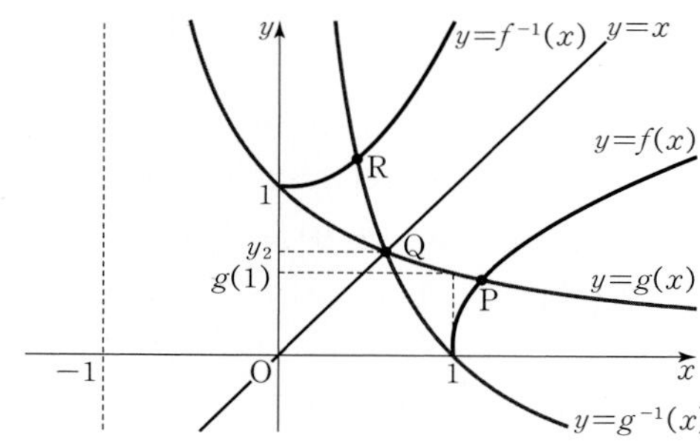

ㄴ. 두 점 $P(x_1,\ y_1)$, $R(x_3,\ y_3)$은 직선 $y=x$에 대하여 대칭이므로 $x_1=y_3,\ y_1=x_3$이다.

$\therefore\ x_1y_1=x_3y_3$ (참)

ㄷ. 직선 PQ의 기울기는 $\frac{y_2-y_1}{x_2-x_1}$이고, 직선 QR의 기울기는 $\frac{y_3-y_2}{x_3-x_2}$이다.

이때 점 Q는 직선 $y=x$ 위에 있으므로 $x_2=y_2$이고, ㄴ에서 $x_1=y_3,\ y_1=x_3$이므로 두 직선의 기울기의 곱은

$\frac{y_2-y_1}{x_2-x_1}\times\frac{y_3-y_2}{x_3-x_2}=\frac{y_2-y_1}{x_2-x_1}\times\frac{x_1-x_2}{y_1-y_2}=1$ (참)

따라서 ㄱ, ㄴ, ㄷ 모두 옳다. 답 ⑤

03 해결단계

❶ 단계	x의 값의 구간을 나누어 함수 $y=[x]-\sqrt{x-[x]}$의 그래프를 그린다.
❷ 단계	두 함수 $y=ax-1$, $y=[x]-\sqrt{x-[x]}$의 그래프의 교점이 1개이기 위한 직선 $y=ax-1$의 위치를 파악한다.
❸ 단계	❷ 단계에서 파악한 직선 $y=ax-1$의 기울기를 이용하여 a의 값의 범위를 구한다.

함수 $y=[x]-\sqrt{x-[x]}$에서

(i) $0\le x<1$일 때, $[x]=0$이므로

$y=[x]-\sqrt{x-[x]}=-\sqrt{x}$

(ii) $1\le x<2$일 때, $[x]=1$이므로

$y=[x]-\sqrt{x-[x]}=1-\sqrt{x-1}$

(iii) $2\le x<3$일 때, $[x]=2$이므로

$y=[x]-\sqrt{x-[x]}=2-\sqrt{x-2}$

(iv) $3\le x<4$일 때, $[x]=3$이므로

$y=[x]-\sqrt{x-[x]}=3-\sqrt{x-3}$

(i)~(iv)에 의하여 $0\le x<4$에서 함수 $y=[x]-\sqrt{x-[x]}$의 그래프는 오른쪽 그림과 같다. 이때 $y=ax-1$은 y절편이 -1인 직선이므로 두 함수 $y=ax-1$, $y=[x]-\sqrt{x-[x]}$의 그래프의 교점이 1개이려면 직선 $y=ax-1$이 y축과 직선 ㉠ 사이 또는 직선 ㉡과 같거나 직선 ㉡과 직선 ㉢ 사이에 있어야 한다.

(ⅰ) 두 점 $(0, -1)$, $(1, 1)$을 지나는 직선 ㉠의 기울기가 $\frac{1-(-1)}{1-0}=2$이므로 직선 $y=ax-1$이 y축과 직선 ㉠ 사이에 있으려면 $a>2$이어야 한다.

(ⅱ) 두 점 $(0, -1)$, $(2, 0)$을 지나는 직선 ㉡의 기울기가 $\frac{0-(-1)}{2-0}=\frac{1}{2}$이므로 직선 $y=ax-1$이 직선 ㉡과 같거나 직선 ㉡과 직선 ㉢ 사이에 있으려면 $0<a\le\frac{1}{2}$이어야 한다.

(ⅰ), (ⅱ)에서 구하는 상수 a의 값의 범위는

$0<a\le\frac{1}{2}$ 또는 $a>2$ 답 $0<a\le\frac{1}{2}$ 또는 $a>2$

서울대 선배들의 강추문제 1등급 비법 노하우

이 문제는 가우스 기호와 무리함수라는 두 가지 중요한 개념을 함께 사용한 좋은 문제이다.

우선 가우스 기호를 포함한 함수는 범위를 나누어 그래프를 직접 그려 해석하는 것이 가장 좋다. 이때 범위는 가우스 기호를 포함한 식의 값이 정수가 되도록 하는 x의 값을 기준으로 구분한다. 즉, $[x]$인 경우에는 x의 값의 범위를 $0\le x<1$, $1\le x<2$, …로 나누고, $[3x]$인 경우에는 x의 값의 범위를 $0\le x<\frac{1}{3}$, $\frac{1}{3}\le x<\frac{2}{3}$, …로 나눈다.

또한, 무리함수는 근호 안의 식의 값이 0 이상이어야 한다는 조건이 중요하고, 무리함수 역시 그래프를 직접 그려 해석하는 것이 용이하다.

04 해결단계

❶ 단계	두 함수 $y=f(x)$, $y=f^{-1}(x)$의 그래프가 직선 $y=x$에 대하여 대칭임을 이용하여 교점 P의 좌표를 구한다.
❷ 단계	선분 AB의 길이가 최대가 되려면 점 A를 지나고 기울기가 1인 직선이 함수 $y=f(x)$의 그래프와 접해야 함을 이용하여 점 A의 좌표를 구한 후, 선분 AB의 길이를 구한다.
❸ 단계	직선 AB의 방정식을 구한 후, 점 P와 직선 AB 사이의 거리를 구한다.
❹ 단계	삼각형 ABP의 넓이를 구한다.

함수 $y=f(x)$와 그 역함수 $y=f^{-1}(x)$의 그래프의 교점은 함수 $y=f(x)$의 그래프와 직선 $y=x$의 교점과 같다.

교점 P의 x좌표는 방정식 $\sqrt{x+2}=x$의 실근이므로 이 식의 양변을 제곱하면

$x+2=x^2$, $x^2-x-2=0$

$(x-2)(x+1)=0$ $\therefore x=2$ ($\because x\ge0$)

즉, 점 P의 x좌표가 2이므로 $P(2, 2)$

한편, 두 점 A, B는 직선 $y=x$에 대하여 대칭이므로 선분 AB의 길이가 최대가 되려면 오른쪽 그림과 같이 점 A를 지나고 기울기가 1인 직선이 점 A에서 함수 $y=f(x)$의 그래프와 접해야 한다.

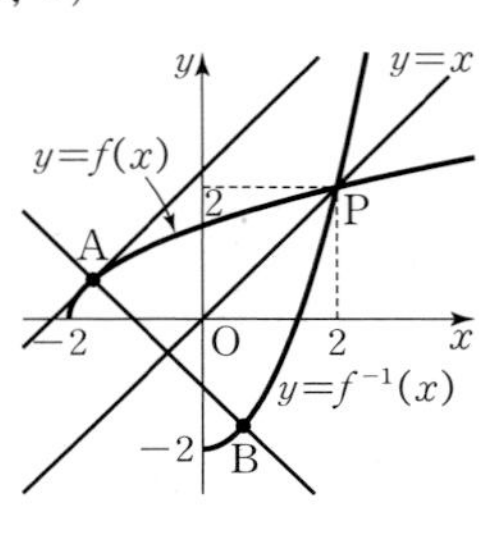

이 직선의 방정식을 $y=x+a$ (a는 상수)라 하면 접점 A의 x좌표는 방정식 $x+a=\sqrt{x+2}$의 실근이므로 이 식의 양변을 제곱하면

$x^2+2ax+a^2=x+2$

$\therefore x^2+(2a-1)x+a^2-2=0$ ……㉠

이 이차방정식이 중근을 가져야 하므로 판별식을 D라 하면

$D=(2a-1)^2-4(a^2-2)=0$

$-4a+9=0$ $\therefore a=\frac{9}{4}$

위의 값을 ㉠에 대입하면

$x^2+\frac{7}{2}x+\frac{49}{16}=0$, $\left(x+\frac{7}{4}\right)^2=0$

$\therefore x=-\frac{7}{4}$

즉, $A\left(-\frac{7}{4}, \frac{1}{2}\right)$, $B\left(\frac{1}{2}, -\frac{7}{4}\right)$이므로 선분 AB의 길이는

$\sqrt{\left(\frac{1}{2}+\frac{7}{4}\right)^2+\left(-\frac{7}{4}-\frac{1}{2}\right)^2}=\frac{9\sqrt{2}}{4}$

또한, 직선 AB의 방정식은

$y-\frac{1}{2}=-\left(x+\frac{7}{4}\right)$

$\therefore 4x+4y+5=0$

점 $P(2, 2)$와 직선 $4x+4y+5=0$ 사이의 거리는

$\frac{|8+8+5|}{\sqrt{4^2+4^2}}=\frac{21}{4\sqrt{2}}$

따라서 삼각형 ABP의 넓이는

$\frac{1}{2}\times\frac{9\sqrt{2}}{4}\times\frac{21}{4\sqrt{2}}=\frac{189}{32}$ 답 $\frac{189}{32}$

05 해결단계

❶ 단계	주어진 식을 x, y, z에 대한 무리식의 제곱의 합으로 변형한다.
❷ 단계	x, y, z가 실수임을 이용하여 x, y, z의 값을 각각 구한 후, $x^{11}-41y+72z^{12}$의 값을 구한다.

$x+y+z+1=2(\sqrt{x-1}+\sqrt{y-2}+\sqrt{z+1})$에서

$x+y+z+1-2(\sqrt{x-1}+\sqrt{y-2}+\sqrt{z+1})=0$

$(x-1-2\sqrt{x-1}+1)+(y-2-2\sqrt{y-2}+1)$
$+(z+1-2\sqrt{z+1}+1)=0$

$(\sqrt{x-1}-1)^2+(\sqrt{y-2}-1)^2+(\sqrt{z+1}-1)^2=0$

$\sqrt{x-1}-1$, $\sqrt{y-2}-1$, $\sqrt{z+1}-1$은 모두 실수이므로

$\sqrt{x-1}-1=0$, $\sqrt{y-2}-1=0$, $\sqrt{z+1}-1=0$

$\sqrt{x-1}=1$, $\sqrt{y-2}=1$, $\sqrt{z+1}=1$

$x-1=1$, $y-2=1$, $z+1=1$

$\therefore x=2$, $y=3$, $z=0$

따라서 구하는 식의 값은

$x^{11}-41y+72z^{12}=2^{11}-41\times3+0$
$=2048-123=1925$ 답 1925

BLACKLABEL 특강 참고

x, y, z가 실수라는 조건만 있으므로 $\sqrt{x-1}$, $\sqrt{y-2}$, $\sqrt{z+1}$ 중에 허수인 것이 있다고 가정하자.
이때 $x+y+z+1=2(\sqrt{x-1}+\sqrt{y-2}+\sqrt{z+1})$의 좌변은 실수이므로 우변도 실수이어야 한다.
그런데 $\sqrt{x-1}$, $\sqrt{y-2}$, $\sqrt{z+1}$ 중에 허수인 것은 그 허수부분이 양수이므로 우변의 허수부분은 0이 될 수 없다.
따라서 $\sqrt{x-1}$, $\sqrt{y-2}$, $\sqrt{z+1}$은 모두 실수이어야 한다.

06 해결단계

❶ 단계	함수 $y=f(x)$의 그래프와 원 $x^2+(y-1)^2=1$을 그린 후, 세 영역을 나타낸다.
❷ 단계	두 함수 $y=x^2\ (x\ge0)$, $y=\sqrt{-x}\ (x<0)$의 그래프가 서로 역함수임을 이용하여 S_3의 값을 구한다.
❸ 단계	$S_1+S_2+S_3$이 원 $x^2+(y-1)^2=1$의 넓이와 같음을 이용하여 S_1+S_2의 값을 구한 후, $S_3-(S_1+S_2)$의 값을 구한다.

함수 $f(x)=\begin{cases} x^2 & (x\ge0) \\ \sqrt{-x} & (x<0)\end{cases}$의 그래프와 원 $x^2+(y-1)^2=1$로 둘러싸인 세 부분의 넓이를 작은 것부터 순서대로 나타내면 다음 그림과 같다.

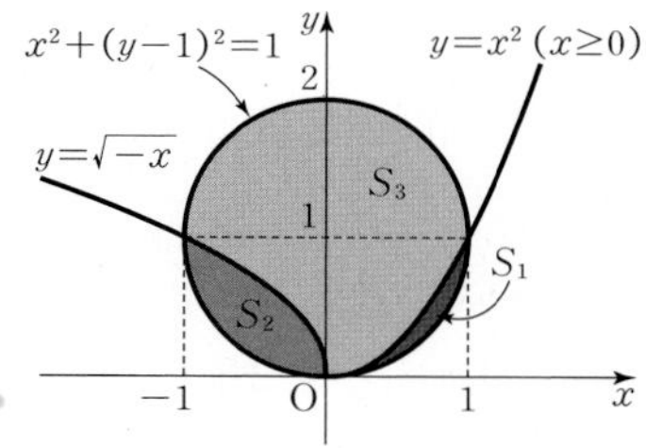

이때 $y=x^2\ (x\ge0)$의 역함수는 $y=\sqrt{x}$이고, 역함수 $y=\sqrt{x}$의 그래프와 함수 $y=\sqrt{-x}$의 그래프는 y축에 대하여 대칭이므로 다음 그림의 두 부분 ㉠, ㉡의 넓이가 서로 같다.

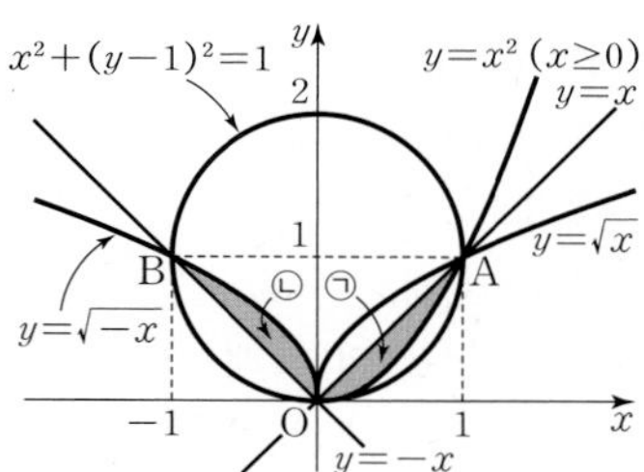

따라서 S_3은 반지름의 길이가 1인 반원의 넓이와 직각삼각형 OAB의 넓이의 합과 같으므로

$S_3=\frac{1}{2}\times\pi\times1^2+\frac{1}{2}\times2\times1=\frac{\pi}{2}+1$

한편, $S_1+S_2+S_3$은 원 $x^2+(y-1)^2=1$의 넓이와 같으므로

$S_1+S_2+S_3=\pi\times1^2=\pi$

$\therefore S_1+S_2=\pi-S_3$

$=\pi-\left(\frac{\pi}{2}+1\right)$

$=\frac{\pi}{2}-1$

$\therefore S_3-(S_1+S_2)=\frac{\pi}{2}+1-\left(\frac{\pi}{2}-1\right)=2$ 답 2

07 해결단계

❶ 단계	$\frac{b+d}{a+c}$의 값이 함수 $y=f(x)$의 그래프와 $y=f(x)$의 그래프를 원점에 대하여 대칭이동한 함수 $y=g(x)$의 그래프 위의 두 점 사이의 기울기임을 파악한다.
❷ 단계	두 함수 $y=f(x)$, $y=g(x)$의 그래프를 이용하여 기울기가 최대가 될 때와 최소가 될 때의 조건을 구한다.
❸ 단계	❷ 단계에서 구한 조건에 따라 최댓값 M과 최솟값 m을 구한 후, $M-m$의 값을 구한다.

구하는 값 $\frac{b+d}{a+c}=\frac{b-(-d)}{a-(-c)}$는 두 점 $(a,\ b)$와 $(-c,\ -d)$를 지나는 직선의 기울기와 같다.

Q′$(-c,\ -d)$라 하고, 함수 $y=f(x)$의 그래프를 원점에 대하여 대칭이동한 함수를 $y=g(x)$라 하면 점 Q′은 함수 $g(x)=1+2\sqrt{-x-2}\ (-38\le x\le-2)$의 그래프 위에 있다.

즉, 함수 $y=f(x)$의 그래프 위의 점 P, 함수 $y=g(x)$의 그래프 위의 점 Q′에 대하여 직선 PQ′의 기울기를 k라 하고 직선 PQ′을 움직여 보면 다음 그림과 같다.

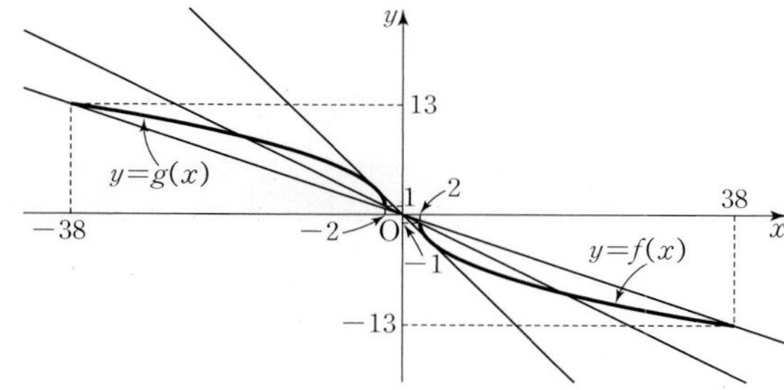

(i) k는 직선 PQ′이 두 곡선 $y=f(x)$, $y=g(x)$에 동시에 접할 때 최소이고 두 곡선이 원점에 대하여 대칭이므로 직선 PQ′은 원점을 지나는 직선이 된다.
즉, 직선 $y=kx$와 곡선 $f(x)=-1-2\sqrt{x-2}$의 교점의 x좌표는 방정식 $kx=-1-2\sqrt{x-2}$의 실근이다.
$kx+1=-2\sqrt{x-2}$의 양변을 제곱하면
$(kx+1)^2=4(x-2)$
$k^2x^2+2(k-2)x+9=0$
이때 $k\ge0$이면 직선 $y=kx$는 두 함수 $y=f(x)$, $y=g(x)$의 그래프와 만나지 않으므로 $k<0$
이차방정식 $k^2x^2+2(k-2)x+9=0$이 중근을 가져야 하므로 판별식을 D라 하면
$\frac{D}{4}=(k-2)^2-k^2\times9=0$
$8k^2+4k-4=0$, $2k^2+k-1=0$
$(k+1)(2k-1)=0$ $\therefore k=-1\ (\because k<0)$
즉, 직선 PQ′의 기울기의 최솟값은 $m=-1$이다.

(ii) k는 P$(38,\ -13)$, Q′$(-38,\ 13)$일 때 최대이고 최댓값은
$k=\frac{13-(-13)}{-38-38}=-\frac{13}{38}$
즉, 직선 PQ′의 기울기의 최댓값은 $M=-\frac{13}{38}$이다.

(i), (ii)에서 $M-m=-\frac{13}{38}-(-1)=\frac{25}{38}$ 답 $\frac{25}{38}$

BLACKLABEL 특강 오답 피하기

점 P는 곡선 $y=f(x)$ 위의 임의의 점이고 점 Q′은 곡선 $y=g(x)$ 위의 임의의 점이므로 직선 PQ′이 반드시 원점을 지나는 직선인 것은 아님에 주의한다.
또한, 그래프를 정확하게 그리는 것이 어려운 경우에는 개형에서 경계로 가능한 경우를 모두 찾고 직접 값을 구하여 최대, 최소를 판단해야 한다.
이 문제에서 직선 PQ′의 기울기가 최대가 되는 경우는 다음과 같이 나누어 생각할 수 있다.
(1) P$(38, -13)$, Q′$(-38, 13)$일 때
직선 PQ′의 기울기는 $\frac{13-(-13)}{-38-38}=-\frac{13}{38}$
(2) P$(2, -1)$, Q′$(-2, 1)$일 때
직선 PQ′의 기울기는 $\frac{1-(-1)}{-2-2}=-\frac{1}{2}$
(3) P$(2, -1)$, Q′$(-38, 13)$ 또는 P$(38, -13)$, Q′$(-2, 1)$일 때
직선 PQ′의 기울기는 $\frac{13-(-1)}{-38-2}=-\frac{7}{20}$
이때 $-\frac{13}{38}>-\frac{7}{20}>-\frac{1}{2}$이므로 직선 PQ′의 기울기는 (1)의 경우에 최대이다.

이것이 수능 p. 60

1 ③ 2 13 3 ① 4 18

1

해결단계

❶ 단계	함수 $y=5-2\sqrt{1-x}$의 그래프를 그린 후, 조건을 만족시키는 직선 $y=-x+k$의 위치를 파악한다.
❷ 단계	❶ 단계에서 찾은 각각의 경우에 대하여 직선이 지나야 하는 점의 좌표를 대입하여 실수 k의 값의 범위를 구한다.
❸ 단계	❷ 단계에서 구한 k의 값의 범위에서 모든 정수 k의 값을 구한 후, 그 합을 계산한다.

함수 $y=5-2\sqrt{1-x}$의 그래프와 직선 $y=-x+k$가 제1사분면에서 만나려면 오른쪽 그림과 같이 직선 $y=-x+k$가 (ii)이거나 (i)과 (ii) 사이에 있어야 한다.

(i) 직선 $y=-x+k$가 함수 $y=5-2\sqrt{1-x}$의 그래프와 y축의 교점을 지나는 경우
$x=0$일 때 $y=5-2\sqrt{1-0}=5-2=3$
즉, 직선 $y=-x+k$는 점 $(0, 3)$을 지나야 하므로
$k=3$

(ii) 직선 $y=-x+k$가 점 $(1, 5)$를 지나는 경우
$5=-1+k$에서 $k=6$

(i), (ii)에서 조건을 만족시키는 실수 k의 값의 범위는
$3<k\le6$
따라서 정수 k는 4, 5, 6이므로 그 합은
$4+5+6=15$ 답 ③

2

해결단계

❶ 단계	함수 $f(x)$의 역함수 $f^{-1}(x)$를 구한다.
❷ 단계	$a\ge\frac{3}{2}$임을 이용하여 함수 $y=g(x)$의 그래프의 개형을 파악한다.
❸ 단계	함수 $y=g(x)$의 그래프와 직선 $y=x-n$의 위치 관계와 $h(1)=h(3)<h(2)$임을 이용하여 $h(1)$, $h(2)$, $h(3)$의 값을 구한다.
❹ 단계	직선 $y=x-3$이 함수 $y=g(x)$의 그래프에 접함을 이용하여 a의 값을 구한 후, $f(4)$, $f^{-1}(4)$의 값을 비교하여 $g(4)$의 값을 구한다.

$y=\sqrt{ax-3}+2\ \left(x\ge\frac{3}{a}\right)$에서 $y-2=\sqrt{ax-3}$
위의 식의 양변을 제곱하면
$y^2-4y+4=ax-3$, $ax=y^2-4y+7$
$x=\frac{1}{a}y^2-\frac{4}{a}y+\frac{7}{a}$
x와 y를 서로 바꾸면 $y=\frac{1}{a}x^2-\frac{4}{a}x+\frac{7}{a}$
$\therefore f^{-1}(x)=\frac{1}{a}x^2-\frac{4}{a}x+\frac{7}{a}\ (x\ge2)$

$a\ge\frac{3}{2}$에서 $0<\frac{3}{a}\le2$이고, 함수 $y=f(x)$의 그래프는 점 $\left(\frac{3}{a}, 2\right)$를 지나므로 두 함수 $y=f(x)$, $y=f^{-1}(x)$의 그래프는 오른쪽 그림과 같다.
이때 함수 $g(x)$는 $x\ge2$에서 $f(x)$와 $f^{-1}(x)$ 중 크지 않은 값이므로 함수 $y=g(x)$의 그래프의 개형은 오른쪽 그림과 같다.

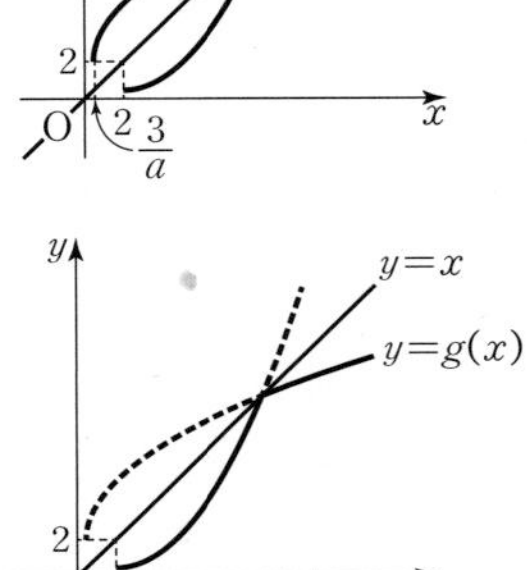

이 그래프와 직선 $y=x-n$ (n은 자연수)이 만나는 서로 다른 점의 개수는 항상 1 이상이므로 $1\le h(1)=h(3)<h(2)$에서
$h(2)=2$ 또는 $h(2)=3$

(i) $h(2)=2$일 때,
함수 $y=g(x)$의 그래프는 오른쪽 그림과 같이 직선 $y=x-2$에 접해야 한다.

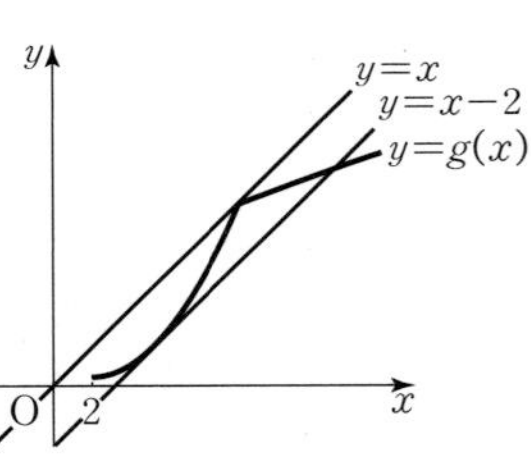

이때 함수 $y=g(x)$의 그래프와 직선 $y=x-1$이 만나는 서로 다른 점의 개수는 2 또는 3이므로 $h(1)<h(2)$라는 조건을 만족시키지 않는다.

(ii) $h(2)=3$일 때,
함수 $y=g(x)$의 그래프는 오른쪽 그림과 같고 주어진 조건이 성립하려면 $h(1)=h(3)=2$이어야 한다.

(ⅰ), (ⅱ)에서 직선 $y=x-3$이 함수 $y=g(x)$의 그래프에 접해야 하므로 방정식 $f^{-1}(x)=x-3$이 중근을 갖는다.

즉, $\frac{1}{a}x^2-\frac{4}{a}x+\frac{7}{a}=x-3$에서

$x^2-4x+7=ax-3a$ ($\because a\neq 0$)

$x^2-(a+4)x+7+3a=0$

이 이차방정식의 판별식을 D라 하면

$D=\{-(a+4)\}^2-4(7+3a)=0$

$a^2-4a-12=0$, $(a+2)(a-6)=0$

$\therefore a=6\left(\because a\geq\frac{3}{2}\right)$

$\therefore f(x)=\sqrt{6x-3}+2$, $f^{-1}(x)=\frac{1}{6}x^2-\frac{2}{3}x+\frac{7}{6}$

$f(4)=\sqrt{6\times4-3}+2=\sqrt{21}+2$,

$f^{-1}(4)=\frac{1}{6}\times4^2-\frac{2}{3}\times4+\frac{7}{6}=\frac{7}{6}$이므로

$f(4)>f^{-1}(4)$에서 $g(4)=f^{-1}(4)=\frac{7}{6}$

따라서 $p=6$, $q=7$이므로

$p+q=13$ 답 13

3 해결단계

❶ 단계	점 A의 좌표를 $(a, 2\sqrt{a})$ $(a>0)$라 하고, 두 점 B, C의 좌표를 구한다.
❷ 단계	삼각형 ACB가 직각이등변삼각형임을 이용하여 a의 값을 구한다.
❸ 단계	$\overline{AB}$, $\overline{AC}$의 길이를 구한 후, 삼각형 ACB의 넓이를 구한다.

점 A의 좌표를 $(a, 2\sqrt{a})$ $(a>0)$라 하면

$B(4a, 2\sqrt{a})$, $C(a, \sqrt{a})$

이때 삼각형 ACB가 직각이등변삼각형이므로

$\overline{AB}=\overline{AC}$에서 $3a=\sqrt{a}$

$9a^2-a=0$, $a(9a-1)=0$

$\therefore a=\frac{1}{9}$ ($\because a>0$)

$\therefore \overline{AB}=\overline{AC}=3\times\frac{1}{9}=\frac{1}{3}$

따라서 삼각형 ACB의 넓이는

$\frac{1}{2}\times\overline{AB}\times\overline{AC}=\frac{1}{2}\times\frac{1}{3}\times\frac{1}{3}=\frac{1}{18}$ 답 ①

4 해결단계

❶ 단계	$2\sqrt{x}$를 기준으로 범위를 나누어 정수인 점의 개수를 구한다.
❷ 단계	❶ 단계에서 구한 점의 개수를 이용하여 조건을 만족시키는 점의 개수가 59가 되도록 하는 자연수 k의 값을 구한다.

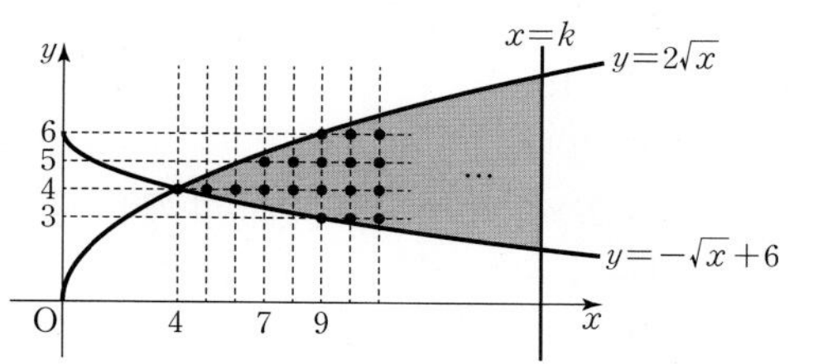

두 곡선 $y=2\sqrt{x}$, $y=-\sqrt{x}+6$과 직선 $x=k$로 둘러싸인 영역의 내부 또는 그 경계에 포함되는 점 중 x좌표와 y좌표가 모두 정수인 점의 개수는 다음과 같다.

(ⅰ) $4\leq2\sqrt{x}<5$, 즉 $4\leq x<\frac{25}{4}$일 때,

위의 부등식을 만족시키는 정수 x는 4, 5, 6

이때 $4\leq2\sqrt{x}<5$, $\frac{7}{2}<-\sqrt{x}+6\leq4$이므로 위의 x의 값에서 두 곡선 $y=2\sqrt{x}$, $y=-\sqrt{x}+6$ 사이에 존재하는 정수 y는 4뿐이다.

즉, 조건을 만족시키는 점의 개수는 $3\times1=3$

(ⅱ) $5\leq2\sqrt{x}<6$, 즉 $\frac{25}{4}\leq x<9$일 때,

위의 부등식을 만족시키는 정수 x는 7, 8

이때 $5\leq2\sqrt{x}<6$, $3<-\sqrt{x}+6\leq\frac{7}{2}$이므로 위의 x의 값에서 두 곡선 $y=2\sqrt{x}$, $y=-\sqrt{x}+6$ 사이에 존재하는 정수 y는 4, 5이다.

즉, 조건을 만족시키는 점의 개수는 $2\times2=4$

(ⅲ) $6\leq2\sqrt{x}<7$, 즉 $9\leq x<\frac{49}{4}$일 때,

위의 부등식을 만족시키는 정수 x는 9, 10, 11, 12

이때 $6\leq2\sqrt{x}<7$, $\frac{5}{2}<-\sqrt{x}+6\leq3$이므로 위의 x의 값에서 두 곡선 $y=2\sqrt{x}$, $y=-\sqrt{x}+6$ 사이에 존재하는 정수 y는 3, 4, 5, 6이다.

즉, 조건을 만족시키는 점의 개수는 $4\times4=16$

(ⅳ) $7\leq2\sqrt{x}<8$, 즉 $\frac{49}{4}\leq x<16$일 때,

위의 부등식을 만족시키는 정수 x는 13, 14, 15

이때 $7\leq2\sqrt{x}<8$, $2<-\sqrt{x}+6\leq\frac{5}{2}$이므로 위의 x의 값에서 두 곡선 $y=2\sqrt{x}$, $y=-\sqrt{x}+6$ 사이에 존재하는 정수 y는 3, 4, 5, 6, 7이다.

즉, 조건을 만족시키는 점의 개수는 $3\times5=15$

(ⅴ) $8\leq2\sqrt{x}<9$, 즉 $16\leq x<\frac{81}{4}$일 때,

위의 부등식을 만족시키는 정수 x는 16, 17, 18, 19, 20

이때 $8\leq2\sqrt{x}<9$, $\frac{3}{2}<-\sqrt{x}+6\leq2$이므로 위의 x의 값에서 두 곡선 $y=2\sqrt{x}$, $y=-\sqrt{x}+6$ 사이에 존재하는 정수 y는 2, 3, 4, 5, 6, 7, 8이다.

즉, 조건을 만족시키는 점의 개수는 $5\times7=35$

(ⅰ)~(ⅳ)에서 $4\leq x<16$일 때 조건을 만족시키는 점의 개수는

$3+4+16+15=38$

(ⅴ)에서 $x=16$, $x=17$, $x=18$일 때 점의 개수는

$7+7+7=21$

따라서 x좌표와 y좌표가 모두 정수인 점의 개수가 59가 되도록 하는 자연수 k의 값은 18이다. 답 18

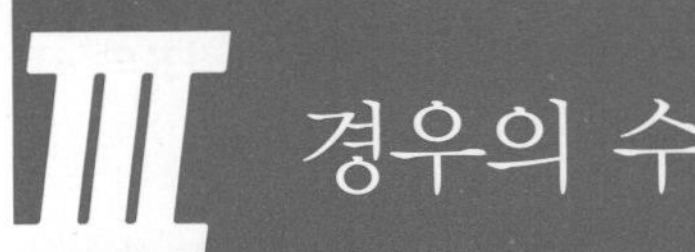

경우의 수

06 순열과 조합

STEP 1 출제율 100% **우수 기출 대표 문제** pp. 63~64

01 ①	02 16	03 ②	04 ④	05 ②
06 12	07 ④	08 ③	09 ③	10 126
11 ③	12 ④	13 ①	14 ③	15 38
16 ②				

01 4명의 대사들을 A, B, C, D라 하고 대사들의 현재 근무지를 각각 a, b, c, d라 하자. 이전에 파견되었던 나라에 연속으로 파견되지 않도록 4명의 대사들을 각 나라에 파견하는 방법을 수형도로 나타내면 다음과 같다.

A B C D

b — a — d — c
b — c — d — a
b — d — a — c
c — a — d — b
c — d — a — b
c — d — b — a
d — a — b — c
d — c — a — b
d — c — b — a

따라서 구하는 방법의 수는 9이다. 답 ①

> **BLACKLABEL 특강** 참고
>
> **교란순열(완전순열)**
>
> 일렬로 나열되어 있는 서로 다른 n개의 원소를 다시 배열하여 어떠한 원소도 이전의 자리가 아닌 자리로 나열하는 순열의 수는
>
> $n!\left\{1-\frac{1}{1!}+\frac{1}{2!}-\cdots+(-1)^n\frac{1}{n!}\right\}$
>
> 이 문제의 경우, 위의 방법을 이용하면 이전에 파견되었던 나라에 연속으로 파견되지 않도록 4명의 대사들을 파견하는 방법의 수는
>
> $4!\left(1-\frac{1}{1!}+\frac{1}{2!}-\frac{1}{3!}+\frac{1}{4!}\right)=4!\left(\frac{1}{2!}-\frac{1}{3!}+\frac{1}{4!}\right)$
> $=4\times3-4+1$
> $=12-4+1$
> $=9$

02 $a\times b\times c=d^2$에서

(i) $d=1$일 때,
$a\times b\times c=1$을 만족시키는 순서쌍 (a, b, c)는
$(1, 1, 1)$의 1개

(ii) $d=2$일 때,
$a\times b\times c=4$를 만족시키는 순서쌍 (a, b, c)는
$(1, 1, 4)$, $(1, 4, 1)$, $(4, 1, 1)$, $(1, 2, 2)$,
$(2, 1, 2)$, $(2, 2, 1)$의 6개

(iii) $d=3$일 때,
$a\times b\times c=9$를 만족시키는 순서쌍 (a, b, c)는
$(1, 3, 3)$, $(3, 1, 3)$, $(3, 3, 1)$의 3개

(iv) $d=4$일 때,
$a\times b\times c=16$을 만족시키는 순서쌍 (a, b, c)는
$(1, 4, 4)$, $(4, 1, 4)$, $(4, 4, 1)$, $(2, 2, 4)$,
$(2, 4, 2)$, $(4, 2, 2)$의 6개

(i)~(iv)에서 조건을 만족시키는 네 자리 자연수의 개수는
$1+6+3+6=16$ 답 16

03 교통비가 5000원 미만이 되도록 길을 선택하는 경우는 다음과 같다.

(i) A → C → A를 선택할 때,
A → C일 때 2000원, C → A일 때 2000원의 교통비가 드는 도로를 이용하는 방법의 수는
$2\times2=4$

(ii) A → B → C → A를 선택할 때,
A → B일 때 1000원, B → C일 때 1500원, C → A일 때 2000원의 교통비가 드는 도로를 이용하는 방법의 수는
$2\times2\times2=8$

(iii) A → C → B → A를 선택할 때,
A → C일 때 2000원, C → B일 때 1500원, B → A일 때 1000원의 교통비가 드는 도로를 이용하는 방법의 수는
$2\times2\times2=8$

(i), (ii), (iii)에서 구하는 방법의 수는
$4+8+8=20$ 답 ②

> **BLACKLABEL 특강** 풀이 첨삭
>
> A → C에서 3000원의 교통비가 드는 도로를 이용하면 C → A에서 최소 2000원, C → B → A에서 1500+1000=2500(원)의 교통비가 드는 도로를 이용해야 하므로 교통비가 5000원 이상이 되어 조건을 만족시키지 않는다.
> A → B → C → B → A를 선택할 때,
> A → B일 때 1000원, B → C일 때 1500원, C → B일 때 1500원, B → A일 때 1000원의 교통비가 드는 도로를 이용하면 교통비가 5000원이 되어 조건을 만족시키지 않는다.

04 $N=200p=2^3\times5^2\times p$ (p는 소수)에서

(i) $p=2$일 때,
$N=2^4\times5^2$이므로 양의 약수의 개수는
$(4+1)\times(2+1)=5\times3=15$
$\therefore k=15$

(ii) $p=5$일 때,
$N=2^3\times5^3$이므로 양의 약수의 개수는
$(3+1)\times(3+1)=4\times4=16$
$\therefore k=16$

(iii) $p\neq2$, $p\neq5$일 때,

$N=2^3\times5^2\times p^1$이므로 양의 약수의 개수는

$(3+1)\times(2+1)\times(1+1)=4\times3\times2=24$

$\therefore k=24$

(i), (ii), (iii)에서 모든 k의 값의 합은

$15+16+24=55$

답 ④

BLACKLABEL 특강 필수 개념

자연수의 양의 약수의 개수와 총합

a, b, c가 서로 다른 소수이고 p, q, r가 양의 정수일 때, 자연수 $N=a^pb^qc^r$에 대하여

(1) N의 양의 약수의 개수는 $(p+1)(q+1)(r+1)$

(2) N의 양의 약수의 총합은

$(1+a+a^2+\cdots+a^p)(1+b+b^2+\cdots+b^q)(1+c+c^2+\cdots+c^r)$

(3) N의 약수의 개수가 홀수이면 그 수는 제곱수이다.

(4) N의 약수의 개수가 3이면 그 수는 소수의 제곱수이다.

05 A영역에 칠할 수 있는 색은 5가지, B영역에 칠할 수 있는 색은 A영역에 칠한 색을 제외한 4가지, C영역에 칠할 수 있는 색은 두 영역 A, B에 칠한 색을 제외한 3가지, D영역에 칠할 수 있는 색은 두 영역 B, C에 칠한 색을 제외한 3가지이다.

A 5가지 | B 4가지 | C 3가지 | D 3가지

따라서 구하는 방법의 수는

$5\times4\times3\times3=180$

답 ②

• 다른 풀이 •

네 영역 A, B, C, D 중에서 이웃하지 않은 영역은 A, D뿐이므로 다음과 같이 나누어 생각할 수 있다.

(i) 네 영역 모두 다른 색을 칠하는 경우

칠하는 방법의 수는 5가지 색 중에서 4개를 선택하여 일렬로 나열하는 순열의 수와 같으므로

${}_5P_4=5\times4\times3\times2=120$

(ii) 두 영역 A, D에 같은 색을 칠하는 경우

칠하는 방법의 수는 5가지 색 중에서 3개를 선택하여 일렬로 나열하는 순열의 수와 같으므로

${}_5P_3=5\times4\times3=60$

(i), (ii)에서 조건을 만족시키는 방법의 수는

$120+60=180$

06 6의 배수가 되려면 2의 배수이면서 동시에 3의 배수이어야 한다.

이때 3의 배수가 되려면 각 자리의 수의 합이 3의 배수가 되어야 하므로 다섯 개의 숫자 1, 2, 3, 4, 5 중에서 1, 2, 4, 5를 택해야 한다. (네 개의 숫자의 합이 $1+2+4+5=12$)

또한, 2의 배수가 되려면 일의 자리의 수는 2 또는 4이어야 하므로

(i) 일의 자리의 수가 2인 경우

6의 배수인 네 자리 자연수의 개수는 1, 4, 5를 일렬로 배열하는 경우의 수와 같으므로

$3!=3\times2\times1=6$

(ii) 일의 자리의 수가 4인 경우

6의 배수인 네 자리 자연수의 개수는 1, 2, 5를 일렬로 배열하는 경우의 수와 같으므로

$3!=3\times2\times1=6$

(i), (ii)에서 조건을 만족시키는 자연수의 개수는

$6+6=12$

답 12

BLACKLABEL 특강 필수 개념

배수 구별법

(1) 2의 배수 : 일의 자리의 수가 0 또는 2의 배수

(2) 3의 배수 : 각 자리의 수의 합이 3의 배수

(3) 4의 배수 : 끝의 두 자리가 00이거나 4의 배수

(4) 5의 배수 : 일의 자리의 수가 0 또는 5

(5) 6의 배수 : 2의 배수와 3의 배수의 조건을 동시에 만족

(6) 8의 배수 : 끝의 세 자리가 000이거나 8의 배수

(7) 9의 배수 : 각 자리의 수의 합이 9의 배수

07 남학생 12명을 일렬로 세우는 방법의 수는 $12!$

이때 남학생끼리는 서로 이웃한 학생 수가 항상 짝수가 되어야 하므로 다음 그림과 같이 남학생 12명을 일렬로 배열한 상태에서 2명씩 묶어 그 사이사이 및 양 끝의 7개의 자리에 여학생 2명을 각각 세워야 한다.

∨(남)(남)∨(남)(남)∨(남)(남)∨(남)(남)∨(남)(남)∨(남)(남)∨

즉, 여학생을 세우는 방법의 수는

${}_7P_2=7\times6=42$

따라서 조건을 만족시키는 경우의 수는 $42\times12!$

$\therefore N=42$

답 ④

08 어머니는 두 자녀 사이에 앉아야 하므로 양 끝을 제외하고 앉을 수 있다.

(i) 어머니가 2번째 또는 7번째 자리에 앉을 때,

한쪽 끝에 두 자녀 중 한 자녀가 앉고 다른 한쪽에 남은 자녀와 아버지가 앉으면 되므로 경우의 수는

$(2\times2!)\times2=8$

(ii) 어머니가 3, 4, 5, 6번째 자리에 앉을 때,

① 어머니 왼쪽에 1명이 앉는 경우

어머니 왼쪽에 두 자녀 중 한 명이 앉고, 오른쪽에 남은 자녀와 아버지가 앉으면 되므로 경우의 수는

$2\times2!=4$

② 어머니 왼쪽에 2명이 앉는 경우

어머니 왼쪽에 두 자녀 중 한 명과 아버지가 앉고 오른쪽에 남은 자녀가 앉으면 되므로

$2\times2!\times1=4$

①, ②에서 조건을 만족시키는 경우의 수는

$(4+4)\times 4=32$

(i), (ii)에서 구하는 경우의 수는

$8+32=40$ 답 ③

• 다른 풀이 •

아버지, 어머니, 두 자녀가 서로 이웃하므로 다음 그림과 같이 빈 의자 4개가 일렬로 배열된 상태에서 4명을 묶어 그 사이사이 및 양 끝의 5개의 자리 중 하나에 앉도록 해야 한다.

∨(의자)∨(의자)∨(의자)∨(의자)∨

이때 어머니는 두 번째 또는 세 번째에 앉아야 하고, 아버지와 두 자녀가 남은 자리에 앉는 경우에서 두 자녀가 한쪽에 같이 앉는 경우를 제외해야 하므로 경우의 수는

$2\times(3!-2!)=2\times(6-2)=8$

따라서 구하는 경우의 수는

$5\times 8=40$

09 전체 8명을 일렬로 세우는 방법의 수는 $8!$

이때 양 끝에 여학생을 세우는 방법의 수는 양 끝에 여학생 2명을 선택하여 세우고, 나머지 6명을 그 사이에 일렬로 세워야 하므로

${}_3P_2\times 6!$

따라서 적어도 한쪽 끝에 남학생을 세우는 방법의 수는

$8!-{}_3P_2\times 6!=(8\times 7-3\times 2)\times 6!$

$=50\times 720=36000$ 답 ③

• 다른 풀이 •

적어도 한쪽 끝에 남학생을 세우는 방법은 다음과 같다.

(i) 왼쪽 끝에 남학생을 세우는 경우

남학생 5명 중에서 1명을 선택하여 왼쪽 끝에 세우고, 나머지 7명을 남은 자리에 일렬로 배열하면 되므로

${}_5P_1\times 7!=5\times 7!$

(ii) 오른쪽 끝에 남학생을 세우는 경우

남학생 5명 중에서 1명을 선택하여 오른쪽 끝에 세우고, 나머지 7명을 남은 자리에 일렬로 배열하면 되므로

${}_5P_1\times 7!=5\times 7!$

(iii) 양쪽 끝에 남학생을 세우는 경우

남학생 5명 중에서 2명을 선택하여 양쪽 끝에 세우고, 나머지 6명을 그 사이에 일렬로 배열하면 되므로

${}_5P_2\times 6!=5\times 4\times 6!=20\times 6!$

적어도 한쪽 끝에 남학생을 세우는 방법의 수는 (i)의 경우의 수와 (ii)의 경우의 수의 합에서 (iii)의 경우의 수를 빼면 되므로

$5\times 7!+5\times 7!-20\times 6!=10\times 7!-20\times 6!$

$=(10\times 7-20)\times 6!$

$=50\times 6!=36000$

10 꺼낸 4개의 공의 색이 3종류가 되려면 종류별로 각각 1개, 1개, 2개의 공을 꺼내야 한다.

(i) 흰 공을 2개 꺼내는 경우

흰 공을 2개 꺼내고, 빨간 공과 파란 공을 각각 1개씩 꺼내야 하므로 경우의 수는

${}_4C_2\times{}_3C_1\times{}_3C_1=\frac{4\times 3}{2\times 1}\times 3\times 3=54$

(ii) 빨간 공을 2개 꺼내는 경우

빨간 공을 2개 꺼내고, 흰 공과 파란 공을 각각 1개씩 꺼내야 하므로 경우의 수는

${}_3C_2\times{}_4C_1\times{}_3C_1=\frac{3\times 2}{2\times 1}\times 4\times 3=36$

(iii) 파란 공을 2개 꺼내는 경우

파란 공을 2개 꺼내고, 흰 공과 빨간 공을 각각 1개씩 꺼내야 하므로 경우의 수는

${}_3C_2\times{}_4C_1\times{}_3C_1=\frac{3\times 2}{2\times 1}\times 4\times 3=36$

(i), (ii), (iii)에서 구하는 경우의 수는

$54+36+36=126$ 답 126

11 지원자 11명 중에서 4명을 선발하는 경우의 수는

${}_{11}C_4=\frac{11\times 10\times 9\times 8}{4\times 3\times 2\times 1}=330$

남학생 또는 여학생만으로 4명을 선발하는 경우의 수는

${}_6C_4+{}_5C_4={}_6C_2+{}_5C_1=\frac{6\times 5}{2\times 1}+5=15+5=20$

따라서 남학생과 여학생이 적어도 한 명씩은 포함되도록 하는 경우의 수는

$330-20=310$ 답 ③

• 다른 풀이 •

남학생 6명과 여학생 5명 중에서 남학생과 여학생이 적어도 한 명씩은 포함되도록 4명을 선발하는 방법은 다음과 같다.

(i) 남학생 1명, 여학생 3명을 선발하는 경우의 수는

${}_6C_1\times{}_5C_3={}_6C_1\times{}_5C_2=6\times\frac{5\times 4}{2\times 1}=60$

(ii) 남학생 2명, 여학생 2명을 선발하는 경우의 수는

${}_6C_2\times{}_5C_2=\frac{6\times 5}{2\times 1}\times\frac{5\times 4}{2\times 1}=150$

(iii) 남학생 3명, 여학생 1명을 선발하는 경우의 수는

${}_6C_3\times{}_5C_1=\frac{6\times 5\times 4}{3\times 2\times 1}\times 5=100$

(i), (ii), (iii)에서 구하는 경우의 수는

$60+150+100=310$

12 8개의 점 중에서 4개의 점을 택하는 경우의 수는

${}_8C_4=\frac{8\times 7\times 6\times 5}{4\times 3\times 2\times 1}=70$

이때 택한 4개의 점으로 사각형을 만들 수 없는 경우는 다음과 같다.

(i) 일직선 위에 있는 4개의 점을 택하는 경우의 수는

$_4C_4=1$

(ii) 일직선 위에 있는 3개의 점과 호 위에 있는 한 개의 점을 택하는 경우의 수는

$_4C_3\times{_4C_1}={_4C_1}\times{_4C_1}=4\times4=16$

(i), (ii)에서 사각형을 만들 수 없는 경우의 수는

$1+16=17$

따라서 구하는 사각형의 개수는

$70-17=53$

답 ④

• 다른 풀이 •

반원의 지름 위의 점이 4개이고 호 위의 점이 4개이므로 다음과 같이 사각형의 개수를 구할 수 있다.

(i) 지름 위에 있는 점을 꼭짓점으로 하지 않는 경우

호 위에 있는 4개의 점을 택하여 사각형을 만들면 되므로 경우의 수는

$_4C_4=1$

(ii) 지름 위에 있는 점 1개를 꼭짓점으로 하는 경우

호 위에 있는 3개의 점을 택하여 사각형을 만들면 되므로 경우의 수는

$_4C_1\times{_4C_3}={_4C_1}\times{_4C_1}=4\times4=16$

(iii) 지름 위에 있는 점 2개를 꼭짓점으로 하는 경우

호 위에 있는 2개의 점을 택하여 사각형을 만들면 되므로 경우의 수는

$_4C_2\times{_4C_2}=\frac{4\times3}{2\times1}\times\frac{4\times3}{2\times1}=6\times6=36$

(i), (ii), (iii)에서 조건을 만족시키는 사각형의 개수는

$1+16+36=53$

BLACKLABEL 특강 필수 개념

도형과 조합의 수

(1) 어느 세 점도 일직선 위에 있지 않은 서로 다른 n개의 점 중에서 두 점을 연결하여 만들 수 있는 직선의 개수 ⇨ $_nC_2$

(2) 어느 세 점도 일직선 위에 있지 않은 서로 다른 n개의 점 중에서 세 점을 꼭짓점으로 하는 삼각형의 개수 ⇨ $_nC_3$

(3) m개의 평행선과 n개의 평행선이 만날 때 생기는 평행사변형의 개수 ⇨ $_mC_2\times{_nC_2}$

13 어른 5명, 어린이 3명 중에서 4명을 뽑아 일렬로 앉힐 때, 어린이가 2명 이상 뽑히는 경우는 다음과 같다.

(i) 뽑은 4명 중에서 어린이가 2명 포함되는 경우

어른 5명 중에서 2명, 어린이 3명 중에서 2명을 뽑은 후, 어린이 2명이 모두 이웃하도록 앉혀야 하므로 경우의 수는

$_5C_2\times{_3C_2}\times3!\times2!=\frac{5\times4}{2\times1}\times3\times6\times2=360$

(3!: 2명의 어린이를 1명으로 생각, 2!: 2명의 어린이가 자리 바꿈)

(ii) 뽑은 4명 중에서 어린이가 3명 포함되는 경우

어른 5명 중에서 1명, 어린이는 3명을 모두 뽑은 후, 어린이 3명이 모두 이웃하도록 앉혀야 하므로 경우의 수는

$_5C_1\times{_3C_3}\times2!\times3!=5\times1\times2\times6=60$

(2!: 3명의 어린이를 1명으로 생각, 3!: 3명의 어린이가 자리 바꿈)

(i), (ii)에서 구하는 경우의 수는

$360+60=420$

답 ①

14 낚시터에서 2명 이상의 낚시꾼이 내려야 하므로 6명의 낚시꾼이 각 낚시터에 내릴 수 있는 경우는 다음과 같다.

(i) 낚시꾼이 2명, 2명, 2명으로 나누어 내리는 경우

낚시꾼 6명을 2명, 2명, 2명으로 나누는 경우의 수는

$_6C_2\times{_4C_2}\times{_2C_2}\times\frac{1}{3!}=\frac{6\times5}{2\times1}\times\frac{4\times3}{2\times1}\times1\times\frac{1}{6}=15$

이때 낚시꾼들이 내릴 낚시터를 정하는 경우의 수는

$_4P_3=4\times3\times2=24$

즉, 조건을 만족시키는 경우의 수는

$15\times24=360$

(ii) 낚시꾼이 2명, 4명으로 나누어 내리는 경우

낚시꾼 6명을 2명, 4명으로 나누는 경우의 수는

$_6C_2\times{_4C_4}=\frac{6\times5}{2\times1}\times1=15$

이때 낚시꾼들이 내릴 낚시터를 정하는 경우의 수는

$_4P_2=4\times3=12$

즉, 조건을 만족시키는 경우의 수는

$15\times12=180$

(iii) 낚시꾼이 3명, 3명으로 나누어 내리는 경우

낚시꾼 6명을 3명, 3명으로 나누는 경우의 수는

$_6C_3\times{_3C_3}\times\frac{1}{2!}=\frac{6\times5\times4}{3\times2\times1}\times1\times\frac{1}{2}=10$

이때 낚시꾼들이 내릴 낚시터를 정하는 경우의 수는

$_4P_2=4\times3=12$

즉, 조건을 만족시키는 경우의 수는

$10\times12=120$

(iv) 낚시꾼 6명이 한 번에 내리는 경우

낚시꾼들이 내릴 낚시터를 정하는 경우의 수는

$_4P_1=4$

(i)~(iv)에서 구하는 경우의 수는

$360+180+120+4=664$

답 ③

15 $f(1)+f(2)$가 짝수이므로 다음 두 가지 경우로 나눌 수 있다.

(i) $f(1)$, $f(2)$가 모두 홀수인 경우

$f(2)\times f(3)$이 짝수이므로 $f(3)$은 짝수이어야 한다.

즉, $f(1)$, $f(2)$는 1, 3, 5 중에서 하나에 대응하고, $f(3)$은 2, 4 중에서 하나에 대응하여야 하므로 함수의 개수는

$3\times3\times2=18$

(ii) $f(1)$, $f(2)$가 모두 짝수인 경우

$f(2)$가 짝수이므로 $f(2)\times f(3)$은 항상 짝수이다.

즉, $f(3)$은 집합 Y의 어느 원소에 대응하여도 조건을 만족시킨다.

따라서 $f(1)$, $f(2)$는 2, 4 중에서 하나에 대응하고, $f(3)$은 1, 2, 3, 4, 5 중에서 하나에 대응하여야 하므로 함수의 개수는

$2\times2\times5=20$

(i), (ii)에서 구하는 함수의 개수는

$18+20=38$ 답 38

16 $f(3)=4$이므로 $a<b<3$이면 $f(a)>f(b)>4$, $3<a<b$이면 $4>f(a)>f(b)$를 만족시켜야 한다.

즉, $f(1)>f(2)>4$를 만족시키는 $f(1)$, $f(2)$의 값은 5, 6, 7 중에서 2개를 뽑아 큰 값부터 차례대로 정하면 되고 그 각각에 대하여 $4>f(4)>f(5)$를 만족시키는 $f(4)$, $f(5)$의 값은 1, 2, 3 중에서 2개를 뽑아 큰 값부터 차례대로 정하면 된다.

따라서 구하는 함수 f의 개수는

${}_3C_2\times{}_3C_2={}_3C_1\times{}_3C_1=3\times3=9$ 답 ②

STEP 2 1등급을 위한 **최고의 변별력 문제** pp. 65~69

01 ①	02 10	03 ③	04 ③	05 ②
06 ⑤	07 ④	08 135	09 ⑤	10 660
11 ②	12 1200	13 72	14 144	15 192
16 504	17 64	18 ②	19 ①	20 ②
21 65	22 ③	23 ③	24 ②	25 3600
26 20	27 ④	28 82	29 900	30 36
31 48	32 24	33 ③	34 ④	35 26

01 천의 자리의 숫자를 a, 십의 자리의 숫자를 b라 하면 비밀번호가 9로 나누어떨어지므로 비밀번호의 각 자리의 숫자의 합 $a+2+b+5$는 9의 배수이어야 한다.

이때 a, b는 모두 1부터 9까지의 자연수 중 하나이므로

$\underbrace{2}_{1+1}+7\le a+b+7\le\underbrace{18}_{9+9}+7$

$9\le a+b+7\le25$

$\therefore a+b+7=9$ 또는 $a+b+7=18$

(i) $a+b+7=9$일 때,

$a+b=2$이므로 $a=b=1$로 1개이다.

(ii) $a+b+7=18$일 때,

$a+b=11$이므로 a, b의 순서쌍 (a, b)는

$(2, 9)$, $(3, 8)$, $(4, 7)$, $(5, 6)$, $(6, 5)$, $(7, 4)$, $(8, 3)$, $(9, 2)$의 8개이다.

(i), (ii)에서 가능한 비밀번호의 개수는

$1+8=9$ 답 ①

02 수형도를 이용하여 k번째 자리에는 숫자 k가 적힌 카드가 나오지 않도록 다섯 개의 숫자 2, 2, 3, 4, 4를 나열하면 다음과 같다.

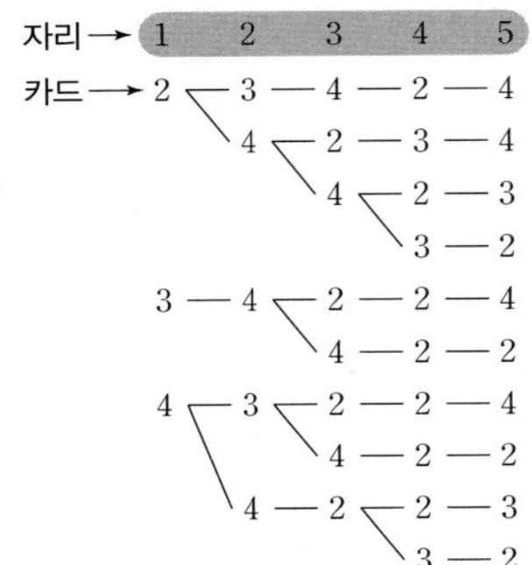

따라서 구하는 방법의 수는 10이다. 답 10

03 $8^x4^y2^z=2^{17}$에서 $2^{3x}2^{2y}2^z=2^{17}$

$2^{3x+2y+z}=2^{17}$

$\therefore 3x+2y+z=17$

(i) $x=1$일 때,

$2y+z=14$이므로 자연수 y, z의 순서쌍 (y, z)는

$(1, 12)$, $(2, 10)$, $(3, 8)$, $(4, 6)$, $(5, 4)$, $(6, 2)$의 6개

(ii) $x=2$일 때,

$2y+z=11$이므로 자연수 y, z의 순서쌍 (y, z)는

$(1, 9)$, $(2, 7)$, $(3, 5)$, $(4, 3)$, $(5, 1)$의 5개

(iii) $x=3$일 때,

$2y+z=8$이므로 자연수 y, z의 순서쌍 (y, z)는

$(1, 6)$, $(2, 4)$, $(3, 2)$의 3개

(iv) $x=4$일 때,

$2y+z=5$이므로 자연수 y, z의 순서쌍 (y, z)는

$(1, 3)$, $(2, 1)$의 2개

(v) $x=5$일 때,

$2y+z=2$이고, 이것을 만족시키는 자연수 y, z의 순서쌍 (y, z)는 존재하지 않는다.

(i)~(v)에서 구하는 순서쌍 (x, y, z)의 개수는

$6+5+3+2=16$ 답 ③

04 $f(1)$, $f(2)$의 값은 1, 2, 3, 4, 5 중 하나이므로

$\underbrace{3}_{1+2\times1}\le f(1)+2f(2)\le\underbrace{15}_{5+2\times5}$

이 중 양의 약수의 개수가 4 이상이 되도록 하는 값은

$2^1\times3^1$, 2^3, $2^1\times5^1$, $2^2\times3^1$, $2^1\times7^1$, $3^1\times5^1$

이다.

(i) $f(1)+2f(2)=2^1\times3^1=6$인 경우

조건을 만족시키는 순서쌍 $(f(1), f(2))$는

$(4, 1)$, $(2, 2)$의 2개

(ii) $f(1)+2f(2)=2^3=8$인 경우

조건을 만족시키는 순서쌍 $(f(1), f(2))$는

$(4, 2)$, $(2, 3)$의 2개

(iii) $f(1)+2f(2)=2^1\times5^1=10$인 경우
조건을 만족시키는 순서쌍 $(f(1),\ f(2))$는
$(4,\ 3)$, $(2,\ 4)$의 2개
(iv) $f(1)+2f(2)=2^2\times3^1=12$인 경우
조건을 만족시키는 순서쌍 $(f(1),\ f(2))$는
$(4,\ 4)$, $(2,\ 5)$의 2개
(v) $f(1)+2f(2)=2^1\times7^1=14$인 경우
조건을 만족시키는 순서쌍 $(f(1),\ f(2))$는
$(4,\ 5)$의 1개
(vi) $f(1)+2f(2)=3^1\times5^1=15$인 경우
조건을 만족시키는 순서쌍 $(f(1),\ f(2))$는
$(5,\ 5)$의 1개
(i)~(vi)에서 구하는 함수 f의 개수는
$2+2+2+2+1+1=10$ 답 ③

05 500원짜리 동전 2개로 지불할 수 있는 금액과 1000원짜리 지폐 1장으로 지불할 수 있는 금액이 같으므로 1000원짜리 지폐 2장을 500원짜리 동전 4개로 바꾸면 구하는 금액의 가짓수는 500원짜리 동전 8개와 100원짜리 동전 3개를 사용하여 지불할 수 있는 금액의 수와 같다.
500원짜리 동전 8개로 지불할 수 있는 금액은
0원, 500원, 1000원, …, 4000원의 9가지
100원짜리 동전 3개로 지불할 수 있는 금액은
0원, 100원, 200원, 300원의 4가지
이때 0원을 지불하는 것은 제외하므로 구하는 금액의 수는
$9\times4-1=35$ 답 ②

• 다른 풀이 •
지불할 수 있는 금액(단위 : 원)을 모두 구하면
100, 200, 300, 500, 600, 700, 800, 1000, 1100, 1200, 1300, 1500, 1600, 1700, 1800, 2000, 2100, 2200, 2300, 2500, 2600, 2700, 2800, 3000, 3100, 3200, 3300, 3500, 3600, 3700, 3800, 4000, 4100, 4200, 4300
이므로 구하는 금액의 수는 35이다.

BLACKLABEL 특강 참고
(1) 지불 방법의 수 : 곱의 법칙을 적용한 후, 0원을 지불하는 경우를 제외한다.
(2) 지불 금액의 수 : 지불 방법 중에서 중복되는 금액이 있는 경우 큰 단위의 화폐를 작은 단위의 화폐로 바꾸어 생각한다.

06 ㄱ. $A=2^2\times3^3$의 양의 약수의 개수는
$(2+1)\times(3+1)=12$ (참)
ㄴ. (i) $m=0$일 때,
$2^0\times3^0$, $2^1\times3^0$, …, $\underline{2^6\times3^0}$의 7개 ($=64$)
(ii) $m=1$일 때,
$2^0\times3^1$, $2^1\times3^1$, …, $\underline{2^5\times3^1}$의 6개 ($=32\times3=96$)
(iii) $m=2$일 때,
$2^0\times3^2$, $2^1\times3^2$, $2^2\times3^2$, $\underline{2^3\times3^2}$의 4개 ($=8\times9=72$)
(iv) $m=3$일 때,
$2^0\times3^3$, $\underline{2^1\times3^3}$의 2개 ($=2\times27=54$)
(v) $m=4$일 때,
$\underline{2^0\times3^4}$의 1개 ($=1\times81=81$)
(i)~(v)에서 조건을 만족시키는 A의 개수는
$7+6+4+2+1=20$ (참)
ㄷ. $A=2^l\times3^m$의 양의 약수의 개수는 $(l+1)(m+1)$이므로 $(l+1)(m+1)=12$를 만족시키는 l, m의 순서쌍 $(l,\ m)$은
$(0,\ 11)$, $(1,\ 5)$, $(2,\ 3)$, $(3,\ 2)$, $(5,\ 1)$, $(11,\ 0)$의 6개이다.
따라서 조건을 만족시키는 A의 개수는 6이다. (참)
그러므로 ㄱ, ㄴ, ㄷ 모두 옳다. 답 ⑤

BLACKLABEL 특강 참고
경우의 수에서 배우는 내용은 대학수학 전반에서 기본적이고 중요한 역할을 하므로 절대 소홀히 하면 안 된다. 이 문제에서 가장 중요한 아이디어는 $A=2^l\times3^m$일 때, A의 양의 약수의 개수는 $(l+1)(m+1)$이라는 점이다. 이것은 2와 3이 서로소이므로 가능한 것이다. 만약 $A=2^2\times4^m$이면 A의 양의 약수의 개수는 $(2+1)\times(m+1)=3(m+1)$이 아니라 $A=2^{2+2m}$에서 $2+2m+1=2m+3$이다.

07 3으로 나눈 나머지가 k인 집합을 A_k $(k=0,\ 1,\ 2)$라 하면 1부터 10까지의 자연수는 다음과 같이 세 집합의 원소로 나눌 수 있다.
$A_0=\{3,\ 6,\ 9\}$, $A_1=\{1,\ 4,\ 7,\ 10\}$, $A_2=\{2,\ 5,\ 8\}$
이때 $a+b$의 값이 3의 배수가 되는 경우는 다음과 같이 두 가지가 있다.
(i) $a\in A_0$, $b\in A_0$일 때,
경우의 수는 $3\times2=6$
(ii) $a\in A_1$, $b\in A_2$ 또는 $a\in A_2$, $b\in A_1$일 때,
경우의 수는 $4\times3+3\times4=24$
(i), (ii)에서 구하는 경우의 수는
$6+24=30$ 답 ④

• 다른 풀이 •
1부터 10까지의 서로 다른 두 자연수 a, b에 대하여 $a+b$의 값이 3의 배수가 되는 경우는 다음과 같다.
$a=1$일 때, $b=2,\ 5,\ 8$
$a=2$일 때, $b=1,\ 4,\ 7,\ 10$
$a=3$일 때, $b=6,\ 9$
$a=4$일 때, $b=2,\ 5,\ 8$
$a=5$일 때, $b=1,\ 4,\ 7,\ 10$
$a=6$일 때, $b=3,\ 9$

$a=7$일 때, $b=2, 5, 8$
$a=8$일 때, $b=1, 4, 7, 10$
$a=9$일 때, $b=3, 6$
$a=10$일 때, $b=2, 5, 8$
따라서 구하는 경우의 수는
$3\times(3+4+2)+3=30$

08 $ab+bc+ca$의 값이 짝수가 되는 경우는 a, b, c가 모두 짝수이거나 a, b, c 중 한 개만 홀수일 때이다.
(i) a, b, c가 모두 짝수일 때,
가능한 짝수는 2, 4, 6의 3가지이므로 경우의 수는
$3\times3\times3=27$
(ii) a, b, c 중 한 개만 홀수일 때,
가능한 짝수는 2, 4, 6의 3가지이고, 홀수는 1, 3, 5, 7의 4가지이므로 경우의 수는
$(3\times3\times4)\times3=108$
(i), (ii)에서 구하는 경우의 수는
$27+108=135$ 답 135

09 1부터 999까지의 자연수 중에서 5를 포함하는 수는 다음과 같다.
(i) 5를 한 번 포함하는 경우
백의 자리, 십의 자리, 일의 자리 중에서 5가 한 번 들어가고 나머지 자리에는 5를 제외한 0부터 9까지의 9개의 숫자가 들어갈 수 있으므로 그 개수는
$3\times9\times9=243$
(ii) 5를 두 번 포함하는 경우
백의 자리, 십의 자리, 일의 자리 중에서 5가 두 번 들어가고, 나머지 자리에는 5를 제외한 0부터 9까지의 9개의 숫자가 들어갈 수 있으므로 그 개수는
$3\times9=27$
(iii) 5를 세 번 포함하는 경우
555의 1개
(i), (ii), (iii)에서 1부터 999까지의 자연수 중에서 5를 포함하는 수의 개수는
$243+27+1=271$
즉, 1부터 1000까지의 자연수 중에서 5를 포함하지 않는 수의 개수는
$1000-271=729$
따라서 1번부터 10번까지의 사람이 주어진 규칙대로 수를 하나씩 말할 때 1000을 말하는 사람은 9번이다.
답 ⑤

• 다른 풀이 1 •
1부터 999까지의 자연수 중에서 5를 포함하지 않는 수는 다음과 같다.
(i) 한 자리 자연수인 경우
0부터 9까지의 수 중에서 0과 5를 제외한 수이므로 8가지
(ii) 두 자리 자연수인 경우
십의 자리에는 0과 5를 제외한 0부터 9까지의 8개의 숫자가 들어가고, 일의 자리에는 5를 제외한 0부터 9까지의 9개의 숫자가 들어갈 수 있으므로 그 개수는
$8\times9=72$
(iii) 세 자리 자연수인 경우
백의 자리에는 0과 5를 제외한 0부터 9까지의 8개의 숫자가 들어가고, 십의 자리, 일의 자리에는 5를 제외한 0부터 9까지의 9개의 숫자가 들어갈 수 있으므로 그 개수는
$8\times9\times9=648$
(i), (ii), (iii)에서 1부터 999까지의 자연수 중에서 5를 포함하지 않는 수의 개수는
$8+72+648=728$
따라서 1000은 729번째로 말하게 되므로 1000을 말하는 사람은 9번이다.

• 다른 풀이 2 •
1부터 999까지의 자연수 중에서 5를 포함하지 않은 수의 개수는 5를 제외한 0부터 9까지의 9개의 숫자를 3개의 자리에 각각 넣어 만들 수 있는 자연수의 개수와 같다.
즉, 백의 자리, 십의 자리, 일의 자리에 5를 제외한 0부터 9까지의 9개의 숫자를 각각 넣은 후, 0을 제외하면 되므로 그 개수는
$9\times9\times9-1=729-1=728$
따라서 1000은 729번째로 말하게 되므로 1000을 말하는 사람은 9번이다.

10 조건 ㈎, ㈏, ㈐에서 영역 ㉠에 칠할 수 있는 색은 노란색을 제외한 5가지,
영역 ㉥에 칠할 수 있는 색은 영역 ㉠에 칠한 색과 노란색을 제외한 4가지이다.
(i) 영역 ㉢에만 노란색으로 칠하는 경우
영역 ㉤에 칠할 수 있는 색은 세 영역 ㉠, ㉢, ㉥에 칠한 색을 제외한 3가지,
영역 ㉡에 칠할 수 있는 색은 네 영역 ㉠, ㉢, ㉤, ㉥에 칠한 색을 제외한 2가지,
영역 ㉣에 칠할 수 있는 색은 네 영역 ㉠, ㉢, ㉤, ㉥에 칠한 색을 제외한 2가지이다.
즉, 조건을 만족시키는 경우의 수는 $3\times2\times2=12$
(ii) 영역 ㉤에만 노란색으로 칠하는 경우
(i)과 같으므로 경우의 수는 12
(iii) 두 영역 ㉢, ㉤ 모두 노란색으로 칠하는 경우
영역 ㉡에 칠할 수 있는 색은 세 영역 ㉠, ㉢, ㉥에 칠한 색을 제외한 3가지,

영역 ㉣에 칠할 수 있는 색은 세 영역 ㉠, ㉢, ㉥에 칠한 색을 제외한 3가지이다.

즉, 조건을 만족시키는 경우의 수는

$3\times3=9$

(ⅰ), (ⅱ), (ⅲ)에서 구하는 경우의 수는

$5\times4\times(12+12+9)=660$ 답 660

11 VISUAL의 6개의 문자를 알파벳 순서대로 나열하면

A, I, L, S, U, V

(ⅰ) A로 시작하는 문자열의 개수는 $5!=120$

(ⅱ) I로 시작하는 문자열의 개수는 $5!=120$

(ⅲ) LA로 시작하는 문자열의 개수는 $4!=24$

(ⅳ) LI로 시작하는 문자열을 순서대로 나열하면

LIASUV, LIASVU, LIAUSV, LIAUVS, LIAVSU, LIAVUS의 6개

(ⅰ)~(ⅳ)에서 $120+120+24+6=270$이므로 270번째 나열되는 문자열은 LIAVUS이다. 답 ②

12 오른쪽 그림과 같이 각각의 지역을 a, b, c, d, e, f라 하고 서로 이웃한 2개 지역을 짝 지으면

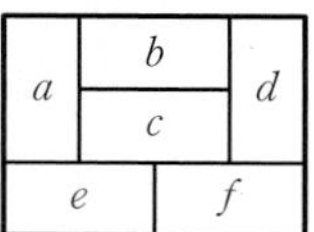

(a, b), (a, c), (a, e), (b, c), (b, d), (c, d), (c, e), (c, f), (d, f), (e, f)의 10개이다.

이때 인접한 2개의 지역을 하나로 생각하여 5개의 지역을 5명의 조사원에게 할당하는 경우의 수는 $5!$이므로 구하는 경우의 수는

$10\times5!=10\times120=1200$ 답 1200

13 B 지점과 D 지점 사이를 잇는 도로를 이용할 수 있다고 하면 A 지점을 출발한 후 5개의 지점 B, C, D, E, F를 들르는 방법의 수는

$5!=120$

이 중에서 2개의 지점 B, D를 연속하여 들르는 방법의 수는

$4!\times2!=48$

2개의 지점 B, D를 1개의 지점으로 생각 / 2개의 지점 B, D가 자리 바꿈

따라서 구하는 방법의 수는

$120-48=72$ 답 72

14 오른쪽 그림과 같이 색칠하지 않은 상자를 ①, ②, ③, ④라 하면 짝수가 적힌 공을 넣을 수 있는 상자는

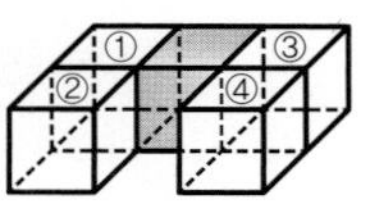

(①, ③) 또는 (①, ④) 또는 (②, ③) 또는 (②, ④)

이므로 짝수가 적힌 공을 넣는 경우의 수는

$4\times{}_3P_2=4\times3\times2=24$

나머지 세 상자에 홀수가 적힌 공을 넣는 경우의 수는

$3!=6$

따라서 구하는 경우의 수는

$24\times6=144$ 답 144

15 영화관의 좌석에 왼쪽부터 차례대로 번호를 부여하면 다음과 같다.

A열	1번	2번	3번	4번	5번
B열	1번	2번	3번	4번	5번

(ⅰ) 아이가 B열 1번에 앉는 경우

아버지 또는 어머니가 아이와 이웃하여 앉는 경우의 수는 아버지와 어머니가 남은 네 자리에 앉는 경우의 수에서 B열 2번을 제외하고 남은 세 자리에 앉는 경우의 수를 뺀 것과 같으므로

${}_4P_2-{}_3P_2=4\times3-3\times2=12-6=6$

할아버지와 할머니가 이웃하여 앉는 경우의 수는 할아버지와 할머니가 A열 (2번, 3번) 또는 (3번, 4번) 또는 (4번, 5번)에 앉고 서로 바꿔 앉는 경우의 수와 같으므로

$3\times2!=6$

즉, 조건을 만족시키는 경우의 수는

$6\times6=36$

(ⅱ) 아이가 B열 2번에 앉는 경우

아버지 또는 어머니가 아이와 이웃하여 앉는 경우의 수는 아버지와 어머니가 남은 네 자리에 앉는 경우의 수에서 아이의 양옆 자리를 제외한 두 자리에 앉는 경우의 수를 뺀 것과 같으므로

${}_4P_2-2!=4\times3-2=12-2=10$

할아버지와 할머니가 이웃하여 앉는 경우의 수는 할아버지와 할머니가 A열 (3번, 4번) 또는 (4번, 5번)에 앉고 서로 바꿔 앉는 경우의 수와 같으므로

$2\times2!=4$

즉, 조건을 만족시키는 경우의 수는

$10\times4=40$

(ⅲ) 아이가 B열 3번에 앉는 경우

아버지 또는 어머니가 아이와 이웃하여 앉는 경우의 수는 아버지와 어머니가 남은 네 자리에 앉는 경우의 수에서 아이의 양옆 자리를 제외한 두 자리에 앉는 경우의 수를 뺀 것과 같으므로

${}_4P_2-2!=4\times3-2=12-2=10$

할아버지와 할머니가 이웃하여 앉는 경우의 수는 할아버지와 할머니가 A열 (1번, 2번) 또는 (4번, 5번)에 앉고 서로 바꿔 앉는 경우의 수와 같으므로

$2\times2!=4$

즉, 조건을 만족시키는 경우의 수는

$10\times4=40$

(iv) 아이가 B열 4번에 앉는 경우
아이가 B열 2번에 앉는 경우와 같으므로 경우의 수는 40

(v) 아이가 B열 5번에 앉는 경우
아이가 B열 1번에 앉는 경우와 같으므로 경우의 수는 36

(i)~(v)에서 구하는 경우의 수는
$36+40+40+40+36=192$ 답 192

16 해결단계

❶ 단계	첫날 자동차 A에 탔던 2명을 P, Q라 하고, P, Q가 모두 첫날과 다른 자리에 앉는 경우의 수를 구한다.
❷ 단계	첫날 자동차 B에 탔던 세 명이 자동차 A의 남은 자리에 앉는 경우의 수를 구한다.
❸ 단계	❶, ❷ 단계에서 구한 결과를 이용하여 첫날 자동차 A에 탔던 2명이 모두 첫날과 다른 자리에 앉는 경우의 수를 구한다.

첫날 자동차 A에 탔던 2명을 P, Q라 하자.

(i) P가 첫날 Q가 앉은 자리에 앉는 경우
Q는 7개의 자리 중에서 운전석과 첫날 앉은 자리를 제외한 5개의 자리에 앉을 수 있으므로 이 경우의 수는 5

(ii) P가 첫날 Q가 앉지 않은 자리에 앉는 경우
P는 7개의 자리 중에서 운전석과 P, Q가 첫날 앉은 두 자리를 제외한 4개의 자리에 앉을 수 있고, Q는 7개의 자리 중에서 운전석과 Q가 첫날 앉은 자리, P가 다음 날에 앉은 자리를 제외한 4개의 자리에 앉을 수 있으므로 이 경우의 수는
$4\times4=16$

(i), (ii)에서 P, Q가 첫날과 다른 자리에 앉는 경우의 수는
$5+16=21$
한편, 첫날 자동차 B에 탔던 세 명이 운전석과 P, Q가 앉은 두 자리를 제외한 4개의 자리에 앉는 경우의 수는
${}_4P_3=4\times3\times2=24$
따라서 구하는 경우의 수는
$21\times24=504$ 답 504

• 다른 풀이 •

첫날 자동차 A에 탔던 두 명을 P, Q라 하자.
P, Q는 모두 첫날과 다른 자리에 앉아야 하므로 P, Q가 자동차 A에 앉을 수 있는 전체 경우의 수에서 P 또는 Q가 첫날과 같은 자리에 앉는 경우의 수를 빼면 된다.

(i) P, Q가 자동차 A에 앉는 경우
운전자는 자리를 바꾸지 않으므로 P, Q는 7개의 자리 중에서 운전석을 제외한 6개의 자리에 앉을 수 있으므로 경우의 수는
${}_6P_2=6\times5=30$

(ii) P, Q가 첫날 앉은 자리에 앉는 경우
P, Q 모두 첫날 앉은 자리에 앉으면 되므로 1가지

(iii) P와 Q 중에서 한 명만 첫날 앉은 자리에 앉는 경우
P만 첫날 앉은 자리에 앉는다면 Q는 7개의 자리 중에서 운전석과 P, Q가 첫날 앉은 두 자리를 제외한 4개의 자리에 앉을 수 있으므로 경우의 수는 4
같은 방법으로 Q만 첫날 앉은 자리에 앉는 경우의 수는 4이다.
즉, 이 경우의 수는 $4+4=8$

(i), (ii), (iii)에서 P, Q 모두 첫날과 다른 자리에 앉는 경우의 수는
$30-(1+8)=21$
한편, 첫날 자동차 B에 탔던 세 명이 운전석과 P, Q가 앉은 두 자리를 제외한 4개의 자리에 앉는 경우의 수는
${}_4P_3=4\times3\times2=24$
따라서 구하는 경우의 수는
$21\times24=504$

17

조건 (가)에서 $\{1, 2, 3\}\cap A=\{1, 2\}$이므로 집합 A는 1, 2를 반드시 원소로 가져야 하고, 3을 원소로 갖지 않아야 한다.
또한, 조건 (나)에서 $n(A)\ge6$이므로 집합 A는 4, 5, 6, 7, 8, 9, 10 중에서 4개 이상의 원소를 추가로 가져야 한다.

(i) $n(A)=6$일 때, 집합 A의 개수는 ← 4, 5, 6, 7, 8, 9, 10 중에서 4개 선택
${}_7C_4={}_7C_3=\frac{7\times6\times5}{3\times2\times1}=35$

(ii) $n(A)=7$일 때, 집합 A의 개수는 ← 4, 5, 6, 7, 8, 9, 10 중에서 5개 선택
${}_7C_5={}_7C_2=\frac{7\times6}{2\times1}=21$

(iii) $n(A)=8$일 때, 집합 A의 개수는 ← 4, 5, 6, 7, 8, 9, 10 중에서 6개 선택
${}_7C_6={}_7C_1=7$

(iv) $n(A)=9$일 때, 집합 A의 개수는 ← 4, 5, 6, 7, 8, 9, 10 중에서 7개 선택
${}_7C_7=1$

(i)~(iv)에서 조건을 만족시키는 집합 A의 개수는
$35+21+7+1=64$ 답 64

18

(i) $a>b>c>d$를 만족시키는 네 자리 자연수는 0부터 9까지의 10개의 숫자 중에서 4개를 택한 다음 크기 순서에 맞게 각 자리의 숫자로 정하면 되므로 그 개수는
${}_{10}C_4=\frac{10\times9\times8\times7}{4\times3\times2\times1}=210$
$\therefore m=210$

(ii) $a<b<c<d$를 만족시키는 네 자리 자연수에서 천의 자리의 숫자는 0일 수 없으므로 1부터 9까지의 9개의 숫자 중에서 4개를 택한 다음 크기 순서에 맞게 각 자리의 숫자로 정하면 되므로 그 개수는
${}_9C_4=\frac{9\times8\times7\times6}{4\times3\times2\times1}=126$
$\therefore n=126$

(i), (ii)에서

$m+n=210+126=336$ 답 ②

19 9를 9개의 1로 분리하여 나열한 후, 그 사이에 +를 2개 넣어 세 묶음으로 나누면 된다.

9를 1로 분리하여 나열하면

1○1○1○1○1○1○1○1○1

따라서 구하는 방법의 수는 위의 8개의 ○ 안에 +를 2개 넣는 방법의 수와 같으므로

${}_8C_2=\frac{8\times7}{2\times1}=28$ 답 ①

• 다른 풀이 •

합하여 9가 되는 세 자연수를 순서쌍으로 나타내면

(1, 1, 7), (1, 2, 6), (1, 3, 5), (1, 4, 4), (2, 2, 5), (2, 3, 4), (3, 3, 3)

이때 순서가 바뀌면 서로 다른 경우이므로 중복된 숫자의 개수에 따라 다음과 같이 나누어 구할 수 있다.

(i) 세 숫자가 모두 다른 경우, 즉 (1, 2, 6), (1, 3, 5), (2, 3, 4)일 때,
3개의 숫자를 일렬로 배열하는 경우의 수가 $3!=6$이므로 이때의 경우의 수는
$3\times6=18$

(ii) 세 숫자 중에서 두 개가 같은 경우, 즉 (1, 1, 7), (1, 4, 4), (2, 2, 5)일 때,
(1, 1, 7)의 경우 (1, 1, 7), (1, 7, 1), (7, 1, 1)을 다른 경우로 생각하므로 이때의 경우의 수는
$3\times3=9$

(iii) 세 숫자가 모두 같은 경우, 즉 (3, 3, 3)뿐이므로 경우의 수는 1가지

(i), (ii), (iii)에서 구하는 경우의 수는

$18+9+1=28$

20 세 방향의 직선 —, /, \을 각각 a, b, c라 하면 a가 3개, b가 3개, c가 4개이고 사각형을 만들 수 있는 경우의 수는 다음과 같다.

(i) a 중에서 2개, b 중에서 2개를 택하는 경우
${}_3C_2\times{}_3C_2={}_3C_1\times{}_3C_1=3\times3=9$

(ii) a 중에서 2개, c 중에서 2개를 택하는 경우
${}_3C_2\times{}_4C_2={}_3C_1\times{}_4C_2=3\times\frac{4\times3}{2\times1}=3\times6=18$

(iii) b 중에서 2개, c 중에서 2개를 택하는 경우
${}_3C_2\times{}_4C_2={}_3C_1\times{}_4C_2=3\times\frac{4\times3}{2\times1}=3\times6=18$

(iv) a 중에서 2개, b 중에서 1개, c 중에서 1개를 택하는 경우
${}_3C_2\times{}_3C_1\times{}_4C_1={}_3C_1\times{}_3C_1\times{}_4C_1=3\times3\times4=36$

(v) a 중에서 1개, b 중에서 2개, c 중에서 1개를 택하는 경우
${}_3C_1\times{}_3C_2\times{}_4C_1={}_3C_1\times{}_3C_1\times{}_4C_1=3\times3\times4=36$

(vi) a 중에서 1개, b 중에서 1개, c 중에서 2개를 택하는 경우
${}_3C_1\times{}_3C_1\times{}_4C_2=3\times3\times\frac{4\times3}{2\times1}=3\times3\times6=54$

(i)~(vi)에서 구하는 사각형의 개수는

$9+18+18+36+36+54=171$ 답 ②

• 다른 풀이 •

만들 수 있는 사각형의 개수는 10개의 평행한 직선 중에서 4개를 택하는 경우의 수에서 사각형을 만들 수 없는 경우의 수를 빼면 된다.

3개의 평행한 직선과 다른 하나의 직선을 택하거나 4개의 평행한 직선을 택하면 사각형을 만들지 못하므로 구하는 사각형의 개수는

${}_{10}C_4-\{2\times{}_3C_3\times(3+4)+{}_4C_3\times(3+3)+{}_4C_4\}=171$

21 집합 A의 부분집합 중에서 서로 다른 두 집합 X, Y가 $X\subset Y$를 만족시키면 집합 X는 집합 Y의 진부분집합이다. (집합 Y의 원소의 개수를 기준으로 $X=Y$인 경우를 제외한다.)

(i) $n(Y)=4$일 때,
집합 Y의 개수는 ${}_4C_4$, 집합 X의 개수는 2^4-1이므로 경우의 수는
${}_4C_4\times(2^4-1)=1\times15=15$ (집합 Y의 진부분집합의 개수)

(ii) $n(Y)=3$일 때,
집합 Y의 개수는 ${}_4C_3$, 집합 X의 개수는 2^3-1이므로 경우의 수는
${}_4C_3\times(2^3-1)=4\times7=28$

(iii) $n(Y)=2$일 때,
집합 Y의 개수는 ${}_4C_2$, 집합 X의 개수는 2^2-1이므로 경우의 수는
${}_4C_2\times(2^2-1)=\frac{4\times3}{2\times1}\times3=18$

(iv) $n(Y)=1$일 때,
집합 Y의 개수는 ${}_4C_1$, 집합 X의 개수는 $2-1$이므로 경우의 수는
${}_4C_1\times(2-1)=4\times1=4$ (집합 X는 $\varnothing$뿐이다.)

(i)~(iv)에서 조건을 만족시키는 경우의 수는

$15+28+18+4=65$ 답 65

단계	채점 기준	배점
(가)	원소의 개수가 1, 2, 3, 4인 각각의 집합 Y에 대하여 조건을 만족시키는 경우의 수를 구한 경우	80%
(나)	(가)에서 구한 결과를 모두 합하여 답을 구한 경우	20%

• 다른 풀이 •

$X\subset Y$이므로 세 집합 A, X, Y를 벤다이어그램으로 나타낸 후, 각 영역의 원소의 개수를 오른쪽 그림과 같이 a, b, c라 하자.

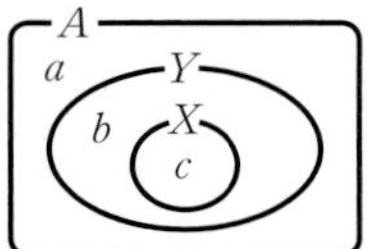

이때 두 집합 X, Y가 서로 다른 집합이므로 전체 경우의 수에서 $b=0$인 경우의 수를 빼야 한다.
집합 A의 네 원소는 원소의 개수가 a, b, c인 세 영역 중에서 어느 한 영역에 포함되므로 $X \subset Y$를 만족시키는 경우의 수는
$3\times3\times3\times3=81$
$b=0$이면 집합 A의 네 원소가 원소의 개수가 a, c인 두 영역 중에서 하나에 포함되므로 $X \subset Y$를 만족시키는 경우의 수는
$2\times2\times2\times2=16$
따라서 구하는 경우의 수는 $81-16=65$

22 서로 만나지 않도록 3개의 선분을 그으려면 두 변 AB, CD에서 택한 각각의 3개의 점을 위에서부터 첫 번째 점끼리, 두 번째 점끼리, 세 번째 점끼리 각각 연결하면 된다.
이때 변 AB 위에 있는 6개의 점 중에서 3개를 택하는 방법의 수는
$_6C_3=\dfrac{6\times5\times4}{3\times2\times1}=20$
마찬가지로 변 CD 위에 있는 6개의 점 중에서 3개를 택하는 방법의 수도 20이므로 구하는 방법의 수는
$20\times20=400$
답 ③

23 (i) 6개의 모서리 중에서 4개, 5개, 6개의 모서리에 색을 칠하면 네 꼭짓점이 모두 연결되므로 경우의 수는
$_6C_4+{}_6C_5+{}_6C_6={}_6C_2+{}_6C_1+{}_6C_6$
$=\dfrac{6\times5}{2\times1}+6+1=15+7=22$
(ii) 3개의 모서리에 색을 칠하면 세 모서리가 삼각형을 이루지 않아야 하므로 경우의 수는
$_6C_3-4=\dfrac{6\times5\times4}{3\times2\times1}-4=20-4=16$
(iii) 2개 이하의 모서리에 색을 칠하여 네 개의 꼭짓점을 모두 연결할 수는 없다.
(i), (ii), (iii)에서 구하는 경우의 수는
$22+16=38$
답 ③

24 영국, 이탈리아에서 각각 적어도 1박을, 프랑스에서 적어도 2박을 해야 하므로 4박은 항상 E, I, F, F가 들어간다.
여행을 하는 나라의 순서는 상관하지 않고 나머지 3박을 지낼 나라의 개수를 정하면 다음과 같다.
(i) 3박을 모두 한 나라에서 할 때,
3박 할 나라를 결정하는 방법의 수는 $_3C_1=3$
(ii) 3박을 두 개의 나라에서 할 때,
2박 할 나라와 1박 할 나라를 결정하는 방법의 수는
$_3P_2=3\times2=6$
(iii) 3박을 세 개의 나라에서 할 때,
세 나라에서 각각 1박씩 지내면 되므로 그 방법의 수는 1
(i), (ii), (iii)에서 나머지 3박을 할 나라의 개수를 정하는 방법의 수는
$3+6+1=10$
이때 3개국을 여행하는 순서를 정하는 방법의 수는
(같은 나라는 연속해서 머무르므로 나라의 순서만 정하면 된다.)
$_3P_3=3!=6$
따라서 구하는 여행 코스의 개수는
$10\times6=60$
답 ②

25 A팀이 B팀을 게임 스코어 3 : 1로 이기려면 3번째 게임까지 2번 승, 1번 패하고, 4번째 게임에서 이겨야 한다.
세 번의 경기 중에서 A팀이 이기는 두 번의 경기를 고르는 경우의 수는
$_3C_2={}_3C_1=3$
한편, 이 게임에 필요한 선수는 A팀은 2명, B팀은 3명이고 각 팀은 5명의 선수로 구성되어 있으므로 선수를 뽑아 순서를 정하는 경우의 수는
$_5P_2\times{}_5P_3=(5\times4)\times(5\times4\times3)=20\times60=1200$
따라서 구하는 경우의 수는
$3\times1200=3600$
답 3600

26 해결단계

❶ 단계	검은색 블록의 개수에 따라 좌우의 구별 없이 막대기를 만드는 방법의 수를 구한다.
❷ 단계	❶ 단계에서 구한 값을 이용하여 조건을 만족시키는 막대기의 개수를 구한다.

(i) 검은색 블록이 없는 경우
5개의 흰색 블록을 붙여 만들면 되므로 막대기를 만드는 방법의 수는 1
(ii) 검은색 블록이 1개인 경우
5개 중에서 검은색 블록이 위치할 1곳을 택하는 경우의 수는 $_5C_1=5$
이때 중앙에 검은색 블록이 위치할 때 막대기는 좌우 대칭이므로 좌우의 구별 없이 막대기를 만드는 방법의 수는
$\dfrac{5-1}{2}+1=3$
(iii) 검은색 블록이 2개인 경우
5개 중에서 검은색 블록이 위치할 2곳을 택하는 경우의 수는 $_5C_2=\dfrac{5\times4}{2\times1}=10$
이때 중앙에 흰색 블록이 위치하고 흰색 블록 양 옆에 검은색 블록이 위치하거나 막대기의 양 끝에 검은색 블록이 위치할 때 막대기는 좌우대칭이므로 좌우대칭이 되도록 막대기를 만드는 방법의 수는 $_2C_1=2$

즉, 좌우의 구별 없이 막대기를 만드는 방법의 수는

$\frac{10-2}{2}+2=6$

(iv) 검은색 블록이 3개인 경우

흰색 블록이 3개인 경우, 즉 검은색 블록이 2개인 경우와 같으므로 방법의 수는 6

(v) 검은색 블록이 4개인 경우

흰색 블록이 4개인 경우, 즉 검은색 블록이 1개인 경우와 같으므로 방법의 수는 3

(vi) 검은색 블록이 5개인 경우

흰색 블록이 5개인 경우, 즉 검은색 블록이 없는 경우와 같으므로 방법의 수는 1

(i)~(vi)에서 조건에 맞게 만들 수 있는 막대기의 개수는

$2\times(1+3+6)=20$ 답 20

• 다른 풀이 •

5개의 각 자리에 흰색, 검은색이 올 수 있으므로 만들 수 있는 막대기의 개수는 $2^5=32$

이때 좌우대칭인 막대기는 흰색과 검은색 블록 중에서 홀수개인 블록이 중앙에 위치하고 왼쪽 두 자리 중에서 한 자리에 같은 색이 위치하도록 붙이면 되므로 그 개수는

$2({}_2C_0+{}_2C_1+{}_2C_2)=2\times(1+2+1)=8$

즉, 좌우비대칭인 막대기의 개수는

$\frac{32-8}{2}=12$

따라서 조건에 맞게 만들 수 있는 막대기의 개수는

$8+12=20$

27 (i) 4명의 특정 선수를 2명, 2명으로 나누는 방법의 수는

$${}_4C_2\times{}_2C_2\times\frac{1}{2!}=\frac{4\times3}{2\times1}\times1\times\frac{1}{2}=3$$

(ii) 나머지 9명 중에서 3명, 3명을 뽑아 (i)의 각 팀에 배치하는 방법의 수는

$$\left({}_9C_3\times{}_6C_3\times\frac{1}{2!}\right)\times2!$$
$$=\frac{9\times8\times7}{3\times2\times1}\times\frac{6\times5\times4}{3\times2\times1}\times\frac{1}{2}\times2$$
$$=1680$$

(i), (ii)에서 구하는 방법의 수는

$3\times1680=5040$ 답 ④

28 학생은 총 8명이고, 각 조에는 적어도 3명을 배정해야 하므로 두 개의 조는 3명, 5명 또는 4명, 4명으로 구성되어야 한다.

(i) 3명, 5명씩 2개조로 나누는 경우

3명인 조에 여학생 2명이 포함되려면 남학생을 1명, 5명으로 나누어 남학생 1명이 있는 조에 여학생을 배정하면 되므로 경우의 수는

$${}_6C_1\times{}_5C_5=6\times1=6$$

5명인 조에 여학생 2명이 포함되려면 남학생 6명을 3명, 3명으로 나눈 후, 여학생 2명을 2개의 조 중에서 하나에 배정하면 되므로 경우의 수는

$$\left({}_6C_3\times{}_3C_3\times\frac{1}{2!}\right)\times2!=\frac{6\times5\times4}{3\times2\times1}\times1\times\frac{1}{2}\times2$$
$$=20$$

(ii) 4명, 4명씩 2개조로 나누는 경우

남학생 6명을 2명, 4명으로 나누어 남학생 2명이 있는 조에 여학생 2명을 배정하면 되므로 경우의 수는

$${}_6C_2\times{}_4C_4=\frac{6\times5}{2\times1}\times1=15$$

(i), (ii)에서 구한 2개조를 A, B 두 구역에 모두 배정하는 방법의 수는

$(6+20+15)\times2!=82$ 답 82

29 조건 (가)에서 상자 3개에 홀수가 적힌 카드를 1장 이상 넣어야 하므로 서로 다른 5장의 홀수 카드는 각 상자에 (2장, 2장, 1장) 또는 (3장, 1장, 1장)씩 넣을 수 있다.

즉, 홀수 카드 5장을 나누어 같은 종류의 세 상자에 넣는 방법의 수는

$${}_5C_2\times{}_3C_2\times{}_1C_1\times\frac{1}{2!}+{}_5C_3\times{}_2C_1\times{}_1C_1\times\frac{1}{2!}$$
$$=10\times3\times1\times\frac{1}{2}+10\times2\times1\times\frac{1}{2}$$
$$=15+10=25$$

조건 (나)에서 각 상자에 넣은 카드에 적힌 수의 곱이 짝수이려면 세 상자에 짝수가 모두 들어가야 하므로 서로 다른 4장의 짝수 카드는 각 상자에 (2장, 1장, 1장)씩 넣을 수 있다.

즉, 짝수 카드 4장을 나누어 세 상자에 넣는 방법의 수는

$${}_4C_2\times{}_2C_1\times{}_1C_1\times\frac{1}{2!}\times3!$$ — 같은 상자에 서로 다른 홀수 카드를 넣었으므로 서로 다른 종류의 상자이다.

$$=6\times2\times1\times\frac{1}{2}\times6=36$$

따라서 구하는 경우의 수는

$25\times36=900$ 답 900

30 오른쪽 그림과 같이 토너먼트가 진행되는 대진표 영역을 각각 A, B라 하자.

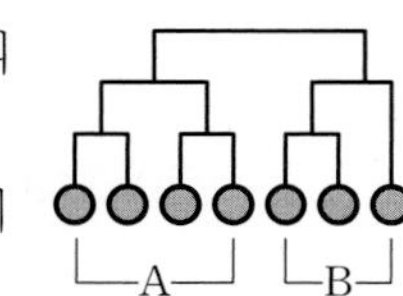

(i) 실력이 제4위인 팀이 영역 A에 배정되는 경우

실력이 제4위인 팀이 결승전에 진출하려면 영역 A에는 5위, 6위, 7위인 팀이 함께 배정되어야 한다.

이 네 팀을 2팀, 2팀으로 분할하여 영역 A에 배정하는 경우의 수는

$${}_4C_2\times{}_2C_2\times\frac{1}{2!}=\frac{4\times3}{2\times1}\times1\times\frac{1}{2}=3$$

영역 B에는 1위, 2위, 3위인 팀이 배정되어야 하므로 2팀, 1팀으로 분할하여 영역 B에 배정하는 경우의 수는

${}_3C_2 \times {}_1C_1 = 3 \times 1 = 3$

따라서 실력이 제4위인 팀이 영역 A에 배정되어 결승전에 진출하도록 대진표를 작성하는 방법의 수는

$3 \times 3 = 9$

(ii) 실력이 제4위인 팀이 영역 B에 배정되는 경우

실력이 제4위인 팀이 결승전에 진출하려면 영역 B에는 5위, 6위, 7위인 팀 중에서 2팀이 함께 배정되어야 하고, 이 세 팀을 2팀, 1팀으로 분할하여 영역 B에 배정하는 경우의 수는

${}_3C_2 \times ({}_3C_2 \times {}_1C_1) = 3 \times 3 \times 1 = 9$

영역 A에는 남은 네 팀을 2팀, 2팀으로 분할하여 배정하면 되므로 경우의 수는

${}_4C_2 \times {}_2C_2 \times \frac{1}{2!} = \frac{4 \times 3}{2 \times 1} \times 1 \times \frac{1}{2} = 3$

따라서 실력이 제4위인 팀이 영역 B에 배정되어 결승전에 진출하도록 대진표를 작성하는 방법의 수는

$9 \times 3 = 27$

(i), (ii)에서 구하는 방법의 수는

$9 + 27 = 36$ 답 36

31 $|f(n+1) - f(n)| = 4$에서 $f(n+1) - f(n) = \pm 4$

두 함숫값의 차가 4가 되려면 함숫값은 각각 1, 5이어야 하므로

$f(n+1) = 5$, $f(n) = 1$ 또는 $f(n+1) = 1$, $f(n) = 5$

이다.

이때 위의 식을 만족시키는 n의 값은 1, 2, 3, 4이고, 함수 f가 일대일대응이므로 각 n에 대하여 n과 $n+1$을 제외한 정의역의 원소는 1과 5를 제외한 나머지 수에 겹치지 않게 대응된다.

따라서 조건을 만족시키는 함수 f의 개수는

$4 \times 2 \times 3! = 48$ 답 48

32 조건 (가)에서 $f(1) \neq f(2)$이고 $f(1) \neq f(3)$이므로 다음 두 가지 경우로 나눌 수 있다.

(i) $f(2) \neq f(3)$인 경우

$f(1)$, $f(2)$, $f(3)$이 모두 다른 수이므로 집합 X의 원소 1, 2, 3을 집합 Y의 서로 다른 원소에 각각 대응시키는 방법의 수는 $3! = 6$

이 각각에 대하여 $f(4)$의 값은 집합 Y의 어느 원소이어도 조건을 만족시키므로 함수 f의 개수는

$6 \times 3 = 18$

(ii) $f(2) = f(3)$인 경우

집합 X의 원소 1, 2를 집합 Y의 서로 다른 원소에 각각 대응시킨 후, 3을 $f(2)$에 대응시키면 된다.

즉, $f(1)$, $f(2)$의 값을 정하는 방법의 수는

${}_3P_2 = 6$

이 각각에 대하여 $f(4)$의 값은 $f(1)$, $f(2)$의 두 값을 제외한 값이어야 하므로 함수 f의 개수는

$6 \times 1 = 6$

(i), (ii)에서 구하는 함수의 개수는

$18 + 6 = 24$ 답 24

33 조건 (나)에서 $f(1) = 7$이고, 조건 (가)에서 함수 f는 일대일대응이므로 $X = \{2, 3, 4, 5, 6, 7\}$,

$Y = \{1, 2, 3, 4, 5, 6\}$에 대하여 X에서 Y로의 일대일대응인 함수 f의 개수를 구하면 된다.

이때 조건 (다)에서 $k \geq 2$이면 $f(k) \leq k$이므로

$f(2)$의 값은 1, 2 중에서 하나의 값을 가지므로 2가지,

$f(3)$의 값은 1, 2, 3 중에서 $f(2)$의 값을 제외한 나머지 수 중에서 하나의 값을 가지므로 2가지

같은 방법으로 $f(4)$, $f(5)$, $f(6)$의 값을 정하는 방법의 수는 각각 2가지이고, 7에 대응되는 수는 1부터 6까지의 수 중에서 2부터 6까지의 수가 대응되는 수를 제외한 수이므로 1가지이다.

따라서 구하는 함수 f의 개수는

$2 \times 2 \times 2 \times 2 \times 2 \times 1 = 2^5 = 32$ 답 ③

34 치역과 공역이 일치하기 위해서는 정의역 X를 3개조로 나누어 함숫값으로 각각 1, 2, 3을 갖도록 배정하면 된다.

(i) 정의역 X를 1개, 1개, 4개의 3개조로 나누어 공역 Y의 원소에 하나씩 대응시키면 되므로 함수 f의 개수는

$\left({}_6C_1 \times {}_5C_1 \times {}_4C_4 \times \frac{1}{2!}\right) \times 3!$

$= 6 \times 5 \times 1 \times \frac{1}{2} \times 6 = 90$

(ii) 정의역 X를 1개, 2개, 3개의 3개조로 나누어 공역 Y의 원소에 하나씩 대응시키면 되므로 함수 f의 개수는

$({}_6C_1 \times {}_5C_2 \times {}_3C_3) \times 3! = 6 \times \frac{5 \times 4}{2 \times 1} \times 1 \times 6 = 360$

(iii) 정의역 X를 2개, 2개, 2개의 3개조로 나누어 공역 Y의 원소에 하나씩 대응시키면 되므로 함수 f의 개수는

$\left({}_6C_2 \times {}_4C_2 \times {}_2C_2 \times \frac{1}{3!}\right) \times 3!$

$= \frac{6 \times 5}{2 \times 1} \times \frac{4 \times 3}{2 \times 1} \times 1 \times \frac{1}{6} \times 6 = 90$

(i), (ii), (iii)에서 구하는 함수 f의 개수는

$90 + 360 + 90 = 540$ 답 ④

35 $(f \circ f)(x) = f(f(x)) = x$를 만족시키는 함수 f에 대하여 $f \circ f$는 항등함수이고 f는 일대일대응이다.

이때 정의역의 한 원소 a에 대하여 $(f\circ f)(a)=a$를 만족시키려면 $f(a)=a$ 또는 $f(a)=b$, $f(b)=a$ $(a\neq b)$이어야 한다.

(i) $f(x)=x$를 만족시키는 x가 5개인 경우

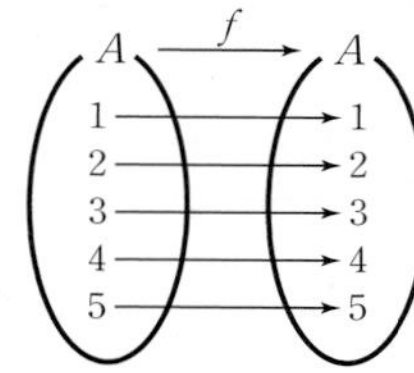

정의역의 모든 원소에 대하여 $f(x)=x$ 꼴인 함수 f는 위의 그림과 같으므로 1개이다.

(ii) $f(x)=x$를 만족시키는 x가 3개인 경우

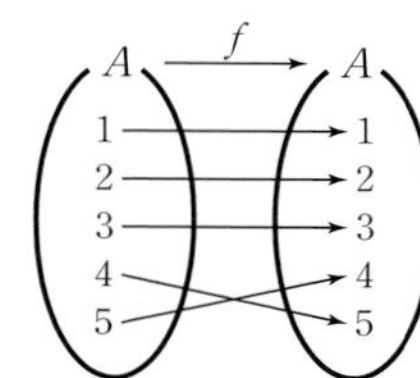

$f(a)=a$, $f(b)=b$, $f(c)=c$, $f(d)=e$, $f(e)=d$ 꼴인 함수 f의 개수는 위의 그림과 같이 5개의 원소 1, 2, 3, 4, 5 중에서 $f(d)=e$, $f(e)=d$를 만족시키는 d와 e를 선택하는 경우의 수와 같으므로

$${}_5C_2=\frac{5\times4}{2\times1}=10$$

(iii) $f(x)=x$를 만족시키는 x가 1개인 경우

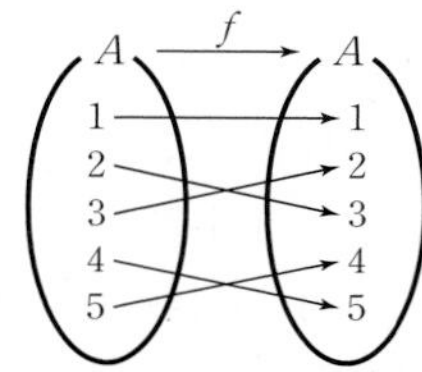

$f(a)=a$, $f(b)=c$, $f(c)=b$, $f(d)=e$, $f(e)=d$ 꼴인 함수 f의 개수는 위의 그림과 같이 5개의 원소 1, 2, 3, 4, 5 중에서 $f(b)=c$, $f(c)=b$를 만족시키는 b와 c를 선택하고, $f(d)=e$, $f(e)=d$를 만족시키는 d와 e를 선택하는 경우의 수와 같으므로

$${}_5C_2\times{}_3C_2\times\frac{1}{2!}=\frac{5\times4}{2\times1}\times3\times\frac{1}{2}=15$$

(i), (ii), (iii)에서 구하는 함수 f의 개수는

$1+10+15=26$ 답 26

STEP 3 1등급을 넘어서는 **종합 사고력 문제** p. 70

01 132	**02** 944	**03** 9	**04** 480	**05** 266
06 1008	**07** 4235	**08** 860		

01 해결단계

❶ 단계	k의 값에 따라 원의 내부가 몇 개의 영역으로 나누어지는지 구한 후, 각 영역에 색을 칠하는 방법의 수를 구한다.
❷ 단계	$f(1)+f(3)+f(5)$의 값을 구한다.

직선 $y=x+k$와 원 $(x-1)^2+(y-3)^2=4$에 대하여

(i) $k=1$일 때,

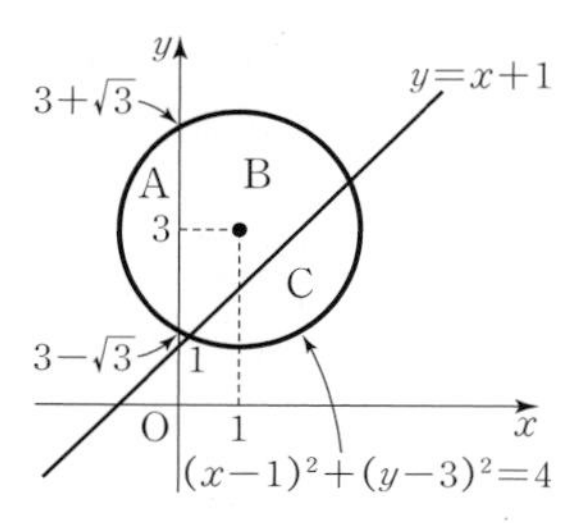

오른쪽 그림과 같이 원 $(x-1)^2+(y-3)^2=4$의 내부는 직선 $y=x+1$과 y축에 의하여 3개의 영역으로 나누어진다.

이때 나누어진 세 영역을 각각 A, B, C라 하면 A에 칠할 수 있는 색은 4가지, B에 칠할 수 있는 색은 A에 칠한 색을 제외한 3가지, C에 칠할 수 있는 색은 B에 칠한 색을 제외한 3가지이므로

$f(1)=4\times3\times3=36$

(ii) $k=3$일 때,

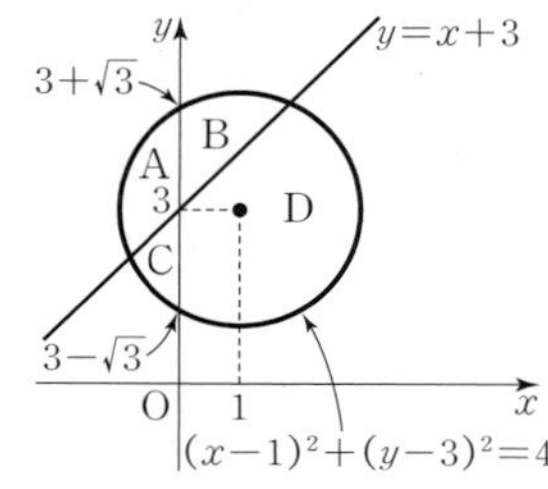

오른쪽 그림과 같이 원 $(x-1)^2+(y-3)^2=4$의 내부는 직선 $y=x+3$과 y축에 의하여 4개의 영역으로 나누어진다.

이때 나누어진 네 영역을 각각 A, B, C, D라 하면 A, B, C, D에 칠할 수 있는 색은 B, C에 서로 다른 색을 칠할 때에는 각각 4가지, 3가지, 2가지, 2가지이고, B, C에 같은 색을 칠할 때에는 각각 4가지, 3가지, 1가지, 3가지이므로

$f(3)=4\times3\times2\times2+4\times3\times1\times3$
$=48+36=84$

(iii) $k=5$일 때,

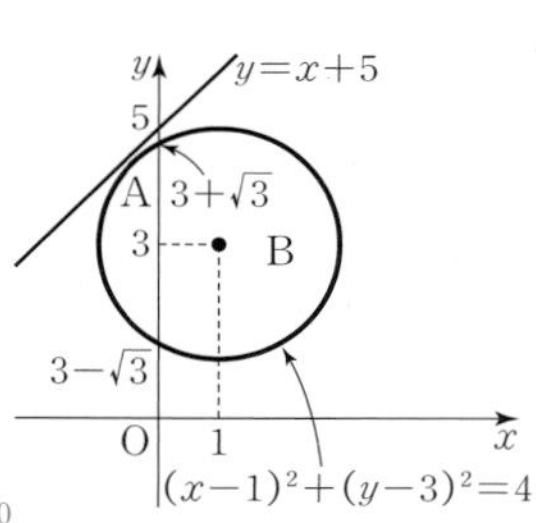

오른쪽 그림과 같이 원 $(x-1)^2+(y-3)^2=4$의 내부는 직선 $y=x+5$와 y축에 의하여 2개의 영역으로 나누어진다.

└ 원의 중심 $(1, 3)$과 직선 $x-y+5=0$ 사이의 거리는 원의 반지름의 길이보다 크다.

이때 나누어진 두 영역을 각각 A, B라 하면 A에 칠할 수 있는 색은 4가지, B에 칠할 수 있는 색은 A에 칠한 색을 제외한 3가지이므로

$f(5)=4\times3=12$

(i), (ii), (iii)에서

$f(1)+f(3)+f(5)=36+84+12=132$ 답 132

02 해결단계

❶ 단계	조건 (가), (나)를 이용하여 다섯 자리 자연수에서 1의 개수로 가능한 경우를 파악한다.
❷ 단계	1의 개수에 따라 조건을 만족시키는 다섯 자리 자연수의 개수를 구한다.
❸ 단계	❷ 단계에서 구한 결과를 이용하여 조건을 만족시키는 자연수의 개수를 구한다.

1이 적힌 카드가 3장이고 조건 (가), (나)에 의하여 1끼리는 서로 이웃하지 않도록 배열하여 만든 다섯 자리 자연수에는 1이 최대 세 번 포함될 수 있다.

(i) 1이 포함되지 않는 경우
첫 번째 자리에는 0이 올 수 없으므로 경우의 수는
$4\times4!=4\times24=96$

(ii) 1이 한 개 포함되는 경우
1로 시작되는 다섯 자리 자연수의 개수는 ${}_5P_4=120$
1이 아닌 수로 시작되는 경우의 수는 첫 번째 자리에 0이 올 수 없으므로
(1이 들어갈 수 있는 자릿수의 개수)
$4\times4\times{}_4P_3=4\times4\times4\times3\times2=384$
(첫 번째 자리에 들어갈 수 있는 수는 2, 3, 4, 5의 4가지)
즉, 조건을 만족시키는 자연수의 개수는
$120+384=504$

(iii) 1이 두 개 포함되는 경우
1로 시작되는 경우는
1○1○○, 1○○1○, 1○○○1
의 3가지이고, 각 경우에 대하여 ○에 수를 배열하는 방법이 ${}_5P_3$가지씩 존재하므로 경우의 수는
$3\times{}_5P_3=3\times5\times4\times3=180$
1이 아닌 수 □로 시작되는 경우는
□1○1○, □1○○1, □○1○1
의 3가지이고, 각 경우에 대하여 ○에 수를 배열하는 방법이 ${}_4P_2$가지씩 존재하므로 경우의 수는
$4\times3\times{}_4P_2=4\times3\times4\times3=144$
(□에 들어갈 수 있는 수는 2, 3, 4, 5의 4가지)
즉, 조건을 만족시키는 자연수의 개수는
$180+144=324$

(iv) 1이 세 개 포함되는 경우
1○1○1의 1가지이고, 각 경우에 대하여 ○에 수를 배열하는 방법이 ${}_5P_2$가지씩 존재하므로 경우의 수는
$1\times{}_5P_2=1\times5\times4=20$

(i)~(iv)에서 구하는 자연수의 개수는
$96+504+324+20=944$ 답 944

03 해결단계

❶ 단계	세로 방향으로 이동한 길이의 합을 구한다.
❷ 단계	길이가 2인 세로 방향의 도로의 개수에 따라 경우를 나누어 조건을 만족시키는 경우의 수를 구한다.
❸ 단계	❷ 단계에서 구한 값을 이용하여 경우의 수를 구한다.

가로 방향으로 이동한 길이의 합이 4이고 전체 이동한 길이가 12이므로 세로 방향으로 이동한 길이의 합은 8이다.

(i) 길이가 2인 세로 방향의 도로 4개를 지나는 경우

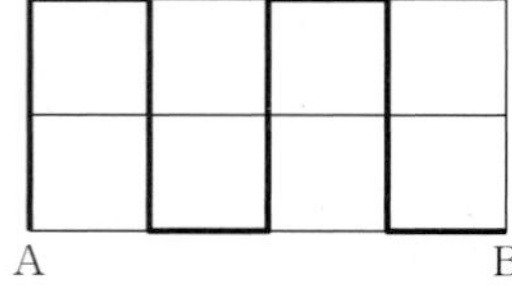

길이가 2인 세로 방향의 도로 4개를 지나는 경우의 수는 위의 그림과 같이 길이가 2인 세로 방향의 도로 5개 중에서 4개를 택하는 경우의 수와 같으므로
${}_5C_4={}_5C_1=5$

(ii) 길이가 2인 세로 방향의 도로 3개를 지나는 경우

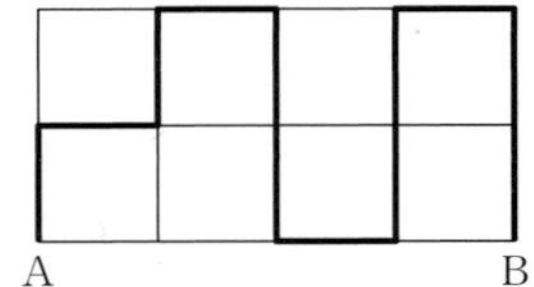

길이가 2인 세로 방향의 도로 3개를 지나는 경우의 수는 위의 그림과 같이 두 번째 줄의 가로 방향의 도로 4개 중에서 1개를 택하는 경우의 수와 같으므로
${}_4C_1=4$

(i), (ii)에서 구하는 경우의 수는
$5+4=9$ 답 9

04 해결단계

❶ 단계	두 함수 f, $f\circ f$의 치역을 각각 A, B라 하고, 집합 A, B의 원소의 개수를 구한다.
❷ 단계	$n(A)=4$를 만족시키는 집합 A의 개수를 구한다.
❸ 단계	집합 X의 원소 중 집합 A에 속하지 않는 원소를 k라 하고, 이 원소가 집합 A에 대응되어야 함을 이용하여 경우의 수를 구한다.
❹ 단계	❷, ❸ 단계에서 구한 값을 이용하여 함수 f의 개수를 구한다.

함수 f와 함수 $f\circ f$의 치역을 각각 A, B라 하자.
함수 f가 일대일대응이면 함수 $f\circ f$도 일대일대응이므로 함수 $f\circ f$의 치역의 원소의 개수는 5이다.
이때 함수 $f\circ f$의 치역의 원소의 개수가 4라는 조건에 모순이므로 f는 일대일대응이 아니다.
함수 $f\circ f$의 치역은 함수 f의 치역의 부분집합이므로 함수 f의 치역의 개수가 3 이하이면 함수 $f\circ f$의 치역의 개수도 3 이하이다.
그러므로 함수 f의 치역의 개수가 4인 경우, 즉 $A=B$인 경우만 생각하면 된다.
$n(A)=4$인 X의 부분집합 A를 선택하는 경우의 수는 집합 X의 5개의 원소 중에서 4개를 택하면 되므로
${}_5C_4={}_5C_1=5$
$A=\{a_1, a_2, a_3, a_4\}$라 하고, X의 원소 중 A에 속하지 않는 원소를 k라 하자.
$n(A)=4$이므로 집합 A에서 $f(k)$를 선택하는 경우의 수는 k를 제외한 4개의 원소 중에서 하나를 택하면 되므로 ${}_4C_1=4$
이때 $f(k)\in A$, $A=B$이므로
$A=\{f(a_1), f(a_2), f(a_3), f(a_4)\}$ ……㉠
㉠을 만족시키는 경우의 수는 집합 A에서 집합 A로의 일대일대응의 개수와 같으므로 $4!=24$
따라서 구하는 함수 f의 개수는
$5\times4\times24=480$ 답 480

05 해결단계

❶ 단계	0부터 9까지의 수를 3으로 나눈 나머지를 기준으로 분류한다.
❷ 단계	일의 자리의 수가 1 또는 7일 때, ❶ 단계에서 나눈 수의 분류와 일의 자리의 수를 3으로 나눈 나머지가 1임을 이용하여 각 자리의 수의 합이 3의 배수가 되지 않도록 하는 경우의 수를 구한다.
❸ 단계	일의 자리의 수가 3 또는 9일 때, ❶ 단계에서 나눈 수의 분류와 일의 자리의 수를 3으로 나눈 나머지가 0임을 이용하여 각 자리의 수의 합이 3의 배수가 되지 않도록 하는 경우의 수를 구한다.
❹ 단계	❷, ❸ 단계에서 구한 값을 이용하여 경우의 수를 구한다.

0부터 9까지의 자연수를 3으로 나눈 나머지를 기준으로 하여 분류하면 다음과 같다.
나머지가 0인 경우 : 0, 3, 6, 9
나머지가 1인 경우 : 1, 4, 7
나머지가 2인 경우 : 2, 5, 8
조건 (가)에서 적힌 수는 홀수이므로 1000은 주어진 조건을 만족시키지 못하고 조건 (다)에서 적힌 수는 5의 배수가 아니므로 일의 자리의 수는 0, 5가 될 수 없다. 즉, 1부터 999까지의 수를 다음과 같이 나누어 생각할 수 있다.

(i) □□1 또는 □□7일 때,
백의 자리와 십의 자리에는 각각 0부터 9까지의 숫자가 들어갈 수 있으므로 경우의 수는 $10\times10=100$
조건 (나)에 의하여 각 자리의 수의 합이 3의 배수이면 안되고, 일의 자리의 수를 3으로 나눈 나머지가 1이므로 백의 자리의 수와 십의 자리의 수를 3으로 나눈 나머지의 합은 2가 아니어야 한다.
이때 백의 자리의 수와 십의 자리의 수를 3으로 나눈 나머지의 합이 2가 되려면 나머지가 각각 0, 2 또는 1, 1 또는 2, 0이어야 하므로 조건을 만족시키는 경우의 수는
$100-(4\times3+3\times3+3\times4)=100-33=67$
즉, 이 경우의 수는 $67\times2=134$

(ii) □□3 또는 □□9일 때,
같은 방법으로 일의 자리의 수를 3으로 나눈 나머지가 0이므로 백의 자리의 수와 십의 자리의 수를 3으로 나눈 나머지의 합은 0 또는 3이 아니어야 한다.
이때 백의 자리의 수와 십의 자리의 수를 3으로 나눈 나머지의 합이 0 또는 3이려면 나머지가 각각 0, 0 또는 1, 2 또는 2, 1이어야 하므로 조건을 만족시키는 경우의 수는
$100-(4\times4+3\times3+3\times3)=100-34=66$
즉, 이 경우의 수는 $66\times2=132$

(i), (ii)에서 구하는 경우의 수는
$134+132=266$ 답 266

BLACKLABEL 특강 참고

조건 (다)에서 카드에 적힌 수는 5의 배수가 아니고, 조건 (나)에서 각 자리의 수의 합이 3의 배수가 아니므로 카드에 적힌 수는 3의 배수가 아니다. 따라서 조건을 만족시키는 수는 1부터 1000까지의 홀수 중에서 3의 배수도 아니고, 5의 배수도 아닌 수이다.

06 해결단계

❶ 단계	각 꼭짓점을 A_1, A_2, …, A_7이라 하고, 조건 (가), (나)를 이용하여 짝수와 홀수는 각각 적어도 2개씩은 이웃해야 함을 파악한다.
❷ 단계	칠각형에 배치하였을 때, 홀수끼리 모두 이웃하고 짝수끼리 모두 이웃해야 함을 파악한다.
❸ 단계	❷ 단계를 만족시키는 하나의 경우에 따라 각각 7가지씩 존재함을 이용하여 칠각형의 각 꼭짓점에 7개의 수를 적는 방법의 수를 구한다.

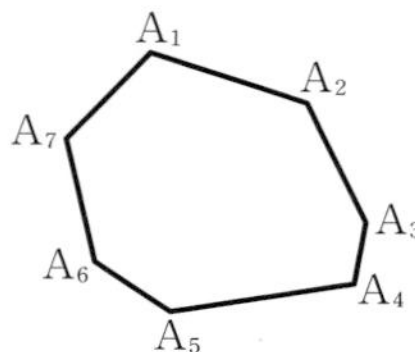

오른쪽 그림과 같이 칠각형의 각 꼭짓점을 A_1, A_2, …, A_7이라 하고, 조건을 만족시키도록 각 꼭짓점에 적은 수를 $[A_1A_2A_3A_4A_5A_6A_7]$로 나타내자.
조건 (가), (나)에서 [홀짝홀], [짝홀짝]과 같이 홀수 양쪽에 짝수, 짝수 양쪽에 홀수를 배정하면 안 되므로 [홀홀] 또는 [짝짝]과 같이 홀수와 짝수는 최소 2개씩 이웃해야 한다.
그런데 짝수가 3개이므로 [홀짝짝홀]이면 남은 짝수의 양쪽에는 홀수가 배정되므로 조건을 만족시키지 못한다.
즉, 짝수 3개는 모두 이웃해야 한다.
마찬가지로 [짝홀홀홀짝]이면 남은 홀수 한 개의 양쪽에 짝수가 배정되므로 조건을 만족시키지 못한다. 즉, 홀수는 짝수개 단위로 이웃해야 한다.
이때 [짝짝짝], [홀홀], [홀홀]을 만족시키도록 칠각형의 각 꼭짓점에 수를 적으면 [홀홀], [홀홀]은 이웃하게 되므로 칠각형의 각 꼭짓점의 수는 짝수끼리 모두 이웃하고, 홀수끼리 모두 이웃하도록 배정되어야 한다.
따라서 일렬로 나열한 일곱 개의 수를 칠각형 위에 적는 경우는 일렬로 나열한 수마다 일곱 가지씩 존재하므로 구하는 경우의 수는

$7\times4!\times3!=1008$ (4!: 홀수끼리 자리 바꿈, 3!: 짝수끼리 자리 바꿈) 답 1008

07 해결단계

❶ 단계	원판을 쌓아 만든 탑을 위에서 보았을 때, 2개만 보이도록 하는 조건을 찾는다.
❷ 단계	8개의 원판을 4개, 4개로 나누는 경우의 수를 구한다.
❸ 단계	❶ 단계에서 구한 조건을 이용하여 4개의 원판을 쌓아 만든 탑이 위에서 보았을 때 2개의 원판만 보이도록 하는 경우의 수를 구한다.
❹ 단계	❷, ❸ 단계에서 구한 값을 이용하여 조건을 만족시키도록 두 개의 탑을 쌓는 경우의 수를 구한다.

맨 위에 쌓이는 원판은 위에서 항상 볼 수 있고, 크기가 가장 큰 원판은 어느 위치에 배정되어도 위에서 볼 수 있으므로 맨 위에 쌓이는 원판과 크기가 가장 큰 원판만 위에서 보이도록 탑이 쌓여야 한다.
또한, 위에서 보이는 두 원판 사이에는 맨 위에 쌓이는 원판보다 작은 크기의 원판이 배정될 수 있다.
이때 원판이 8개이므로 높이가 같은 두 개의 탑은 각각 원판 4개로 이루어져야 한다.

크기가 다른 8개의 원판을 4개, 4개로 나누는 경우의 수는

$_8C_4 \times {}_4C_4 \times \frac{1}{2!} = \frac{8 \times 7 \times 6 \times 5}{4 \times 3 \times 2 \times 1} \times 1 \times \frac{1}{2} = 35$

원판 4개로 탑을 쌓는 경우는 원판 4개를 크기가 작은 순서대로 1, 2, 3, 4라 하면

(ⅰ) 원판 4가 위에서 두 번째 위치에 오는 경우
원판 4 위에 배정될 한 개의 원판을 뽑고, 나머지 원판 2개를 원판 4 아래에 배정하면 되므로 경우의 수는
$_3C_1 \times 2! = 3 \times 2 = 6$

(ⅱ) 원판 4가 위에서 세 번째 위치에 오는 경우
원판 4 위에 배정될 2개의 원판을 뽑아 큰 원판을 맨 위에 작은 원판은 그 아래 배정하고, 남은 1개의 원판은 맨 밑에 배정하면 되므로 경우의 수는
$_3C_2 \times 1 = 3 \times 1 = 3$

(ⅲ) 원판 4가 마지막 위치에 오는 경우
원판 3을 맨 위에 배정하고, 원판 1, 2를 그 아래에 배정하면 되므로 경우의 수는
$2! = 2$

(ⅰ), (ⅱ), (ⅲ)에서 원판 4개로 조건에 맞게 탑을 쌓는 경우의 수는
$6 + 3 + 2 = 11$
원판 4개짜리 탑이 2개 있으므로 구하는 경우의 수는
$35 \times 11 \times 11 = 4235$ 답 4235

08 해결단계

❶ 단계	한 방에 넣었을 때 꼬리잡기를 할 수 없는 조합을 찾은 후, 5명을 방의 개수에 따라 배정하는 방법을 구한다.
❷ 단계	❶ 단계에서 구한 값을 이용하여 경우의 수를 구한다.

(ⅰ) 5개의 방에 각각 한 명씩 배정하는 경우
$5! = 120$

(ⅱ) 4개의 방에 배정하는 경우
5개의 방 중에서 다섯 명이 들어갈 방 4개를 뽑는 경우의 수는
$_5C_4 = {}_5C_1 = 5$
다섯 명을 2명, 1명, 1명, 1명으로 나누어 방을 배정하고 한 방에 들어갈 때 서로 잡을 수 없는 경우는
(A, C), (A, E), (B, D), (C, E)
의 4가지이므로
$5 \times 4 \times 4! = 480$ — 4개의 방에 (2명, 1명, 1명, 1명)을 배정하는 경우의 수

(ⅲ) 3개의 방에 배정하는 경우
5개의 방 중에서 다섯 명이 들어갈 방 3개를 뽑는 경우의 수는
$_5C_3 = {}_5C_2 = \frac{5 \times 4}{2 \times 1} = 10$
다섯 명을 2명, 2명, 1명으로 나누거나 3명, 1명, 1명으로 나누어 방을 배정하고 한 방에 들어갈 때 서로 잡을 수 없는 경우는
[(A, C), (B, D), E], [(A, E), (B, D), C],
[(C, E), (B, D), A], [(A, C, E), B, D]
의 4가지이므로
$10 \times 4 \times 3! = 240$ — 3개의 방에 (2명, 2명, 1명) 또는 (3명, 1명, 1명)을 배정하는 경우의 수

(ⅳ) 2개의 방에 배정하는 경우
5개의 방 중에서 다섯 명이 들어갈 방 2개를 뽑는 경우의 수는
$_5C_2 = \frac{5 \times 4}{2 \times 1} = 10$
다섯 명을 3명, 2명으로 나누어 방을 배정하고 한 방에 들어갈 때 서로 잡을 수 없는 경우는
[(A, C, E), (B, D)]
의 1가지이므로
$10 \times 1 \times 2! = 20$ — 2개의 방에 (3명, 2명)을 배정하는 경우의 수

(ⅰ)~(ⅳ)에서 구하는 경우의 수는
$120 + 480 + 240 + 20 = 860$ 답 860

이것이 수능 p. 71

1 528 2 130 3 60 4 18

1 해결단계

❶ 단계	여학생에게 사물함을 배정하는 방법에 따라 경우를 나눈 후, 남학생과 여학생의 사물함은 같은 층에서 서로 이웃하지 않음을 이용하여 남학생에게 사물함을 배정하는 경우의 수를 구한다.
❷ 단계	❶ 단계에서 구한 값을 이용하여 경우의 수를 구한다.

(ⅰ) 2층 또는 3층 중에서 한 층의 사물함만을 여학생에게 배정하는 경우

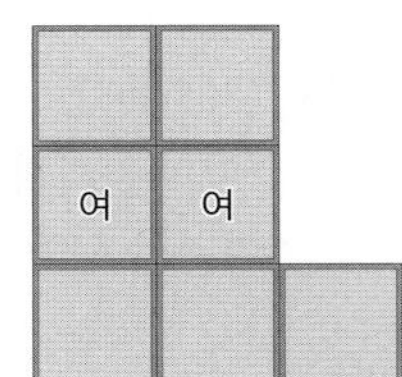

2층의 두 사물함을 두 여학생에게 배정하는 경우의 수는 $2!$이고, 나머지 사물함을 남학생 3명에게 배정하는 경우의 수는 $_5P_3$이다.
3층의 두 사물함을 두 여학생에게 배정하는 경우의 수는 2층의 두 사물함을 두 여학생에게 배정하는 경우의 수와 같으므로 이와 같이 배정하는 경우의 수는
$2 \times 2! \times {}_5P_3 = 240$

(ⅱ) 1층의 사물함만을 여학생에게 배정하는 경우

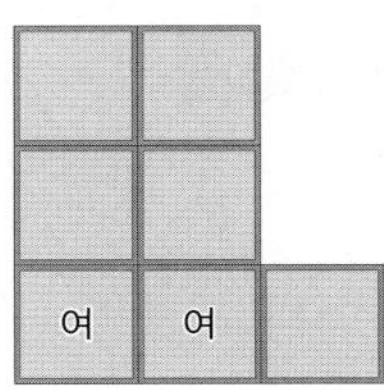

1층의 사물함만을 여학생에게 배정하는 경우의 수는 ${}_3P_2$이고, 1층의 사물함을 남학생에게 배정할 수는 없으므로 나머지 사물함을 남학생 3명에게 배정하는 경우의 수는 ${}_4P_3$이다.

이와 같이 배정하는 경우의 수는

${}_3P_2 \times {}_4P_3 = 144$

(iii) 2층, 3층의 사물함을 각각 1개씩 여학생에게 배정하는 경우

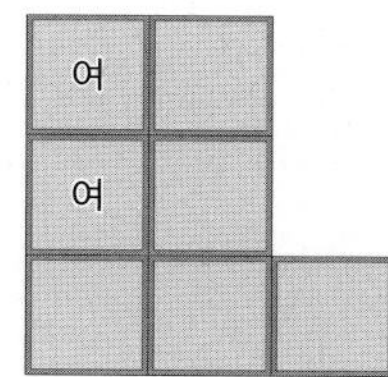

2층, 3층의 사물함을 각각 1개씩 선택하여 여학생에게 배정하는 경우의 수는 ${}_2C_1 \times {}_2C_1 \times 2!$이고, 2층과 3층의 사물함을 남학생에게 배정할 수는 없으므로 1층의 사물함만을 남학생 3명에게 배정해야 하고 그 경우의 수는 $3!$이다.

이와 같이 배정하는 경우의 수는

${}_2C_1 \times {}_2C_1 \times 2! \times 3! = 48$

(iv) 1층의 사물함을 한 여학생에게 배정하고 2층 또는 3층의 사물함을 다른 여학생에게 배정하는 경우

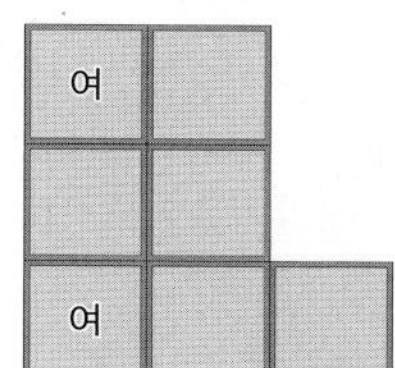

1층의 가운데에 있는 사물함을 여학생에게 배정하면 3명의 남학생에게 사물함을 배정할 수 없으므로 1층의 사물함 중에서 가운데 사물함을 제외한 2개의 사물함 중에서 한 사물함을 여학생에게 배정해야 한다.

1층의 사물함을 한 여학생에게 배정하고 2층 또는 3층의 사물함을 다른 여학생에게 배정하는 경우의 수는 ${}_2C_1 \times {}_4C_1 \times 2!$이고, 남학생에게 3개의 사물함을 배정하는 경우의 수는 $3!$이다.

이와 같이 배정하는 경우의 수는

${}_2C_1 \times {}_4C_1 \times 2! \times 3! = 96$

(i)~(iv)에서 구하는 경우의 수는

$240 + 144 + 48 + 96 = 528$ 답 528

2 해결단계

❶ 단계	각 도형에 적힌 수를 a, b, c, d라 하고, 조건 ㈎, ㈏를 이용하여 a, b, c, d 사이의 관계를 파악한다.
❷ 단계	$b=d$, $b \neq d$일 때로 경우를 나누어 조건을 만족시키는 경우의 수를 구한다.
❸ 단계	❷ 단계에서 구한 값을 이용하여 경우의 수를 구한다.

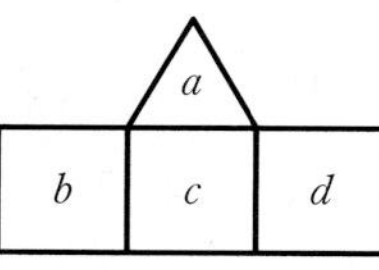

오른쪽 그림과 같이 정삼각형에 적힌 수를 a, 정사각형에 적힌 수를 왼쪽부터 차례로 b, c, d라 하면

조건 ㈎에서 $a > b$, $a > c$, $a > d$

조건 ㈏에서 $b \neq c$, $c \neq d$

(i) $b = d$일 때,

6개의 자연수 중에서 a, b, c에 들어갈 서로 다른 3개의 수를 택하는 경우의 수는

${}_6C_3 = \dfrac{6 \times 5 \times 4}{3 \times 2 \times 1} = 20$

택한 3개의 수 중 가장 큰 수를 a, 나머지 수를 b, c로 정하면 되므로 경우의 수는

$1 \times 2! = 2$

즉, 조건을 만족시키는 경우의 수는

$20 \times 2 = 40$

(ii) $b \neq d$일 때,

6개의 자연수 중에서 a, b, c, d에 들어갈 서로 다른 4개의 수를 택하는 경우의 수는

${}_6C_4 = {}_6C_2 = \dfrac{6 \times 5}{2 \times 1} = 15$

택한 4개의 수 중 가장 큰 수를 a, 나머지 수를 b, c, d로 정하면 되므로 경우의 수는

$1 \times 3! = 6$

즉, 조건을 만족시키는 경우의 수는

$15 \times 6 = 90$

(i), (ii)에서 구하는 경우의 수는

$40 + 90 = 130$ 답 130

• 다른 풀이 •

조건 ㈎, ㈏에서 정삼각형에 적을 수 있는 수는 3, 4, 5, 6이다.

(i) 정삼각형에 3을 적는 경우

정사각형에 적을 수 있는 수는 1, 2이므로 가운데 정사각형에 적을 수 있는 수는 2가지, 양옆에 있는 정사각형에 적을 수 있는 수는 각각 1가지이다.

즉, 조건을 만족시키는 경우의 수는

$2 \times 1 \times 1 = 2$

(ii) 정삼각형에 4를 적는 경우

정사각형에 적을 수 있는 수는 1, 2, 3이므로 가운데 정사각형에 적을 수 있는 수는 3가지, 양옆에 있는 정사각형에 적을 수 있는 수는 각각 2가지이다.

즉, 조건을 만족시키는 경우의 수는

$3 \times 2 \times 2 = 12$

(iii) 정삼각형에 5를 적는 경우

정사각형에 적을 수 있는 수는 1, 2, 3, 4이므로 가운데 정사각형에 적을 수 있는 수는 4가지, 양옆에 있는 정사각형에 적을 수 있는 수는 각각 3가지이다.

즉, 조건을 만족시키는 경우의 수는

$4 \times 3 \times 3 = 36$

(iv) 정삼각형에 6을 적는 경우

정사각형에 적을 수 있는 수는 1, 2, 3, 4, 5이므로 가운데 정사각형에 적을 수 있는 수는 5가지, 양옆에 있는 정사각형에 적을 수 있는 수는 각각 4가지이다.

즉, 조건을 만족시키는 경우의 수는

$5\times4\times4=80$

(i)~(iv)에서 구하는 경우의 수는

$2+12+36+80=130$

3

해결단계

❶ 단계	조건 (가)를 이용하여 치역을 정하는 경우의 수를 구한다.
❷ 단계	조건 (나)에서 $f(a)=a$인 원소 a를 정하는 경우의 수를 구한다.
❸ 단계	정의역의 나머지 두 원소의 함숫값을 정하는 경우의 수를 구한다.
❹ 단계	❶, ❷, ❸ 단계에서 구한 값을 이용하여 조건을 만족시키는 함수의 개수를 구한다.

조건 (가)에서 함수 f의 치역의 원소가 4개이므로 치역을 정하는 경우의 수는

${}_5C_4={}_5C_1=5$

조건 (나)에서 $f(a)=a$를 만족시키는 a를 정하는 경우의 수는 치역의 원소 4개 중 3개를 택하는 경우의 수와 같으므로

${}_4C_3={}_4C_1=4$

$f(a)=a$인 a를 제외한 정의역의 두 원소를 각각 α, β라 하자.

α가 f의 치역이면 $f(\alpha)\neq\alpha$이므로 α는 a를 제외한 치역의 다른 세 원소 중 하나에 대응되어야 하고, $f(\beta)=\alpha$이어야 한다.

즉, 이 경우의 수는

$3\times1=3$

따라서 구하는 함수 f의 개수는

$5\times4\times3=60$ 답 60

• 다른 풀이 •

조건 (나)에서 $f(a)=a$를 만족시키는 X의 세 원소를 a_1, a_2, a_3, 나머지 두 원소를 b_1, b_2라 하자.

a_1, a_2, a_3을 택하는 경우의 수는 5개의 원소 중 3개를 택하는 경우의 수와 같으므로

${}_5C_3={}_5C_2=\frac{5\times4}{2\times1}=10$

이때 조건 (가)에서 치역의 원소가 4개이므로 b_1 또는 b_2 중 하나의 원소는 다른 한 원소에 대응되어야 한다.

$f(b_1)=b_2$일 때 $f(b_2)$의 값은 a_1, a_2, a_3 중에서 택해야 하므로 이 경우의 수는

${}_3C_1=3$

마찬가지로 $f(b_2)=b_1$일 때도 경우의 수는 3

따라서 구하는 경우의 수는

$10\times(3+3)=60$

BLACKLABEL 특강 참고

조건 (가), (나)를 만족시키는 함수 f의 치역을 $\{1, 2, 3, 4\}$, $f(a)=a$인 a를 1, 2, 3이라 할 때, 함수 f의 대응을 나타내면 오른쪽 그림과 같다.

이때 $f(4)\neq4$이므로 $f(5)=4$이고, $f(4)=1$ 또는 $f(4)=2$ 또는 $f(4)=3$이어야 한다.

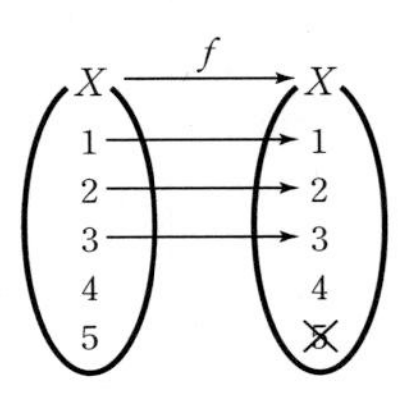

4

해결단계

❶ 단계	조건 (가), (나)를 이용하여 각 함숫값 사이의 관계를 파악한다.
❷ 단계	$f(5)$의 값에 따라 경우를 나누어 조건을 만족시키는 경우의 수를 구한다.
❸ 단계	❷ 단계에서 구한 값을 이용하여 조건을 만족시키는 함수의 개수를 구한다.

조건 (가)에서

$f(2)\le2$, $f(3)\le3$, $f(5)\le5$, $f(7)\le7$

조건 (나)에서

$f(1)<f(2)<f(4)<f(8)$, $f(1)<f(2)<f(6)$,

$f(1)<f(3)<f(6)$, $f(1)<f(5)$, $f(1)<f(7)$

$\therefore f(1)=1$

함수 f는 일대일대응이므로

$f(2)=2$, $f(3)=3$

(i) $f(5)=4$일 때,

$f(7)$의 값이 될 수 있는 수는 5, 6, 7이므로 $f(7)$의 값을 정하는 경우의 수는

${}_3C_1=3$

남은 3개의 수 중 $f(6)$의 값을 정하는 경우의 수는

${}_3C_1=3$

남은 2개의 수 중 작은 수부터 차례로 $f(4)$, $f(8)$에 대응시키면 되므로 경우의 수는 1

즉, 조건을 만족시키는 경우의 수는

$3\times3\times1=9$

(ii) $f(5)=5$일 때,

$f(7)$의 값이 될 수 있는 수는 4, 6, 7이므로 $f(7)$의 값을 정하는 경우의 수는

${}_3C_1=3$

남은 3개의 수 중 $f(6)$의 값을 정하는 경우의 수는

${}_3C_1=3$

남은 2개의 수 중 작은 수부터 차례로 $f(4)$, $f(8)$에 대응시키면 되므로 경우의 수는 1

즉, 조건을 만족시키는 경우의 수는

$3\times3\times1=9$

(i), (ii)에서 구하는 함수 f의 개수는

$9+9=18$ 답 18

impossible

+

=

i'm possible

불가능을 가능으로 바꾸는 것은
한 방울의 땀입니다.

틀을/ 깨는/ 생각/ Jinhak

1등급을 위한 명품 수학

블랙라벨 수학(하)

Tomorrow
better than today

www.jinhak.com